『十三五』国家重点图书出版规划项目

A History of
Chinese Modern Architecture

中国现代建筑史

下

邹德侬　著
Written By ZOU Denong

中国建筑工业出版社
CHINA ARCHITECTURE & BUILDING PRESS

目录

下 册

第六章　繁荣创作对千篇一律：

　　　　拨乱反正和改革开放初期，1977—1989 年 …………………………… 361

一、新时期展开新背景 ……………………………………………………… 363

二、对建筑政治的反思 ……………………………………………………… 366

三、打开建筑界的门窗 ……………………………………………………… 371

四、对千篇一律的反弹 ……………………………………………………… 390

五、新时期展开新气象 ……………………………………………………… 438

第七章　设计市场和建筑创作：

　　　　计划经济向市场转型，1990—2000 年 ………………………………… 485

一、南方谈话的新动力 ……………………………………………………… 487

二、建筑设计市场初创 ……………………………………………………… 493

三、超越经典现代建筑 ……………………………………………………… 502

四、作品的外出和外来 ……………………………………………………… 569

五、迎接 21 世纪的花束 …………………………………………………… 589

第八章　全球化背景下的建筑应对：

　　　　新世纪再启国际视野，2000—2010 年 ………………………………… 603

一、打开新视野寻求新答案 ………………………………………………… 606

二、从实验建筑到平常建筑 ………………………………………………… 658

三、对外来建筑师作品的观察 ……………………………………………… 683

四、进入新世纪的绿色建筑概览 …………………………………………… 701

五、对和谐住宅的向往 …………………………………………… 709

六、世界瞩目的三大建筑项目 …………………………………… 713

结语 …………………………………………………………………… 735

主要参考文献 ………………………………………………………… 739

附录：中国现代建筑史大事年表（1949—1999 年） ……………… 743

作者简介 ……………………………………………………………… 795

致谢 …………………………………………………………………… 797

下

册

第六章

繁荣创作对千篇一律：拨乱反正和改革开放初期，1977—1989 年

一、新时期展开新背景

从 1976 年 10 月"文革"正式结束，到 1978 年 12 月中共中央召开十一届三中全会，是一个准备理清过去的过渡时期。

十年内乱留下的后果十分严重，要在短期内清除它在政治上思想上造成的混乱并非一件容易的事情。[1] 此时，新路线尚未确立，国家政治、经济的运行，依然延续着原有的道路。在基本建设和建筑设计方面，重点在于清算过去，还来不及设定未来。所以，建筑设计及其思想还没有明显的新动力，只是在延伸着十年间那些有影响的思路。

建筑界以批判"四人帮"的罪行为契机，清算"文革"时期荒唐的"建筑政治"。所谓"建筑政治"，是中国建筑领域特殊的政治现象，是将社会政治和阶级斗争的思想引入建筑领域的结果，"文革"中把这种畸形现象推向了极至，成为广大建筑师设计思想的桎梏，因而引起强烈反弹。

（一）徘徊中前进

1. 讨论检验真理标准

邓小平第二次复出之后，就"真理的标准"问题展开了讨论，肯定了"实践是检验真理的标准"，为推翻"两个凡是"、修正"文革"的错误准备了前提。[2]

2. 再次调整整顿

当全党工作重点向社会主义现代化建设转移的时候，国民经济发展中重大比例关系失调的情况日益显露出来。[3]

1978 年 3 月 13 日，中央政治局讨论并批准了国家计委《关于一九七八年引进新技术和进口成套设备计划的报告》。这一年，我国引进先进技术和设备的步伐明显加快，从日本、美国、西德等国家引进以钢铁、石油化工、化纤、化肥等为主要内容的 22 个大中型项目，其中上海宝山钢铁总厂的规模最大。这次引进所需支出总额为 130 亿美元，虽然引进工作受到当时经济领域中急于求成倾向的影响，出现了规模过大、要求过急的问题，但毕竟为我国的现代化建设提供了比较先进的技术装备和较高的起点，同时也为党后来制定改革开放的方针政策作了积极地准备。[4]

3. 知识分子重新成为工人阶级一部分

邓小平复出后，自告奋勇抓科学和教育，推翻了经过毛泽东同意的"两个估计"。[5] 在 1978

---

[1] 中共中央党史研究室. 中国共产党的九十年——改革开放和社会主义现代化建设新时期 [M]. 北京：中共党史出版社，党建读物出版社，2016：646-647.

[2] 中共党史研究室. 中国共产党历史·第二卷（1949—1978）[M]. 北京：中共党史出版社，2011：993.

[3] 中共中央党史研究室. 中国共产党的九十年——改革开放和社会主义现代化建设新时期 [M]. 北京：中共党史出版社，党建读物出版社，2016：682-684.

[4] 中共党史研究室. 中国共产党历史·第二卷（1949—1978）[M]. 北京：中共党史出版社，2011：1043-1046.

[5] 中共党史研究室. 中国共产党历史·第二卷（1949—1978）[M]. 北京：中共党史出版社，2011：1013-1015.

年 3 月全国科学大会上，邓小平着重阐述了"科学技术是生产力"的论点，肯定知识分子已经是工人阶级和劳动人民自己的知识分子，也可以说已经是工人阶级自己的一部分。4 月，教育大会的召开，邓小平对于"文革"中教育界进行了治理，恢复了教学的职称，增加派出留学人员的数量，邀请外国专家学者来华讲学，恢复中外文化、教育、科技的交流，结束了对外的封闭状态，建筑界与外国同行的交流从此活跃起来。

（二）打开新时期大门：对外开放，对内搞活

1. 政治拨乱反正，把颠倒的事实再颠倒过来

1978 年 12 月 18 日至 22 日，中国共产党第十一届三中全会在北京召开。会议解决了中国长期面临的政治和经济路线问题。

在政治上，批判了"两个凡是"的方针，确定了"解放思想，实事求是，团结一致向前看"的指导方针；提出要健全社会主义民主和加强社会主义法制的任务，审查和解决了党的历史上一批重大冤假错案。决定撤销中央在 1976 年发出的有关所谓"反击右倾翻案风"运动和处理天安门事件的错误文件，并审查和纠正了过去对彭德怀、陶铸、薄一波、杨尚昆等同志所做出的错误结论，提出解决历史遗留问题必须遵循实事求是、有错必救的原则。到 1980 年 6 月，共改正被错划为右派的达 54 万多人，为他们恢复了政治名誉，对他们的生活和工作重新作了安排。[①] 建筑界的拨乱反正，是直接在逐渐变暖的政治气候中进行的。

2. 经济战略转移，重点社会主义现代化建设

全会在果断停止使用"左倾"政治口号的同时，做出了把工作重点转移到社会主义现代化建设上来的战略决策。这一政治决策，同时也结束了 1976 年 10 月以来中国社会的徘徊局面，对此后的经济建设摆脱"左倾"的和主观的政治影响具有深远的意义。应当看到，这也是与 20 年前中共"八大"的政策重新接轨，尽管为时旷久，但经济"发展"已经成为"硬道理"。

在批判"左倾"路线的同时，也出现了批判无产阶级专政和批判中国共产党的言论，1979 年 1 月至 4 月召开的一次理论务虚会上，邓小平提出必须在思想政治上坚持"四项基本原则"：第一，必须坚持社会主义道路；第二，必须坚持无产阶级专政；第三，必须坚持共产党的领导；第四，必须坚持马列主义、毛泽东思想。

3. 新的八字方针，调整、改革、整顿、提高

1979 年 3 月中共中央政治局决定，用三年的时间调整国民经济，4 月 5 日—28 日的中央工作会议，形成了"调整、改革、整顿、提高"的新"八字方针"，从 1979 年起，进行三年调整，

---

① 中共中央党史研究室. 中国共产党的九十年——改革开放和社会主义现代化建设新时期 [M]. 北京：中共党史出版社，党建读物出版社，2016：655-659、669.

坚决地、逐步地把各方面严重失调的比例关系调整过来。会议确定了调整国民经济比例关系的12项原则：坚决缩短基本建设战线，使建设规模同钢材、水泥、木材、设备和资金的供应相适应。引进项目要循序渐进，前后衔接，步子不能太急。

值得注意的是，与1960年代之初"调整、巩固、充实、提高"的"八字方针"相比，这次加上了"改革"，成为"改革开放"新政策的先兆。

但是，1979—1980年在调整开始时，当的各级领导同志大多对经济形势的严重性和调整的重大意义认识不足，行动迟缓。长期形成国民经济比例失调的问题很难在短时期内完全纠正过来，在调整中有出现一些新的问题和困难，主要是基本建设规模没有压下来，财政支出过多和出现巨额财政赤字，能源和交通紧张，物价上涨较快等。1980年12月，中共中央工作会议决定在经济上实行进一步调整，在政治上进一步实现安定团结。会议认识到，是体制问题使经济僵化缺乏活力，长期走着一条重建设轻生产、高积累低效率的道路，表面增长速度不慢，真正创造的社会财富不多，人民得到的实惠不多。今后要走一条发展经济的新路子。这次调整在某些方面要后退，主要基本建设要退够，一切都要量力而行，量入为出。[①]

1981年以后，调整有所成效，但没有得到根本的改变，1984年第四季度起，又出现工业发展速度过快，固定资产投资过大，致使消费基金增长过猛、货币投放过多，国家外汇结存下降。基本建设投资过多一直是问题的核心，基建投资过大，对调整国民经济的比例来说不是好事，而对建筑设计和施工而言，却是增加了机会。

4. 精神文明建设，反精神污染反自由化浪潮

在新时期的头十年里，思想领域有过数次明显的政治波澜，如1983年开始的"清除精神污染"和1986年底开始的"反对资产阶级自由化"，依照过去的规律，这些思想领域的事件肯定会在建筑界引起巨大的反响，以致也成为建筑界的政治运动。但是，拨乱反正之后，文艺界或社会上的历次思想斗争，与建筑界的关系越来越松散，以至基本脱钩了。从此，建筑创作中的政治因素淡化，所谓"建筑政治"已基本解体，实际上进入了一个主要以经济因素为主导的建筑创作时期。

5. 确立初级阶段，经济转型中初成设计市场

经过九年的改革开放，在1987年10月25日—11月1日中共十三次全国代表大会上，中国共产党终于形成了一条"社会主义初级阶段"的基本理论：第一，中国社会已经是社会主义社会，必须坚持而不能离开社会主义；第二，中国的社会主义社会还处在初级阶段，必须从这个实际出发而不能超越这个阶段。大会提出的在社会主义初级阶段建设有中国特色的社会主义的基本路线是："领导和团结全国各族人民，以经济建设为中心，坚持四项基本原则，坚持改

---

① 中共中央党史研究室. 中国共产党的九十年——改革开放和社会主义现代化建设新时期[M]. 北京：中共党史出版社，党建读物出版社，2016：685-686.

革开放，自力更生，艰苦创业，为把中国建设成富强、民主、文明的社会主义现代化国家而奋斗"，这就是后来所概括的："一个中心、两个基本点"。

根据邓小平多年的构想和中国社会主义初级阶段的国情，十三大提出了中国社会主义建设"三步走"的经济发展战略：

"第一步，实现国民生产总值比 1980 年翻一番，解决人民的温饱问题。这个任务已经基本实现。第二步，到 21 世纪末，使国民生产总值再增长一倍，人民生活达到小康水平。第三步，到下个世纪中叶，人均国民生产总值达到中等国家水平，人民生活比较富裕，基本实现现代化。"同以往的"发展战略"相比，"初级阶段"和"三步走"的战略和步骤，稳妥而可靠。

1984—1988 年，中国经济经历了一个加速发展的飞跃时期，国家经济实力显著增强，国民经济的重大比例关系进一步趋于协调，城乡人民生活得到进一步改善，长期困扰中国的一些严重社会经济问题得到解决，或者找到了解决的途径，国民经济上了一个新台阶。

在改革开放的十年巨变中，中国的建设依然随着社会政治和经济的变革而起伏。对于建筑设计体制来说，经历了计划经济向市场经济过渡、建立建筑设计市场的体制的进程；对于建筑创作环境而言，经历了政治影响逐渐隐退、经济影响迅速上升到主导地位的大变革。

二、对建筑政治的反思

"文革"十年把"建筑政治"现象推向极端。在宏观环境上看，这种"建筑政治"集中表现了对于建筑师的偏见，在设计思想上，"资产阶级""无产阶级"壁垒分明。至于建筑理论，建筑美学和西方的现代建筑，已经成为禁区。在设计业务中，由于物质条件的匮乏，从设计指标的选择到建筑材料的使用，执行一套比过去任何时候都片面的极左经济政策。

"四人帮"既除，建筑师的思想解放，主要表现在建筑创作的政治解放，但建筑创作一时尚难有所作为。1979 年 3 月，国务院下达通知，成立国家建筑工程总局和城市建设总局，这标志着设计和基建在组织上和领导体制上的恢复。两个总局成立之后，依照"调整、改革、充实、提高"新"八字方针"着手行业调整，如部署召开全国性建筑工程勘察设计会议，进行 1970 年代优秀建筑设计评选，并拟组织一系列的设计和业务交流。1979 年 4 月，国家建委为建筑学会和《建筑学报》平反，并且肯定了"文化大革命"以前执行的路线、方针、政策是正确的。

1979 年 8 月，全国勘察设计工作会议在大连召开，会议进行了一系列的拨乱反正工作，推翻了"文化大革命"期间对建筑界所做的一切污蔑不实之词，并提出"繁荣建筑创作"的口号。1980 年 10 月，中国建筑学会第五次代表大会的召开，正式展开了建筑中拨乱反正的过程。

1980 年 10 月 18 日—27 日，中国建筑学会第五次代表大会在北京召开，到会代表 241 人，对于许多老建筑师来说，这是劫后余生的相会，他们聚会首都，激动地庆幸"二次解放"。作为中断了长达 14 年半之久的建筑学会代表大会（1966 年 3 月 21 日中国建筑学会第四次代表大会在延安召开），这次会议更重要的意义是"重建"。会议修改了中国建筑学会会章，选举杨廷宝为理事长，阎子祥、陈植、汪季琦、金瓯卜、王华彬、张开济、何广乾、佘峻南、任震英为副理事长，金瓯卜为秘书长。建筑行业的领导机关国家建委指出，"中国建筑学会集中了全国建筑界的优秀科技人才，在过去的二十多年中，为中国的社会主义建设事业做出了出色的成绩；在今后的四化建设中，可以而且应当发挥更大的作用。"

第四届理事会理事长阎子祥的工作报告指出，第四次代表大会不可避免地要受到极左思潮的严重影响，学会工作报告提出的指导思想和布置的各项任务因而也就有不少错误和片面性。他还集中描述了，四届理事会以来发生的触目惊心的事情，以及建筑师在逆境中的艰苦奋斗精神。

以第五次代表大会为机缘，对十年"文革"及以前的消极因素作了深刻的反思，结束了建筑界"建筑政治"的现象。

（一）为逝者鸣冤，对存者肯定

"在那场灾难性的运动中，我们建筑学会，包括地方学会，在建筑界，首当其冲，被当作重点批判单位。四届理事会被诬蔑为反党反社会主义反毛泽东思想的阵地。刘秀峰同志在建工部和建筑学会联合召开的住宅标准及建筑艺术座谈会上所做的《创造中国的社会主义的建筑新风格》的发言，被诬蔑为'反党反社会主义的黑纲领'。《建筑学报》被诬蔑为'封、资、修的喉舌'，遭到了批判和停刊。学会的组织被砸烂，领导干部被揪斗，广大科技工作者也被诬蔑为修正主义复辟的基础。在我们的学会会员中，几乎所有的著名专家、高级工程师，都被打成了'反动权威''特务''反革命'，造成了大量的冤、假、错案。很多革命家受到迫害。"

"在那十年逆境中，建筑战线上的广大科技人员，面对林彪、'四人帮'的封建法西斯专政，仍然坚持真理，坚持科学，采取各种方式为社会主义建设服务。学会被砸烂了，它们就利用别的形式进行学术交流。有不少好的构思是在'牛棚'里琢磨形成的。广州、北京、上海、南京以及其他地方的大批新建筑，是在极左路线的重重磨难下，经过斗争建立起来的。在全国科学大会上授奖的一百零八项建筑科研技术新成果，也是广大科技人员在被迫害、被压抑的情况下，呕心沥血搞出来的。"[①]

（二）说"设计革命"，批极左路线

1964 年开始的"设计革命"，是政治上极左路线在设计界的反映，对设计队伍和设计水准作了错误的估计。这个代替"四清运动"的"设计革命"，不但整了领导干部，更主要、更严重的是整了设计人员。这个运动批判"三门干部"的"三脱离"，号召"下楼出院"搞"三结合"，

---

① 阎子祥.为实现城乡建设和建筑的现代化而奋斗——中国建筑学会第四届理事会工作报告[J].建筑学报，1981（1）：4.

完全是针对知识分子的。批判的内容严重失实，甚至有人诬陷。其结果是，搞乱了思想，混淆了是非。至于"工人阶级领导一切""掺沙子"和"以工人为主体的三结合设计"等做法，不但挫伤了设计人员的积极性，而且大大降低了设计队伍的水准，在实践中也造成了一批低质量的设计和工程。

（三）批长官意志，倡学术民主

一些长官，对于建筑创作一知半解，不尊重科技人员的意见，不尊重创作的客观规律，依仗手中的权力瞎指挥，在设计单位搞"家长制""一言堂"，谁的官儿大谁说了算。有些行政或技术的管理人员和部门，对建筑创作管得过细，管得过死，甚至不问具体条件，指定一个样板，让照搬照抄。在这种创作环境里，各地形成一些不成文的定制。

例如，在某些被认为意义重大的公共建筑里，以面积大、空间高和装饰华丽来表现建筑的等级制度，设置标准高、位置显要但使用率特别低的贵宾室；有的地方规定山墙不得朝街；更有甚者，规定所有的十字路口转角处的建筑平面一律为"八"字形。人们呼吁，"建筑创作民主化是建筑现代化的必要保障。""在建筑创作中充分发扬民主，就是要让设计者在创作中真正行使当家作主的权利，允许发扬艺术个性，允许设计者之间有差别，实现建筑多样化；就是要让各建筑学派享有进行创作和批评的自由，在创作中提倡竞争，标新立异，自成一派。"①

"味道"一律
——很好！正合胃口！
——因为全凭您的旨意……

图 6-001　漫画《味道一律》，作者：钦哲
图片引自《建筑师》第一期，1979（8）：80.

---

① 王华彬. 展望八十年代中国城乡建筑的发展 [J]. 建筑学报，1981（1）：20.

（四）对现代建筑，获公允评说

建筑思想的讨论，必然涉及到对西方现代建筑认识、传统与革新的关系以及民族形式等长期萦绕在建筑创作领域的基本话题。特别是发源于西方资本主义国家的现代建筑，只是进入1980年代，建筑师才真正得以从正面阐述。

戴念慈在《现代建筑还是时髦建筑》一文中，系统地回顾了世界现代建筑发展的历史以及现代建筑及其大师创作活动的精神实质：①充分利用现代化工业和科学技术的先进手段，解决现代生活对建筑的要求；②要消除现代工业给人类物质与精神带来的消极方面。他提出，在我们的创作中不要求全，求全必然导致平庸和千篇一律；要善于从对立面汲取营养；从精神实质看，民族形式与现代社会主义建筑并不绝对互相排斥。[1]

渠箴亮对待现代建筑的态度最为鲜明，他认为现代建筑是中国建筑现代化的必由之路；建筑风格走向"国际化"是大势所趋；应该在风格统一的基础上求得形式的多样，并对千篇一律的现象进行了具体分析。这些意见的公开提出，标志着言路已经大大地敞开。

（五）对禁区置疑，评建筑方针

中国的建筑方针，是一定社会、政治、经济条件下的国家建筑政策，而且是偏重于经济性的政策。由于在设计实践中经常把它当成建筑理论，或者当成衡量建筑优劣的基本原则，就常常显出用它作为建筑基本原理之所短。但是，长期以来这个方针的强大政治影响，无人敢于对它公开置疑，形成了事实的禁区。

自拨乱反正以来，对这个方针的意见逐渐公开化，顾奇伟提出，建筑方针要针对建筑，"适用、经济，在可能条件下注意美观"似乎并不是仅仅针对建筑的，对于工业美术、商业美术等同样是可以通用的。他认为，"适用"是个较低的要求，建筑的使用价值必须是非常经久的；"经济"理解为"省"是不够的，现代建筑创作应该特别强调效果的经济；"美观"的提法并不确切，美观是指视觉上的，往往游离于实用、经济之外，而美感不仅包括心理感、精神感、而且是以生理感、安全感等"实"感为基础的。把美观作为建筑艺术创作的惟一要求，实际就会成为一种限制。[2] 其他建筑师，也在不同场合发表对建筑方针的看法，使得讨论得到深化。

（六）看民族形式，已值得商榷

当年"民族形式"的提出，是一项与政治有关的建筑政策，它和政治思想、意识形态问题直接关联，涉及到民族解放、阶级立场等"大是大非"的政治问题，以至把民族形式同国家兴亡、

---

[1] 戴念慈. 现代建筑还是时髦建筑 [J]. 建筑学报，1981（1）：24.
[2] 顾奇伟. 从繁荣建筑创作浅谈建筑方针 [J]. 建筑学报，1981（2）：18-20.

民族荣辱联系在一起。尽管在长期的建筑创作中，民族形式屡屡出现各种问题，但中国领导层对民族形式的倡导，许多建筑师对民族形式的追求，始终不渝。建筑师对这一话题的议论颇多，唯在思想解放的气氛中，才能畅所欲言。

1980 年，建筑师陈世民曾提出"民族形式"的提法"值得商榷"。他认为，①"民族形式"所指主要是古典建筑的外部特征，仅仅是这些精华中的一部分内容，它不能代替和概括如此丰富的多方面的内容。②"民族形式"的提法形成了错误观念：继承传统就得搞"民族形式"……这种情况一旦变成不了解情况的"长官"瞎指挥，影响就更大了。③"民族形式"在实践中有不少局限性。他认为，"民族形式"这个口号有必要舍弃。①

在中国建筑学会第五次代表大会上，陈鲛对民族形式问题作了详尽的论述。他举出了西方 18 世纪末叶至 19 世纪中叶的建筑复古，苏联的"社会主义内容、民族形式"，法西斯军国主义德、意、日三国的"民族形式"政策，中国 30 年代的民族形式，50 年代的"社会主义内容、民族形式"等的历史经验教训，认为无一例外地被证明是走向复古主义的形式主义道路。他在论证过程中，甚至指出毛泽东一系列有关民族形式的讲话，对于建筑形式的创新和发展起到不良作用。② 他认为应该"大胆地创作出既具有社会主义内容，又有社会主义形式的建筑，这才是中国建筑创作发展的道路。"

以上这些问题，如建筑创作的学术民主、对西方现代建筑的态度、如何对待建筑方针、民族形式等，曾经是中国特有的涉及到"建筑政治"内容的问题。澄清这些问题，对于创作环境的重建，都是绝对必要的。随着中国国家政治的拨乱反正，中国建筑界的政治气候也逐渐变暖，当中国从计划经济体制向市场经济过渡时，"建筑政治"解体了，建筑创作也逐渐地交给了市场。

彼此彼此
——哼！看你这身穿戴！
——哟！瞧你这副模样！

图 6-002　漫画《彼此彼此》，作者：钦哲
图片引自《建筑师》第一期，1979（8）：79.

---

① 陈世民 ."民族形式"与建筑风格 [J]. 建筑学报，1980（2）：34.
② 陈鲛 . 评建筑的民族形式——兼论社会主义建筑 [J]. 建筑学报，1981（1）：38-46.

三、打开建筑界的门窗

（一）一种社会文化空气

建筑艺术与美术、文学等，是生活在同一社会环境中的兄弟姊妹艺术，由于中国特殊的社会环境，它们几十年间几乎按照完全一样的轨迹运行。由于建筑担负着社会使用功能，需要大量资金、人力和资源的投入，同时在表现思想方面又有很大的局限，所以建筑对时代的反映相对滞后，而且不如其他艺术具体。但是，文艺界的动作，及其形成的文化气氛，也深深地触动着建筑创作。

1. 暴露·伤痕·置疑

至 1970 年代末，有一批所谓"伤痕文学""暴露文学""问题小说"等文艺作品出现，既触动了人们精神世界的伤痕，也触动了文学自身，一般人倾向把这些作品视为创作中的突破乃至新气象。

在文艺思想的批判方面，虽然情况相当活跃，还只能算是愤怒的控诉，并非真正的文艺批判。直到关于真理的标准问题讨论之后，文学理论和批评冲破了许多禁区，出现了新的局面，影响到建筑领域。

建筑界对许多很少触及的禁区，如西方建筑理论、建筑美学、对建筑方针质疑、对长官意志的批评等，在这种文化背景下，逐渐出现了大胆的言论。

2. 先锋·非理性·哲学

在创作上更能及时表现"先锋"（Avant Guard，又称"前卫"）精神的是美术，特别是绘画。不过，当时更多的是对过去的绘画作品只画光明不画黑暗、只许写实不准抽象以及所谓"三突出"的"帮派美术"等，做出激烈反弹。其基本的特征是：

①提倡对艺术形式的追求。中国的文艺批评，一向政治标准第一，艺术标准第二；在艺术标准中，一向是内容第一，形式第二，艺术形式长期受到压抑。

②理性和非艺术倾向。直接借鉴西方现代艺术中非艺术和非理性主义的手法，以补充过去的写实或现实主义倾向，同时对西方现代艺术中的理性主义方向相对冷漠。

③艺术理论方面，对于现代艺术背后的非理性主义哲学背景更感兴趣，如尼采、叔本华的生命哲学，柏格森的直觉主义，弗洛伊德的精神分析心理学等，得以公开传播。

3. 寻根·文化热

文学艺术中的"寻根热"和"文化热"，早有明显的迹象，后来以贾平凹向商洛文化寻根、韩少功表现湘楚文化的作品等，使之出现了高潮。寻根意识并不是复古，它已渗透着某种现代意识，表达一种世界性的反思和诘问。

在建筑领域，寻根的影响主要波及传统问题，而社会上重整被十年"文化革命"所破坏的文化荒漠时，也着实地影响了建筑文化热的兴起。

4. 传统·次传统

传统文化及其载体，"文革"中已经被破坏殆尽，几乎成了腐朽没落的代名词。文化领域的拨乱反正，在对待传统的问题上，也是一个比较激烈的话题。大多数的情况是，谴责"文革"时期对传统艺术的摧残以及文化的虚无主义，至于今日的创作如何对待传统，则又接续上了过去一直争论的话题。有一点是肯定的，不照抄、照搬传统，要在继承的基础上有所创造，传统要革新等意向也比较明确。

这里所谓"次传统"是主流传统之外的边缘性传统，在一个时期被重视和发掘。此期间，有一些描绘"次传统"的作品出现，如描写中国男人的"辫子"，女人的"三寸金莲"等。"次传统"的特点不但表现在取材上，同时也反映出作者的主观想象，构筑奇特的情节，期望走出不可逾越的主流传统。

在建筑领域，这种企图摆脱主流传统的现象表现得十分明显，人们探索着作品如何走出大屋顶阴影的笼罩。

5. 通俗化

"文革"以来，缺乏休闲性的通俗文艺，在大多数情况下，它们被斥责为"小资产阶级"或"小市民"情调。这种极"左"的文艺戒律，被层出不穷的通俗作品所冲破，如通俗音乐、通俗小说大量出现，并占据着大片文艺领地。

建筑领域也有通俗化的现象出现，是整体文化环境在建筑领域的反映，它活跃了建筑创作，也带来了一些消极的因素。

建筑的艺术属性，使之与文学艺术发生了密切的联系，它们同在一片天空下，共生在一块土地上，文艺界发生的事情，在建筑界总是可以找到点儿影子，这在过去和现在都有例证。比如"千篇一律"现象，就是建筑和其他文艺的共同话题，而这一切，又是社会政治和政策直接造成的，在政治变革的时期，文艺势必反映出这种变革。

（二）政府重建学术环境

中国结束了 30 年的封闭状态。开始放松对外交往的各种限制，同时也着手营建一些有利于发展学术的基本环境，在刚刚过去的 10 年间，这种环境已经破坏殆尽。

1. 开辟对外交流渠道

1950 年代开始与西方隔绝，1960 年代也关上了与苏联交流的大门，中国的建筑师，特别是 1950 年代以后毕业的建筑师，十分缺乏对外交流，渴望完善对西方现代建筑的认识，迫切希望知道当今世界建筑的新趋势。

政府部门，通过与外国相应的部门和机构签订各种科技交流计划，各单位和各城市之间开始了比较密切的往来。建筑团体的出国访问，技术人员的出国考察，高等院校教师的出国进修或讲学等，通过多渠道重建了与外国的联系，特别是同美国和日本这两个发达国家的关系。

过去只是在期刊或书本上看到的外国著名建筑师，也来到眼前，如贝聿铭、丹下健三、芦原义信、黑川纪章、大谷幸夫、波特曼、罗普森等。欧洲、美洲、澳洲等地的建筑师，也纷纷来访。这对于认识西方现代建筑的经验，认识由此而来的个人风格，有了客观的和直接的机会。

2. 重建灾后建筑教育

1966 年中国的高等院校停止招生，教育成为"十年动乱"中的重灾区，由于建筑教育的人文学科和艺术学科的跨学科性质，建筑教育是重灾之重，"文革"之中建筑学专业几乎被取消，中国有大约 15 年的时间没有高等院校毕业的专业人才。1971 年试点从工人、农民和解放军战士中保送"工农兵学员""上大学、管大学"，并于 1973 年全面展开，至 1976 年，全国高等院校共招收建筑类的工农兵学员约 1.3 万人。

1977 年，中国恢复高等院校统一考试招生制度，包括建筑学专业在内的建筑院校开始恢复和发展。为适应建设的急需，1977—1980 年间许多地方依托老校建立分校，如天津大学和同济大学建筑分校；同时也成立了许多建筑工程学院，如北京、辽宁、山东、吉林、西北和南京等；1981 年国务院批准建立武汉城市建设学院，1984 年教育部批准正式建立苏州城市建设环境保护学院。建筑学专业的招生，也得到快速的发展，1977 年设置建筑学专业的 8 所院校招收新生 321 人，至 1988 年，增至 46 所，招生 1914 人。[①]

在恢复建筑教育之后，建筑教育改革的呼声日高。周卜颐撰文《建筑教育的改革势在必行》，他认为，中国 1920 年代的留学生"全盘接受了'日落西山'的复古主义折中主义建筑观点和创作手法"，直至 1940 年代 20 年间没有变化。"1953 年起全国掀起了学习苏联的热潮，建筑教育也全面倒向苏联。岂知苏联的建筑教育出自巴黎美院。于是来自美洲的和来自苏联的学院派在新中国的大地上同流合污，一时复古主义折中主义的建筑思潮甚嚣尘上。"他比较了 50 年前中央大学与共和国成立之后 35 年一所著名学校建筑系的课程表，其结论是："总的改进不大，基本上还是半个世纪前的学院派教育体制。[②]"许多学者从不同角度呼吁建筑教育改革，或探索具体的改革思想和方法。高亦兰提出建筑教育应该培养专才基础上的通才。[③]

1986 年 11 月 17 日—21 日，全国首届建筑教育思想讨论会在南京举行，31 所高等院校的专家、教授以及建筑院系的负责人近 60 余人参加了会议。会上代表们就新时期的建筑教育

① 参见：中国建筑年鉴 1984—1985[M]. 北京：中国民间文化出版社，1986：1988-1989.
② 周卜颐. 建筑教育的改革势在必行 [J]. 建筑学报，1984（4）：16-19.
③ 高亦兰. 培养专才基础上的通才 [J]. 建筑学报，1984（12）：48-51.

观、人才观、建筑观等展开了热烈的讨论，并就教育体制、教学内容和教学方法等问题进行了深入的讨论，认为建筑教育必须"面向现代化、面向世界、面向未来"，建筑教育的方向是将建筑教育与社会主义现代化建设密切结合起来。会议发表了大批有水准的专家论文，会议还呼吁国家建委以及有关领导部门，应理解建筑学学科的特殊性，并就参加工程设计、教育经费、教室面积、教师定编等问题，给予支持。建筑教育改革在各个院校开始探路，一直到1990年代，为实行注册建筑师制度而带来的建筑学专业评估活动，使中国的建筑教育进入了一个新的发展阶段。

3. 学术著作得以面世

中国建筑师的工作环境不但封闭，而且动荡，著书立说之类的事情常常被指为"名利思想""一本书主义"，因而建筑学术著作的出版十分冷清。著述比较丰富的老一辈建筑师已经所剩无几了，"文革"初期尚处在中、青年的建筑师，此时已分别步入中老年，"十年动乱"使他们痛失宝贵时光，人们奋力要把"失去的时间补回来"。

首先是对"文革"中去世的老一代建筑师的研究成果结集出版，如《梁思成文集》（1982年）、《刘敦桢文集》（1982年）等陆续出版；同时，卓有成就的老建筑师也在大力著述，如童寯对西方现代建筑的研究成果《新建筑与流派》（1980年）、《苏联建筑——兼述东欧现代建筑》（1982年）等，他还在《建筑师》杂志上撰文介绍西方建筑技术的发展经验，他的著作，信息广泛、分析精辟、用语精炼，对于改革开放初期的建筑师和学生，具有重要的启蒙作用。他的治学，是一代教师和理论工作者的典范。

陈志华的著作《外国建筑史》（1979年）、同济大学罗小未等4所学校教师合作编写的《外国近现代建筑史》（1982年）、也相继出版，改善了外国建筑史长期缺少教科书和教学参考书的状态。一些西方建筑大师的名著翻译出版，如勒·柯布西耶的《走向新建筑》（吴景祥译，1981年）、P.L.奈尔维的《建筑的技术与艺术》（黄运升译，1981年）等，并逐渐筹备翻译现代建筑理论的系列丛书，这是努力引进西方现代建筑的一部分。

1964年只出版了第一集的三集大型工具书《建筑设计资料集》，也于1978年出齐，陆续出版了多种建筑设计原理和图集。一些中青年教师或建筑师，在"文革"期间有所积累，也陆续出版了研究成果，如彭一刚的《建筑画与表现图》《建筑空间组合论》等。这些著作的出版，无疑对促进中国建筑的重新起步有十分重要的作用。

4. 广泛展开设计竞赛

建筑设计竞赛是推动设计进步的有效方法，世界各地经常开展竞赛活动，既征集优秀设计方案，又探讨新的设计趋势。"文革"之前中国曾经开展过多种设计竞赛，但"文革"中相当长的时期，设计竞赛活动中断。

从1980年4月，中国建筑学会、国家建委设计局、文化部艺术局和国家建工总局，联合举办全国中小型剧场设计竞赛。这次竞赛共收到方案677个，图纸3242张。许多中青年建筑师，在度过了"文革"的寂寞之后，开始崭露头角。这次竞赛虽然适于专区或县城，但方案呈现出多彩多姿，一扫"千篇一律"的面貌。自此以后，全国性或地方性的设计竞赛活动日趋频繁，在不同层次上开展体育馆、学校、住宅等建筑的设计竞赛。

1981年6月，全国农村设计竞赛方案揭晓，各地有6500份方案参加竞赛，选出了142个优秀方案在全国角逐。优秀方案在设计过程中访问了农户，在充分利用地方资源的前提下，发展以钢代木，推广钢筋混凝土构件，同时还发扬了地方风格，为改变地方建房的"千篇一律"现象，起到积极的推动作用。

高等学校的教师和学生，还积极参与国际设计竞赛，1980年，同济大学四位讲师：喻维国、张雅青、卢济威和顾如珍的设计《中国乐山博物馆》，获得日本国际建筑设计竞赛佳作奖；1984年，北京市建筑设计研究院建筑师李傲《现代的方舟——"功宅"》获日本国际竞赛一等奖；此后中国建筑师在国际获奖的人数和等级逐渐上升。据不完全统计，1980—1986年间，在国际竞赛中获奖30余项。

创刊不久的《建筑师》杂志，还于1981年成功地举行了大学生设计竞赛，参赛的学生来自40余个单位，收到方案521个；1983年又举办了大学生论文竞赛，有25个大专院校330篇论文参加竞赛，这些论文思路开阔、题材多样，令人信服地表明了中国未来建筑师所具有的研究能力和学术素养。

5. 政府评选优秀建筑

在已经过去的30多个年头里，中国的建筑界很少举行优秀建筑的评选。早在1961年10月，建筑工程部公布了《关于设计工作的条例（草案）》，条例的七十二条规定"每个设计单位，都应当有计划地发动设计方案的竞赛和评比"。

多年来，除了数量有限的设计竞赛之外，评优活动很少进行，在计划经济的条件下，似乎也看不出评优活动的实际意义。在改革开放的新形势下，针对已经形成的"千篇一律"的局面，政府和学术团体大力提倡"繁荣建筑创作"，评选优秀建筑设计成为一项有意义活动。

早在1978年召开的全国科学大会上，就有毛主席纪念堂、首都体育馆和斯里兰卡纪念班达拉奈克国际会议大厦等100多个同建筑有关的项目获奖。

1980年7月19日，国家建工总局颁发《优秀建筑设计奖励条例（试行）》，要求建工系统逐级推荐优秀设计，并规定以后每两年评一次，评选的范围是两年内建成投产的项目，建成使用半年以上。《条例》还规定了评选优秀建筑设计的原则和条件。

1981年7月28日，国家建委、国家经委颁发《国家优质工程奖励暂行条例》，规定国家优质工程奖每年评选、审定颁发一次。7月还公布了国家建工总局优秀建筑设计项目，苏丹友谊厅、广州旷泉别墅和南京五台山体育馆等9项，为优秀设计项目；上海卫星地面站、天津水上公园熊猫馆和广东东方宾馆新楼等13项为表扬设计项目。这些项目，是对1970年代以来，在比较困难的设计环境中，所积累的一些优秀设计项目的肯定，大大地鼓励了建筑师的创作热情，对此后国务院各部、局正式评优，奠定了基础。

1984 年 6 月 28 日，建设部颁发了 1984 年全国优秀建筑设计获奖名单，全国有 26 个省、市、自治区和部属设计单位，推荐了 158 个项目参加评选，广州白天鹅宾馆、扬州鉴真纪念堂、北京大模住宅建筑体系标准化设计、上海龙柏饭店、福建武夷山庄 5 个项目获得一等（一级）奖，塞拉利昂政府办公楼等 11 个项目获一等二级奖、二等奖 10 项，共 31 项获奖。此后，这个评选每两年举行一次，在促进建筑设计的进步方面，起到了推动作用。

6. 民间建筑社团的萌动

早在 1980 年中国建筑学会第五次代表大会开会之际，与会的几位中青年建筑师曾经呼吁，重视中青年建筑师在学术上的作用，并具体建议在中国建筑学会的架构内，设立中青年建筑师的组织，他们期望有自己的论坛，彼此交流、相互支持，在新时期一展身手。这在论资排辈的学术机构中，无疑是个大胆的举动，显示了他们期望登上新时期中国现代建筑舞台的决心。

1984 年 4 月 16 日—20 日，在云南昆明召开了"现代中国建筑创作研究小组"成立会议，初创的小组共 23 名成员；会议讨论并确立了小组的名称和《现代中国建筑创作研究小组公约》，讨论了《现代中国建筑创作大纲》。小组公约说，成立小组的目的"在于突破部门、体制上的局限，加强中青年建筑师之间的横向联系，发挥集体的智慧和力量，在建筑理论与设计实践两方面深入地进行学术交流与探索，致力于把中国建筑创作水平尽量搞上去，为产生中国自己的、能够正确指导当前建筑实践的建筑理论，为创作一批无愧于我们伟大时代的建筑，为锻炼出一批高水平的建筑师贡献力量。"[1]《大纲》几经修改之后，于 1985 年在武汉的学术会议上发表。参加小组的成员，大多数是设计单位崭露头角的建筑师，有的日后成为各方的领导，学术活动很有声色。

与现代中国建筑创作研究小组不同，"当代建筑文化沙龙"的成员大多数是近些年来涌现出来的中青年建筑理论工作者。1986 年 8 月 22 日，当代建筑文化沙龙在北京成立，刘开济、陈志华、罗小未等被邀请为该沙龙的顾问。在第一次学术讨论会上，讨论了后现代主义建筑问题。召集人顾孟潮和王明贤在《当代建筑文化沙龙的心愿》一文中说："我们想从文化的广阔角度，探索建筑理论的前沿课题及基本理论和应用理论；我们主张兼容并蓄，我们相信，文化的基本理论是相通的，我们将进行跨学科的文化交流，拓展思维空间。我们希望首先能在探索建筑文化的价值观、方法论及其本体结构内容方面有所突破。"[2]"沙龙"也进行了长期的学术活动，并广泛邀请社会科学、文艺界和新闻界的人士参加会议，气氛宽松活跃，并有文集出版。

1980 年代的中青年建筑师和理论工作者，言路较为开放，学术思想比较活跃。

7. 建筑设计体制改革

中国的第一个五年计划，奠定了建筑业的社会主义计划经济体制和运作方式，在国民经济正常进行的情况下，每年可以完成大量的设计和施工任务。但是，中国建筑业在国民收入中所

---

① 参见：世界建筑导报 [J]. 1995（2）：8.
② 参见：中国美术报 [J]. 1986（41）.

占的比例甚少，1949—1980 年间共收入 2040 亿元，占同期全国国民收入总额的 4.1%，苏联东欧等国家，建筑业创造的国民收入一般也只占 8%~11%。

究其原因，计划经济的体制一直把建筑业当作一个吃基建投资的消费部门，而没有把它当作增加收入和积累的物质生产部门。在几十年的发展过程中，一旦略有改革，如实行法定利润、承发包合同制等，即被当作资本主义的东西加以批判，致使中国的建筑业十分缺乏活力。在这个体制中的建筑设计单位，设计不收费用，依靠事业费开支，设计人员没有市场的竞争，没有人员之间的竞争，不但创作水准徘徊不前，而且事业费用也难以为继，所以改革的要求相当迫切。

1979 年 1 月 6 日—15 日，国家建委在北京召开的全国勘察设计工作会议，讨论了设计工作的重点如何转移到四个现代化建设方面来。会议提出，设计单位要实行企业化，推行合同制。这年，各地已经有 28 个设计单位实行了企业化试点，以后试点不断扩大。

1980 年 4 月 2 日，邓小平谈到建筑业和住宅问题，副总理姚依林在全国基本建设会议 13 日的会议上，传达了他的谈话：

"从多数资本主义国家看，建筑业是国民经济的三大支柱之一，这不是没有道理的。过去我们很不重视建筑业，只把它看成是消费领域的问题……要改变一个观念，就是认为建筑业是赔钱的。应该看到，建筑业是可以赚钱的，是可以为国家增加收入、增加积累的一个重要产业部门。要不然就不能说明为什么资本主义国家把它当作经济的三大支柱之一。所以，在长期的规划中，必须把建筑业放在重要的地位。与此相联系，建筑业发展起来，就可以解决大量人口的就业问题，就可以多盖房，更好地满足城乡人民的需要。随着建筑业的发展，也就带动了建材工业的发展。"

这个谈话，为建筑业的改革提供了新观念，也为建筑设计体制的改革注入了动力。

1980 年 5 月 5 日—17 日召开的全国建工局局长会议上，贯彻了邓小平讲话的精神，并对今后建筑业的发展提出了 6 条方向性的意见。1980 年 6 月 7 日，国家建工总局直属勘察设计单位试行企业化收费暂行实施办法，提出设计单位和建设单位之间实行经济合同制，并规定了取费和拨款办法，试行企业化取费。这是中国第一个改革设计单位依靠国家财政拨款作为经费主要来源的法定文件。此后，建筑设计单位逐步向企业化迈进。

1983 年 3 月 5 日—14 日，建设部在济南召开全国建筑工作会议，传达了建筑业改革大纲：（1）改革经营方式，推行施工队包工制；（2）改革工资分配办法；（3）改革管理体制和组织结构；（4）改革城市住宅投资方式，实行商品化经营；（5）改革单纯用行政手段分配建设任务的方式；（6）改革工程质量监督办法；（7）改革干部制度；（8）改革落后的生产方式和管理办法；（9）勘察设计单位实行企业化经营；（10）改革科研管理办法。组织的企业化和产品的商品化，是这个改革大纲的核心内容。

1983 年 7 月 28 日，国家计委、财政部、劳动人事部联合发出勘察设计单位实行技术经济责任制的通知，将国家按人头多少拨给事业费，改为向建设单位收费。1984 年 6 月 6 日，建设部发出通知，要求进一步抓好勘测设计改革的试点，设计单位由事业管理办法改为企业化经营。设计的体制逐渐摆脱计划经济时期的一套模式，这些改革措施，对于打破过去"大锅饭"的分配方式，起到促进作用，并为1990年代设计单位完全企业化奠定了基础。

随着改革开放的深入，建筑师个人开业的呼声渐高。1984年9月3日，建设部副部长戴念慈就国家允许开办个体建筑设计事务所问题，对《经济日报》记者发表谈话。他说：建筑设计上，允许全民、集体、个人三种所有制并存。关于个人开办建筑设计事务所，国家有关部门正在制定具体办法。个人开业要具备下列条件：一是有独立组织生产和经营管理的机构，形成经济实体；二是有固定的设计人员，其资格和数量要符合有关文件的规定，与承接的设计任务相适应；三是要有固定的生产经营场所。个体开业的政策和方法虽有规定，但能开业的建筑师数量一直很少，而且集中在少数大城市里。

8. 繁荣创作广州会议

说1980年代是极力提倡"繁荣建筑创作"的年代，一点也不过分。早在1970年代之末、建筑界拨乱反正批判"四人帮"的时候，就逐渐形成了这个共识，以后自然成为政府、学会以及民间最常用的口号。提倡"繁荣建筑创作"力度最大的一次，是1985年末的广州会议。

按国务院副总理万里关于"研究建筑创作千篇一律问题"的指示，由中国建筑学会组织的繁荣建筑创作学术座谈会，于1985年11月29日–12月3日，在广州的旷泉客舍召开。来自全国各地的建筑专家、建筑师、教授90余人参加了会议，建筑学会理事长戴念慈主持了会议，副理事长阎子祥以及广东省有关领导出席了会议。这是继1959年上海住宅标准及建筑艺术座谈会之后，又一次讨论建筑艺术和建筑创作的重要会议，会议比较集中地讨论了以下4个方面的问题。

（1）关于千篇一律：目前大家对城市缺乏特色，建筑互相抄袭，住宅面目相似的千篇一律现象很不满意。有的代表认为，提倡建筑有时代性、民族性、地方性以及建筑师的个性，可以打破千篇一律；同时要注意，多样化并不是五花八门，杂乱无章；所以解决千篇一律也要靠城市规划。还有一些代表认为，千篇一律可能是在一定发展阶段难以避免的现象，并不可怕，或者说，千篇一律从某些方面来说，也有积极的作用。形成一个时代、一个民族、一个地区的风格，有赖于这个时代、民族、地区表现出来的某种一致之处。

（2）关于学习外来文化：有些代表认为，创造中国现代建筑应该从我们自己的传统出发，多方面吸收外来营养，变成自己的东西。吸收时要有鉴别，不能好坏不分。现在有一种倾向是对外来文化和自己的传统都研究得不够。有人说，花了美元从香港买来一些不伦不类的斗栱、龙柱之类的东西很不恰当；也有人认为，对外国优秀的东西，在开始学习的时候，应该允许模仿抄袭，聘请外国建筑师来中国搞设计也无可厚非。

（3）关于继承传统：有代表认为，只要是中国建筑师，建筑设计必有中国味，不必专门提出继承传统和民族风格；更多的人认为，中国古代建筑中的宝贵遗产是现代建筑的"根"。

（4）关于信息与建筑创作：许多人认为，工业化社会的建筑强调的是物质功能方面，而信

图 6-003　1985 年繁荣建筑创作学术座谈会会场（左）
图 6-004　1985 年繁荣建筑创作学术座谈会上，正面中间为戴念慈，左为唐璞，右为林克明（右）

息社会转向了感觉、知识、心理、交往等方面的要求上来。必需认识到，作为空间的建筑，不仅是物质生产和生活的场所，也是人际交流、文化吸收并得到精神满足的场所。

会议上还交流了近年的创作实例，如武夷山庄、阙里宾舍、新疆建筑以及广、深建筑等。戴念慈在闭幕式上发表了题为"论建筑风格、形式、内容及其他"的长篇讲话，讲话涉及到：

（1）建筑是技术又是艺术，不应害怕建筑艺术涉及意识形态问题，而采取逃避态度；

（2）风格是共同特征在表现上的不断重复，社会主义阶段，必然会形成社会主义建筑新风格；

（3）从优秀传统出发，进行革新，引用鲁迅和列宁的话，对此加以论证；

（4）用辩证统一的观点来看待建筑的内容和形式问题；

（5）应该提倡民族形式、社会主义内容，分析和否定了不赞成社会主义内容和民族形式提法的观点。

这是一个重要的会议，但它没有、也不可能、甚至没有必要形成刘秀峰式的报告。时隔 20 余年，终于又能公开讨论建筑艺术和繁荣创作问题，而且言路广开，对于建筑师繁荣建筑创作的努力是一个有力鼓励。可以说，1980 年代，中国建筑已经开始步入共和国成立以来建筑创作环境最佳的时期。

（三）学界谈论焦点话题

与世隔绝了几十年的中国建筑师，迫切需要了解世界。现在，外国建筑师已在中国设计、建成了实实在在的建筑物。令人称奇的外国建筑大师的经典之作，以及外国的建筑理论和思潮，已摆在中国建筑师面前，冲击着现有的建筑观念、设计方法乃至中国的建筑材料和建筑设备工业。

1979—1989 这十年间，中国建筑界的三家主要媒体《建筑学报》《建筑师》和《世界建筑》所发表的文章，应该是这个时期中国建筑界的关注重心。图 6-005 是根据这三家杂志的 568 篇文章做出的统计曲线，这些曲线将从一个侧面指出中国建筑师的关注重心。

在这个图表中，我们可以看到有 6 个"制高点"：

（1）建筑界的拨乱反正，大约 1980—1981 年形成高潮；

（2）现代建筑的再认识，大约 1981 年形成高潮，1988 年降至低潮；

（3）后现代建筑的宣传，大约 1981 年开始，1986 和 1989 年有两个高潮；

（4）对建筑技术的关注，大约 1983 年开始，1984—1985 年有一个高潮；

（5）有折衷倾向的论述，大约 1986 年形成高潮；

（6）建筑文化热的兴起，大约 1987 年开始，进入 1990 年代形成高潮。

在这 6 个"制高点"中，大多数与外国建筑理论的引进有关，可以说，这十年是继 1950 年代之初引进苏联建筑理论之后的第二次外来理论较高强度的引进。不同的是，这一次没有政治背景或外部干预，建筑界表现出强烈的主动性和积极性，同时也具有某种随意性甚至盲目性。这就引出了新时期前十年建筑界思索的一系列焦点话题。

1. 现代建筑：一部似通未通的历史

从统计资料看，1981 年是重新认识西方现代建筑运动的高潮。在这期间，除了介绍较新颖的建筑外，相当多的篇幅介绍西方现代建筑大师。中国的第一代建筑师，由于大多留学国外，受西方建筑思潮的影响是天然的。尽管有个别建筑作品带有时尚的性质，但主流建筑师对现代建筑有认识、有作为。共和国成立之前，他们曾在现代建筑思想的启发下，主动地发展了中国自己的现代建筑；共和国成立之后，自发地延续了现代建筑，在与现代建筑运动隔绝的日子里，也曾不时显露现代建筑的理想，当新时期到来之际，他们已经步入老年。

大约处在中青年的第二代建筑师，是在与外界基本隔绝的状态下成长的，他们有的在政治运动的干扰下，没有受过完整的现代建筑教育，1979 年之前，中国甚至没有一部完善的西方现代建筑历史的教科书，他们也没有机会出国考察。因此，就这时的中年建筑师而言，对现代建筑的再认识，具有补课的性质。1980—1985 年的五年之间，明确以引进西方现代建筑理论为目标的文章 47 篇，基本上是现代建筑运动的基础资料，甚至与 1956 年那个短暂春天里对现代建筑的介绍没有多大区别，连许多图片都一样。

围绕中国现代建筑定位或方向的争论，反映出对西方现代建筑历史认识的若明若暗。有些论者认为，中国建筑之所以"千篇一律"，是现代建筑造成的；有的说，之所以"千篇一律"就是因为没有实现现代建筑。

2. 眼见为实：旅馆引进激起千重浪

不管从哪个角度看，旅馆建筑都是中国建筑开放的报春花：它既是最先起步的建筑类型，也是最早引进外国建筑师作品的领域。中国大地上最近立起的外国建筑师作品：香山饭店、建国饭店、金陵饭店和长城饭店，更能使中国建筑师亲身领受中外建筑师处理建筑任务的文化态度，这就展开了一系列建筑设计观念问题的矛盾或差异。四个典型旅馆建筑，体现了许多值得注意的观念。

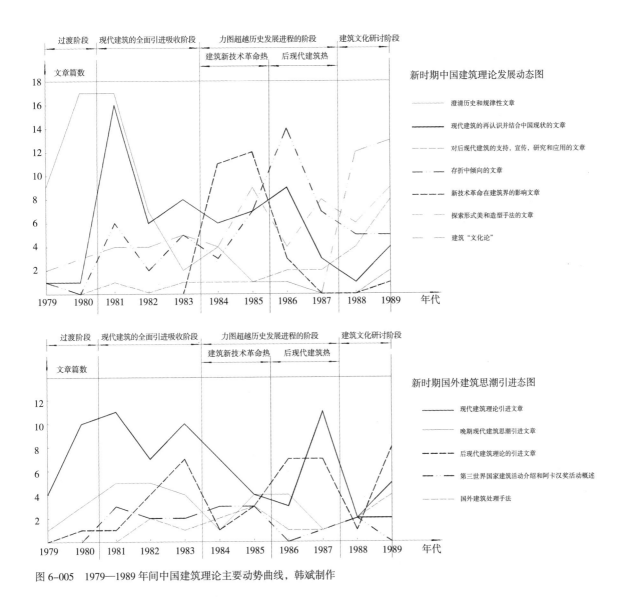

图 6-005　1979—1989 年间中国建筑理论主要动势曲线，韩斌制作

北京，香山饭店，是华裔美国建筑师贝聿铭在中国大陆的第一件作品，也是中国改革开放后引进最早的外国建筑师作品。占地 3 万平方米，建筑面积 3.5 万平方米，客房 292 套,500 床位。

作者青年时代成长于美丽的园林之乡苏州，尽管在国外侨居 43 年，自身依然具有深厚的中国文化底蕴，怀有江南园林的情思。作者说，他"想借'香山'这个题目看看丰富的中国建筑传统是否有值得保留的地方。"[①] 关于现代中国建筑的可行之路，他认为：①"高层建筑物应该完全西化，以避免不中不西……"；②在 3 至 5 层的低层建筑设计中，可以比重较重地加入传统园林建筑的色彩。

在香山饭店中，我们可以看到贝聿铭采取了以下措施：

①在总体上，把建筑分为 5 组，采取水平方向延伸的布局，形成最高不超过 4 层的园林式院落组合建筑群格局。②院落的处理有主有次，有开有合，而这一切又同建筑的功能紧密相关。

---

① 参见：贝聿铭谈建筑创作侧记 [J]. 建筑学报，1998（4）：19.

图 6-006　北京，香山饭店，1979—1982 年，建筑师：[美] 贝聿铭

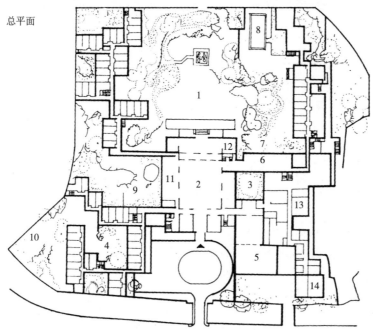

总平面

1. 流华池
2. 溢香厅
3. 浮翠
4. 云岭芙蓉
5. 宴会厅
6. 西餐厅
7. 海棠花坞
8. 游泳池
9. 松竹杏暖
10. 漫空碧透
11. 商品部
12. 酒吧
13. 职业食堂
14. 锅炉房

图 6-007　北京，香山饭店，1979—1982 年，平面图

图 6-008　北京，香山饭店，1979—1982 年，四季厅

③处于主要活动地带的加顶庭院"四季庭园"，虽然是西方建筑中的 Atrium（天井），但对称的四合院格局以及传统的庭园手法，使得中西的建筑形式得以融合。④建筑采用白墙、灰砖，使人感到江南民居的色彩和材料，墙面的划分以及门窗周围的线条处理，显露出中国传统建筑的图案和神采。⑤采用了中国传统园林建筑的一些细部，如漏窗和"曲水流觞"等。除此以外，建筑设计的确体现了一位建筑大师清新、高雅的设计风范。

香山饭店的设计和建成，引起了中国广大建筑师的关注，完工前后，仅在《建筑学报》上发表的相关文章就有 12 篇之多。中国建筑师一致肯定这是一座设计精致的高雅建筑，环境优美，形式新颖，并正面评价了作者探讨中国现代建筑的努力。但批评的意见也十分尖锐，认为是在不合适的地点建了一座很好的建筑。主要的意见有：①选址不当：饭店占有古园林，有损园林风貌；远离市区，交通不便。②把建筑与园林相结合是有条件的，这种探索不具备典型意义。如果在用地紧张的市区就难以实施。③由于园林的组合，使得旅客的路线过长，最远的客房到服务台长达 200 米。④对于地方材料青砖的使用有悖初衷，砖的类型十分复杂，多达几十种，一块磨好的青砖平均竟要人民币 9 元（时价红砖约 0.1 元）；同时，标准和造价也过高，客房平均建筑面积 112 平方米（较高标准为 80 平方米），每间客房造价约合人民币 14 万元。

长久在严苛的经济和政治条件限制下进行工作的中国建筑师，对香山饭店的设计和建设的宽松条件十分感慨，他们对于不受经济条件约束的创作，并不感到由衷地敬佩。建筑评论家曾昭奋在《建筑评论的思考与期待》一文中说：

"值得我们注意的是，中国建筑师们关于香山饭店的评论和思考，实际上已超出'建筑'本身。它向人们揭示了渗入到建筑创作过程中某些权力和金钱的不良影响——其表现于香山饭店的，不是对屋顶形式或客厅明式家具等的干涉和限制（这方面，香山饭店的设计者有着超然的自由），而是带有更深刻的含义。

为什么香山饭店会盖在静宜园中？……

为什么香山饭店能把云南石林的奇石也据为'私有'呢？

一代名园，天下奇石，唾手可得，舍我其谁。它们本该令饭店生辉，令人们心满意足。但是，结果，有人指责说，这是对有重大历史意义的古园林静宜园和对著名风景资源云南石林的一种破坏。初看似乎是香山饭店的光彩和骄傲，细想却是它的不幸和悲哀。"

北京，建国饭店，建国饭店是中国国际旅行社北京分社和美籍建筑师陈宣远为董事长的香港中美旅馆发展有限公司合资建造和经营的项目。建筑位于北京重要的干道东长安街的延长线建国门外大街上，占地面积 1.097 万平方米，建筑面积约 2.96 万平方米，客房 528 间，是标准并不高的典型美国假日旅馆。

标准客房的开间 3.8 米，进深 8 米，使用面积 25 平方米，层高 2.6 米，净高 2.45 米。但平面布局、空间利用切合整个的使用目的，有较高的经济效益。建筑由 1 层、2 层、5 层、10 层等不同体量组合成群，入口有玻璃顶门廊、喷泉，两侧天井小花园别致活跃，不论从室内还是

图 6-009　北京，建国饭店，1980—1982 年，设计：
陈宣远建筑师事务所（左）
图 6-010　北京，建国饭店，1980—1982 年，客房
楼（右）

外观来看，都具有朴实的居住气氛。加上这个旅馆严格的经营管理和优良的服务，给国内的旅馆业带来不同的信息：旅馆不一定要高大、气派。恰当的定位，精细的设计和严格的管理，是创造经济效益的根本。有议论认为，在这样重要的地段上建造标准不高的旅馆有些欠当；外国人设计的旅馆诸多方面不合国情，这是可以讨论的。不过，建国饭店务实的设计思路，会使人们耳目一新。

南京，金陵饭店，位于南京市最繁华的新街口广场西北角，占地面积 2.5 万平方米，建筑面积 6.8 万平方米，高 110.9 米，37 层（含地下室），客房 760 间，可同时接纳 1300 位宾客，平均每间客房的建筑面积 60.5 平方米。主楼平面为调转 45 度角的正方形，方形的四角加 4 个小方筒，形成比较挺拔的塔楼。36 层设旋转餐厅，每小时旋转一周。

新街口地段繁华，人流拥挤，交通量极大，在市中心的十字路口上建造如此规模的旅馆，势必对交通和市政工程造成极大的压力。业主特别将建筑拔高至 37 层，造成标准层客房间数较少，如果每边增加 1 间，可以降低 5 层。对此，政府主管部门曾一再重申审批意见，具体工作人员也持有异议，但始终未被设计者接受。说明在改革开放的新形势下，城市规划和管理部门，在对此类建筑的规划管理方面缺乏准备。

北京，长城饭店，建筑面积 8.293 万平方米，主楼 23 层（含地下 1 层），高度 83.85 米，客房 982 套，1679 个床位。人们关注长城饭店是因为它是中国第一个玻璃幕墙建筑。

玻璃幕墙建筑在北京的出现，令市民们感到新鲜，这种形式在古都北京能够得到批准并实施，确实让人们领受到创作环境的宽松。但是幕墙的造价昂贵，每平方米高达 200 美元，且大量消耗能源，国外建设也并不轻易采用。中国没有玻璃幕墙建筑似乎是个缺陷，过多地引进未必值得称赞，后来的发展表明，玻璃幕墙有些泛滥了。

眼见为实，中国建筑师虽然改革开放之初已经知道了许多外国建筑大师及其作品，但资本主义国家、资产阶级的建筑师作品在社会主义的中华人民共和国挺立，这还是第一回。人们看到了建筑的先进，也看到了它的问题，但是这些问题与当年的阶级斗争学说所指出的问题如此的不同，从此，中国建筑师原有的建筑观念同外来观念之间的对比才真正展开。

图 6-011　南京，金陵饭店，1980—1983 年，香港巴玛丹拿公司设计（左）

图 6-012　北京，长城饭店，1979—1983 年，设计：[美]培盖特国际建筑师事务所（右）

图 6-013　北京，长城饭店，1979—1983 年，茶园

3. 观念冲击：大师经典作品的引介

中国建筑师对二战之前的西方经典现代建筑并不陌生，但对于战后许多建筑师力图挑战经典现代建筑观念的一些建筑实例所知寥寥。特别是 1970 年代转变观念的国际建筑师及其作品，得以在中国公开传播和讨论之后，引起巨大的反响，这些外国建筑师的设计观念，与自己多年已成的思想判若隔世，于是怀着极大的兴趣，参与到这场迟到的争论之中，对新观念的形成起到巨大的作用。建筑师集中关注的主要建筑实例如下：

法国蓬皮杜国家文化中心，对广大公众自由开放，决定了建筑空间的自由开放，建筑的结构、设备管线以及装置被称作"翻肠倒肚"式的外露，引起了中国建筑师的极大兴趣。特别是它那红、蓝、黄、绿刺激的原色，它那"石油化工厂""导弹发射场"式的外观，任意使用以及内外空间的通透，着实地引起了中国建筑师的惊异：过去衡量建筑功能和艺术的标准忽然变得不适用了，与现存的观念发生了强烈的冲突。

美国华盛顿美术馆东馆，贝聿铭的作品自然格外受到中国建筑师的瞩目，在如此重要的地段上，在周围充满了古典建筑气息的环境里，竟然使用最纯粹的现代建筑的语言，特别是它那斧刃式的锐利墙角，交错渗透的室内空间，与中国建筑师的协调观念，是如此的不同。

旧金山，怀亚特里金西旅馆，是建筑师兼开发商 J·波特曼（John Portman）的作品，他那"人看人"的"中庭"理论，令人耳目一新。他主张，建筑体现"关心人""为人而不是为物的建筑""……不是为特殊阶层的人，而是为所有的人"。他让电梯从禁锢中解放出来，他使流动的水造成热闹气氛。中国建筑师一向是在"为人民服务"和"体现对人的最大关怀"的思想原则下从事设计的，但是，我们的作品在许多情况下并不吸引人，甚至被公认为"千篇一律"，面对一个资本主义国家的建筑师及其"关心人"的建筑，却是值得深思。

当人们看到雅玛萨奇设计的高 412 米、110 层的世界贸易中心，SOM 设计的高达 442 米、110 层的芝加哥西尔斯大楼为代表的先进超高层建筑时，着实地感到在建筑技术上的差距，如先进的建筑结构技术、电梯设备、人造气候、自动消防、防灾系统和建筑材料等。同时，在城市中的高层建筑轮廓线，给国人和建筑师以深刻的印象，高层建筑突出的身影已经成为现代化城市的象征，也成为自己追逐的目标。

巴黎，得方斯新区，是由勒·柯布西耶倡导的，时隔 60 年之后在法国实现的新区（La Defense），规划宏伟、技术先进、体形优美、环境幽静。规划做到没有车辆穿过市中心，所有的交通系统均在地下，与巴黎市区及其东西郊区有高速列车相连。地面上是以绿地、广场为主的步行地带。华国锋访问法国，曾仔细参观了得方斯的现代化办公大楼和高层公寓。中国的建

图 6-014　巴黎，法国蓬皮杜国家文化中心，1977 年，建筑师：R·皮亚诺（Rengo Piano）和 R·罗杰斯（Richard Rogers）（左）

图 6-015　华盛顿，美术馆东馆，1978 年，建筑师：[美] 贝聿铭（右）

图 6-016　旧金山，怀亚特里金西旅馆中庭，建筑师：波特曼

筑师从中体味到现代化城市的魅力，尤其对于巴黎这样一个拥有古典建筑传统的城市来说，建设与旧城反差如此之大的新区，需要的是一种什么观念？

东京，代代木奥林匹克体育馆，中国建筑师十分关注日本建筑，许多人认为日本建筑与中国建筑有缘，已经走出一条既有"日本味"又是现代化的建筑的路子。丹下健三的一系列作品，正是这种作风的代表。日本东京代代木奥林匹克体育馆，以其功能和结构的巧妙配合，以新颖的内部空间和外部体量，被认为是日本现代建筑达到国际水准的标志。

中国建筑师还看到这座巨大建筑有"大屋顶"的神韵，尽管作者一再否认。丹下健三的其他建筑，启发了人们创新的思路，对于处理建筑传统和现代的关系问题，提供了全新的方向。

黑川纪章的新陈代谢主义，之所以引起中国建筑师的广泛关注，也许还是因为中日文化渊源。新陈代谢主义认为，新陈代谢是生物与外界环境不断进行物质交换的过程，在建筑里，长期占统治地位的功能主义国际式建筑不应该一成不变，应该不断弃旧更新。主张"国际性和地方性""部分和整体""个性和共性"之间应有同等地位。要通过"不断地面向和吸取周围的异族文化，日本文化才能获得质的改善"。他还积极探讨多价空间，把空间概念理解为：中间体、

图 6-017　纽约，世界贸易中心双子塔楼，1962—1976 年，建筑师：雅玛萨奇（M.Yamasaki，山崎实）（左）

图 6-018　巴黎，得方斯，大拱门，1984—1989 年，建筑师：[丹麦] J·O·冯施普雷克尔森和 P·安德鲁（右）

图 6-019　东京，代代木奥林匹克体育馆，1964 年，建筑师：[日]丹下健三

图 6-020 广岛，现代美术馆，1986 年，
建筑师：[日] 黑川纪章

边缘空间、暧昧空间，这些概念在红十字会总部双楼之间的豁区空间、福冈银行巨型屋盖底下的大空间和木町厅舍围起来的空间里有具体的表现。

黑川纪章的新陈代谢主义，既有建筑理论又有个人特色，正是理想化的创作境界，有力地启发着建筑师不断更新的意识，正是改革开放之初中国建筑的迫切需求。

4. 现代之后：大题目中的小章节

当中国建筑师从 C·詹克斯所述后现代建筑理论那里听说"现代建筑死亡了"，着实吃了一惊，加上急于解决面临的"千篇一律"问题，所以，中国建筑师十分关注后现代建筑理论，其热心的程度，甚至后现代的发源地都感到诧异。詹氏后现代建筑[①]，确实开出了一些解决"千篇一律"问题的偏方。比如，把建筑学同语言学及其符号关联，关注建筑的文脉，重新推崇传统，恢复装饰的地位，在建筑中注入象征和隐喻，让俚俗进入建筑的大雅之堂等，都会对改变建筑面貌立竿见影。

① 参见：邹德侬. 从半个后现代到多个解构——三谈引进外国建筑理论的经验教训 [J]. 世界建筑，1992（4）：63–65.

在对待传统的态度上，与中国主流思想契合。但由于对后现代主义的源头背景不明，只看到一些明显的个别现象，所产生的消极影响不可低估。例如，在设计实践方面，引发了拼贴符号、架子等的"易操作"行为，把建筑设计简化成两维的店面装修等。

西方论者关于后现代社会的说法，在艺术领域引发了一系列的后现代现象。同是被称作"后现代"，在文学、美术和建筑领域的含义和主张皆不相同。

后现代理论是一个发展着的理论，在建筑界，虽然各有说法，但可以肯定的是，全新的建筑将依附全新的技术体系、新思想体系、新功能体系和新制度体系。这将是一个大课题，詹克斯式的"后现代"，只是一个小章节。

5. 解构建筑：先锋理论的新支撑点

1970 年代所说的后现代建筑，主要是一种反叛经典现代建筑的复杂的折中主义建筑风格或时尚（以 C·詹克斯的理论为代表）；至 1980 年代，形成一种既反对经典现代建筑又和"后结构主义"即"解构"哲学相通的理论（以 P·埃森曼的设计实践为代表，学界译为解构主义）。至此，后现代建筑从一种折中建筑风格发展到一种解构建筑理论。1990 年代即将结束的时候，从英美传来了"解构建筑"和"反构成主义建筑"理论（以 P·约翰逊为代表，学界也称为解构主义）的设计实践，解构建筑那斜、曲、扭、翘的建筑形象，更加令人震动。

6. 建筑技术：有待投入的正确方向

大约在 1983—1984 年，建筑界有一个关注建筑技术的高潮，首先是计算机辅助设计的介绍和引进。中国建筑业应用计算机大约开始于 1960 年代，主要用于结构计算，而且是计算机专业人员操作。至 1985 年，全国只有 50 多个计算站，各种机器不足千台。[①] 随着外来信息的增多，包括计算机辅助建筑绘图、渲染以及动画等方面的进步，使建筑师产生了浓厚的兴趣。但是，昂贵的硬件和软件，令人望而却步。直到进入 1990 年代之后的个人微机大降价，才促成了计算机辅助设计的大普及。

结构技术、建筑设备、新型材料以及建筑节能等技术也是建筑师关注的焦点。从外国建筑师在华的作品中，可以清楚地看到中外在建筑技术方面的差距，也十分明了建筑技术是建筑进步的动力之一，但是技术的进步需要更大财力和人力的投入，方向虽正确，行动却困难，仍然受到巨大的制约。

科技和社会的大发展，已经使得一代人进入了什么都敢想、什么都能干的天地，向现有的建筑伦理置疑，用反向思维构思，在建筑创作中也成为常理。中国建筑创作的创新、进步，迫切需要技术的支持，而这种支持又需要资金投入，资金的短缺，正是当时技术发展的瓶颈。

---

① 城乡建设环境保护部科学技术委员会. 中国建筑技术政策 [M]. 北京：中国建筑工业出版社，1986：222.

四、对千篇一律的反弹

（一）重建建筑理论与实践论坛

"不打棍子""不抓辫子""不扣帽子"的"三不"政策，鼓励人们打开言路，建筑界对中国建筑问题的思考由浅到深，可供发言的论坛逐渐增多。已经复刊的《建筑学报》，于 1981 年由季刊恢复为月刊，依然起着主流导向作用；深感应为建筑师这个职业正名的《建筑师》杂志，于 1979 年 8 月创刊，由资深出版家杨永生主持，每期厚厚的一本，保持着最大的容量；打开世界之窗的《世界建筑》，于 1980 年 10 月由清华大学创刊，来自国外广泛的建筑信息，成为求新者的乐园；华中工学院建筑学系的创办者周卜颐高瞻远瞩，办新建筑系不久又办《新建筑》杂志，1983 年 10 月创刊，为新人的成长提供了机会；1984 年 11 月，上海同济大学的《时代建筑》创刊，使人感觉这个学府的时代气息，加上各地方性的杂志如《华中建筑》《南方建筑》等的出刊，建筑学界和建筑师的发言论坛大增，在解除束缚、广开思路、交流思想、繁荣创作等方面，起到了良好的作用。

1. 后现代理论与繁荣创作

尽管后现代建筑理论的评介经常见诸传媒，但比较系统地引进后现代建筑理论的是《建筑师》杂志，1981 年 9 月出刊的《建筑师》第 8 期，刊登了美国建筑师 R·文丘里著名的代表著作《建筑的复杂性和矛盾性》，一般认为这是 R·文丘里宣言式的后现代建筑理论。此后，有 C·詹克斯的《后现代建筑语言》和 C·莫尔的《建筑量度论》等著作的节译本。

这些理论的引进，对于纠正千篇一律、建立多样化的建筑思想有所裨益。特别是建筑的"矛盾性"和"复杂性"的学说，深深地启发着严肃的中国建筑师，去追求建筑的丰富性。不过，一些鼓吹传统、折中和装饰的理论，有些负面作用。

2. 经典现代建筑理论的翻译

1986 年 6 月，由汪坦主编的"建筑理论译丛"出版，这是由 13 本专著组成的丛书，建筑界研究外国建筑的专家学者参加了丛书的翻译。汪坦在绪言中说：

> "青年建筑师和教师、学生们面临着众说纷纭的外来理论的冲击——符号学、三论（信息论、控制论、系统论）……建筑中的象征主义以及后现代主义等。一方面为他们的没有成见、思想奔放而高兴，另一方面却又担心那些不难察觉的人云亦云、见异思迁的迹象，把最旺盛时期的精力消耗在无谓的激动中。""理论最忌僵化，这种教训已使我们付出了惨重的代价。想来这一代青年，经过暴风雨的荡涤，已有切身的体验。对这些外来的说道应该会是清醒的，也不致故弄玄虚以自高身价。"

翻译出版外国文献是了解异邦建筑的有效途径，一来直接获得知识不经更多转手，二来也是对过去外国建筑理论补课。这是一个有远见的理论建设工程。

3. 外国建筑大师的专题介绍

1986 年中国建筑工业出版社组织出版"国外著名建筑师丛书"，丛书首批共 12 册，介绍世界公认的 12 名建筑师。出版说明中写道：

> "在失去理性的岁月里，研究国外（主要是西方）曾被视作禁区，建筑学术领域几乎沉寂得令人窒息，出版这方面的书籍就更是少得可怜了。""近几年来，开放政策的春风，复苏了沉睡的大地。立足国内，面向世界，从而大大缩短了中国建筑师的时空感，西方建筑理论、流派、思潮和创作实践，越来越引起广大建筑同行的兴趣"。

这 12 名建筑师是：F·L·赖特、勒·柯布西耶、W·格罗皮乌斯、密斯·凡·德·罗、沙里宁、A·阿尔托、O·尼迈耶、P·约翰逊、路易·康、贝聿铭、丹下健三、雅马萨奇等，后来范围大大扩展。这套书的出版既有补课的性质，也有开阔眼界的作用。

4. 规模小意义大的建筑文库

这是一批开本不能再小、装帧不能再简单的小册子，由中国建筑工业出版社资深出版家杨永生等编辑出版，称作《建筑文库》。文库收集了一些亲历现代建筑运动的前辈建筑师和有专门研究的学者主要在 1980 年代发表的论文。作者如童寯、罗小未、陈志华等人，还有"文革"前梁思成撰写的《拙匠随笔》等。《建筑文库》是中国建筑师和学者第一批自由撰写的著作，规模虽小，装帧也简陋，却是建筑理论的春风。已经提到过的童寯对于西方、苏联及东欧的现代建筑，有概括而精辟的阐述；罗小未对四位经典现代建筑大师的设计理念及其作品有生动介绍；陈志华除了介绍西方古典建筑之外，把当时的热点建筑问题摆在文化、历史、思想等广阔领域，加以尖锐评论。

5. 近代中国建筑史的总动员

1985 年 8 月 27 日—29 日，中国建筑历史研究座谈会在北京举行。会议由清华大学教授汪坦主持，同济大学、南京工学院、哈尔滨建筑工程学院、北京文物局、建设部设计局、中国建筑工业出版社等单位出席了会议。

1958 年开始了写"三史"的活动，1959 年建筑科学研究院在 1958 年资料的基础上，编写了《中国近代建筑史（初稿）》，1962 年缩编为高等院校教材《中国建筑简史》之第二册《中国近代建筑简史》正式出版。此后，中国近代史的研究工作实际处于停顿状态。

这次会议上有十几位专家交流了 1950—1960 年代中国近代建筑史的研究状况以及近期国内外的研究现状，并围绕着在新形势下如何开展工作进行了讨论。座谈会发表了《关于立即开展对中国近代建筑保护工作的呼吁书》，呼吁书说：

"中国近代建筑在中国建筑史上占有重要地位。它们冲破了中国建筑原有的传统形式和体系，使中国建筑开始进入了广泛与外国建筑文化交流的历史新时期；它们所保留的历史信息极为丰富，是祖国宝贵文化遗产的重要部分；它们对研究中国建筑发展史，对研究中国近代的政治、经济、文化和对外关系史都有重大的意义。

但是，由于中国近代建筑的重要性还没有被普遍认识，在当前全国城乡建设发展过程中，许多优秀的近代建筑被拆除，有些幸存的也被改建，在某些城镇中，近代建筑已濒临绝迹的危险。"

1986 年 10 月 14 日—16 日，由汪坦主持的中国近代建筑史研究讨论会在北京召开。有十几个单位参加了会议，提出论文 15 篇，日本学者介绍了"日本近代建筑史研究的历程"。汪坦提出，中国近代建筑史的学者应该有夺取金牌的信心，要抢在外国学者前面出成果；希望国家制定政策使企业单位对研究有所资助。此后，中国近代建筑历史的研究逐渐形成声势，在全国有广泛的影响，每次会议都有新成果。除了出版近代建筑的论文集之外，还出版了许多城市的《近代建筑概览》，成为中国近代建筑实例的目录。

6. 建筑评论待开垦的处女地

如果说中国没有建筑评论，恐怕不是事实，如果说有建筑评论，事实上，这些建筑评论不但稀少，而且对中国建筑创作进步方面，并没有显著的作用。由于中国的建筑创作环境非常特殊，特别是行政干预和长官意志的作用，完成的许多作品，并非建筑师的本意，评论起来，难免不得要领。在建筑评论比较沉闷的气氛中，也有少数学者针对社会和建筑界的时事，写出一些直言不讳的文字来。其中以陈志华和曾昭奋的作品有广泛的影响。

作为建筑历史和理论的教师，陈志华有丰富的学术著述。1980 年 1 月，他在《建筑师》杂志第 2 期上，以窦武为笔名开始发表杂文"鉴古录"，两篇之后改名"北窗杂记"，至 1981 年底，发表了 17 篇，1993 年连同其他论文结集出版《北窗集》，为《建筑文库》之一集。1999 年 6 月，经修订后出版《北窗杂记》一书。作品内容涉及建筑历史、文物保护以及当时建筑界的热点话题。

《世界建筑》的主编曾昭奋在 1980 年代即开始关注中国建筑创作状况，特别是对于复古主义的批判和对中青年建筑师的专注。他的建筑评论有独到的视角，指名道姓、语言直爽，因而颇具影响。其评论文章于 1989 年出版，名为《创作与形式——当代中国建筑评论》，周卜颐在绪言中说，"作者的评论文章不止一次被权威扣压、斥退，而仍不搁笔"。

7. 广义建筑学对学科的贡献

1989 年，吴良镛出版了一部重要的著作《广义建筑学》。他认为，社会的飞快发展与进步，使得建筑师面临许多需要有全面分析与整体思考的任务：

"无论是从更高层次的系统整体出发，还是从微观的角度出发，对一些问题作较深入的探索，都不可避免地涉及到众多互相联系的学科群，对它们的了解和研究是完全必要的。同时，从这些由学科群组成的集合科学回过头来看，又可以使我们在所掌握的现有知识基础上开阔和丰富建筑学的思路，使我们有可能从其内部诸要素的互相作用、序列、层次、秩序和整体组合方式来考虑学科的结构和功能。"①

这样，原有的建筑学就被拓展为广义建筑学。广义建筑学由"10论"组成，它们是：1聚居论、2地区论、3文化论、4科技论、5政法论、6业务论、7教育论、8艺术论、9方法论、10广义建筑学的构想。

这部著作在中国建筑大发展的时候问世，开阔了建筑师的视野，使得主要关注个体建筑的传统工作方式得到了扩展，把眼光投向城市、城镇群、地区以及社会文化内容。这些思想，在1999年世界建筑师大会通过的《北京宪章》中有了深远的发挥。

（二）砸烂传统之后的古典复兴

"砸烂"是"文革"中的主要"革命"手段之一，由于对古建筑和文化遗迹破坏殆尽，使得社会对古建筑的复兴或传统建筑形式的再现有很大的包容性或期待，在创作建筑中重新启用传统建筑形式，不失为解决千篇一律的手段之一。就主管建筑的官员、业主和建筑师而言，似乎也是一条永远可行的方法。就传统建筑本身而言，尽管客观上存在着更新的要求，但地道的做法向来被尊崇，例如，"文革"中就兴建过鉴真大和尚纪念堂等古典建筑。

扬州，鉴真大和尚纪念堂，为纪念鉴真逝世1200周年，1963年决定建立纪念堂，当年建成纪念碑。纪念堂位于鉴真的故乡城北蜀岗中峰法净寺（古代之大明寺），鉴真曾在此住持。平面为庭院式布局，南面有碑亭，周围环以回廊，北部为纪念堂，中间是鉴真院。

图 6-021　扬州，鉴真大和尚纪念堂，1963—1973年，建筑师：清华大学建筑系梁思成方案，扬州市建筑设计室设计

---

① 吴良镛.广义建筑学[M].北京：清华大学出版社，1989：1.

纪念堂建筑面积 187 平方米,木结构,以唐招提寺为蓝本,改面阔为 5 间（18 米）,进深 3 间,略带唐风。建筑采用扬州地方的做法,柱、梁、枋、斗栱均为木本色,配以白垩墙壁,与法净寺的其他殿堂相和谐。在"文革"的环境中,落成这样一座纯正的古典建筑,很大程度上出自中日外交方面的考虑。

1. 主流传统的新续

新时期传统建筑的探新延续不断,起初规模较小,随后规模渐大。但是,中国的建筑界毕竟有过反对复古主义的往事,人们对此记忆犹新。所以,在这次古典建筑复兴的浪潮中,不论在理论上还是实践中,真正复古性质的建筑极少,尤其在特定的地区如古城西安、曲阜等地和具有一定专业修养的建筑师,有明显的新成就。

出现的新问题是,关于"似与不似"和真假古董的争论,这是沿用古典建筑的设计实践和创作理论时的孪生现象。

西安,阿倍仲麻吕纪念碑,位于兴庆公园,为纪念日本友好使者阿倍仲麻吕（中国名字晁衡）而兴建。纪念碑为石建筑,高 5.36 米,其造型脱胎于中国建筑史上有名的南朝义慈惠柱和唐代石灯幢。由碑顶、碑身和碑座三部分组成,体态挺拔俊秀,碑上刻有诗文,栏板有浮雕,加强了纪念碑的感染力。

乐山,大佛寺楠楼宾馆,建于大佛寺内,用地狭窄,正殿右侧,面对峭壁。建筑面积 651 平方米,30 床位。作者采取凿石穿岩的方法,用天桥使楼层与台地花园相连。设计通过开敞门厅、大漏窗的透漏和建筑敞廊环绕的庭院布局,把庭院组织进建筑中来。在用地狭窄、空间闭塞的条件下,创造了一个具有内庭、外院、台地花园、悬崖石洞等变化丰富的空间和环境。建筑采用了四川的地方传统形式,力求与原有寺庙建筑相协调。细部使用了飞檐、挂落、格窗和美人靠等；色彩用红墙、黑柱；室内陈设用竹藤家具,四川陶瓷器皿等,富有浓郁的地方特点。

图 6-022 西安,阿倍仲麻吕纪念碑,1979 年,建筑师：中国建筑西北设计院张锦秋（左）
图 6-023 乐山,大佛寺楠楼宾馆,1980 年,夜景,建筑师：中国建筑西北设计院沈庄、章光斗、黄学武等（右）
图片提供：中国建筑西北设计院

江油，李白纪念馆，位于李白的故乡江油县，占地 3.3 万平方米，建筑面积 4292 平方米，有大小项目 20 余项组成。建筑的布局原则是馆园结合，山水结合，远近期结合。建筑形式采用仿唐风格，力求作到仿古而不复古，既有古代建筑环境的意趣，又有现代园林的景观。

　　西安，青龙寺，位于古名胜区乐游原上，占地 6760 平方米，建筑面积 422 平方米。西安作为唐代古都有深厚的唐代建筑传统，但地面遗存不多，建筑师在复原研究的基础上，作出有开拓性的仿唐建筑，开地区唐式建筑之先河。

图 6-024　乐山，大佛寺楠楼宾馆，1980 年，门厅，建筑师：中国建筑西北设计院沈庄、章光斗、黄学武等
图片提供：中国建筑西北设计院

图 6-025　江油，李白纪念馆，1982 年，建筑师：四川省建筑设计院张文聪
图片引自：杨永生、顾孟潮主编《20 世纪中国建筑》，1999

图 6-026　西安，青龙寺，1982 年，建筑师：中国建筑西北设计院张锦秋、管楚清
图片提供：中国建筑西北设计院

西安，大雁塔风景区"三唐工程"，西安大雁塔风景区"三唐工程"，包括：唐华宾馆（客房302间，约2万平方米）、唐歌舞餐厅（260座，2370平方米）、唐代艺术博物馆（展厅6个，2900平方米），总建筑面积2.73万平方米。运用传统空间和园林手法，发掘唐代建筑形式，并使之与现代功能、设施、材料等结合起来，形成西安地区特有的"仿唐"建筑。

西安，陕西历史博物馆，用地104亩（6.93公顷），建筑面积4.58万平方米，文物收藏设计容量30万件。作为文物保护和陈列机构的同时，兼有学术交流、科学研究、科普教育和文化休息的作用。

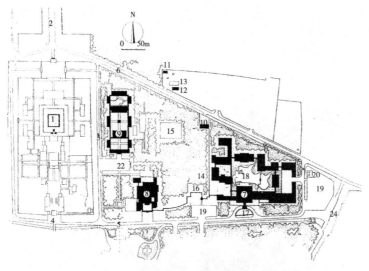

1. 大雁塔　　　　　　13. 贮水池
2. 雁塔路　　　　　　14. 唐慈恩寺东围墙遗址
3. 现有环路　　　　　15. 遗址花园
4. 慈恩寺大门　　　　16. 长廊
5. 旅游风景区干道　　17. 南池
6. 雁引路　　　　　　18. 山池
7. 唐华宾馆　　　　　19. 停车场
8. 唐歌舞餐厅　　　　20. 垃圾箱
9. 唐艺术博物馆　　　21. 露天快餐场地
10. 变配电站　　　　　22. 小广场
11. 液化气站　　　　　23. 泄洪沟
12. 水泵房　　　　　　24. 防洪堤

图 6-027　西安，大雁塔风景区"三唐工程"，1984—1988 年，总平面，建筑师：中国建筑西北设计院张锦秋等

图 6-028　西安，大雁塔风景区"三唐工程"，1984—1988 年，唐华宾馆入口正面
图片提供：张锦秋

图 6-029　西安，大雁塔风景区"三唐工程"，1984—1988 年，唐歌舞餐厅西立面
图片提供：张锦秋

设计尊重环境和历史文脉，以简约的平面构图概括表现传统宫殿建筑群体的"宇宙模型"。以"轴线对称，主从有序，中央殿堂，四隅崇楼"的章法，取得了恢宏的气势。由于注重了诸多传统因素与现代的结合，体现了古今融合的整体美。于1993年获"中国建筑学会优秀建筑创作奖"（1988—1992年）。

曲阜，阙里宾舍，建筑位于曲阜城中心，用地2.4公顷，建筑面积1.3224万平方米，客房175间，164套，316床位。建筑西临孔庙、北临孔府等重要的历史文物建筑，故在建筑中采取了甘当配角的策略，以两层为主，运用和孔府类似的中国传统民居屋顶，四合院布局，在体量、

图 6-030 西安，大雁塔风景区"三唐工程"，1984—1988年，唐代艺术陈列馆主院
图片提供：张锦秋

图 6-031 西安，陕西历史博物馆，1984—1991年，鸟瞰，建筑师：中国建筑西北设计院张锦秋、王天星、安志峰等
图片提供：张锦秋

图 6-032 西安，陕西历史博物馆，1984—1991年，室内（左）
图片提供：张锦秋、安志峰
图 6-033 西安，陕西历史博物馆，1984—1991年，细部（右）
图片提供：张锦秋

尺度和色彩等与古建筑群融为一体。宾舍运用了现代建筑结构体系，中央大厅的十字脊屋顶，采用了四支点正方形壳体结构，外部顺理成章形成歇山屋顶的十字屋脊，内部自然形成伞形空间，没有通常的结构的矛盾。

大厅中央放置一座出土文物复制品——战国早期"鹿角立鹤"，点出古代文化源远流长并体现"有朋自远方来，不亦乐乎"的意境。回廊的栏杆用中国乐器铜锣作装饰，点出孔子的礼乐思想。正面主题性壁画创造了室内的文化氛围。于1993年获"中国建筑学会优秀建筑创作奖"（1953—1988年）。

北京图书馆新馆（今国家图书馆），1970年代之初开始筹建，许多专家参与了方案工作，如杨廷宝、戴念慈、张镈、吴良镛、黄远强等。位于北京西郊紫竹院公园北侧，用地面积7.42公顷，建筑面积14.2万平方米，地下3层，地上19层，藏书2000万册，各类阅览室36个，3000阅览座位，工作人员2500人，设有1200座位的报告厅，是一座规模宏大、设施齐全、技术比较先进的大型公共图书馆。

新馆采用了高书库、低阅览的布局，低层的阅览室环绕着高塔式的书库，形成了有三个内院的建筑群，吸收了中国庭院式的手法，呈现出馆园结合的优美环境，中国书院的特色。建筑构图严整对称，各种屋顶丰富了构图，屋顶进行了简化，使用了明朗的蓝绿色，呈现出新意。古典式的构图，使得应用流线过长，结构和经济方面都要做出一些牺牲。于1993年获"中国建筑学会优秀建筑创作奖"（1953—1988年）。

图6-034 曲阜，阙里宾舍，1985年，鸟瞰，建筑师：建设部建筑设计院戴念慈、傅秀蓉、杨建祥等
图片提供：建设部建筑设计院

图6-035 曲阜，阙里宾舍，1985年，门厅（左）
图6-036 曲阜，阙里宾舍，1985年，门厅内仰视屋顶（右）

北京，**中国工艺美术馆**，位于西长安街北侧，占地 1.03 公顷，建筑面积 4.5761 万平方米，是集陈列，展览，餐饮，文娱，办公等于一体的多功能艺术中心。展馆一、二层为综合展销厅，三、四层为多功能展厅，五层为珍品陈列厅，六层以上为办公及对外合资展厅。

整个建筑为八角形，展馆与办公楼形成各自对称、高低错落的布局。建筑基座四周全部外贴白色大理石，错落的屋顶为重檐琉璃瓦顶，形成重重叠叠的轮廓线，屋顶避免了传统的大屋顶，是新时期南方建筑师探索民族形式的实例。

杭州饭店，位于杭州市北山路岳庙东侧，1956 年始建，1959 年建筑师赵深扩建小会堂。占地约 6000 平方米，总建筑面积 2.95 万平方米；饭店地处西湖之滨，东临孤山、西泠桥畔，西靠岳庙，南眺西湖，周围古树参天，环境优美。主体建筑为中国传统式的歇山屋顶，两侧平屋顶有江南的飞檐起翘，体形高低错落。饭店与周围湖光山色和谐相容，而且与一旁的岳庙建筑群组成了有机整体，外墙粉刷枣红色及白色涂料，外观古朴端庄，为特定条件下的地域性民族形式建筑。

大理州民族博物馆，占地 50 余亩，建筑面积 8400 平方米。建筑布局结合了馆址环境，借鉴白族民居"三坊一照壁""四合五天井"的传统建筑格局，按照使用功能，划分为接待、展览、

图 6-037　北京图书馆新馆，1987 年，建筑师：建设部建筑设计院、中国建筑西南设计院杨芸、翟宗璠、黄克武等联合设计
图片提供：建设部建筑设计院，摄影：张广源

图 6-038　北京，中国工艺美术馆，1989 年，建筑师：广东省建筑设计研究院郭怡昌、廖志贤等
图片提供：广东省建筑设计研究院周凝粹

图 6-039　杭州饭店，1985 年，建筑师：浙江省建筑设计研究院唐葆亨等，香港王欧阳有限公司合作
图片提供：唐葆亨

图 6-040 大理州民族博物馆，1987 年，建筑师：云南省建筑设计院毛昆、周东华、徐志媛等
图片提供：云南省建筑设计院

图 6-041 银川，南关大清真寺，1981 年，建筑师：宁夏建筑设计院姚复兴等

办公以及库房等若干个区域。每个区域又围绕构成一个或几个庭院，庭院间用柱廊相连，可以通往建筑群的中心建筑——古典楼阁建筑珍宝馆。全馆布局灵活多变、流线清楚、管理方便。建筑采用了白族建筑的传统装饰，具有浓郁的地方特色。室内装修采用地方民族工艺材料，如蜡染、草编、木雕等。

银川，南关大清真寺，是改革开放之后较早建立的宗教建筑，属于中国回族地区的传统形式，主要设计人员也都是回族人士。建筑坐西朝东，面积 1396 平方米，平面呈方形，分两层。底层形成一个大平台，内设沐浴、办公、学习用房，二层为礼拜堂，立面有 5 开间的尖拱大拱廊，在平屋顶中央设直径 9 米的绿色穹顶，四周各设一个小穹顶，具有穆斯林传统建筑格局。

2. 似与不似的立论

生搬大屋顶的事，早已有所顾忌，建筑师考虑更多的是打破传统大屋顶的外形，比较有代表性的是"神似"说：主张"弃'形似'求'神似'"，认为"中国艺术无论是文学美术，还是音乐戏剧，在理论和实践上都强调突破表面的'形似'。精练地概括风貌神韵和对意境独到深刻的探求，突出传神写意以达'神似'，乃是中国美学思想的传统和特色。"主张"似是而非""似非而是""似与不似之间""不似之似之"。①

也有人认为，"神似"的理论是中国的"画论"，是否适于建筑，应当慎重对待。不过，建筑创作如果总是在"似"字上做文章，恐怕难以摆脱守旧的阴影，现实中，也很难找到合乎理想标准的实例。

3. 真古董和假古董

为适应旅游事业的发展，在许多旅游景区，特别是古代的遗迹所在地，以复原的名义建设了一批复古建筑。其中比较典型的有两类：一是古代建筑景点的复建如武汉黄鹤楼；另一类是形形色色的一条街，以北京琉璃厂文化街为代表；此外还有景区周围的附属建筑。

由于这些古建筑形式已是今人所造，在很多情况下，反对此举的人称之为"假古董"。反对假古董的人，主要是因为现有亟待保护的真古董建筑没有保护好，对于在建设浪潮之中对古代建筑遗迹的破坏深感焦虑，认为在破坏真古董的同时修建假古董有悖常理。主张修建假古董的人士认为，为了旅游的需要，可以取得一定的经济效益。武汉黄鹤楼的作者、建筑师向欣然与顽强反对假古董的教授陈志华，这昔日的师生二人中间，有针锋相对的争论，代表了普遍对待真假古董的对立双方。

陈志华写道："它们能告诉后人，20 世纪 80 年代的祖先们，还没有能完全摆脱封建主义思想感情的沉重负担，还束缚在落后的意识里，把向后看、造假古董当作正儿八经的事来办。""如果子孙们细心一点，知道这些假古董的造价，比方说，造一座黄鹤楼要花掉造几万人的住宅的钱，而人们当时的居住问题还远远没有解决：有三代同室而无地可扫的，有两对夫妇轮班住一间房子的……"②

向欣然反驳说，今天造假古董是因为它有用，有价值，"……可供旅游，丰富人们的精神生活，又可以赚钱——为四化积累资金""偌大一个武汉市，三百万人口，只建了一座面积不到四千平方米的黄鹤楼，有什么可大惊小怪的。倒是小小的'假古董'能有这么可观的收益，怕是应该鼓励而不是指责的吧。"③

武汉，黄鹤楼重建，位于武汉市武昌蛇山，相传黄鹤楼始建于三国，历史上屡建屡毁，最后一座古楼毁于 1884 年。重建地段纵长 800 米，用地约 10 公顷，建筑面积约 4000 平方米，楼高 51.4 米，钢筋混凝土仿木结构，楼体造型"四望如一，层层飞檐""下降上锐，其状如笋"保持了描写明清黄鹤楼的基本风貌。楼前修复了六代白塔一座，楼后新立古黄鹤楼铜鼎遗物。于 1993 年获"中国建筑学会优秀建筑创作奖"（1953—1988 年）。

---

① 张勃. "神似" 刍议——试探建筑造型艺术的集成与创新 [J]. 建筑师，1982（10）：13-18.
② 参见：陈志华. 再说另一种假古董 [J]. 中国美术报，1986（13）.
③ 参见：向欣然. 假得有价值 [J]. 中国美术报，1986（30），第 1 版.

图 6-042　武汉，黄鹤楼重建，1978—1985 年，建筑师：中南建筑设计院向欣然、郑锦明、袁培煌
图片提供：中南建筑设计院杨云祥

各地形形色色的一条街可以说风起云涌，继北京琉璃厂之后，天津建起古文化街、食品街、服装街，开封出现宋城等，不胜枚举。许多项目受到专家的质疑。

建筑师邬天柱在《浅谈承德市"清风一条街"》中指出，"清风一条街"作为"清风"其选址的失当，作为商业街其商业预测的失当，作为山区小巷其形式过于华丽。他说：

> "作为建筑师、规划师的职责，应是协助有关方面主动作好论证决策，从宏观到微观进行系统的环境设计和个体设计，以创新的精神，处理好内容、形式和风格问题，创作出符合时代要求的高质量作品，而决不能只看到眼前一点个人收益，盲从，甚至推波助澜迎合一些不正确的'领导'决策，造成难以挽回的损失。"[1]

北京，琉璃厂文化街，位于原宣武区和平门外，是中外驰名的集中经营书画、碑帖、古玩的商业地段，第一期全长 500 米。共有 54 家店堂。

图 6-043　北京，琉璃厂文化街，1985 年，街景之一，建筑师：北京市建筑设计研究院张光恺、梁震宇等

图 6-044　北京，琉璃厂文化街，1985 年，街景之二，建筑师：北京市建筑设计研究院张光恺、梁震宇等

---

[1]　参见：邬天柱. 浅谈承德市"清风一条街" [J]. 建筑学报，1987（3）：38.

琉璃厂街按步行街布局，街宽 8~12 米，沿街两侧的店铺均为 1~2 层，全部按清代乾隆年间的面貌改建，采用北方店铺、民居形式，自然形成错落的轮廓。屋顶有坡顶和平顶两种形式，坡顶用硬山小卷棚，平顶为冰盘挂落檐。外廊形式多样，分别装饰沥粉贴金彩画和苏式彩画。

天津古文化街，位于天津旧城东门外的宫南大街、宫北大街，是历史上随内河航运发展起来的人口稠密、店铺丛集的地带，是天津市商业活动的发祥地。

1985 年对两街进行了修复，并与一道修复的天后宫（娘娘庙）及宫外戏楼广场，形成了一条长达 687 米的古文化街，建筑面积 2.9 万平方米。文化街的修复因地制宜，依照小街走向顺其自然。店铺大小不拘、采取重建、修复、装饰等不同手段，建起了 80 余处仿清小式店堂。南北两条大街在天后宫前相汇，形成宫前广场，并与戏楼及河岸相通，构成了层次丰富、转承自然的建筑空间序列。广场采用不完全对称布局，两根直插云天的幡杆成为空间构图的轴线，指示了活动交往中心，并引发对昔日祭海的联想。天后宫内陈列了天津民俗展览，戏楼广场为市民提供了民间艺术文化活动的场所，成为大众休息、交往的娱乐中心。从而使文化街突破了商业经营的单一使用性质，而具备了多元综合功能。

南京，夫子庙古建筑群，位于南京市旧城城南秦淮河北岸，原为宋、明府学所在地。清代学府他迁，此处改为江宁、上元两县县学，并在其周围形成繁华的商业区。日寇占领南京，庙市具毁，仅留有明德堂、青云楼等少数建筑。抗战胜利后，此处仍为热闹的摊贩市场。

图 6-045　天津古文化街，1986 年，入口，建筑师：天津市建筑设计院杨令仪等

图 6-046　天津古文化街，1986 年，街市，远处是戏楼广场的桅杆

图 6-047　南京，夫子庙古建筑群，
1986 年，建筑师：东南大学建筑系
潘谷西、叶菊华、王文卿（左）
图片提供：潘谷西，摄影：朱家宝
图 6-048　南京，夫子庙古建筑群，
1986 年，街市（右）
图片提供：潘谷西，摄影：朱家宝

图 6-049　开封宋城一景

　　1980 年代中叶，按上、江两县县学规制予以恢复，重建了棂星门、大成殿、尊经阁、敬一亭、聚星亭、魁光阁及东西市场等，使之形成一组完整的具有清代江南风格的建筑群，作为各种展览、演出等文化活动以及销售地方工艺品的场所。随后又改造了周围的街区，夫子庙已成为南京最繁华的商业中心之一，平均日游客量超过 15 万人次。

　　开封，宋城，建筑师对宋代建筑进行了研究，提出了建筑和细部的设计，确有宋代建筑基本特征，且施工比较精细，是较有品位的复原建筑群。

4. 文物古迹的保护

　　保护和恢复文物建筑的遗迹，是文化劫难之后的必然行动，1982 年 2 月 8 日，国务院批准公布了 24 个城市为具有重大历史价值和革命意义的第一批历史文化名城。其中有：北京、承德、大同、南京、苏州、扬州、杭州、绍兴、泉州、景德镇、曲阜、洛阳、开封、江陵、长沙、广州、桂林、成都、遵义、昆明、大理、拉萨、西安、延安。

　　3 月 11 日，国务院公布了第二批重点文物保护单位共计 43 处。11 月 8 日，国务院审定第一批国家重点风景名胜区 44 处，政府对于建筑文物古迹的保护意识有所加强。但是，急剧增长的建设浪潮，使得建设和保护之间的矛盾日益突出。原有的文物古迹，许多因为年久失修或缺乏经费，处于摇摇欲坠的状态，位于被开发地段的此类古迹，经常处于被改造甚至被清除的境地。新建筑拔地而起，使得旧城市的面貌日新月异，但古城风貌岌岌可危。

北京关于"维护古都风貌"讨论，是保护和开发之间矛盾的侧面之一，几乎所有北京资深的建筑和规划专家都参加了这个讨论，看上去是北京的事情，实际上是全国关注的问题。

1986年夏，首都规划委员会建筑艺术委员会召开了维护古都风貌的座谈会，12月北京市土建学会城市规划专业委员会召开了第二次学术讨论会，此间还组织了多次专题报告会，建筑学报和其他媒体也刊载了大量的文章。涉及到的问题很多，主要有文物古迹的保护问题，新、旧建筑的关系或者说"保护"和"发展"的关系问题。

有一个焦点是高层建筑问题，张开济说，"根据统计，在旧城范围之内，已建和将建的高层建筑共有211幢，其总面积为247万平方米，而且整个发展趋势是越建越多，越建越高。这些高层不仅破坏了北京的面貌，而且有的还直接威胁它们邻近的古建筑。"[1] 针对反对高层建筑的意见，时任设计局长的龚德顺建筑师曾私下表示，如果不建高层，市区所有低层建筑都推倒改建成6层，连原有的人口都装不下。[2]

图6-050　北京王府井大街与长安街交口上，拆除近代建筑，建起"麦当劳"

图6-051　不久又拆除了"麦当劳"，建起了巨大的"商城"

---

① 参见：张开济. 维护古都风貌 发扬中华文化 [J]. 建筑学报，1987（1）：31.
② 龚德顺时任设计局长，不便公开表态。

图 6-052　北京站周围到处可以望见的小亭子企图与钟楼相"协调"

图 6-053　北京站前拥挤的新建筑

戴念慈认为新旧建筑之间可以协调，他说，"我认为'古都新貌'四个字提得好。我给它的解释，就是北京味的新貌。"所谓北京味"是指北京所特有的、区别于其他城市的特殊风貌。它是北京长期历史发展过程中，由于它独特的自然条件、历史条件而形成的。""我认为，'北京味的新貌'，也可以解释为'和北京旧有风貌有某种联系的新貌'。"他举战后巴黎的例子说，"……着重新建，同时又强调新房与旧城风貌相协调……我相信'古都新貌'或者说北京味的新貌，最终有赖于这条路的探索。"[①]

如此受到重视的北京古都风貌或新貌，经过数年建设实践之后，虽然有建筑数量的巨大成就，但衡量建筑艺术质量时，人们对建筑上的那些大量表示古都的、不伦不类的小亭子深表遗憾。而在北京倍受瞩目的重要地段，如久负盛名的王府井大街，已经完全失去了它的古都风貌；北京站周围，一群大型公共建筑互不相让。在投资者的意愿面前，学者关于古都风貌的意见显得十分无奈甚至可怜。

（三）地域建筑是繁荣创作先锋

这里所说地域性建筑的基本含意主要在当地的自然条件：①回应当地的地形、地貌和气候等自然条件；②运用当地的地方性材料、能源和建造技术；③吸收包括当地建筑形式在内的建

---

① 参见：戴念慈. 也论古都新貌 [J]. 建筑学报，1987（3）：3.

筑文化成就；④具有其他地域没有的特异性并具有明显的经济性。我国的地域性建筑在不同的历史背景里，发挥了这些条件的特异性，并赋予新的内涵。

地域性建筑是中国建筑师久远关注的课题，也是成就突出的侧面。已经有 1950 年代、1960 年代和 1970 年代连绵不断的三次地域建筑浪潮，在新时期的 1980 年代，建筑师很快掀起又一次浪潮，为建筑创作的繁荣增添了光彩。十余年间，可以明显地看到已经有几个比较活跃的建筑地区，如福建、江浙（含南京、上海）、西南、新疆等区域。

作为一种建筑类型，各地景园建筑，也具有十分令人瞩目的地域建筑成就。

1. 福建：风景区大城市同时并举

在福建地区，南京工学院（今东南大学）的教师和当地建筑师的共同探索起步较早、时间较长、成就显著。自 1980 年代之初开始，已陆续形成福建地区的系统成果。他们在接触到不同地域的课题时，能主动地考虑课题的特定地域而加以应对，所以，他们不但在福建，而且在江浙和南京，有多方建树。

福建，武夷山庄，位于武夷山自然风景区崇阳溪畔，建筑面积 1.6 万平方米。山庄整体规划、分期实施；建筑与特定的风景环境和乡土文脉有机结合，体现武夷山"碧水丹山"的独特风貌。

图 6-054　福建，武夷山庄，1980—1983 年，建筑师：齐康、赖聚奎等，南京工学院建筑研究所和福建省建筑设计院联合设计
图片提供：福建省建筑设计院黄汉民

图 6-055　福建，武夷山庄，1980—1983 年，庭院
图片提供：福建省建筑设计院黄汉民

单体建筑组合与设计，借鉴、发展了闽北传统村居空间形式布局，使用地方材料、坡屋面、悬梁垂柱、三段处理。在室内设计方面，突出主题意境，发掘砖雕、石刻、木雕、竹编等传统技艺，塑造内部环境，提高艺术和文化品味。在改革开放初期，这件作品有一定的示范作用。获1993年"中国建筑学会优秀建筑创作奖"（1953—1988年）。

福建，武夷山九曲宾馆，位于武夷山自然风景区的中心地带，是1990年代武夷山项目的新发展，建筑师在原有的水准上进一步探新。建筑面积4800平方米。规划设计、空间组合、地方材料等均与自然环境融为一体。与1980年代的山庄相比，建筑更多地保存了传统的文脉和结构，在建筑的形象处理和细部设计方面，有许多新的提炼，在地域建筑中反映出更强的现代精神。

一些小型建筑，设计中拖累较少，构思和实施起来更加自由。在体现建筑地域性的同时，更能注入多种含义，如形象的有机性和抽象性等。

福建，长乐县下沙海滨度假村"海之梦"，建筑面积250平方米，高24米。建筑师从自然出发，回自然归宿，把建筑深深地根植于自然之中，以获得某种生命含义。造型上运用自然的有机形态，似乎是海洋生物曲线的抽象组合，形成一种梦幻式的体形，表达自然的主题有一定的先锋性。同时，该建筑的抽象形体与其下方的传统小庙互为衬托，传统与现代共生。

图6-056 福建，武夷山庄，1980—1983年，室内（左）
图片提供：福建省建筑设计院黄汉民
图6-057 福建，武夷山九曲宾馆，1993年，建筑师：东南大学建筑设计研究所齐康、张宏等（右）
图片提供：东南大学建筑设计研究所

图6-058 福建，武夷山九曲宾馆，1993年
图片提供：东南大学建筑设计研究所

福建省当地的建筑师，对于福建地域性建筑的探索有较早的起步，此后这一方向的创作一直在积极推进。他们的工作和外地建筑师结合在一起，互相促进，已经闯出了福建特色的路子，进入 1990 年代之后，这一思路不断深化，对新时期中国现代建筑的发展，作出积极的贡献。

福州，西湖"古堞斜阳"，位于福州西湖，是新辟景区的重要景点，建筑面积 326 平方米。包括"芳沁园"大门、茶室、六角亭及码头平台等部分。景点设计中充分利用了湖中原有的 44 个石墩，结合自然环境和人工环境，水面空间的大小、动静、分合等，创造了丰富的园林景观。园林建筑与原有树木结合，因树得景。"芳沁园"大门与原有的雷锋塑像妥善结合，可引导人流和驻足休息，大门形象有鲜明的福建地方特色。

福州，福建省图书馆，位于五四路东，坐南朝北，建筑面积 2.25 万平方米，设计藏书 300 万册。建筑平面对称，为适度集中的庭院式布局。以门厅、中庭、出纳厅、书库为中轴线，两侧对称布置四层的阅览室和内庭院。四层高的中庭，对两侧庭院开敞，内外空间流通，适合南方温暖的气候。中庭既是共享空间，又是交通枢纽，合理组织了借阅活动。

造型突出文化性、地域性和现代性。在入口部分用高墙围出一个半圆形露天空间，使读者从嘈杂的城市道路进入图书馆大厅之前，有一空间的过渡，也隐喻了福建圆楼。在建筑立面的

图 6-059　福建，长乐县下沙海滨度假村"海之梦"，1987—1988 年，建筑师：齐康、张宏、郑昕等，东南大学建筑研究所和南京市建筑设计院合作设计
图片提供：东南大学建筑设计研究所

图 6-060　福州，西湖"古堞斜阳"，1985—1986 年，建筑师：福建省建筑设计院黄汉民、刘立德等
图片提供：黄汉民

图 6-061　福州，西湖"古堞斜阳"，1985—1986 年
图片提供：黄汉民

图 6-062　福州，福建省图书馆，1989—1995 年，建筑师：福建省建筑设计院黄汉民、刘晓光、王小秋等
图片提供：黄汉民

图 6-063　福州，福建省图书馆，1989—1995 年，入口
图片提供：黄汉民

图 6-064　福州，福建省图书馆，1989—1995 年，中庭
图片提供：黄汉民

女儿墙上，汲取闽南民居屋顶分段升起的手法，做出高低变化，丰富了建筑的天际轮廓。在底层基座部分饰以花岗石面，间红砖横缝，继承闽南传统建筑的装饰效果。把福建地方传统中最有特色的建筑语汇，以现代的手法加以改造变形，地方风格鲜明。

　　福州，福建省画院，坐落在市中心乌山脚下、白马河畔，建筑总体布局借助城市山水环境。建筑面积 4020 平方米，设画室、展厅、画廊、多功能厅等。为适应南方气候特点，采用对内开敞的自由布局，吸取福建传统民居和园林的处理手法，将建筑沿周边布置，围出大、中、小三个庭院。院内水面、曲桥、绿地、叠石有机结合，内院空间互相连通，层次丰富。

图 6-065　福州，福建省画院，
1990—1992 年，建筑师：福建省
设计院黄汉民、梁章旋、金华元等
图片提供：黄汉民

图 6-066　福州，福建省画院，1990—1992 年，庭院
图片提供：黄汉民

造型突出福建地方传统语汇。仿汉阙式的入口形象、曲面蓝色顶、花岗岩石柱、蓝色镀膜玻璃及外墙精心设计的条形砖贴面，使建筑既具有时代感又有鲜明的地方特色。

2. 江浙：江南地区的传统和现代

清丽朴实的江浙民居，多年来一直是江南民居地域性建筑的主流方向，建筑师对粉墙黛瓦建筑形象的偏爱，从来就没有中断过，而且成为江南建筑风情的标志。进入新时期以来，这类创作由过去模仿个别要素，如马头墙、青瓦顶、漏窗等，发展到把握总体环境以及注入现代气息。江浙一带的建筑师对此作出了突出的贡献，如东南大学建筑师钟训正、孙钟阳、王文卿等的作品。他们经常以"钟阳卿"为笔名，共同合作，在中国建筑界是仅有的孤例。

无锡，太湖饭店，旧太湖饭店位于太湖东岸，原系江南大学校舍改扩建，饭店横亘山脊、体量暴露。新楼建筑面积 1.2 万平方米，客房 164 间，自山顶平台向东和东南坡延伸，将体量化整为零，按坡势分两区迭落。在太湖主要景区所见，新楼露出山头之体量甚少且较灵巧活泼，从而丰富了总体轮廓，增进了太湖沿岸的景观。新楼总入口在山东麓，解决了主要车辆流不需上山及大面积停车问题。建筑寓江南地方特色于现代建筑之中。

图 6-067 无锡，太湖饭店，1984—1986 年，建筑师：东南大学建筑设计研究院钟训正、孙钟阳、王文卿等
图片提供：钟训正

图 6-068 杭州，楼外楼，1979 年，建筑师：杭州市勘察设计处（杭州市设计院前身）严佩堃、沈之翰
图片提供：杭州市设计院

图 6-069 杭州，花家山宾馆 4 号楼，1981 年，建筑师：浙江省建筑设计院唐葆亨、方子晋、董孝纶等

　　杭州，楼外楼，始建于清代光绪年间，因"山外青山楼外楼"名句而得名，周恩来曾指示楼外楼的修建要有民族形式。建筑依山而建，利用自然高差布置平面。由于建筑地处西湖游览地带，东临西泠印社，建筑采用南方古典建筑形式，吸取园林手法，运用现代材料及技术，使得古典建筑焕发新颖神韵。

　　杭州，花家山宾馆 4 号楼，位于西湖西部花家山麓，三面环山、绿树成荫，场地有多处泉眼，山泉所到之处开三个人工湖。建筑面积 1 万平方米，348 床位。建筑布局上形成特有的开放式庭院，建筑与环境融为一体。建筑形式采用江浙地区民居小青瓦屋面，尺度亲切，在用料方面做到所谓"粗粮细作"，是带有当地风景建筑特色的地域性建筑。

江苏苏州刺绣研究所接待馆,位于苏州著名古典园林环秀山庄旁边,建筑面积 1166 平方米。采用新老建筑群互为因借的手法,既保护了历史文物建筑,又扩大了私家咫尺园林的景区范围。新建筑甘当配角,运用传统的外形,现代的空间,力求建筑中而新。

无锡,新疆石油工人太湖疗养院五号疗养楼,位于无锡市马山、檀溪、驼南山的东南坡上,面向美丽的太湖。用地 150 亩,建筑面积 1.7599 万平方米。以 2 层为主。布局依山就势,建筑取江南民居之色彩淡雅,构图简洁、用料朴实,在细部处理上融入了现代建筑的手法,力求与清秀太湖之自然山体融为一体。

绍兴饭店,原系绍兴市府招待所,改建时充分尊重传统建筑的"灵霄社"建筑群,保留其整体布局及特有的庭园式建筑空间艺术风格。新建的大堂、餐厅、客房楼、综合楼与旧有建筑紧密结合,组成 10 处庭园空间。主庭院空间以水面为主题,回廊曲桥穿插其间。绍兴小巧的乌篷船可以从饭店水园摇向城区水网河道。建筑外观粉墙青瓦,错落有致,造型古朴典雅。

室内装饰具有古越民居的韵味,大堂装饰以"兰"为主题,餐厅以"咸亨酒店"命名,富有地方情趣。该饭店改扩建既承脉古越建筑文化,又具有现代建筑的功能。

在上海这样具有外来影响的大城市,不但在公共建筑中有主流的西洋古典建筑,同时,由于地处江浙地区建筑传统影响之下,也延续着当地民居特征的地域性建筑,这在以往的建筑创作中已是明显的倾向,如西郊宾馆。上海有些场地,具有外来地域性建筑文化环境的脉络,建筑师也充分注意到这种环境,并作出反应,像龙柏饭店。

图 6-070　江苏,苏州刺绣研究所接待馆,1982 年,建筑师:苏州市建筑设计院时匡、杨宏光、陈树民等
图片提供:时匡

图 6-071　无锡,新疆石油工人太湖疗养院五号疗养楼,1985 年,建筑师:同济大学建筑设计研究院、同济大学建筑系卢济威、顾如珍、李顺满等
图片提供:卢济威

上海，西郊宾馆，位于上海风景优美的西郊，新建设有总统套房、客房 61 套的 7 号楼"睦如居"（8700 平方米），改建在"文革"时期未经设计单位规划设计的营房（"怡情小筑"）和食堂（"翠园厅"），二者共 3147 平方米。

"睦如居"设施完善，功能分区明确，建筑平面展开与"怡情小筑"组合成庭园，互为对景，有清雅的室外环境。建筑的造型，取江南民居中坡地的处理手法，使高低起伏的屋面形成优美的轮廓线，建筑的细部，简化传统构件，使之呈现新意。在材料的选用上，依照江南民居风格，青瓦、粉墙、石头勒脚，局部墙面饰以虎皮石墙。在室内设计方面，不同房间各有特色，在简洁明快中透出地方做法，如木制的灯具，设计精致且具有现代感。

图 6-072　绍兴饭店，1987—1990 年，建筑师：浙江省建筑设计院陈静观、谢永锦、龚景超等（左）
图片提供：浙江省建筑设计院唐葆亨
图 6-073　绍兴饭店，1987—1990 年，庭院（右）
图片提供：浙江省建筑设计院唐葆亨

图 6-074　上海，西郊宾馆，1985 年，睦如居，建筑师：华东建筑设计院魏志达、季康、方菊丽等

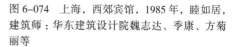

图 6-075　上海，西郊宾馆，1985 年，翠园厅

上海，龙柏饭店，坐落在上海西郊，为专门接待外宾的旅游旅馆。建筑面积 1.2433 万平方米，324 床位。基地原为有英国庄园风格的私人花园别墅，后为接待外宾的俱乐部。因园内芳草如茵、龙柏雪松可观，故此命名。新建筑的布局与原有的环境结合为一体，建筑的功能布局、室内外空间关系、建筑造型、乃至装饰材料，都从"地方"出发，形成有英国和中国园林相融合的上海地方风格。于 1993 年获"中国建筑学会优秀建筑创作奖"（1953—1988 年）。

上海，陶行知纪念馆，位于沪太路余庆桥上海工学团旧址，占地面积 2.6 亩，建筑面积 810 平方米。整组建筑布局吸收了中国江南园林小中见大的手法，空间隔而不断，园中有院。建筑设计则以江南民居为蓝本，造型精致、朴实明朗。

天台赤城山济公院，位于中国著名的风景区浙江天台山的中心风景点赤城山，建筑面积 400 平方米。赤城山是佛教著名圣迹，其中瑞霞洞相传为济公显圣的地方。基地地形极为复杂局限，设计紧密结合地形，将济公院的前后山门、洞殿敞厅、茶室、接待、小卖等共 200 余平方米的小建筑分别散置在 6 个不同标高的台地上，布局闲散自若。由于建筑的体块、空间、界面都复杂多变，建筑师对于建筑的处理，既无先入之见，又无明确的几何属性，建筑群体适应山势地形，并用游廊和展廊穿插交接，构成完整的图画。建筑师还注重了对于传说中的济公形

图 6-076　上海，龙柏饭店，1980—1982 年，建筑师：华东建筑设计院倪天增、张乾源、胡其昌等（左）
图片提供：华东建筑设计院
图 6-077　上海，龙柏饭店，1980—1982 年（右）
图片提供：华东建筑设计院

图 6-078　上海，陶行知纪念馆，1986 年，建筑师：上海市建筑设计研究院郭小苓、潘君达、黄玉昌等
图片提供：上海市建筑设计研究院，摄影：陈伯熔、毛家伟

图6-079 天台赤城山济公院，1988—1989年，建筑师：东南大学建筑研究所齐康、陈宗钦（左）
图片提供：东南大学建筑研究所
图6-080 天台赤城山济公院，1988—1989年（右）
图片提供：东南大学建筑研究所

象及其内涵的表现，抽象处理的建筑形象处理，联想到众所熟知的"鞋儿破，帽儿破，身上的袈裟破"。

3. 川陕：民居是建筑风格的源泉

　　地域性建筑的许多特点都体现在民居中，在新时期探讨解决千篇一律问题之际，许多建筑师对于民居建筑的作用有很高的评价，有的建筑师认为民居是风格的源泉。

> "走向民间，走向祖国的大地，那些隐藏在祖国大地的建筑宝藏会使你惊叹！它会提供给你灵感和创作的源泉！建造和规划它们的建筑师们，既不认识米斯，也不认识鲁德涅夫，没有上过清华，也没进过同济，但是，从城市规划到个体建筑，从山地到平地，都有他们丰富多彩的创作，这些建筑师，就是我们的人民。"[1]

　　徐尚志在《建筑风格来自民间》一文中说道，"本来任何一种艺术风格，追本溯源都是从人民中间发生和发展起来的。而且由于各种不同的客观条件的制约，各地区、各民族的自然条件、建筑材料、生活习惯、宗教信仰、历史文化都各不相同，反映到建筑风格上也是各不相同……这些民族特点和地方特点，都是经过当地人民在长期生活实践中所逐步形成的。因而它最符合当地的实际情况，有无可非议的使用和经济价值。"[2]

---

① 参见：成城.民居——创作的源泉 [J].建筑学报，1981（2）：64.
② 参见：徐尚志.建筑风格来自民间 [J].建筑学报，1981（1）：49.

在民居中寻求地域性建筑的创作灵感，始终是中国建筑创作中有成就、有希望的方向。

仪陇，朱德纪念馆，位于四川省仪陇县，建筑面积1818平方米，建筑布局如当地民间的宅院，但采用钢筋混凝土结构，仿照民居的形式，尺度亲切，造型朴实，符合这位革命家的性格。

四川，九寨沟宾馆，位于四川省阿坝藏族自治州九寨沟风景旅游区，建筑面积8773平方米，其中客房部分4600平方米，200床位。客房为两组基本相同的四合院和一座三层楼组成，并以藏式亭廊将各组建筑联系在一起。

这个布局高低错落、疏密有致的藏居式建筑群，山泉水流引入庭院，融合于背山面水的优美自然环境之中。由于地理和气候条件的影响，藏居具有外向封闭、内向开放的特点。宾馆朝北立面设置小窗，并加上象征吉祥的牛角窗套，使北墙的防寒功能与立面的需要得到统一。由于此处日照条件较好，朝向院内的东南向尽量开大窗。

室内装修使用了当地出产的木料、石材。多功能厅挂置了藏族寺庙所习用的布幔；木装修取材于当地藏族堆码柴禾，呈1/4圆树枝的图案，带树皮的桦木吊顶装饰等，都具有浓郁的地方色彩。

图6-081　仪陇，朱德纪念馆，1982年，建筑师：四川省勘测设计院杨星海、张文聪、孙嘉瑞等

图6-082　四川，九寨沟宾馆，1985—1988年，建筑师：中国建筑西南设计院赵擎夏、刘小明等（左）

图6-083　四川，九寨沟宾馆，1985—1988年，室内（右）

临潼，华清宾舍，位于临潼骊山北麓著名的华清池内，面向优美的"九龙汤"，地理位置得天独厚，是个仅有建筑面积1200平方米的小型旅馆，甲级双套客房两套，乙级单间客房17套。设计考虑与骊山风景区协调，运用古典形式，并尝试与现代建筑技术相结合。建筑分为两组，各有独立入口，名为"日华门""月华门"，并分别以连廊形成两个庭院。建筑青砖、灰瓦、红柱、绿椽，雕梁画栋，古色古香。

除了川陕以外，其他地区也有很有意义的探索。

景洪，傣族竹楼式宾馆，位于景洪市云南省热带作物研究所内，取傣族民居特色。建筑面积492平方米，只有4套房间。建筑临湖而建，形似傣族的竹楼，除一间客房和服务间外，大部分建筑架空如干阑建筑，建筑的二层设凹廊，并与晒台连接。四周椰林环抱。

荣成，北斗山庄，海草石屋是胶东半岛的乡土建筑，自海滩取草，山地取石，用海草屋顶乱石垒墙，建筑冬暖夏凉，难燃防火，耐久延年。北斗山庄以海草石屋方式建成，共有小招待所7幢，如北斗七星布置在桑沟湾北部沿海高地边缘，并以七星命名（由北往南：天枢居、天璇居、天权居、天玑居、玉衡居、开阳居、瑶光居）。每幢建筑约200~250平方米，全部面南，不挡视线。在造型观感上：象其形，更重其神。新海草石屋既体现传统，又符合现代使用要求。

图6-084 临潼，华清宾舍，1978年，建筑师：中国建筑西北设计院洪青、孙巽、张伯伦
图片提供：中国建筑西北设计院

图6-085 景洪，傣族竹楼式宾馆，1984年，建筑师：云南省建筑设计院石孝测、赵体孝、张涓燕等
图片提供：云南省建筑设计院

图 6-086 荣成，北斗山庄，1990—1991 年，建筑师：同济大学建筑与城市规划学院戴复东等
图片提供：戴复东

图 6-087 荣成，北斗山庄，1990—1991 年，室内
图片提供：戴复东

4. 新疆：民族形式向地域性转换

新时期的新疆建筑创作，有令人瞩目的成就，如果说，1950 年代的探索以民族形式为主，后来又有不同方向的努力，例如，在地域性方面有所进展。

> "在 20 世纪 70 年代末至 80 年代初出现了大胆运用拱廊创造户外生活环境的吐鲁番宾馆。接着在乌鲁木齐出现了塔楼小穹顶、拱廊、不对称组合。大面积运用石膏花饰民族图案的民族医院。两者竟是八十年代新疆建筑创作民族化运动的开端。前者的影响主要在建筑师范围内，后者的影响不仅在领导阶层（尤其是少数民族领导），而且遍及社会，争论是相当激烈和活跃的。就吐鲁番宾馆而言，当地对其具有拱廊特色的宾馆的民族风格尚不过瘾，便自作主张又搞了一个没有建筑师参加的吐鲁番宾馆。二层拱廊，完全对称布局，穹顶、呼拜塔、石膏花饰琳琅满目。虽然赢得了社会和工匠们的极力赞赏，但大多数建筑师嗤之以鼻。这场争论意外地给建筑师带来了社会信息和继续创作的动力。给自治区三十年大庆工程作了思想准备。"①

孙国城建筑师的意见，反映了新疆地域建筑冲破所谓"民族形式"的过程。在吐鲁番原县招待所大院内，前后建设的 3 个宾馆，可以看到新疆建筑从注重民族形式到注重地域因素的深化。

进入 1980 年代，新疆地区建筑的探索有所加强，并取得显著成果，再次引起了内地建筑师的关注和兴趣。作品的基本趋势是，建筑的地域因素和民族文化因素有明显加强，逐渐弱化原先经常使用的尖拱等形式要素。

---

① 引自孙国城. 新疆建筑特色的探索——新疆建筑创作评述（内部稿）.1986（8）.

吐鲁番招待所（即第一个吐鲁番宾馆）, 位于吐鲁番葡萄街（青年路）吐鲁番宾馆院内,建筑面积约1000平方米,24间客房。葡萄架下是当地居民很重要的活动空间,建筑师将室外的休息、活动人流,均组织在葡萄架下,可在休息中纳凉。拱和拱券是当地传统的结构体系,也是建筑的一大特色,屋面上覆以黄土,冬暖夏凉,在有火洲之称的吐鲁番,大大增强了隔热性能。在外形上,采用连续的悬链线落地拱,有很强的地方特点和感染力。这是建筑师令建筑正确结合地域条件,外形自然天成、不事张扬的实例。

吐鲁番宾馆新楼（即第三个吐鲁番宾馆）, 位于原吐鲁番宾馆院内,占地面积6500平方米,建筑面积3000平方米,128床位。宾馆由客房、餐饮以及公共设施等部分组成,设有共享大厅、迎宾厅、观赏台、商务中心、商店和会议厅等。

吐鲁番的地域自然条件极为特殊,地处干旱的沙漠地带,海拔 –154 米；同时又有丰富的地域文化和人文景观,如坎儿井、葡萄沟、千佛洞和高昌、交河古城等遗址。当地既有佛教文化的影响,又有伊斯兰文化的传播,传统民居建筑适应这些条件,既合乎理性又具独特的风貌。

新楼的基本构思原则是：适宜于当地的自然条件；不同的宗教文化并存；现代化与地方发展条件并存。建筑平面集中呈"II"形,功能互不干扰。二、三层的空间与一层相沟通,上下呼应,吸取民居的"阿以旺"天窗采光。外部敦实的台阶式体量,暗喻山势和生土建筑的体块；不同高度层次的凉台,可植花草、可赏歌舞；拱窗、半月窗、滴水等细部处理朴实,并增添几分生气；

图6-088 吐鲁番招待所,1979—1980年,建筑师：新疆建筑设计研究院干小东等
图片提供：王小东

图6-089 1980年代初充满民族风格装饰的第二个吐鲁番宾馆楼

图 6-090 吐鲁番宾馆新楼，1992—1993 年，建筑师：新疆建筑设计研究院刘谓等（左上）
图 6-091 吐鲁番宾馆新楼，1992—1993 年，门厅（右上）
图 6-092 乌鲁木齐，新疆友谊宾馆三号楼，1983—1984 年，建筑师：新疆建筑设计研究院王小东、孙国城等（下）
图片提供：王小东

因为无雨，不设雨棚；风沙大，少开窗洞，更不用大玻璃或幕墙。建筑内外统一，功能与造型统一，造型又与地域文化含义统一，是一座现代而又富于地方自然特色和人文特色的建筑。

乌鲁木齐，**新疆友谊宾馆三号楼**，位于乌鲁木齐延安路，占地面积 1.0 万平方米，建筑面积 6454 平方米，客房 78 间，156 床位。主体以两层为主，山墙采用拱形阳台板，在厚实的墙面上形成强烈的光影效果。考虑到气候和地方特点，整个建筑物组成了三个不同的庭院。室内外空间错落、多变。风味餐厅取意于哈萨克牧民帐篷，现代建筑结构，使人联想到牧场和森林。建筑创作思想立足于现代化，含蓄、简洁地体现建筑的民族与地域特色。

乌鲁木齐，**新疆人民会堂**，坐落在友好路，连接新老市区的北艺公园一角，与昆仑宾馆遥遥相对。占地面积 4.67 公顷，建筑面积为 3.0 万平方米。为方便管理、使用和造型需要，会堂由主体和副体组成，两者用前后两条连廊相连。主体内包括能容纳 3160 席位的观众大厅，舞

图 6-093　乌鲁木齐，新疆人民会堂，1984—1985 年，建筑师：新疆建筑设计研究院孙国城、韩希琛、王小东等

图 6-094　乌鲁木齐，新疆人民会堂，1984—1985 年，会议大厅（左）

图 6-095　乌鲁木齐，新疆人民会堂，1984—1985 年，门厅（右）

台设备齐全。副体内设 500 席圆桌会议多功能厅，13 个地、州、市会议厅等建筑造型以方圆体量组合，主体的四角高耸塔楼，与窗间连续的尖拱构件一起，显示地方风情。宽大的檐部镶贴琉璃瓦片，整个造型体现了以维吾尔族为主体的各民族文化的交融，时代精神和地域特色有机结合。于 1993 年获"中国建筑学会优秀建筑创作奖"（1953—1988 年）。

乌鲁木齐，新疆维吾尔自治区迎宾馆，坐落在乌鲁木齐延安宾馆院内，环境优美。占地面积约 1.6 万平方米，建筑面积约 7000 平方米，满足接待国宾的复杂要求。

建筑师在创作中，注意了形体的表现，但更加注意建筑气质的追求。将新疆伊斯兰建筑的传统语言加以抽象变形，运用体、面、线、光的对比，赋予建筑以新意。传统的尖拱序列，表现出节奏和强烈的新疆乡土风情。建筑功能、结构和建筑艺术相和谐，入口悬厅底部的尖拱曲梁构成优美的图案；凉水塔的造型符合功能的同时，以夸张、隐喻和象征的手法，赋予新的含义。也是在现代建筑中展现出地域特色的努力。

乌鲁木齐，新疆人大常委会办公楼，位于人民广场上，建筑面积 1.3884 万平方米，13 层，除了一般的办公、会议用房外，还设置了 300 座席的会议厅，正门门廊兼作检阅台。建筑师吸取维吾尔族传统柱式的基本构件处理檐部，两端高出屋面的电梯机房处理成传统的凉亭形式，中部设造型独特的穹顶。

图 6-096　乌鲁木齐，新疆维吾尔自治区迎宾馆，1985 年，建筑师：新疆建筑设计研究院高庆林、吴建业、申国宾、阳祖跃等（左）
图片提供：新疆建筑设计研究院
图 6-097　乌鲁木齐，新疆维吾尔自治区迎宾馆，1985 年，凉水塔和庭院（右）

图 6-098　乌鲁木齐，新疆维吾尔自治区迎宾馆，1985 年，总统客房

图 6-099　乌鲁木齐，新疆人大常委会办公楼，1985 年，建筑师：新疆建筑设计研究院孙国城

　　乌鲁木齐，新疆科技馆，位于北京路南端的底景位置，恰值城市路网斜"丁"字路口，平面选用 60 度等腰三角形的网格协调设计。建筑面积 1.0119 平方米。建筑将低层部分组织成院落，改善了环境，形成了丰富的空间。主体建筑以通长竖向密柱，形成向上的动势，檐部略作类似尖拱结束，屋顶配以四个蘑菇凉亭，丰富了轮廓。

　　乌鲁木齐，新疆伊斯兰教经学院，位于乌鲁木齐南郊，建筑面积 4500 平方米，容纳学员150 人，是一座培养有专业知识穆斯林的高等院校，也是对外文化交流的活动场所。

图 6-100 乌鲁木齐，新疆科技馆，1985 年，建筑师：新疆建筑设计研究院孙国城

图片提供：新疆建筑设计研究院

图 6-101 乌鲁木齐，新疆伊斯兰教经学院，1987 年，建筑师：新疆建筑设计研究院陈伯贞等

图片提供：陈伯贞

平面集中和分散相结合，以教学行政办公为主体，右面为食堂兼会议室，左面是浴室和清真寺，三部分严格按宗教礼仪和方位布置。以连廊构成整体，并形成大小不同的庭院。各部分联系方便、分工明确，有良好的学习和生活环境。建筑群高低错落，运用传统的伊斯兰建筑符号，结合简洁的现代建筑手法加以夸张变形，穹顶、拱券、角柱统一协调，充分体现伊斯兰建筑风格。清真寺中有圆形天窗，饰以伊斯兰图案；正面的壁龛装饰繁简适度，具有严肃而明朗的宗教气氛。

库车，龟兹宾馆，位于库车县天山路，占地面积 1.44 公顷，建筑面积 3200 平方米，100 床位，是服务设施齐全的旅游旅馆。

在建筑创作上表现出对现代化、民族、宗教、地域等诸因素矛盾交错中的思考和实践。在建筑空间和总体平面布局上，吸取了当地民居特色，运用院落式和中亚一带生土建筑"细胞繁殖式"的高密度布置方式，使建筑处于大小庭院之中，解决通风降温的特殊要求。

建筑的外形、细部和色彩等，力图把石窟特色和当地的维吾尔建筑拱券特色，融合在情理之中。为了使"龟兹"和"维吾尔"都能得到表现，使用了特别的"提示"性手法，如伊斯兰特色的大片方形花格构图，而楼梯间是登上石窟梯子的隐喻。门厅和餐厅的屋顶，结合了石窟多边形叠合梁架，也具有伊斯兰特色。

图 6-102 乌鲁木齐，新疆伊斯兰教经学院，1987 年，礼拜堂

图 6-103 库车，龟兹宾馆，1992—1993 年，建筑师：新疆建筑设计研究院王小东等
图片提供：新疆建筑设计研究院王小东

图 6-104 昌吉，工人文化宫，1983 年，建筑师：新疆建筑设计研究院张胜仪
图片提供：张胜仪

为了加强通风，吸取了维吾尔族建筑"阿依旺"的通风天窗的做法，室内色彩采用了伊斯兰建筑中常用的白色主调，门厅壁画则是剔除了宗教内容的典型的"龟兹"风格，而其中的蓝绿色，也正是维吾尔族人所喜欢的。

该宾馆地处边远，距乌鲁木齐约 800 公里，施工水平、设备、材料供应等方面的困难很多，所以它是一个符合国情的、低标准的建筑，每平方米造价仅 800 元左右（1992 年价），是精打细算的建筑创作。

新疆地区建筑的公共建筑，已经形成可以明显识别的地域风格。

图 6-105　昌吉，工人文化宫，俱乐部庭院，
1983 年
图片提供：张胜仪

图 6-106　乌鲁木齐，民族医院，乌鲁木齐
市建筑设计院设计

5. 景园：由传统而创新的新消息

　　园林建筑的理论研究和实践，是"文革"以后行动最快的建筑类型之一，因为它的研究和发展，暂时还不迫切需要新技术、新材料和工业化的支持，就像"文革"之后数学走在中国科学发展的前面一样。当国外"景观建筑学"（Landscape architecture，有译为"地景建筑学"）的概念传入中国之后，中国建筑师迅速地将园林建筑加以拓展，而有所发挥。

　　发展着的景园建筑，都是从传统园林建筑出发，继而寻求创新的。有的继承中国古典园林传统，在传统的格调内，营建景园或建筑群，如著名的北京紫竹院、陶然亭，杭州的一些园林，南京的四明山庄和苏州刺绣研究所接待室等；从传统出发，锐意创造新园林，如现河公园等；有的结合城市景园体系建设，在传统基础上运用现代材料设置景点改善城市的大环境，如合肥环城公园；对于古代名园、名楼的复原，也是这个时期景园建筑的成就之一，尽管有些不同的认识。

　　上海，方塔园，位于上海松江县，先后曾经是县府、城隍庙、兴盛教寺及城中心地段的旧址，几经战乱已遍地瓦砾，宋代方塔仅存塔体之砖心，方塔园定性为以方塔为主体的历史文物园林，其他文物有明砖雕照壁、明楠木厅、清天后宫等。

建园用地 172.72 市亩，由于地势平坦，略作堆山理水，通过山体与水系的整理，顺应自然布局，把全园划分为几个区，各区设置不同用途的建筑，形成不同的内向空间与景色。全园布置，在自由格局中不松懈，突出方塔典雅朴素的性格。园内建筑一般采用青瓦、钢架，开创性地尝试运用新型结构与传统形式相结合。"何陋轩"茶厅为草顶竹构建筑，延续当地农舍文脉，钢结构的巧妙运用，使得建筑通透、轻巧，并与竹子装饰有所交接，透出现代气息。

杭州，西湖阮公墩云水居，位于杭州西湖，阮公墩是西湖的三岛之一，1800 年浙江巡抚阮元调集民工疏浚西湖堆积而成，面积 0.554 公顷，百余年来，一直保持自然本色。经过多方案比较，

图 6-107　上海，方塔园，1980—1981 年，东门，建筑师：同济大学建筑系冯纪忠等（左）
图片提供：李铮生
图 6-108　上海，方塔园，1980—1981 年，何陋轩（右）
图片提供：李铮生

图 6-109　上海，方塔园，1980—1981 年，东门南侧
图片提供：李铮生

图 6-110　杭州，西湖阮公墩云水居，1982 年，建筑师：杭州市园林规划设计处卜昭辉等

建筑突出"茅茨深处隔烟雾,小洲林中有人家"的意境,使得云水居建筑隐现于云水之中。建筑面积248平方米,茶室100座位,轻钢屋架,竹饰面。竹屋茅舍既简朴淡雅又体现逸静的意趣。全岛的绿化层次丰富,环境优美。

南京,江苏省画院(四明山庄),位于西城四明山上,是一组江南古典园林建筑群,以画家创作室为主,附以培训的教学用房。用地面积1.8公顷,建筑面积3460平方米,基地上丘壑起伏、杂树丛生,建筑师结合山脚、山坡和山顶等地形,安排行政教学区、展览区和创作区三个院落。考虑到中国画讲求意境深远,建筑师以古典园林古朴典雅、图佳景妙的特点回应之。院内理水、植树、堆山考究,建筑细部耐人寻味。

合肥,环城公园,合肥环城公园是在古城墙、护城河的遗址上兴建的,总长8.7公里,规划总用地面积136.6公顷,环形带状,共规划六个景区:西山景区以山水见长,以秋景、动物雕塑群为特色;银河景区以"印合"水景为中心,突出春夏景色;包河景区有浓郁的人文特色;环东景区以规则式广场、喷泉、大型城市雕塑为特色,并恢复"淮浦春融"一景;环北景区以山林野趣和冬景为主要特色;环西景区主要是大型游乐活动。在城市中大面积、成体系地布置景园,是传统古典园林向"地景"概念的发展,有一定开创意义。

图6-111 南京,江苏省画院,1982年,创作区,建筑师:江苏省建筑设计院姚宇澄等
图片提供:姚宇澄

图6-112 南京,江苏省画院,1982年,小飞虹

图 6-113 合肥，环城公园，1983—
1985 年，卢阳亭，建筑师：合肥规划局
劳诚等
图片提供：劳诚

图 6-114 合肥，环城公园，1983—1985
年，银河景区叠亭
图片提供：劳诚

图 6-115 合肥，环城公园，1983—1985
年，沿河茶室
图片提供：劳诚

图6-116 北京，紫竹院公园筹石苑
友贤山馆，1986年，水榭，建筑师：
北京园林古建筑设计研究院金柏苓、
端木、于采芙等（左上）
图片提供：北京园林古建筑设计研究院
图6-117 北京，紫竹院公园筹石苑
友贤山馆，水廊和庭院，1986年（左下）
图片提供：北京园林古建筑设计研究院
图6-118 北京，紫竹院公园筹石苑
友贤山馆，1986年，室内（右）
图片提供：北京园林古建筑设计研究院

  北京，紫竹院公园筹石苑友贤山馆，位于西郊紫竹院公园内，是筹石苑中供游人安静休息的场所。建筑面积400余平方米，由数个厅轩及游廊、围墙组成的院落式庭院建筑群，是相对独立的小园林。为保证小园内部与大园环境之间尺度的协调，友贤山馆将主要厅堂置于庭院之外，而内向小园的茶社、水竹居、竹坞门、桥廊、曲廊以及粉墙、门洞等都是小体量的建筑，建筑群与邻近的北京图书馆建筑有良好的关系。

  北京植物园盆景园，位于著名的香山风景区，用地1.7公顷，建筑面积1300平方米。景园的入口以人流的情况确定，设在地段与路面高差比较小的西南部，在园和路之间形成"园外园"，可使园内外融为一体，且使游人在栏杆外即可俯瞰精彩的园景。根据功能的需要，确定了一系列大小展厅，借助游廊花架，围合成大小不同的庭院与天井，体现了利用场地具体条件的必然性与合理性。建筑的外形重点处理了屋檐、山墙和女儿墙，既借鉴传统的坡屋顶、封火墙、垂花门等形式，也借鉴独特的装饰。

  平度，现河公园，位于平度的现河之滨，占地面积7公顷，基地略呈三角形。东边临70余米宽的现河，西南之长边则临景观杂乱的闹市。按照"嘉则收之，俗则屏之"的传统造园原则处理。造园吸取了传统皇家园林的经验，取集锦式景点布局原则，在园的中央部位以人工方

图 6-119　北京植物园盆景园，1988 年，外部
庭院，建筑师：北京园林古建筑设计研究院金
柏苓、柳潞、孙洁、贾海丽等
图片提供：北京园林古建筑设计研究院

图 6-120　北京植物园盆景园，1988 年，展厅
图片提供：北京园林古建筑设计研究院

图 6-121　平度，现河公园，1989—1994 年，
南入口，建筑师：天津大学建筑学系彭一刚、
聂兰生等
图片提供：彭一刚

图 6-122　平度，现河公园，1989—1994 年，
郁秩山庄
图片提供：彭一刚

图 6-123　平度，现河公园，1989—1994 年，游船码头
图片提供：彭一刚

图 6-124　杭州，西湖郭庄，1989—1991 年，香雪分春庭院，建筑师：杭州园林设计院陈樟德等
图片提供：陈樟德

图 6-125　杭州，西湖郭庄，1989—1991 年，香雪分春室内
图片提供：陈樟德

法筑岛堆山，并把最大的一组建筑"郁秩山庄"和最高的一幢阁楼"凭柱阁"置于其上，形成全园的制高点和重心，以统摄全园。建筑造型、细部乃至色彩，在大量地吸取传统造园经验同时强调出新。屋顶采用青灰色的板瓦，出现了多种多样的屋顶变体，使建筑面貌为之一新。整个的园林建筑规划设计可以说"瞻形窥意两相顾，南北风格融一炉"。

　　杭州，西湖郭庄，位于杭州西湖西岸卧龙桥畔，始建于清代，1980 年曲院风荷规划把郭庄列为古园保护区。新修建的郭庄占地 9788 平方米，其中水面 29.3%，总建筑面积 1692 平方米。郭庄平面呈南北长条形，东临西湖，西靠西山路，北接曲院风荷公园密林区。采取"东借、西隔、南融、北承"八字手法，划为南北两个景区，南为"静必居"是宅园部分，以厅、堂、楼阁组成江南四合院；北为后花园称"一镜天开"，用两宜轩把内水面划为两部分。设计充分利用原有古树，配以建筑、山石、水池造景，千方百计借景西湖，同时十分注意从西湖各个角度观看的效果，为西湖增色。在建筑设计的过程中，对幸存的建筑进行测绘，无存的进行挖地考证，根据浙江民居的规律进行复原。利用普通的自然材料，按当地的古风进行陈设，恰到好处地运用砖雕、木雕和石雕工艺，产生了简而不陋、古朴高雅的气氛。

柳州，龙潭公园，位于市区南部，距市中心3公里，规划面积约534公顷，是一个以喀斯特自然山水为主、突出少数民族风情的大型民族公园。园内群山环抱，林木苍翠，24峰形态各异，耸立于一湖（镜湖）二潭（龙潭、雷潭）四谷地之间。公园除名胜古迹外，别具匠心地把广西和南方少数民族多彩多姿的特色建筑、风物民俗和造园结合起来，成为主要的造园内容。壮乡、瑶山、苗岭、侗寨、傣村等，均以少数民族生活习俗而建，其中尤以鼓楼、风雨桥、民居木楼以及典雅清新的侗寨最具特色，侗寨的厕所命名为"轻松山房"，其楹联也十分有趣。全园融民族文化和秀美的自然景色于一体。

还有一类值得重视的景园建筑新动向，这就是在1980年代开始兴建的主题公园，成为与外来游乐园相结合的一类景园建筑。主题公园起先是以景园建筑的思路和手法布局，日后逐渐转向游乐园，特别是引进国外的各种游乐设施，同时营造具有特色娱乐休闲项目的场所。由于许多项目缺乏必要的可行性研究和市场调查，出现建造过多、过滥现象，且设施、管理水准低下，此类项目逐渐退潮。

深圳，中国民俗文化村，坐落在深圳市深圳湾之畔华侨城，东临"锦绣中华"，占地面积21公顷，总建筑面积2.7万平方米，是中国第一个荟萃21个民族的民间艺术、民俗风情和民居的大型文化园林。

用地东西长，南北窄，地势平坦。为表达众多民族的民俗活动和反差很大的民居建筑，在总图环境设计上采用人造景观的手法，堆山理水。将园西部呈莲藕状的翠湖，向东拓延成一条蜿蜒绕园而行的人工河，既分割了空间，又将各村寨景点有机地联系在一起。

图6-126 柳州，龙潭公园，风雨桥，1986—1987年，柳州市园林局规划设计

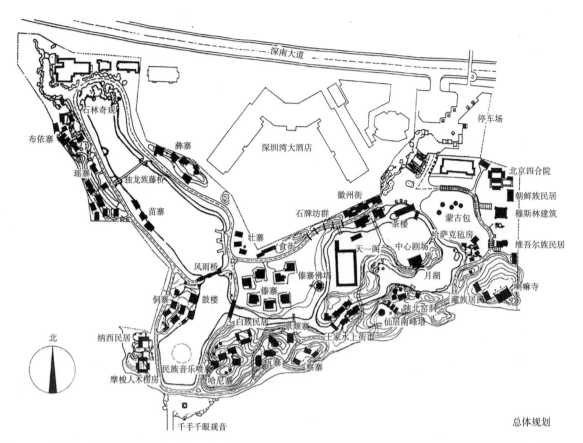

石林奇观
布依寨
瑶寨
独龙族藤桥
苗寨
壮寨
侗寨
鼓楼
纳西民居
民族音乐喷泉
摩梭人木楞房
哈尼寨
千手千眼观音

彝寨
深南大道
停车场
深圳湾大酒店
北京四合院
朝鲜族民居
穆斯林建筑
维吾尔族民居
徽州街
景楼
蒙古包
哈萨克毡房
石牌坊群
中心剧场
天一阁
喇嘛寺
风雨桥
食街
月湖
藏族居民
傣寨佛塔
傣寨
陕北窑洞
白族民居
景颇寨
仙居南峰塔
土家水上街市
佤寨
察寨

北

总体规划

图 6-127　深圳，中国民俗文化村，1990—1991 年，平面，建筑师：天津大学建筑设计研究院、建筑学系杨永祥、张敕、盛海涛、曹磊等
图片提供：天津大学建筑设计研究院

图 6-128　深圳，中国民俗文化村，1990—1991 年，瑶寨
图片提供：天津大学建筑设计研究院

图 6-129　深圳，中国民俗文化村，1990—1991 年，徽州街
图片提供：天津大学建筑设计研究院

　　堆山主要在景园南侧，呈东西走向，堆山最高达 9 米。山南为主环路，将西南几个聚居在山上的少数民族（佤族、哈尼族、景颇族）村寨筑于山上，创造"盘山入寨"的意境。堆山使得园内道路起伏蜿蜒富于变化。

　　民居的布置呈点、线、面状，根据民俗、民风的不同和园中空间构图的需要，选择了傣寨、侗寨、苗寨、布依寨，建成成片的村寨，将徽州民居和土家族民居布置成条状，形成街衢，

图 6-130　深圳，世界之窗世界广场，1991—1994 年，建筑　　　图 6-131　深圳，世界之窗世界广场，1991—1994 年
师：天津大学建筑设计研究院、天津大学建筑系杨永祥、曹磊、　　　图片提供：天津大学建筑设计研究院
盛海涛、赵素芳等
图片提供：天津大学建筑设计研究院

其余成点状布置。"中国民俗文化村"的入口处理，以实景为标志，东大门以巨大古榕为先导。古榕真假结合，入口平台设计成二层，上层走人，底层停车，合理利用了地形高差，解决了人车混流问题。西大门以巨大的石壁山洞为入口，其售票室和贵宾房都设计在山体之中，成为石林经管的一部分。

深圳，世界之窗的世界广场，坐落在"中国民俗文化村"以南，总占地 45 公顷，共分九个大区，世界广场为其入口区。园区占地 2 公顷，总建筑面积 1.6821 万平方米。广场为全园的中心部位，内广场呈椭圆形，长轴 160 米，短轴 130 米。

世界广场有着丰富的文化内涵，用公元前 7—6 世纪新巴比伦城的伊什达门代表西亚两河流域的古文化，用爱德府霍鲁神庙的牌楼门代表古埃及文化，用土耳其科尼亚经学院大门代表阿拉伯文化，用中国雍和宫的牌楼代表中国建筑文化，用桑吉窣堵坡门代表古印度文化，用拉亚华纳科太阳门来表示南美印加文化。

在弧形建筑内侧设计了世界各地的古老柱式 108 根，柱高均为 8 米上下，增加了广场的空间层次和文化气氛。广场剧场的造型，采用了双心拱的形状，结构为球形网架，既满足了大型歌舞演出的需要，又赋予广场强烈的时代感。"世界广场"企图使世界古今建筑文化集萃于一处，再现世界建筑文明。

6. 北方：延续旧城文脉有机更新

北方的地域性建筑主要反映在两个方面。一是延续以北京四合院民居为代表的有机更新，在继承当地民居精神的同时注入现代意趣；二是在北京等地旧城，建筑文脉比较清晰的建设地段，明显吸取地方特定建筑文脉，融入新建筑之中。

北京，菊儿胡同新四合院。四合院是北京典型的传统民居，在大量的城市建设活动中，已经逐渐消失。建筑师在这项改造中，提出了"类四合院"概念的新街坊体系，以对北京四合院住宅做有机更新。把建筑的层数提高到 2~3 层，增加了容积，并改善了居住条件，而且还为住户提供了良好的居住人文环境；菊儿胡同的建筑具有良好的尺度，富有人情味和北京地方特色。

图6-132 北京，菊儿胡同住宅改造，1988—1990年，鸟瞰，建筑师：清华大学建筑设计研究院吴良镛等
图片提供：贾东东

图6-133 [图组]北京，菊儿胡同住宅之一，1988—1990年，建筑师：清华大学建筑设计研究院吴良镛等
图片提供：贾东东

图6-134 北京，清华大学图书馆新馆，1985—1991年，建筑师：清华大学建筑设计研究院、清华大学建筑学院关肇邺、叶茂煦、郑金床等

图6-135 北京，清华大学图书馆新馆，1985—1991年，休息厅

作品获联合国"人居奖"殊荣。

北京，清华大学图书馆新馆，位于清华大学校园教学区中心部位，占地1.8公顷，总建筑面积2.012万平方米，藏书200万册，共有各种阅览室25个，座位2000个。清华大学校园有丰富的历史建筑环境，新馆临近建筑师杨廷宝改建的旧馆，新馆尊重并延续建筑环境的文脉。新馆和老馆左右对峙相得益彰，并不影响大礼堂在建筑群中的中心地位。新老两者在建筑形象上既有变化又能和谐统一。建筑完全采用红砖，发挥了砖工技巧，取得了良好的效果。于1993年获"中国建筑学会建筑创作奖"（1988—1992年）。

北京，中国儿童剧场，位于北京东城区东华门大街，实际用地面积2850平方米，建筑面积7031平方米，800座位。这是第一代建筑师沈理源1920年的作品，作为一个文化建筑，本身也反映了当时的建筑文化倾向，例如具有巴洛克和新艺术运动的装饰风格。在改建中，结合要求合理扩建，尽量地保持了原建筑的精神，使得原有的建筑文化得以延续。

北京，丰泽园饭庄，位于前门外商业区原丰泽园饭庄旧址，是一座包括客房、餐饮、商业、娱乐及多种配套服务设施的三星级饭店，占地面积4300平方米，建筑面积1.48万平方米。建筑师首先考虑到珠市口商业区传统商业文化特色较浓，又有诸多限制的环境特征，如密度很高

图 6-136　北京，中国儿童剧场，1986 年，建筑师：清华大学建筑设计研究院、清华大学建筑学院李道增、张华、袁镔、陈衍庆等

图 6-137　北京，丰泽园饭庄，1994 年，建筑师：建设部建筑设计院崔恺、韩玉斌、周玲等
图片提供：建设部建筑设计院，摄影：张广源

的小商店，狭窄的街道，拥挤的交通，繁杂的人流以及绿化无几等。

　　建筑采用了阶梯式的体量，沿街保持两层裙房的高度，与周围建筑的高度大体保持一致。丰泽园是享誉中外的百年老字号，建筑师力图将这一概念融于新的建筑造型和空间之中，设定了一条南北向的主轴线，外部体量和内部空间均依此轴组织。对称格局使层层跌落的建筑体量不失规整，使内部空间具有明确的导向，也使不大的大堂有较大的气度。在传统建筑语汇的运用上，偏重于民居的"小式"作法，如南门廊的半亭石作、廊下的梁格处理，裙房的檐口，门窗的分格以及重复出现的菱形图案等，都取材自北方的传统民居而加以提炼。建筑的外部选用了棕红色面砖为基调，灰白色仿石砖勾边，更容易和周围杂色的建筑环境相协调，也创造出亲切宜人的温暖气氛，表现丰泽园老字号的内在气质。

　　北戴河，全国政协北戴河休养所，建筑面积 1.19 万平方米。用地由西向东坡向海滨，总体布置结合自然地形逐层下降。客房部分以敞向海面的三合院为基本单元，重复布置并加以变化，在平面上产生韵律，形成统一格调，同时聚拢海风，利于自然通风。用单面走廊，以便使更多的客房看到海景。建筑形式上突出三角形楼梯间及尖顶，与北戴河原有建筑常出现的尖塔式坡屋顶呼应。色彩上用红顶白墙与海滨自然色调形成对比。

图 6-138　北戴河，全国政协北戴河休养所，1978 年，远景；建筑师：建设部北京建筑设计事务所王天锡、张光华、楼竟波（左）
图片提供：王天锡
图 6-139　北戴河，全国政协北戴河休养所，1978 年，局部（右）
图片提供：王天锡

五、新时期展开新气象

（一）开放初期：起步有中国特色

改革开放的初期，建筑创作中的经济条件和物质条件有所改善，但改善有限；建筑思想有所解放，但力度不大；与国外建筑有所交往，但程度不深；建筑技术和材料、设备有了进步，但仍然相对落后。值得重视的是，努力建设"四化"的口号，成为鼓励建筑师实现中国建筑现代化的强大思想动力；"适用、经济、美观""中而新"以及经典的现代建筑原则，依然是一般建筑师自觉遵守的设计准则。这个时期的建筑作品，并不刻意追求什么风格流派，但大多数项目能根据课题，在深入生活调查研究的基础上，做到功能流线顺畅、外形朴实新颖，室内毫无浮华，室外环境宜人。这个时期的一些建筑规模并不宏大，面貌也不起眼，但这是中国现代建筑的一次有意义的起步，可以说，是并无官方号召的"具有中国特色现代建筑"的建筑现象。

1. 小型建筑起步，朴素的经典现代建筑原则

一批规模相当小的建筑，而且多为交通建筑，成为开路的先锋。交通建筑并无传统的或固有的模式，功能性强，流线直接，不容虚饰，契合现代建筑的设计原则。相应地，建筑平面简捷顺畅，立面划分不琐碎，建筑形象十分朴实。

天津，塘沽火车站，建筑面积 4100 平方米，最高聚集旅客 1500 人。平面布局采用分散自由式，结合不规则地形环境条件，以圆形大候车室入口面向塘沽市区主干道。

图 6-140 天津,塘沽火车站,
1975—1978 年,建筑师:天津大
学建筑系:胡德君、张文忠等(左上)
图 6-141 桂林火车站,1977 年,
柳州铁路局勘测设计所设计;建筑
面积 4549 平方米,最高积聚旅客
1300 人(下)
图 6-142 桂林火车站,室内,
1977 年(右上)

图 6-143 昆明汽车客运站,1979—
1983 年,云南省建筑设计院设计
图片提供:云南省建筑设计院

主候车室采用 48 米跨圆形三角锥钢网架结构,内直接暴露钢网架结构,突出下弦杆之图案,平面中有一面略有弯度的导向墙面,引导交通流线,体现流动空间。为节约投资,内外檐装修都用普通建材,以精心推敲细部适度表现其艺术性。

桂林火车站,有一个十分简单的外观,但内部空间设计相当丰富。结合当地的气候条件,室内外设计通透,空间和绿化内外交融,有一个良好的候车条件。而外观为简洁、朴实,带有挑檐的方盒子建筑,也是一个时期的共同选择。

昆明汽车客运站,建筑面积 1.32 万平方米,日发送旅客 6000 人,最高聚集人数 2400 人。在分析功能的基础上,建筑平面设计成一个矩形和半圆形的组合体。人流以最短的路线进入扇形的分配大厅,由此以最大的辐射面扩散到乘车处,体现出车站的人和车,从集中到分散而又从分散

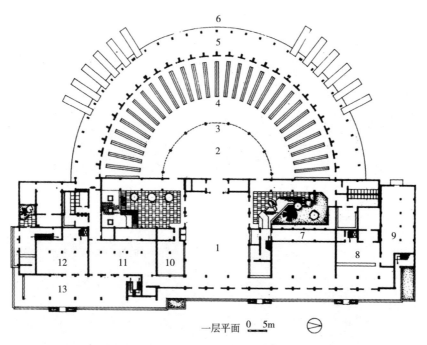

一层平面 0 5m

1. 进站厅；2. 分配厅；3. 站标；4. 候车大厅；5. 站台；6. 发车棚；7. 售票厅；
8. 行李托运；9. 零担；10. 小件；11. 休息室；12. 到达行李；13. 行李领取

图 6-144 昆明汽车客运站，
1979—1983 年，平面图
图片提供：云南省建筑设计院

图 6-145 重庆，白市驿机场航站楼，1984 年，
建筑师：中国民航机场设计院布正伟、郑冀彤、
张仁武
图片提供：布正伟

到集中的概念，以简单的构图，解决复杂的关系。旅客和行李、乘车和候车，互不交叉、路线最短。半圆与矩形的交接处，设置了两个庭院，以利采光通风，是一个十分理性化又有建筑趣味的交通建筑。

重庆，白市驿机场航站楼，将通常的整体候机大厅打碎成多个小候机厅，小厅各旋转 45 度，满足总图交通转弯流畅，同时活跃了建筑体量。建筑师采用现代手法处理整体和细部，如表现速度的变形开窗，自己创作的新颖钢雕等，增强现代感。同时，利用适宜技术，在气候炎热，又没有条件采用集中空调的情况下，采用了便于灵活起闭的小型空调设备；在各个候机厅朝西的窗外，设置了倾斜的遮阳庇荫通风系统，窗子则深深地退到坡顶和栏板后面。即便在最炎热的夏季，西向的强烈阳光仍照射不到后退的带窗上。建筑处理不仅有效地改善了内部的小气候，而且带来了丰富生动的形象。

辽阳火车站，是当时东北设计院设计建成的一批小型交通建筑之一，建筑面积 6528 平方米，最高积聚旅客 2200 人。上部立面体量较实，下部为类似"骑楼"的空廊，衬托之下，立面轻快、简洁、得体。

辽化文化宫，是与车站大约同期设计建设的小型建筑，建筑面积 7236 平方米，剧场 1933 个座位，建筑处理也同样透出类似的简约现代精神。

北京，首都机场航站楼，上层为出港大厅，坡道解决了交通且营造了一个开敞和包容的立面；蓝色大玻璃和立柱相间，基调使人联想蓝天。圆形的卫星厅活跃了组合的体量，室内装饰有明朗的民族色彩。餐厅有多幅壁画装饰，其中有半裸体的形象，引发了争论，反映出艺术家对艺术"禁区"的冲击。

以上实例规模较小，即便是首都机场，今天看也不算大。建筑虽小，却容易突破，不放松对小型建筑的艺术要求，不因没有明显的经济收入就不投入智慧，应当成为一种经验。

图 6-146 辽阳火车站，立面及室内，1978 年，中国建筑东北设计院设计
图片提供：中国建筑东北设计院

图 6-147 辽化文化宫，1979 年，中国建筑东北设计院设计

图 6-148 北京，首都机场航站楼，卫星厅，1979 年，建筑师：北京市建筑设计研究院刘国昭、倪国元等

2. 立足现实国情，从现代性出发探索新形象

随着建筑思想的进一步活跃，建筑师开始有意无意地寻求对经典现代建筑的突破，力求艺术形象消除了模仿痕迹。由于立足于所在的地域特点，立足设计项目的具体条件，经过深入现场做调查研究得出建筑构思，因而体现了建筑的特异性，也体现了自由创造精神，其艺术成就令人难忘。

一些"文革"晚期的作品，已经在起步探索自己特色的作品，当时的物质条件较差，也是在一些小型、边沿性的类型建筑中，例如动物园这类主流视野之外的建筑中。

北京，动物园爬虫馆，虽然建成于"文革"末期，但在比较寂寞的建筑界引起了很大的兴趣，特定的性质允许建筑师做些自由的发挥，因而有一定的开拓意义。

建筑位于北京动物园内，结合各种爬行动物的习性和生长气候，利用各种手法为动物创造了适宜的生活条件，也算是一座特殊的地域性建筑。除了营造种种地形、瀑布、河滩之外，还将暖气管置入假山石、假树木之中，利于动物在北方冬季的生存。

天津，水上公园动物园熊猫馆，完成于"文革"将近结束之际。位于水上公园的动物园内，建筑的总体布局和造型，采用了椭圆、圆形和大量的曲线，既可以得到流畅简捷的参观流线，又赋予形体以象征意义，引出熊猫圆滚滚联想。经过调查研究，室内的展笼玻璃自下而上向外倾斜，地面则往里倾斜，可消除视线遮挡并利于清洁地面。光线设计注意到展笼明亮而观众区暗淡，使注意力集中并减弱眩光。主馆立面上下各开一列小窗，既可减弱室内亮度又可组织自然通风。外墙面采用预制船形装饰板，阳光之下具有良好的肌理。

图 6-149　北京，动物园爬虫馆，1975 年，建筑师：北京市建筑设计研究院张郁华等（左）
图 6-150　天津，水上公园动物园熊猫馆，1976 年，建筑师：天津大学建筑系彭一刚（右）
图片提供：彭一刚

图 6-151　天津，水上公园动物园熊猫馆，室内，1976 年
图片提供：彭一刚

图 6-152　自贡，恐龙博物馆，1983—1986 年，
建筑师：中国建筑西南设计院高士策、夏朗风、
吴德富等
图片提供：中国建筑西南设计院

图 6-153　自贡，恐龙博物馆，展厅，1983—1986 年
图片提供：中国建筑西南设计院

自贡，恐龙博物馆，位于中国恐龙化石埋藏丰富的自贡市大山铺发掘现场，第一期占地面积 38 亩，建筑面积 5882 平方米。博物馆以现代简洁构思，表现最古老的主题。化石的堆垒和简练的巨石形体，作为艺术形象的母题。顺应地形，结合发掘现场，保留地址剖面，引起人们对远古时代恐龙埋置环境的联想。1993 年获"中国建筑学会优秀建筑创作奖"（1953—1988 年）

浙江，缙云电影院，缙云县的五云镇，该县山地、丘陵占全县面积的 80%，所以建筑基地地势也复杂多变。鉴于基地南北方向上进深不够，影院无法采用一般电影院楼座布置方式，建筑师创造性地采用了半边楼座布置。在内场看，楼座像一个个包厢。半边楼座的设计可以增加观众厅的室内层次，降低建筑高度，利于建筑体积的经济性。葛如亮充分利用半边楼座下方的空间，巧妙设计了门厅和观众厅入口。观众厅入口直接开口在中间横走道上，交通路线更有利于人群的快速疏散。

观众厅内墙大片石墙裸露，有利于声音的扩散。为了避免单调，在大片石墙上开设了一系列音符图案的孔洞，并配以灯光，增加了室内空间的趣味性。建筑的外立面几乎没有任何装饰，用简洁的形式和丰富的肌理表现建筑的内在。凌空于庭院水池之上的楼梯间，具有动态的空间形体。

建筑采用缙云盛产的石材凝灰岩，用青、红、紫三色条石砌筑而成，石材表面有铲光、磨光、粗石多种加工方式，影院被称为"石头城中的石头影院"。

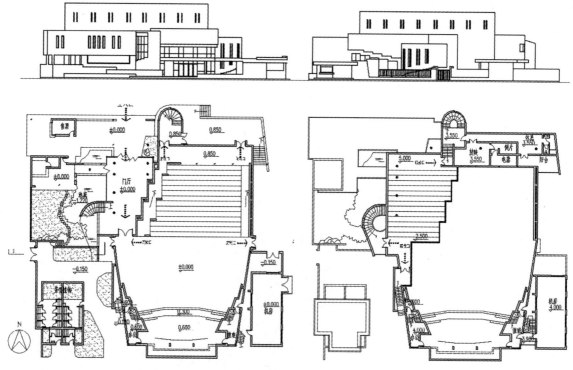

图 6-154　浙江，缙云电影院，1983 年，平面和立面，建筑师：葛如亮、龙永龄、钱锋
图片提供：同济大学彭怒，绘图：王炜炜

沈阳，新乐遗址展厅，位于沈阳市新乐小区，建筑面积 860 平方米。展厅运用了几何形体的分解与变形，通过实廊与空廊的串连，组成一组体型变异的外部体量和内部空间。外部处理，着重大型体块的排列对比，辅以虚实对比，以梯形锥台和三角形锥体两组集合形体组成一组建筑群，展现远古"新乐人"遗址的"马架"穴居文化，同时颇具古生代的意味。空廊外侧镶嵌 7 块实体面，记述着从"新乐人"时代跨越至今演绎七千年的里程碑。展厅前面广场的"权杖"雕塑，启迪今人对古代母系社会原始人类创业的敬仰。

南京，侵华日军南京大屠杀遇难同胞纪念馆，位于南京城西江东门，占地 1.3 万平方米，建筑面积 3000 平方米。建筑设计旨在以历史见证遗物和资料来悼念遇难同胞，将骇人听闻的惨剧昭示后人。

设计与大地环境紧密结合，以极为简洁的建筑造型，利用空间的闭合和开放、室内外空间尺度的变化，烘托和突出了特定的纪念意义。纪念馆入口迎面"遇难者 300000"几个大字点出令人难忘的沉重的主题。内庭院以大片卵石和草地交织，雕塑"母亲"与枯树突出其间，表达了生与死的主题，沿途的浮雕加强了这一主题，使人触景产生悲愤与缅怀之情。建筑于 1993 年获"中国建筑学会优秀建筑创作奖"（1953—1988 年）。

北京，国际展览中心，总图是在极短的时间内定案的，一期工程的设计过程也相当短促，建筑单方造价比甲方在规划场地范围内添建的临时性展览厅还低。从展览功能出发，建筑适于采用简单的方盒子，为了打破"方盒子"的呆板格局，作者在每两个方盒子之间插入连接体，安排入口和门厅，入口处有突出的拱形门廊，上面空架圆弧形额枋；方盒子四角局部切削，装

图 6-155　沈阳，新乐遗址展厅，1984 年，建筑师：
中国建筑东北设计院张庆荣、李慧娴

图 6-156　沈阳，新乐遗址展厅，1984 年，室内

图 6-157　南京，侵华日军南京大屠杀遇难同胞
纪念馆，1985 年，入口，建筑师：齐康、顾强国、
郑嘉宁等，东南大学建筑研究所与南京市建筑设
计院联合设计
图片提供：东南大学建筑研究所

图 6-158　南京，侵华日军南京大屠杀遇难同胞
纪念馆，1985 年，鸟瞰
图片提供：东南大学建筑研究所

图 6-159 南京，侵华日军南京大屠杀遇难同胞纪念馆，1985 年

图片提供：东南大学建筑研究所

图 6-160 北京，国际展览中心，1985 年，建筑师：北京市建筑设计研究院柴裴义、张天纯、林慧姬（左）

图片提供：北京市建筑设计研究院，摄影：杨超英

图 6-161 北京，国际展览中心，1985 年，门厅（右）

图片提供：北京市建筑设计研究院，摄影：杨超英

上玻璃窗；外墙上部是外凸的高窗，下部为斜向内凹的低窗。在简单的体量上运用现代建筑艺术切削的处理手法，以求繁简得体的效果。

长沙，湖南师范大学美术专业教学楼，为了使绘画教室得到理想的天然采光，采用 10.2 米大开间和 4 米小进深的钢筋混凝土框架结构，造成逐层收进的阶梯形剖面，从而实现了多层、重叠的北向天然顶部采光，同时取得了建筑体形的变化。中庭内部及走廊兼作展厅，使整体内部空间得到充分的利用，且层次分明、动静分明。

图 6-162 长沙，湖南师范大学美术专业教学楼，1985 年，建筑师：湖南大学建筑设计研究院王绍俊、王胜平、邹仲康（左）

图片提供：王绍俊

图 6-163 长沙，湖南师范大学美术专业教学楼，1985 年，室内（右）

图片提供：王绍俊

图6-164 北京，第四中学教学楼，1985—1987年，建筑师：北京市建筑设计研究院黄汇、程玉珂、徐禹明等
图片提供：北京市建筑设计研究院，
摄影：杨超英

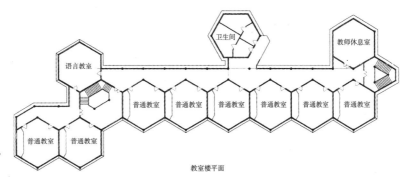

图6-165 北京，第四中学教学楼，1985—1987年，平面示意

教室楼平面

（图内标注）卫生间　教师休息室　语言教室　普通教室　普通教室　普通教室　普通教室　普通教室　普通教室　普通教室　普通教室　普通教室

北京，第四中学教学楼，位于北京西城区西什库大街，规模为30班，教学楼建筑面积5081平方米。建筑师将教室使用的舒适、方便作为设计思想的根本出发点，按最佳座位区的方法，把教室设计成边长为5.4米的六角形，因为"在面积相近的情况下，（六角形教室）使学生视听效果最佳，较好的座位数所占比例比矩形教室大"[①]，解决了此种规模的教室中课桌排列形式与视角、视距、黑板长度的关系，且获得了教室门前的缓冲地带。科技实验室按每一层一科，依各科不同的房间数，自然构成台阶式建筑。

3. 整体建筑语言，建筑艺术中的整体性观念

建筑作品，从体量到空间，从整体到细部，应当有统一的构思，不但反映在总体布局和单体的空间体量设计上，也反映在室内设计中沿用整体建筑语言，构成一个不可分割的建筑艺术整体。中国建筑师的创作过程中，一直以整体构思跟进建筑设计的全过程，并在室内设计中深化整体的构思，这一作风，在改革开放之初，在一些创作中得以恢复。这不仅是一种建筑手法的恢复，也是建筑文化观念在创作中的恢复。

曲阜，阙里宾舍的室内设计，与建筑设计一气呵成。除了已经提到的厅堂之古朴陈设、回廊的铜锣装饰外，各个局部和细部，都在贯彻总体设计意图，在孔圣之地营建家的感觉。例如

---

① 曾昭奋. 创作与形式——当代中国建筑评论 [M]. 天津：天津科学技术出版社，1989：8.

图 6-166　曲阜，阙里宾舍，1985 年，用铜锣设计的栏杆，建筑师：建设部建筑设计院戴念慈、傅秀蓉、杨建祥等（上左）
图片提供：建设部建筑设计院
图 6-167　曲阜，阙里宾舍，1985 年，灯具设计（上中）
图片提供：建设部建筑设计院
图 6-168　上海西郊宾馆，睦如居，1985 年，成套灯具设计，华东建筑设计院魏志达、季康、方菊丽等（上右）
图 6-169　上海电影技术厂录音楼，1985 年，建筑师：上海市建筑设计研究院郭小苓、刘呈莺、徐之江等（下）
图片提供：上海市建筑设计研究院，摄影：陈绍礼、冯立辉

厅堂和客房的灯具，皆为建筑师自行设计，用钢筋作支架，外敷以白色麻布，让人想起古代的竹架纸灯。这种从宏观入微观的整体建筑语言，使之成为完美的整体建筑艺术。

　　上海，西郊宾馆睦如居的室内设计，基本格调与建筑外观一致，都是更多地注入现代精神，以尺度亲切的江南民居定位，朴实中透出精致。建筑师也是自行设计灯具，以精细的木工和油工灯框，配以乳白玻璃，做古代白色灯具的联想。

　　上海电影技术厂录音楼室内，科技建筑的室内装饰，一般紧紧依托建筑的特定功能，没有无关的虚饰。录音楼对于音质的要求十分严格，恰恰这些要求与室内设计的地面、墙壁、天花等要素的设计有至关重要的关系。天花、墙面材料的使用、形状和部位，均符合科学要求，同时又不失色彩和造型的美观。

　　新疆的一批建筑，从总体到局部，能够使用整体的建筑语言，将传统伊斯兰建筑语言加以提炼、抽象，贯彻到细部和室内设计之中。

　　1990 年之后的许多建筑的环境设计、建筑设计和室内设计，不幸分家了，建筑师繁忙的设计任务，使得室内设计旁落。建筑装修市场上的设计，不恰当地拼贴无关片段，不但失去了建筑语言的整体性，更失去了自己的建筑语言，这是值得引起广泛注意的。

4.技术符合国情，低技术和适宜技术的应用

改革开放之初的创作环境，尚缺乏先进的建筑技术和设备，所以常常沿用当时仅有的技术条件，甚至用所谓"土法"，其实，那就是地域性的技术或地方特有的做法，以低技术或适宜技术解决建筑的实际问题。这是许多建筑师所长期关注和深入研究的课题。"土法上马"曾是一种短缺的无奈，但以可持续发展观来衡量，正是多种技术并举的全面技术观的基础。

甘肃，敦煌航站楼，地处干旱少雨的戈壁地带，建筑师借鉴当地土堡、内天井的民居布局，让旅客大厅窗少而小，外墙较为封闭，防范风沙。圆形综合楼，沉入地下，可以有效地阻挡风沙，防止辐射和热损耗。建筑造价低、结构简单，形象朴素，不但采用符合国情技术手段，而且很好地体现了汉回藏维民族杂处地区的人文景观。

太原，山西自行车赛场，位于太原市体育中心，赛场由一个空间曲面结构的环形跑道、放松道、草皮保护带、入场地道以及观众看台等部分组成。由于自行车比赛是在特殊的跑道上进行高速度的运动，所以跑道的设计要符合这项运动的科学规律，涉及到运动学、动力学和静力学问题，设计者针对这些技术问题，结合国情进行研究，取得了良好成果，做到既符合科学规律，又考虑到平时的多用途。跑道周长为333.3米（即三圈为1公里），宽度8米，平均速度56.57公里/小时；极限最高速度90公里/小时；放松道宽1.5米。考虑到运动员万一发生摔倒事故，在跑道内侧种植草皮保护，宽度为5米。场内还可供篮球、排球、手球的练习和比赛。

在我国的西部地区，有许多采用民间技术、地方材料建成的不同类型的建筑，如建筑师任震英长期从事新窑洞的研究，并取得丰富的成果。

图6-170 甘肃，敦煌航站楼，1983—1985年，正面和背面；建筑师：甘肃省建筑设计研究院刘纯翰等
图片提供：刘纯翰

图 6-171　甘肃，敦煌航站楼，1983—1985 年，室内
图片提供：刘纯翰

图 6-172　太原，山西自行车赛场，1976—1978 年，建筑师：
山西省建筑设计院张鹏飞等

图 6-173　甘肃窑洞建筑，办公建筑，建筑师：任震英
图片提供：任震英

图 6-174　甘肃窑洞建筑，室内
图片提供：任震英

　　兰州，白塔山庄窑洞居住小区，探索了新式的城市型窑洞住宅生活区。布局依山就势，爬坡而上，不破坏地表植被，显示了人类"重返浅层地下空间"的特殊魅力和黄土高原的雄浑气势。窑洞建筑节约能源、冬暖夏凉；有利于防火、防风、防泥石流；没有噪声、光辐射、空气污染和放射性物质污染。

　　陕西省礼泉县烽火大队窑洞农房和学校、四川道孚县藏族康房等，同样就地取材、施工简便、冬暖夏凉、节约能源、有利于保持生态和保护环境。这些地方性设计方法，值得纳入全面的技术观，成为新形势下综合技术的重要组成部分。

（二）旅馆带头：探索设计新观念

　　如果说在引进国外建筑设计方面，旅馆建筑走在了前面，在新时期的国内建筑创作方面，旅馆同样也带了头。

　　中国的改革开放，使得国外来华的旅游者剧增，早在 1979 年国家还是计划经济体制的时候，政府一次投资 3.7 亿元，在 17 个省、市建设 23 个旅游旅馆。这一年，国家建委与国家旅游局共同下达《关于旅游旅馆建设的几点意见》，作为各地建设旅游旅馆的基本准则，为迎接旅馆建设的高潮做了准备。

尽管这第一批旅馆设计在全国的布局和在当地的选址、设计方面存在一些不足，但他们开辟了新时期旅馆建设的广阔前景。1983 年 3 月 17 日—23 日，在无锡召开旅游旅馆建筑经济问题的学术讨论会，据此时的不完全统计，1978 年以来已有 130 余所旅馆分布在 20 个省市，总建筑面积 180 多万平方米，客房 3.3 万间，6 万多床位。1984 年国家计委设计管理局会同国家旅游局在调查研究的基础上，制订《旅游旅馆建设的有关规定》，对旅馆等级、标准及技术措施等做出具体规定，1986 年颁发了《旅游旅馆设计暂行规定》。旅馆建设方兴未艾。

十年间的旅馆建设，从某种程度上说，代表了整个建筑界的创作历程、甘苦和得失。已经看到旅馆的一些地域性探讨，这里再举部分实例，力图反映该时期旅馆的全貌。

武汉，晴川饭店，位于武汉市汉阳鹦鹉洲晴川阁旁，背依龟山，濒临长江，邻近武汉大桥，与武昌蛇山上的黄鹤楼遥遥相望，视野开阔，风景宜人，是武汉市较早的高层涉外旅游旅馆。

建筑面积 2.25 万平方米，387 间客房，600 余床位。建筑总高 87 米，25 层。高层主体建筑设计呈方塔形，主楼层层"排廊"如重檐，顶部瞭望廊似屋顶。室内设计采用地方材料，如怡翠园的竹厅，知音馆的木雕，均为民间格调。大餐厅、门厅配合室内装饰绘制了大面积的壁画，内部庭院设有喷泉石雕，利用水榭曲廊分隔空间，层次丰富。

上海宾馆，建筑面积 4.457 万平方米，客房 600 套，1200 床位。由于用地比较紧张，客房采用了双矩形交叠的平面，居于核心的交叠部分，为交通和服务面积，外周全是客房。

结合客房内风机盘管的竖向井道，立面做竖向线条处理，并以色彩的深浅对比来加强垂直感和识别性。室内设计运用商周青铜器上的艺术形象加以抽象变形、朴素粗犷的汉画艺术、色彩绚丽的敦煌艺术等，来表现中国五千年的灿烂文化。采用江南的木雕、漆雕、石雕及古老的沥粉贴金工艺来表现旅馆的乡土气息。

图 6-175　武汉，晴川饭店，1979—1984 年，建筑师：中南建筑设计院袁培煌、刘新民、李文彩、姚金墩等（左）
图片提供：中南建筑设计院杨云祥
图 6-176　武汉，晴川饭店，1979—1984 年，翠怡园（右）
图片提供：中南建筑设计院杨云祥

图 6-177　上海宾馆，1979—1983 年，建筑师：上海市建筑设计研究院汪定曾、张皆正等（左）
图片提供：上海民用建筑设计院
图 6-178　上海宾馆，1979—1983 年，中庭（右）
图片提供：上海民用建筑设计院

图 6-179　广州，白天鹅宾馆，1979—1983 年，建筑师：广州市建筑设计院佘峻南、莫伯治、蔡德道、谭卓枝等
图片提供：广州市建筑设计院，摄影：陈绍礼

　　广州，白天鹅宾馆，地处沙面岛南侧，南临珠江白鹅潭，江面开阔。用地面积为 2.85 万平方米，公园绿地 7500 平方米。建筑面积 9.298 万平方米，客房 1014 间，为 1980 年代之初引进外资唯一由中国建筑师设计的国际五星级旅游宾馆。

　　宾馆与城市交通的联系自成系统。公共活动部分如门厅、休息厅、咖啡厅、餐厅等临江布置，便于旅客欣赏江景。中庭布局为整体的多层园林，中庭分为前后两个，庭中有园，园中有"故乡水"飞瀑流涧。所有活动空间，如餐厅、休息厅、商场等围绕中庭布置，构成上下盘旋、动静相融的有机主体园林空间。

　　客房主楼 34 层，高 100 米。1~3 层裙楼集中布置公共活动部分，作为扩大空间其体形成为主楼的台座，临江设玻璃墙面，中庭故乡水玻璃光棚浑然一体。主楼平面为"腰鼓"形，南北两个方向的阳台均由斜板构成，因阳光下产生阴影而显得雅致轻巧。于 1993 年获"中国建筑学会优秀建筑创作奖"（1953—1988 年）。

图 6-180　广州，白天鹅宾馆，1979—1983 年，
中庭故乡水
图片提供：广州市建筑设计院，摄影：陈绍礼

图 6-181　广州，中国大酒店，1984 年，建筑师：
广州市建筑设计院梁启杰、陈家麟、关福培等

图 6-182　深圳，南海酒店，1986 年，建筑师：
华森建筑与工程设计顾问公司陈世民、谢明星、
熊成新、华夏等

　　广州，中国大酒店，位于广州市北部象岗山麓，是合资建设的五星级大型旅游宾馆。建筑面积 15.9 万平方米，客房 1017 套，主楼 18 层，高 62 米，服务设施完善配套。在高层旅馆的设计中，力图借鉴中国建筑传统手法，如在外部体量比较含蓄地描以金色图案。在建筑结构设计和技术处理上有多项突破：如利用建筑物本身作大型挡土构筑物；采用箱式基础等。

　　深圳，南海酒店，位于深圳蛇口，背山面海。建筑面积 4.31 万平方米，套房 424 间。地处优美的自然环境，尽量使建筑融于环境。

　　基本体型为 5 个相似的矩形单元，由 4 个斜体连成面海的弧形体量，建筑自下而上层层后退，试与山形吻合。客房有开敞的海景呈现在旅客面前。于 1993 年获"中国建筑学会优秀建筑创作奖"（1953—1988 年）。

拉萨饭店，是内地援藏项目，占地面积 5.7 万平方米，建筑面积 3.9784 万平方米，客房 512 间，1028 床位。建筑为多层、群体院落式布局，由三组客房和若干连廊，组合成 5 个大小不同的庭院，两侧分别辅以旅馆的公共部分和餐饮部分。建筑外部少量吸收藏式建筑的特点，力求有时代精神。室内设计则是浓郁的藏族风格，以此探索现代化和民族化的结合。于 1993 年获"中国建筑学会优秀建筑创作奖"（1953—1988 年）。

北京，昆仑饭店，位于东三环路与亮马河交叉的西北角，占地 3 公顷，建筑面积 8 万平方米，客房 1005 间，1940 床位。中央塔楼 28 层，屋顶设有圆形旋转餐厅，顶 102 米高处设直升机停机坪。建筑的体形以 60 度展开组合，在活泼中有规整，外部色彩为沉静稳重的古铜色。中庭用抽象的石头造型，点出山的意趣。后花园以昆仑山石堆砌假山，绿化成荫，与亮马河结成一片。获 1993 年"中国建筑学会优秀建筑创作奖"（1953—1988 年）。

西安，阿房宫宾馆，位于市中心繁华地带，用地面积 1.43 万平方米，建筑面积 4.4642 万平方米，客房 500 间。主楼 12 层。

建筑形体从环境分析入手，解决在转角地带的封闭式空间，避免客房直接对繁华街道的噪声，把光线引入北立面，并调整矮胖的比例等问题，造型简洁。

图 6-183 拉萨饭店，1985 年，建筑师：江苏省建筑设计院陆宗明、赵复兴、曹兴儒等
图片提供：江苏省建筑设计院

图 6-184 拉萨饭店，1985 年，室内
图片提供：江苏省建筑设计院

图6-185　北京，昆仑饭店，1986年，建筑师：北京建筑设计研究院熊明、寿振华、刘力、耿长孚等（左上）
图6-186　北京，昆仑饭店，1986，中庭（右上）
图6-187　西安，阿房宫宾馆，1986—1990年，建筑师：建设部建筑设计院、华森建筑与工程设计顾问公司梁应添、崔愷、朱守训等（左下）
图片提供：建设部建筑设计院
图6-188　西安，阿房宫宾馆，1986—1990年，大堂（右下）
图片引自：《中国百名一级注册建筑师作品选》第一卷

图6-189　青海，格尔木旅游宾馆，1987—1989年，建筑师：青海省建筑勘察设计院杨兆安、杨刚、郝素琴
图片提供：青海省建筑勘察设计院

　　青海，格尔木旅游宾馆，建筑面积3844平方米，54个标准间。客房大部朝南，避开冬季主导风向，以适应高原寒冷和多风沙的气候。内部空间利用地形高低相错，层层后退的客房部分和弧线展开的公共部分，试图使人联想草原上的蒙古包和风吹沙海层层浪的景观。但由此造成过于开敞的窗户和复杂的体型。

　　杭州，黄龙饭店，位于杭州西湖风景保护区之内，占地2.8公顷，建筑面积4.1923万平方米，客房580间。为避免体量过大，采用多层单元分散布置，将客房体量分散为三组六个塔楼呈"品"字布置，层数不高，体量不大，不但较好地解决了使用管理问题，并力图使体量空间

图6-190　杭州，黄龙饭店，1987年，
建筑师：杭州市建筑设计院程泰宁、胡
岩良、徐东平、叶湘菡、陈忠麟等
图片提供：程泰宁

一层平面

1. 中央大厅；
2. 酒店大堂；
3. 超级商场；
4. 职工餐厅
5. 办公室；
6. 邮电；
7. 银行；
8. 洗手间；
9. 地下车库出入口

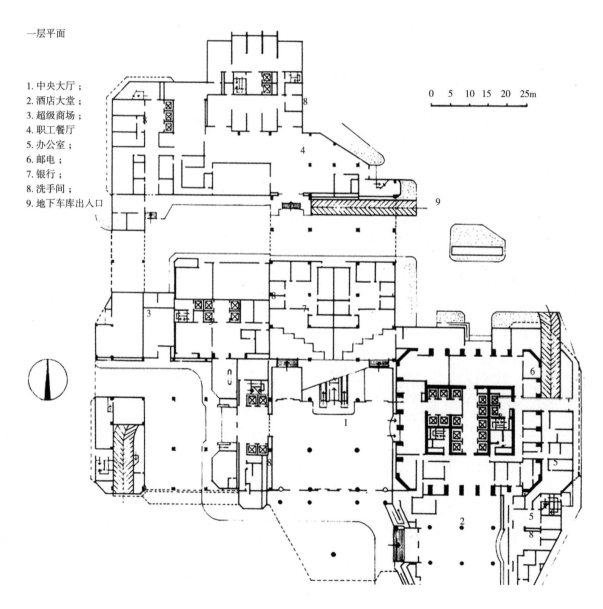

图6-191　杭州，黄龙饭店，1987年，平面示意

尺度与宝石山风景区相协调。建筑围绕庭园布置，内庭与外部风景相互渗透，强化建筑的艺术魅力。1993年获"中国建筑学会优秀建筑创作奖"（1953—1988年）。

北京，国际饭店，位于东长安街的北京站路口上，用地4.2公顷，建筑面积11.1371万平方米，29层，高104米，客房1050套，是中国投资、设计和施工的大型现代旅馆。

图6-192　北京，国际饭店，1987年，建筑师：建设部建筑设计院林乐义、蒋仲均等
图片提供：建设部建筑设计院，摄影：张广源

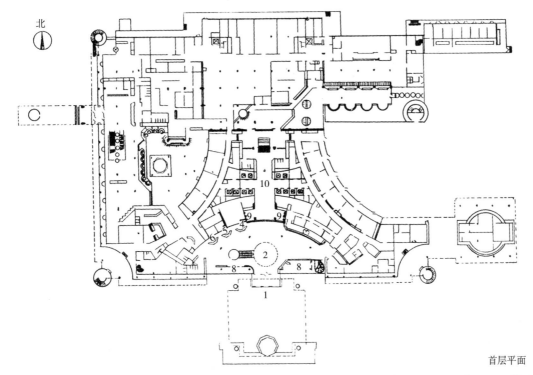

1.门廊；2.接待大厅；3.总服务台；4.问讯处；5.外币兑换；6.旅行事务；7.民航柜台；8.休息茶座；9.电话站；10.电梯厅
图6-193　北京，国际饭店，1987年，平面示意

图 6-194　广州，文化假日酒店，1987年，建筑师：华南理工大学建筑设计研究院许国明、孙文泰，新加坡工及王建筑事务所合作设计

图 6-195　北京，首都宾馆，1988年，建筑师：北京市建筑设计研究院张德沛、吴观张、何玉如等
图片提供：北京市建筑设计研究院

建筑平面为非对称的三叉形，面南的正面对称。建筑的主体是一个凹弧面的体量，表面处理简洁，挺拔的侧面实端墙与正面形成对比，各部比例尺度优良，显示出建筑师的深厚功力。也可以认为是前辈建筑师倡导"中而新"原则的成功实例。1993年获"中国建筑学会优秀建筑创作奖"（1953—1988年）。

广州，文化假日酒店，建筑面积4.5792万平方米，地下2层，地上25层，高98米。建筑设计充分利用有限的地段，合理解决复杂的功能要求。地下设停车场，首层至五层裙房为公共活动层，包括大堂、中西餐厅、风味餐厅、康乐用房，设一座500座位电影院。裙房设有屋顶花园和游泳池。裙房商铺的塔楼平面为"丁"字形，临主干道，分三级后退呈台阶状，衬托板式主体。浅色的水平遮阳板，配合以深灰色面砖墙身，色调稳重典雅。

北京，首都宾馆，位于前门东大街北侧，用地面积2.7公顷，建筑面积5.964万平方米，主体塔楼分别为14、16、20层，高度95米，客房296套。宾馆总体布局结合用地内有百年以上的5棵白果树以及松、柏、枫等珍贵树木，组成有水面、假山和草坪等仿燕京八景的城市型花园宾馆。

宾馆由"Y"形塔楼与大片的裙房组成，主体造型简洁，在不同高度的屋顶上点缀了五个亭子，亭子为现代形象，力求保持传统亭子的神韵，是保持"古都风貌"时期的作品。裙房的屋面上铺装绿地并布置有民族特色的连廊。

北京，长富宫中心，位于建国门立交桥东南侧，用地约3.2公顷，总建筑面积9.5万平方米，包括一座527间客房的饭店（高25层，90米）、一座有115套不同户型的公寓和一座1.3万平方米的出租办公楼以及健身用房、管理用房、车库等建筑群。

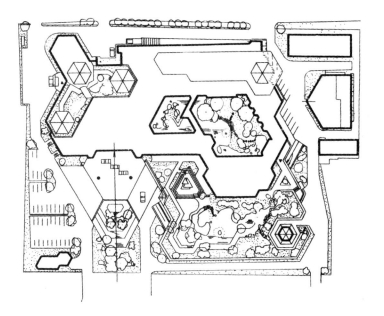

图 6-196　北京，首都宾馆，1988，平面示意（左）

图 6-197　北京，长富宫中心，1989 年，建筑师：北京市建筑设计研究院魏大中、潘文丽、傅治楸等（右）

图片提供：北京市建筑设计研究院

图 6-198　西安，秦都酒店，1989 年，建筑师：陕西省建筑设计研究院彭应运

图片提供：陕西省建筑设计研究院顾宝和

　　长富宫采取四合院式布局，中部形成一个 2500 平方米的庭院。由于这是一个主体与群体、高层与低层相结合的建筑群，建筑的造型和色彩的处理力求统一、协调、简洁明快。主楼外饰为浅粉紫色面砖墙面，屋檐呈 45 度坡檐头，在靠近立交桥的裙房部分做了一个大的四坡屋顶，本意同古气象台相呼应。

　　西安，秦都酒店，位于环西路，基地隔护城河与古城墙临近，设计重视与古城墙及环城公园的关系。体形为较舒展的多层建筑，靠护城河一侧的客房楼做成台阶式，逐层减层退台。外墙以白色面砖为主，开设尺度适宜的茶色玻璃门窗，结合平屋面在入口和四角设计了仿秦汉风格的黑色琉璃瓦屋顶，点出命名"秦都"的内涵，力求建筑造型与古城协调的同时又不失现代气息。酒店水平划分为公共部分及客房部分两大类，功能分区明确、管理方便。大堂空间严谨、完整，在中轴线上设立了秦始皇塑像及线刻出巡壁画。

图6-199　西安，秦都酒店，1989年，大厅
图片提供：陕西省建筑设计研究院顾宝和

（三）特区建设：榜样的无穷力量

第二次世界大战以后，不但发达国家设立过经济特区，在许多发展中国家和地区也出现了以加工出口为主、兼营其他经济合作业务的经济特区。如新加坡的裕廊出口加工区、菲律宾的马里蒂莱斯自由贸易区、韩国马山出口加工区、中国台湾的高雄出口加工区和新竹科学工业园等。这些经济特区对于当地经济的发展起到了特定的促进作用。

1979年3月5日，国务院批准广东省革委会将宝安县改为深圳市、珠海县改为珠海市的决定。4月，广东省负责人在中央工作会议期间建议，要求让广东在对外经济活动中有必要的自主权，允许毗邻港澳的深圳市、珠海市和重要的侨乡汕头市举办出口加工区。邓小平支持这一建议说，"办一个特区，过去陕甘宁就是特区嘛，中央没有钱，你们自己去搞，杀出一条血路来！"并提出"还是办特区好"。[①]1980年8月批准建立深圳、珠海、汕头、厦门4个经济特区，不久划定了特区的位置和面积，并逐步扩大。

由于一个阶段对特区的性质有所怀疑，是资本主义还是社会主义？会不会成为新的"租界"和"殖民地"？1984年1月24日–2月17日，邓小平视察了深圳、珠海和厦门3个特区，并给3个特区分别题词表示支持，对特区的建设作了权威性的总结。1984年5月，中共中央、国务院决定进一步开放大连、秦皇岛、天津、烟台、青岛、连云港、南通、上海、宁波、温州、福州、广州、湛江、北海14个沿海城市，认为这是关系到争取时间、较快地克服经济技术管理落后状况的一项重大政策。

1988年4月13日，在特区发展中采取了更大的步骤，第七届全国人大一次会议，通过设立海南省、建立海南经济特区的决定，批准面积3.4万平方公里、人口638万的海南省为经济特区，实行比前四个经济特区更特殊的政策。

此后，进一步以立法的形式完善了许多法规，特区的建设，在争论声中取得了令人瞩目的发展。表6-2显示了经济特区的面积在不断扩大，以至全市成为特区。

---

① 汤应武.抉择——1978年以来中国改革的历程[M].北京：经济日报出版社，1988：22.

深圳、珠海、汕头、厦门4个特区批准的面积（平方公里）及变化表　　表6-1

	深圳	珠海	汕头	厦门	海南
1980	327.5	6.81	1.6	2.5	
1983		15.61			
1984			52.6	131	34000
1988		121			
1991			234		

1. 深圳经济特区

深圳的旧城区原是一个面积为3平方公里、人口2.3万多人的小镇，道路总长8公里，没有交通岗楼和红绿灯，房屋建筑面积仅29万平方米，只有一栋5层楼房，人均居住面积仅2.74平方米。自1979—1986年间，已经把旧城扩展成有罗湖、上步共38.7平方公里的新城区，连同蛇口、南头、沙头角和沙河在内，城市开发建设区域面积已经达到47.6平方公里，人口发展到47万，新建道路长189公里。

根据特区的地理环境和城市功能，总体规划采取比较先进的城市组团式结构，功能分区明确，城市运作流畅。到1986年底，动工兴建18层以上的高层建筑137栋，完工56栋，当时全国最高的高层建筑国贸大厦已投入使用。几年之间，完成建筑面积1216.8万平方米，其中，工业企业发展到1065家，工业建筑127万平方米；建成商业服务建筑和库房159万平方米；办公楼43万平方米；居住建筑532万平方米，人均建筑面积达11.8平方米。建成文化教育建筑35万平方米，创办大专院校3所，中专7所和一批中小学。建成医疗卫生建筑达15.5万平方米，科研建筑用房2.8万平方米。[①]

由于深圳是新开发的特区，它的建筑设计来自全国各地，新区的建筑创作没有什么框框，更多的是新意，尤其是在高层建筑方面，有令人瞩目的成就。其他公共建筑和住宅，也成为当时各地参观的对象。

深圳，国际贸易大厦，位于深圳市罗湖区，总建筑面积9.9789万平方米，地面以上高160米，主楼地下3层，地上50层，其中第24层为避难层，第46层屋顶部分为擦窗机平台，第49层为旋转餐厅，第50层为直升机停机坪。

裙楼地下1层，地上4层，布置有中庭、商场、出租商店、餐厅、酒吧、咖啡厅、会议厅等，设有地下停车场。该建筑是中南建筑设计院设计，是深圳开发初期有广泛影响的高层建筑，一个时期内占据全国最高的位置。

深圳体育馆，用地9公顷，建筑面积2.1980万平方米，固定席5940座，活动席480座，是一座设施先进、功能齐备的中型多功能体育馆。四根立柱支撑1600吨重、90米×90米的球节点钢网架，钢筋混凝土看台自由挑出，支柱外露，顶部包以不锈钢。建筑结构的外露，给人以"一柱擎天"之感，体现了体育建筑的健美和强劲。1993年获"中国建筑学会优秀建筑创作奖"（1953—1988年）。

---

① 参见：中国建筑年鉴1996—1997[M]. 北京：中国建筑工业出版社，1988：283–284.

图 6-200　深圳,国际贸易大厦,1981—1985 年,建筑师:中南建筑设计院,
方案：黎卓键、袁培煌；工程：朱振辉、陈松林
图片提供：中南建筑设计院杨云祥

图 6-201　深圳体育馆，1985 年，建筑师：建设部建筑设
计院熊承新、梁应添、陈元椿等
图片提供：建设部建筑设计院，摄影：张广源

图 6-202　深圳，东湖宾馆，1978—1983 年，建筑师：广
东省建筑设计研究院郭怡昌

图 6-203　深圳，银湖宾馆，1984 年，建筑师：林兆璋、
陈威廉、陈立言

图 6-204 深圳，新建的高层住宅

2. 厦门经济特区

1984 年，政府决定将原来特区范围由 2.5 平方公里扩大到全岛（包括鼓浪屿），特区的建设速度加快，1985 年，市政府先后邀请中外专家对城市总体规划进行了修订和评议，1986 年完成了规划，面积达 20 余平方公里，形成以本岛为中心，环海各城镇"众星捧月""一环数片"的格局。进一步完善了城市的基础设施，如港口、机场、通信、水电、煤气等。6 年间，新建道路总长 60 余公里，建成了 1 万平方米的火车站通车使用。

新区开发已经初具规模，建成配套完善的 9 个小区。湖里工业区是北部规划中的生产区，至 1986 年底，完工建筑面积 59.5 万平方米，区内已有 33 家"三资"企业和 6 家内联企业。

（四）新开发区：冲破禁区的试验

1. 经济技术开发区，是各类城市开发区中数量最多的一类，可以实行特区的某些政策，如外资审批权限、减征或免征部分税收、对进出口贸易实行自主经营和自负盈亏等。但特区并不享有在商业、对外贸易方面的一些特殊待遇。

1984 年 4 月，在经济特区已经取得一定经验的基础上，政府决定在 14 个对外开放的沿海城市市区，举办第一批 14 个经济技术开发区。1992 年，批准在温州、昆山、威海、营口、东台、融桥等建设第二批 6 个经济技术开发区。1993 年 5 月，又批准沈阳、杭州、武汉、哈尔滨、重庆、长春、芜湖等城市设立第三批 7 个经济技术开发区。此时，经国务院批准的经济技术开发区共有 27 个。邓小平南方谈话以后，全国各地出现了举办开发区的热潮，到 1992 年 10 月，全国共有经济技术开发区 1874 个，首期规划开发面积 675 平方公里。[①]

---

① 参见《光明日报》第四版 . 1992-10-15.

上海，虹桥经济技术开发区。1980年代中期，为了适应对外开放的形势，上海积极开发闵行、虹桥两个新区。虹桥开发区是外事外资经营旅游事业的中心，面积65公顷，已有一批旅馆办公楼、领事大楼、公寓、银行、保险公司、超级市场、购物中心等陆续落成，区内还设有网球场、游泳池、剧场、花园等娱乐设施。

上海，闵行开发区通用厂房。为了适应经济技术开发区建厂的需要，各地经常采用通用厂房。这种厂房规模适中，有较大的适应性，可以容许不同工艺的布置，也可以经常根据产品调整工艺，一般限于中小型的轻工业厂房。该厂房建筑面积2.12万平方米。

天津经济技术开发区（泰达）的工业建筑。1984年12月经国务院批准建设的中国最早的开发区之一，总规划面积33平方公里，在1997—1998年度全国最大500家外商投资企业中，有14家企业入围，其中摩托罗拉（中国）电子有限公司排名第二。天津开发区已经形成较强的支柱产业，如诺和诺德（中国）生物技术有限公司、天津三星电子管有限公司、天津三星电子显示器有限公司等。在发展工业的同时，注重环境建设和配套设施的建设，已经形成经济快速、稳步增长的良性循环。

图6-205 上海虹桥经济技术开发区全景
图片提供：上海市建筑设计研究院

图6-206 上海，闵行开发区通用厂房，1992年，上海市建筑设计研究院设计
图片提供：上海市建筑设计研究院

图 6-207　天津泰达工业区鸟瞰
图片引自：天津建委编《天津建设 50 年》

图 6-208　摩托罗拉（中国）电子有限公司厂房，天津机械部
第五设计院合作设计，中方建筑师杜振远
图片提供：杜振远

2. 高新技术开发区、高新技术产业开发实验区及高科技工业园等，其目的是加强高新技术研究及其产业的发展。政策与经济技术开发区基本相同，但主要是适用于经过核准的高新技术企业，对一般或传统的技术、产品开发的企业，则没有优惠。

1986 年和 1988 年先后批准实施高技术研究发展计划（863 计划）和高技术产业开发计划（火炬计划），并在 1988 年 5 月批准建立了中国第一个国家高新技术产业开发区——北京新技术产业开发试验区。1991 年 3 月，国务院又批准南京浦口高新技术开发区、上海漕河泾高新技术开发区、武汉东湖高新技术开发区，合肥科技工业园等 26 个国家高新技术开发区。到 1992 年，经国务院批准的国家高新技术产业开发区 27 个，全国自办的高新技术产业开发区 93 个，全国共计有高新技术产业开发区 120 个。[①]

3. 保税区开发区，主要发展对外贸易、转口贸易、港口、仓储、出口加工以及金融服务等业务。区内享有政策的优惠度最高。

1988 年 12 月，中国设立了第一个保税区——深圳沙头角保税区。1990 年 9 月，国务院批准在上海设立外高桥保税区。1991 年 4 月，批准天津、深圳、广州、大连四城市设立五个保税区。以后，张家港、海口、青岛、宁波、福州、厦门等城市也都获准设立保税区。中国沿海城市还出现了大量保税仓库和保税工厂。它们作为保税区政策的延伸，对改善投资环境起了良好的作用。

---

① 参见《光明日报》. 1992-12-29.

4.地方性开发区，指各地政府为引进外资、外技，依托老城市而创建的各类开发区。这类城市开发区享有的政策开放度变化很大，有些按中央授权的政策范围，多数则想尽办法争优惠。

地方性开发区分布很广，有遍地开花之势，不但中小城市设立开发区，有些乡镇也争相设立开发区，以至划出大片土地长期闲置的情况相当普遍。

5.浦东开发区的建设。1990年4月，政府决定在中国最大的城市——上海，开发面积达350平方公里的浦东，再次表现了开放的决心。在为浦东开发制定的政策中，既有经济技术开发区的政策，也有经济特区的政策，也包括一些经济特区还没有实行的政策，例如兴办保税区和允许外商投资第三产业，当时在国内都属首例。

各类开发区的设置时间和地区 表6-2

经济开发区类型	设置时间	设开发区的城市
经济技术开发区	1984年4月	天津、大连、青岛、烟台、广州、秦皇岛、湛江、连云港、南通、上海、宁波、福州
高新经济开发区	1988年5月	北京
经济技术开发区	1992年	温州、昆山、威海、营口、东台、融桥
经济技术开发区	1993年5月	沈阳、杭州、武汉、芜湖、哈尔滨、重庆、长春
高新技术开发区	1991年3月	武汉（东湖）、南京（浦口）、天津、西安、中山、长春（南湖—南岭）、长沙、福州、广州（天河）、合肥、重庆、杭州、桂林、兰州（宁卧庄）、石家庄、济南、大连、深圳、厦门、海南、沈阳、上海（漕河泾）
保税区	1988年12月	深圳（沙头角）
保税区	1990年8月	上海（外高桥）
保税区	1991年4月	天津、深圳（福田）、广州、大连
保税区	1992年10月	张家港、海口、青岛、宁波、福州、厦门
浦东新区	1990年4月	上海（川沙）

（五）重建唐山：废墟上的新家园

唐山是中国近代工业发展较早的城市之一，曾被誉为中国近代工业的摇篮，在这里，诞生了全国第一座现代化的煤矿唐山矿，建成了全国第一家机械化生产水泥的企业启新洋灰公司，这里有全国第一条标准轨距铁路唐胥铁路，第一个铁路工厂唐山机车车辆厂，生产了第一台国产蒸汽机车龙号机车，创办了第一座铁路学堂。

1976年7月28日，唐山发生了人间罕见的里氏7.8级大地震，地震释放的能量相当于在日本广岛爆炸原子弹的400倍，直接死亡人数24万余人，直接经济损失30亿元以上，市区房屋倒塌超过90%，这几乎是世界上最惨烈的一次地震。国外新闻曾有报道："唐山从此在地图上消失了"。

1.震后重建规划

更为世界瞩目的是，唐山的恢复、建设和振兴发展，1990年11月13日，唐山市获得了由联合国颁发的"人居荣誉奖"，唐山市政府以"为人类居住区发展作出贡献的组织"的名誉被载入史册。

地震发生仅十天后，由国家计委、建委等部门组成的国务院工作组便抵达唐山，进行调查研究和重建唐山的规划，八月底，便提出了最早的规划设想，与此同时，河北省建委派出的勘测队伍也奔赴唐山，为进一步规划收集技术资料。

对于唐山重建，当时提出过两种设想：一种设想是放弃原有市区，把老市区的企事业单位分散到唐山所属各县进行建设，其主要依据一是原唐山市区地下有活动断裂带，今后仍有可能发生大的地震；二是分散建设可以避免清理废墟所带来的大量工作，减少恢复建设的时间和费用。另一种设想是立足原有市区，就地重建新唐山。这种做法的主要依据一是唐山是一座历经近百年发展而成的重工业城市，就地建设具有特殊的历史意义；二是迁移和另外征地同样也需巨额资金投入，只要避开地震活动断裂带，不会造成大的威胁。况且，自然因素如煤矿等矿产资源是无法搬迁的，矿产采掘业和相关产业，也不宜搬迁，从某种意义上来讲，这些也是新唐山赖以生存和发展的基础。

新唐山建设的规划工作9月初正式启动。国家建委和河北省建委组织来自全国各地的专家和技术人员60多人，进行了唐山的规划编制工作，10月底，完成《河北省唐山市总体规划》。虽经后来的多次修改和补充，但是它的指导思想、规划原则包括大的布局关系，对以后的建设一直产生着重大的影响，相距25公里左右的老市区、东矿区、新区三片的鼎立关系，就是按这一规划形成的。

老市区现称中心区，有大量压煤一直无法开采，且有地震活动断裂带，所以决定将这一带的工厂和居民全部搬出，将京山铁路改线建设，把采煤塌陷区建成绿化风景区和果园、林场。中心区在原路北基础上建设，作为党政机关驻地和经济文化中心，保留开滦唐山矿、唐山钢铁公司、唐山发电厂和一些陶瓷、机械等工业。

工业区的规划充分考虑了长期困扰唐山的污染问题，注意到原有的基础。市中心规划基本位于生活区的几何中心，这一带繁华热闹，结合中心广场设有百货大楼、旅馆、饭店、银行、影剧院等。行政办公部分设在该交叉点以北建设路两侧，相对安静，总的规划布局分区合理，中心区规划人口25万。

新区的设立主要是为了搬迁原路南区的企业和居民，这些企业有机车车辆厂、轻机厂、齿轮厂及纺织、机械等工业，除此之外，还要在新区建设水泥厂、热电厂等，规划人口10万。东矿区依托开滦赵各庄、林西、唐家庄、范各庄、吕家坨五矿发展，依矿设点，分散布局，相对集中，形成小城镇，规划人口30万。

1977年5月14日，中共中央、国务院原则上批准了这一规划，1978年3月，国家建委、河北省建委又组织来自全国的百余名专家，对由中央和国务院原则上批准的规划进一步具体研究，进行了必要的调整和加深加细工作，历时3个多月，完成了道路、水电、煤气、供热及园林绿化等专业规划，先后有来自全国的三千多名专家和技术人员参加了这项工作。

唐山总体规划在执行中，不断调整和完善，如减少搬迁企业数量，利用部分路南区作为建设用地，以及后来开辟适应个体经济发展的农贸市场等。1981年10月，中共中央电示："唐山恢复建设要实行收缩方针"，其基本精神是控制城市人口，减少占地，压缩投资，重点加快住宅建设。这次调整后，中心区人口控制在40万（路北区34万，路南区6万），用地40.88平方公里（路北35.33平方公里，路南5.55平方公里）；新区人口控制在6万，用地7.34平方公里；东矿区规划人口30万，用地25.5平方公里。

1985年，面临恢复建设的即将完成，唐山市建委委托中国城市规划设计研究院承担《2000年唐山市市区城市建设总体规划》任务，规划于1986年4月完成，1988年2月15日得到国务院批复。该规划确定唐山市区的城市性质为："以能源、原材料工业为主的，产业结构比较协调的重工业生产基地；冀东地区的经济、文化中心。"提出"控制中心区，积极发展新区，完善调整东矿区"的原则。

2. 新唐山的建设

1977年底，大规模的救灾活动结束，市政设施、工业生产和居民生活基本恢复，1978年2月2日，河北省提出，重建唐山"一年准备初步展开，三年大干，一年扫尾，到1982年建成"的计划。2月11日得到国务院批复，宣告了唐山恢复建设全面展开，到1979年下半年，大规模的施工开始，进场的建筑队伍达10万人以上。

唐山的重建是一个巨大而困难的系统工程，仅需要清理的废墟，就2000多万立方米；如此多的工地同时展开施工，也实属罕见；而这一切又是在要保证几十万灾民衣食住行的场地上进行。为协调各种关系，唐山市专门成立了建设指挥部，实行"统一规划、统一设计、统一投资、统一施工、统一分配、统一管理"的"六统一"原则，在当时的情况下，这种做法无疑是必要的。

1979—1985年，每年竣工的住宅面积占当年竣工总面积的60%以上，平均每年有3万多套住宅交付使用。在中心区和东矿区恢复的同时，新区的建设也全面展开，1979年1月23日，唐山新区在丰润城关以东建立，11月6日，重点迁建项目之一华新纺织厂新建工程在新区开工，1980年5月25日，中国引进的十大项目之一冀东水泥厂也在新区动工，它是"六五"期间重点项目，年设计能力150万吨，当时是中国最大、现代化水平最高的水泥厂。

时至1986年6月统计，国家用于唐山震后建设投资43.57亿元，完成的房屋面积1800万平方米，其中居民住宅1122万平方米。98.5%的住户迁入新居，市区人均居住面积已达6.3平方米。1986年7月28日，唐山召开了"唐山抗震10周年庆祝大会"，大会正式宣布："唐山人民经过10年艰苦奋战，唐山震后的恢复重建已基本完成"。

由于当时的特殊条件，唐山不可避免地存在有待解决的问题，如工业过多集中于市区造成的污染，各种配套设施及公建配置不够完善等，因而，唐山后十年的建设主要是进一步调整完善城市功能，加强配套设施建设，加大治理污染的力度，美化城市环境，增加了公共建筑的投入。

凤凰大厦等一批高层拔地而起，京山铁路改线工程全面完成，唐山西站1992年12月竣工，京沈、唐津、唐港三条高速公路将在唐山境内立交互通，一个个住宅小区相继建成，到1995年底，全市房屋建筑总面积3414.4万平方米，其中住宅1825.8万平方米，城市住房人均居住面积8.9平方米，人均使用面积12.2平方米。

唐山现有体育馆7座，标准体育场8个，先后举办了全国第二届伤残人运动会、全国中学生运动会、全国第二届城市运动会和第三届中、日、韩青少年体育交流大会等重大国内、国际综合性运动会。这些运动会的举办成功，是对唐山城市功能的检验和城市建设成就的肯定。

唐山是中国现代历史上首座按规划进行全面建设的城市；唐山的设防周到，增加了建设中防震的内容和措施并制定了各项工程规划。一般的建筑工程按8度、生命线工程按9度设防，在规划中对地震问题考虑如此周到并能付诸实施的，在中国城市十分少见，这使唐山成了名副其实的"最坚固的城市"；唐山的设施综合考虑了各种管线、配套设施和公共建筑的配置，预留发展和一次到位相结合，这在很多城市中是难以办到的；唐山的热化率居全国第一位，气化率也居前列；唐山形成了点、线、面一体的绿化体系，建成区绿化覆盖率28.4%；城市中的主要街景及建筑，都是由来自全国各地一流的专家精心设计、严格把关，从中心广场的设计可以看出作者独具匠心，唐山百货大楼、陶瓷公司展览厅、抗震纪念碑等建筑在国家获奖就是对设计水平的肯定。唐山在1993年获"全国城市环境容貌综合治理优秀城市"称号，1995年被命名为"全国卫生城市"。

图6-209 唐山地震现场，1976年

图 6-210　唐山重建之一，居住区建设（左上）
图 6-211　唐山重建之二，市中心广场（下）
图 6-212　唐山，抗震纪念碑，1986 年，建筑师：河北省建筑设计院李拱辰（右上）
图片提供：河北省建筑设计院徐显棠

图 6-213　唐山，百货公司，1984 年，建筑师：建设部建筑设计院，石学海、于家峰、陈贵祥
图片提供：建设部建筑设计院，摄影：张广源

图 6-214　唐山，陶瓷展览馆，建筑师：河北省
建筑设计院徐显棠
图片提供：河北省建筑设计院徐显棠

图 6-215　唐山，火车站

（六）城乡住宅：人本主义的回归

1. 住宅建设再起步

自共和国成立起，住宅的设计指标一直采取每人居住面积 4 平方米，沿用了 30 年。实际情况是，1952 年城市居民平均每人居住面积为 4.5 平方米，1978 年下降到 3.6 平方米。1949 年至 1978 年，全国城市住宅建设共完成 53168 万平方米，但人口却由"4 万万同胞"增至八亿，人口增长速度远远超过了住宅增长速度；1952—1978 年的 27 年间，住宅建设投资累计为 348 亿元，仅占国家基本建设投资总额的 5.8%。解决住宅的"欠账"问题已经刻不容缓了。

1978 年 9 月 7 日—13 日，国家建委召开城市住宅工作会议，就如何加快城市住宅建设问题提出了规划和设想，1978 年 10 月 19 日，国务院批转国家建委《关于加快城市住宅建设的报告》要求，迅速解决职工住房紧张的问题，到 1985 年，城市平均每人居住面积要达到 5 平方米。[1]

（1）开拓投资渠道，促进数量增长

1978 年提出发挥国家、地方、企业、个人四个方面积极性建设住宅的方针之后，1979 年，城镇住宅投资增至 85 亿元，相当于 1978 年的两倍多。1980 年又比 1979 年增加 47%；1982 年至 1984 年，每年投资保持在 180 亿元以上；1979—1984 年的六年间，住宅投资计 924 亿元，

---

[1]　中国建筑年鉴 [M]. 北京：中国建筑工业出版社，1984—1985：588.

图 6-216　广西壮族自治区南宁市1990年代还在使用的极为简陋的城市住宅。住宅围起的院落中，又建了杂乱无章的建筑（左）

图 6-217　简陋的城市住宅的室内。没有抹灰，全楼共用一个自来水龙头（右）

是 1949 年以来 35 年总投资的 71.7%，全国城镇共建成住宅建筑面积 6.7 亿平方米。[①]

投资的增加意味着住宅建设数量的增长。1978 年全国竣工住宅面积 3752 万平方米，1980 年增至 1 亿平方米（包括个人建房），以后又逐年增加；1984 年竣工住宅面积 1.23543 亿平方米。从 1979 年至 1984 年的 6 年间，全国城镇共建成住宅 6.7212 亿平方米，占 1949 以来 35 年建成住宅总面积 12.0380 亿平方米的 55.8%。做到了住宅增长速度超过了人口增长速度，使得旧账逐步还，新账不再欠，全国城市人均居住面积逐步增加，1979 年达到 3.7 平方米，1980 年为 3.9 平方米，1983 年为 4.6 平方米，1984 年增至 4.77 平方米。[②]

（2）商品化新概念，要求标准调整

1980 年 4 月 2 日，邓小平在谈话中指出："要考虑城市建筑住宅、分配房屋的一系列政策。城镇居民个人可以购买房屋，也可以自己盖。不但新房子可以出售，老房子也可以出售。可以一次付款，也可以分期付款，十年、十五年付清。""要联系房价调整房租，使人们考虑到买房合算"。[③] 这些指导性的意见，促进了住房制度的改革，使住宅建设开始走上商品化的轨道；并为住宅管理提供了理论基础和先决条件。

1982 年 4 月，国务院原则同意国家建委、国家城市建设总局《关于城市出售住宅试点工作座谈会情况的报告》[④]。由此，拉开了城市住宅商品化的序幕。

福利分配住房制度，用住宅标准来控制住户的面积，住宅设计标准控制十分严格。1978 年国务院批转的国家建委《关于加快城市住宅建设的报告》规定，每户平均建筑面积一般不超过 42 平方米，最高不超过 50 平方米。

1981 年国家建委印发了《关于对职工住宅设计标准的几项补充规定》。规定将面积标准分为四类（表 6-3）：

---

① 以上数据引自顾云昌.城镇住宅建设 // 建筑年鉴 [M].北京：中国建筑工业出版社，1984—1985.
② 同上。
③ 中国建筑年鉴 [M].北京：中国建筑工业出版社，1984—1985：3.
④ 中国建筑年鉴 [M].北京：中国建筑工业出版社，1984—1985：592.

	平均建筑面积（平方米）	适用人员
一类住宅	42~45	新建厂矿企业的职工
二类住宅	45~50	城市居民和一般干部
三类住宅	60~70	相当于中级职称的人员和县级领导干部
四类住宅	80~90	适用于高级职称的人员和司局级领导干部

可以看出，这是一个在福利分房条件下的较低住宅标准，在执行期间，许多地区擅自制订住宅标准，以至有些 2 室户住宅的建筑面积达 100 平方米上下。

1984 年 11 月国家科委蓝皮书第二号印发的《技术政策（住宅建设、建筑材料部分）》指出，到 2000 年争取基本实现城镇居民每户有一套经济实惠的住宅，全国居民人均居住面积达到 8 平方米的目标。

（3）从竞赛看转型，新概念的初现

1979 年建设部举行了"全国城市住宅设计方案竞赛"，这是中断了 22 年后的一次举动最大、规模最大的方案竞赛。首次提出了"住得下""分得开"与"住得稳"的要求；开始出现平面紧凑的一梯两户型，平面由窄过道式演变成小方厅式，进而把小方厅变成小明厅。

1984 年开展了"全国砖混住宅新设想方案竞赛"，首次引入了"套型"的概念，出现了以基本间定型的套型系列与单元系列平面。整体建筑有花园退台型、庭院型、街坊型低层高密度等多种类型的建筑，体现了标准化与多样化的统一，还出现了大厅小卧的平面模式，已逐渐向现代生活靠拢。

一些大城市举行的大型居住区规划方案竞赛，推动了新概念。如 1980 年 8 月北京市的"塔院居住小区"规划方案竞赛、1981 年天津市的"王顶堤居住区规划设计方案竞赛"、1982 年 6 月上海市举办了上海市漕河泾康健新村规划设计邀请竞赛，出现低层高密度小区、改良行列式组团等。

1987 年建设部举办的"'七五'城镇住宅设计方案竞赛"，是一次为响应国际住房年而组织的活动，更多地考虑了现代生活居住行为模式的影响，以起居室为中心的"大厅小卧"式住宅设计得到普遍重视和应用并成为本次竞赛的主流。

1989 年进行了"全国首届城镇商品住宅设计竞赛"，配合了住房体制改革和住宅商品化。"我心目中的家"成为创作核心，以满足住户的多种选择、心理要求和适应商品市场的要求。

1991 年进行了"全国'八五'新住宅设计方案竞赛"，注重功能改善，由追求数量转为讲求质量，由粗放型向精细型转换。竞赛出现了空间利用的众多手法，如变层高、复合空间、坡屋面、错层设计以至四维空间设计等，使住宅模式有了较大的变化和改进。

（4）开辟多种渠道，回归人本精神

住宅规划设计，逐渐实践新概念和手法，使得住宅摆脱由不合理的外界条件限制而造成的人本精神的失落，为住宅的起飞助跑。例如：

①适应新型生活。规划注重提供方便的生活条件，如配置比较齐全的公建设施，设计便捷、安全的出行路线；创造良好的居住环境，配置相当数量的绿化和游戏场地。如无锡清扬新村。

②变换住宅类型。对不同城市、不同人口构成、不同职业、年龄和生活习惯的居民，设计

出适合不同要求的各类住宅。如生活水平较高的广东等地普遍采用"大厅小室"方案；住房紧张的上海、南京等地建成了以一室套型为主的"青年公寓"，以适应青年结婚用房急需。

③开展室内设计。为寻求提高室内空间利用效益，开始注意室内设计。各地建筑师不仅精心研究了厨房、卫生间的设备布置，还注意了门斗、壁柜、吊柜、阳台、窗下食物柜等的设计，建筑标准设计研究所还做出了一套组合家具系列设计。

④探索新的体系。在实践中结合具体地形条件，探索采用"居住小区→住宅组团"的模式。同时，结合国外住宅建筑设计经验，作了住宅结构体系的探索。

⑤室外环境设计。住宅建设已不仅是单体设计，建筑师们注意将地形、环境等引入住宅，让住宅与环境融合，已经形成风气，环境设计成为不可缺少的组成部分。

深圳，园岭联合小区。小区占地60公顷，采用不划分独立小区而以组团为基本生活单元的"联合"规划结构，以集中的商业综合体代替分散的公共建筑。绿化与邻近的市级公园连通，并引入小区中心，造成了良好的园林气氛。小区开辟架空廊道作为步行层，形成了立体交通，提高了土地使用率，又丰富了小区景观。

东营，胜利油田仙河镇。规划总人口6万人，分布在8个居民村，镇中心设商业、服务、文教体育、娱乐以及行政管理等设施。规划密切结合自然地形、地貌、河流与树木，住宅布置

图 6-218 深圳，园岭联合小区，1982 年

图 6-219 东营，胜利油田仙河镇，1984 年，建筑师：同济大学建筑系卢济威等规划设计

与单体设计力求多样化，8个村分期建设，每个村各具特色，具有可识别性和良好的环境景观。当地建设者与管理者结合油田集中管理的优势，尝试了小区的集中物业管理。

无锡，"支撑体系"住宅试点工程。该"支撑体系"住宅只为住户提供结构空间，而由住户自己划分户内空间和进行室内装修，开创了一条解决住宅标准化与多样化矛盾的新途径。

天津，低层高密度住宅。设计为三层，北向退台，有效的节约了土地，创造了宜人的空间尺度，不失为当时形势下对住宅设计的有益探索。

台阶式花园住宅。在借鉴国外台阶式住宅经验基础上出现的一种新住宅形式，设计出发点是对居住环境质量的重视。其方案只用少量参数设计成套单元系列，平面组合灵活，建筑外形丰富，每户均有一个大露台。该方案在北京某学院兴建，取得了良好的效果。

再现别墅类型。在一些发达地区，出现了别墅式住宅，供外方或企业家购买或租用。如深圳的怡景花园，多年不见的住宅类型又重新出现。不过，由于用地和自然条件所限，许多别墅住宅缺乏应有的外部环境，致使效果减色。

高层住宅勃兴。由于城市人口急剧增加和用地紧张以及建设单位提高用地容积率的迫切愿望，加之"高层建筑就是现代化城市标志"这一偏颇认识的推波助澜，住宅层数呈逐步增加的趋势。在一些大城市，过去已经萌芽的高层住宅，此时得到了很大的发展。据统计，整个1970

图6-220　无锡，"支撑体系"住宅，1983年，建筑师：东南大学建筑系鲍家声等规划设计

图6-221　天津，低层高密度住宅，1979年，建筑师：天津大学建筑系胡德君等规划设计

图6-222　北京，台阶式花园住宅，清华大学建筑系规划设计

图6-223　深圳，金湖山庄3型别墅，1992年，建筑师：徐显棠
图片引自《百名一级注册建筑师作品选》第一卷

图 6-224　天津，宁发花园，
天津市建筑设计院设计
图片提供：天津市建筑设计院

图 6-225　低层住宅群

图 6-226　上海，漕溪北路
高层公寓，1970 年代，上海
市民用设计院设计
图片提供：上海市民用设计院

年代全国共建造高层住宅建筑面积约 182 万平方米。而 1980 年代的头几年，仅北京市每年建
造的高层住宅建筑面积就达 130 万 ~140 万平方米（占北京市住宅竣工面积的 1/3 左右）。各地
的高层住宅多为 12~16 层，个别为 18 层以上。

　　高层住宅的兴起，引发了多种高层住宅结构体系的设计与实验。在众多体系中，以大模板
现浇剪力墙体系的建造量最多，约占总数的 70%，其余为框架、大板及滑模体系。在住宅的平

图 6-227　天津，体院北高层住宅，
天津市建筑设计院设计
图片提供：天津市建筑设计院

图 6-228　广州，名雅园小区高层
建筑

面布局中，也完善了消防功能，造型上有了一些创新。

　　高层住宅在一些历史文化名城或风景城市，对原有的城市格局和气氛有不同程度的破坏，也给城市原有市政设施带来了过重的负荷，同时，也引起一系列城市小气候环境和居民的心理健康问题，日益引起人们的重视。

2. 试点小区开大路

　　（1）第一批试点

　　1978—1985 年，是中国住宅建设"量"的猛增阶段，在解决住宅"欠债"问题的同时，也出现了住宅规划、设计和施工偏于粗放，住宅质量不高的情况。1985 年，全国发生住宅倒塌事故 86 起，工程一次抽查合格率仅 51%。[①]

　　1986 年，建设部选择无锡、济南、天津三个城市作为建设部第一批城市实验住宅小区，并将其列为"七·五"国家重大技术开发 50 个项目之一。这三个小区考虑了北方、南方及南北

---

① 谭庆琏. 坚持"以人为中心"的指导思想，努力提高城市住宅建设整体质量 [J]. 建筑学报，1996（7）.

方过渡地区三种气候特点，建设规模总计 50 万平方米，是一次大规模、多目标的科学实验。三个小区分别从 1986、1987 年开始建设，1989 年全部竣工。

无锡，沁园新村，位于无锡市南郊，离市中心 5 公里，占地 11.4 公顷，总建筑面积 12.5 万平方米；其中住宅建筑面积 11.2 万平方米；可提供商品房 2102 套。

沁园新村代表南方地区，小区采用了改良型行列式布置手法，将点式住宅和条式住宅搭配，条式住宅单元长、短结合拼接，南北进口相对布置，插配一些台阶型花园住宅和四、五层住宅，为住宅争取了较好的朝向，同时使小区空间有所变化。小区还将不同属性的空间领域作了划分，并强调了空间的序列，精心配置公共绿地的小品及绿化。在设计上，完善了住宅的内部设施，注意了内部设施与公共服务设施、市政设施的配套建设。住宅吸取了传统江南民居形式，成为具有浓郁江南地方风格的花园式住宅小区。沁园新村的规划设计获得了建设部授予的一等奖。

济南，燕子山小区，地处济南市东部，离市中心约 3.8 公里，占地 17.3 公顷，总建筑面积 21.9547 万平方米；其中住宅建筑面积 20.1 万平方米，可提供住房 3468 套。

济南的气候，既有南方夏季炎热的特点，又有北方冬季寒冷的共性，这一过渡地带拥有相当大的范围。小区规划充分考虑当地气候特点及地区民风、民俗特色，做了多种"新型院落式邻里空间"的尝试。院落式邻里空间的基本模式，是由南北加大距离的单元式拼联住宅组合而成，分别设置朝向内院的南北入口，山墙采用向内递错的手法围合成内向空间，辅以围墙、组团标

图 6-229 无锡，沁园新村，1987—1988 年，无锡市建筑设计院等规划设计

图 6-230 济南，燕子山小区中心，1987—1989 年，山东省建筑设计院、济南市建筑设计院等规划设计

志等形成院落。这些大小不等的院落为居民提供了人际交往场所，密切了邻里关系，有可识别性和较强的封闭性，增加了居住的安全感和归宿感；院落又提供了良好的日照与通风，适应本地作为南、北气候过渡地带的条件。

燕子山小区的工程质量管理工作，获得了建设部授予一等奖，它所创建的优良工程群，是建筑工程由个体优良向群体优良转变的开端。他们总结的一系列施工管理经验为以后的住宅小区建设做出了样板。

天津，川府新村，位于天津市区偏西部，离市中心约 5.5 公里，小区占地 12.83 公顷，总建筑面积 15.8 万平方米；其中住宅建筑面积 13.7 万平方米，可提供住房 2398 套。

依靠科技进步，开发运用新技术、新材料是该小区的特色。川府新村的建设涉及到 54 个科研、设计和教学单位，共应用了新技术 60 项，并获得了新技术推广组织管理一等奖。川府新村首先提出与应用的住宅建设"四新"（新技术、新材料、新工艺、新设备），推动了当时的住宅建设，并为以后的住宅建设提供了的经验。

川府新村在总体规划布局中，采用了小区→组团→住宅单体的规划结构，四个形式各异的住宅组团围绕中心绿地；各组团采用不同的住宅单体和不同的空间构成："田川里"主要布置了大开间内板外砌系列住宅；"园川里"选用台阶式花园住宅，组团采用里弄与庭院相结合的方式；"易川里"以 11.16 米进深砖混住宅为主；"貌川里"处于小区中心，采用"麻花型"七层大柱网升板住宅，首层顶部做成外连廊式大平台，形成一个整体。

图 6-231　天津，川府新村，带连廊的住宅，1987—1989 年，天津市城乡规划设计院、清华大学、建筑标准设计研究所等规划设计

图 6-232　天津，川府新村，台阶式住宅，1987—1989 年，天津市城乡规划设计院、清华大学、建筑标准设计研究所等规划设计

第一批三个实验小区的成功建设取得了很大的社会效益、经济效益和环境效益，为以后的大批住宅建设提供了宝贵的经验，起到了先导作用，并在实践中锻炼了一批住宅建设人员。

（2）试点的扩大

1989 年建设部在济南召开会议，总结了第一批三个实验小区的成功经验，决定在全国范围内开展住宅小区试点建设工作。此后，成立了全国城市住宅小区试点办公室，由建设部两位副部长带头。办公室下设专家评委组，集中了全国各地有丰富经验和决策水平的住宅规划与设计专家，制定了一系列政策与评定标准，对全国上报的城市试点住宅小区，从前期规划到后期验收进行全方位的指导。

自此，在全国范围内，又进行了第二、第三、第四、第五批全国城市住宅小区建设试点的工作，同时，各省、直辖市、自治区也相继进行了省级试点工作。截至 1997 年底，先后有 90 多个小区分五批列入全国城市住宅小区建设试点计划，另有近 300 个小区列入省级试点，它们分布在全国 26 个省、直辖市、自治区的 110 多个城市（县），总建筑规模 8 千多万平方米。至 1997 年底，相继告竣了 30 多个试点小区，推动着全国住宅建设迈向新的阶段。[①]

1994 年，建设部公布了对第二批 15 个全国城市住宅试点小区的验收评比结果。15 个小区分别荣获金、银、铜质奖，其中的合肥琥珀山庄南村、北京恩济里小区、上海康乐小区、常州红梅西村等优秀小区更成为住宅建设的典范。[②]

合肥，琥珀山庄，位于市区西部，紧靠旧城，毗邻绿树成荫的环城公园，景色宜人，离市中心一公里左右，交通便利。琥珀山庄规划为三个小区，占地为 32 公顷，总建筑面积 33 万平方米。

南村是其首期开发的小区，总用地 11.398 公顷，总建筑面积 11.76 万平方米，可居住 1428 户。南村用地狭长，呈不规则带状，地形起伏，最大高差 15 米。规划布局突出了因地制宜的原则，设计了便捷、自然、顺应地势的道路系统；沿地形设置一条主干道串联起四个各有特色的组团及公建群。南村的规划不拘泥于一般有规律的居住小区模式，它依据当时当地具体情况，做出了富有创造性的设计。

图 6-233　合肥，琥珀山庄，1990—1992 年，安徽省建筑设计研究院、合肥市建筑设计院等规划设计

① 建设部城市住宅小区建设试点办公室. 小区试点导刊，1996（1）.
② 参见：《建筑学报》1994（11）.

北京，恩济里小区，位于北京市西郊，距阜成门约 6 公里。小区占地 9.98 公顷，总建筑面积 13.62 万平方米，可居住 1885 户。恩济里小区的规划设计以人为中心，在有限的用地上既做到高密度，又争取好朝向，满足人的生理需求，同时试做了部分残疾人住宅。

吸收北京传统四合院的形态，将住宅组团建成"内向、封闭、房子包围院子"的"类四合院"；恩济里小区的设计还很好地表现了领域层次与空间序列。以小区级道路为主轴线串联起各类有所归属的领域空间，有序有机，层次分明，各类空间既有分隔，又互相渗透，满足了空间领域划分的要求，也满足了现代人的安全防卫要求；小区的规划结构分级明确，即小区→组团→住宅单体，其道路、绿化、公建系统均根据这个结构而分级设置，每个级别都有各自的功能及相应的空间和领域。同时，遵循人的行为轨迹，安排各项公共设施，道路分级布置，顺而不穿。可以说，恩济里小区的规划与设计是本时期居住小区规划设计的样板。

上海，康乐小区，位于上海市郊西南部的漕河泾地区，占地 8.72 公顷，总建筑面积 11.87 万平方米，可居住 2154 户，是南方小区的代表。

针对上海市人口多、土地紧、住房挤、资金少的实际情况，以及上海人精巧求新的居住心态，在广泛吸取上海的"里弄建筑"优点的基础上，创造了"总弄→支弄→住宅"的空间序列，强化了住宅组群的归属性，运用过街楼、顶层退台、加大进深等手法、有效地节约了土地、强化了里弄空间领域，使具有一定的社会凝聚力、安全感和亲切感。

图 6-234　北京，恩济里小区，1990—1992 年，建筑师：北京市建筑设计院白德懋、叶谋兆等规划设计

图 6-235　北京，恩济里小区，1990—1992 年，花园，建筑师：北京市建筑设计院白德懋、叶谋兆等规划设计

图 6-236　上海，康乐小区，1990—1991 年，上海市建筑设计研究院等规划设计

图 6-237　常州，红梅西村，1990—1992 年，建筑师；常州市城市规划设计研究院张莘植、杨金鸿、陶茹萍、黄勇等规划设计

常州，红梅西村，位于市区东北角，离市中心 2 公里。占地 14.86 公顷，总建筑面积 16.07 万平方米，可居住 2277 户。

其规划与设计体现江南水乡风貌和常州地方特色，小区主路为袋形，串联起五个里弄式或院落式组团，每个组团的住宅有一个主导色彩，入口设小品或过街楼，强调了领域感和识别性；小区的环境设计富有层次，以中心"乐"园为主，铺盖大片绿地与中心游泳池相映成趣，各个组团庭院或堆石成园，或引水为景，情趣盎然。住宅采用江南传统粉墙黛瓦坡屋顶，配以山墙构架符号和不同颜色的大色块，给小区增添了活力。

（3）试点的成就

①试点建设总结出了一整套建设经验和预期，当时的提法是："造价不高水平高，标准不高质量高，面积不大功能全，占地不多环境美"，并以此推荐和引领此后全国的住宅建设。

②小区试点依靠科技进步，实现了小区布局合理化，设计标准化和多样化结合，施工组织管理科学化，力求达到社会效益、经济效益、环境效益的统一。

③在住宅单体设计中，对住宅功能及形式有了全方位的探索和提高。提出和贯彻了"三大、一小、一多"的设计思想，即"起居厅大、厨房大、卫生间大，卧室小，储藏空间多"；增强了住宅套型的使用功能，有效地划分了领域空间；改善了厨房卫生间的平面布置与设备配置；

图 6-238 苏州，桐芳巷住宅之一，1996 年，建设部城乡规划
设计院设计并图片提供

图 6-239 苏州，桐芳巷住宅之二，1996 年，建设部城乡
规划设计院设计并图片提供

提高了室内空间的有效利用；扩大了住宅的适应性与灵活性；注意了节能与节地；住宅外貌也
得到了很大的改观。

④在住宅小区的规划设计中对延续城市文脉、保护生态环境、组织空间序列、设置安全防卫、
完善服务系统以及营造宜人景观等方面都作了合理处理。例如苏州桐芳巷，新住宅保持了亲切、
清新的外部环境，更新了传统民居的形式。

3. 从安居走向小康

（1）安居工程的实施

1994 年国务院提出了实施国家"安居工程"计划。这是为确保到 20 世纪末实现居住小康
目标而采取的一项重大决策。

"安居工程"是一项由国务院住房制度改革领导小组组织协调和指导、国家计委制订投资
计划、建设部具体负责实施、人民银行制订信贷计划、财政部和国家有关专业银行审查监督城
市配套资金落实的重要住房建设工程。实施安居工程的平价住宅（平均控制在 1000 元 / 平方米
左右）以建设成本价格向城市中低收入家庭出售，优先售给无房户、危房户和住房困难户（人
均居住面积在 4 平方米以下住房拥挤户或居住不方便户），并在同等条件下优先售给退休职工、
教师中的困难户，不售给高收入家庭。

"安居工程"从 1995 年开始实施，到 1996 年底，全国大部分省、市、自治区都启动了"安
居工程"。计划五年内将共建成 1.5 亿平方米，1995—1997 年三年共有近 245 个城市被批准实施，
建筑面积近 5000 万平方米。安居工程既不是高标准的豪华住宅，也不能是简易房，平均每套
建筑面积为 60 平方米左右，工程一次合格率达到 95% 以上，优良率达到 25% 以上。

（2）小康住宅的研究

自 1985 年国家科委明确提出"到 20 世纪末，人民的生活要达到小康水平"之后，国家组
织了多次全国性住宅设计竞赛，有关部门积极地进行小康住宅的定位和设计研究，其中包括建
筑技术发展研究中心与日本国际协力事业团（JICA）合作的"城市小康住宅研究"。

这是中日两国政府、建设部门在住宅建筑领域的第一次正式合作。两国对项目的实施给予了高度的重视。中国方面在国家科委、建设部的直接领导下，组织了科研、设计、高校和企业共34个单位的数百名专家、研究人员参加了研究工作。日本方面在提供器材、派遣专家、接受中方研修人员等方面给予了密切合作。自1990年3月起，历时三年，围绕"小康居住目标预测""小康住宅通用体系""小康住宅产品开发"等进行了研究，取得了18项重大的成果。石家庄联盟小区小康住宅与北京市玻璃钢制品厂小康住宅试验工程分别荣获1995年建设部"住宅设计"一等奖与二等奖。"城市小康住宅研究"获日本国际住房年"松下奖"。

1994年正式批准启动"2000年小康型城乡住宅科技产业工程"，列为优先实施的国家重大科技产业工程项目。该项目的总体目标是：建设40~60个总建筑面积约1000万平方米的小康住宅示范小区；1996年12月，建设部组织各行各业专家编制了《2000年小康型城乡住宅科技产业工程城市示范小区规划设计导则（修改稿）》，为跨世纪的住宅设计指出了方向。《导则》分4大项16个子项，对小康住宅示范小区从选址——规划设计——住宅单体提出了全面的指导性意见。

1994—1997年，国家有关部门进行了七批小康住宅示范小区的设计审查工作。共有70多个小康住宅示范小区设计方案通过，一大批设计先进的小康住宅示范小区已进入实施阶段，小康住宅为居民下个世纪的居住提供了理想的模式。

第七章

设计市场和建筑创作：计划经济向市场
转型，1990—2000 年

1988 年的经济震荡和 1989 年的政治事件，影响到基本建设的投资力度，建筑活动的规模有些缩减，直到 1992 年邓小平南方谈话之后，又一大规模建设浪潮到来。

进入 1990 年代，代表国家意志的方针政策，依然与基本建设的关系紧密，但是，这种关系逐渐产生了深刻的变化，变化的基本动力是，已经出现的国家经济体制由计划经济向市场经济转型。国家投资所完成的建筑，由"资产"概念转化为"产品"，进而成为"商品"；投资的渠道，由单一的国家投资，扩大为集体的、个人的乃至外资的多种投资渠道，因而主导建筑设计的国家意志，逐步加入了集团（包括外资）意志、个人意志乃至地方长官意志；建筑设计由不收设计费的"事业单位"转化为收费的"企业单位"或"企业单位事业管理"；一个由新型业主、设计单位（或个人）以及主管建设的长官（及单位）组成的建筑设计市场逐渐形成。在这个市场上，意识形态因素主导建筑设计的现象已经隐退，建筑创作甚至完全撤出了曾经斗争激烈的意识形态领域，建筑设计的指导思想，除了社会潮流（包括外国）外，在很大程度上来自建筑设计专业之外的业主和长官的指引。这个市场尚不成熟，缺乏完善的法律法规制约和应有的自律，甚至有时业主将合法利益转化为暴利，长官意志取代国家意志，出现许多不良的建筑文化现象。国家出台了一系列的法律及条例，如《城市规划法》《建筑法》和《注册建筑师条例》等，由于并不专注建筑设计，效果不尽人意。

建筑设计市场的出现，使得建筑教育和建筑理论面临新的挑战；1992 年以后的建筑热，特别是大量民众购置住宅，使得社会对建筑和建筑师这个行业产生了兴趣；房地产开发商，大众传媒等半生不熟地使用建筑领域时髦的词语，宣传了建筑也在很大程度上损伤了建筑本性。可以说，提高社会的建筑文化水准，甚至比提高建筑师的专业水准更加迫切。

一、南方谈话的新动力

（一）南方谈话再启设计市场

1992 年，七届全国人大五次会议正式宣布，治理整顿的主要任务已基本完成，其表现是，经济秩序已基本恢复正常增长；通货膨胀得到控制；产业结构调整开始起步；流通领域的混乱现象得到初步整顿，清理公司取得初步进展；居民的消费心态趋于正常；进出口贸易有所发展等。

但是，在这 3 年中，经济发展不快，长期"左倾"的积习依然在禁锢着人们的头脑，在反思 1989 年政治事件的原因时，许多看法不尽相同，例如，苏联和东欧剧变的原因是西方的和平演变？还是经济没有上去？"市场取向的改革"是不是搞资本主义？

邓小平担心经济上不去会带来严重的政治后果，他说，"世界上一切国家发生问题，从根本上说，都是因为经济上不去……假如我们有五年不发展或者是低速度发展，例如百分之四、百分之五，甚至百分之二、百分之三，会产生什么影响？这不只是经济问题，实际上是个政治问题。"① 他的结论是："发展才是硬道理"。解决思想问题，坚持业已深入人心的改革开放政策，大力发展经济，应该是政治风波之后的当务之急。

邓小平在一系列的视察讲话中，对于一些政治思想问题做了坚定而明确的解释。早在1991年1月28日视察上海时就说过："不要以为，一说计划经济就是社会主义，一说市场经济就是资本主义，不是那么回事，两者都是手段，市场也可以为社会主义服务。""希望上海人民思想更解放一点，胆子更大一点，步子更快一点。"② 1992年1月—2月，他在视察武昌、深圳、珠海、上海等几个城市的过程中进一步说明，"要害是姓'资'还是姓'社'的问题""深圳的建设成就，明确回答了那些有这样那样担心的人。特区姓'社'不姓'资'。"③

1992年2月28日，中共中央把邓小平的南方谈话以中共中央1992年2号文件的名义向全国传达。由于它明确回答了经常困扰和束缚人们思想的许多重要和敏感的问题，引起了舆论界的轰动，也掀起了全国性的经济建设热潮。

1992年10月12日—15日，中共十四大在北京召开，这次会议对于"建设有特色社会主义理论"做了新的概括，并在这一理论前面冠以"邓小平同志"。江泽民在这次会议的报告中，确定经济改革的目标模式为"社会主义市场经济体制"，至此，发展经济带来一系列的政治思想问题，得以比较全面的解决。

邓小平在1991年视察上海的时候说，"上海开发晚了，要努力干啊！"他还说，"上海人聪明，素质好，如果当时就确定在上海也设经济特区，现在就不是这个样子。十四个沿海开放城市有上海，但那是一般化的。浦东如果像经济特区那样，早几年开发就好了。开发浦东这个影响就大了，不只是浦东的问题，是关系上海发展的问题。抓紧浦东开发，不要动摇，一直到建成。"④

上海浦东开发。上海人口1305.46万，面积6340.5平方公里。上海自然条件优越，生态环境良好，自1843年开埠以来，其优越的地理位置和良好的河海港口条件，使上海成为联系广阔内陆省市和世界市场的重要桥梁和东西方文化的交汇点，是近现代文明的发祥地，最重要的经济中心。但是，上海在1949年以后，作为国际性城市的作用逐渐下降，特别是在亚洲成为世界经济的活跃地区之后，形成了由东京、汉城（首尔）、上海、台北、香港、吉隆坡、新加坡等构成的东亚城市链，上海位于这个明星城市链的中点，发挥上海优越地位的客观要求刻不容缓。

上海拥有完整的工业体系，除采矿业外，工业门类齐全，技术配套吸纳能力强，是中国主要的工业基地之一。上海有39所高等院校，在校大学生和研究生17多万人；拥有各类研究和开发机构1600个，各类专业技术人才140多万。先进的科技教育体系和较高素质的技术人口为上海的经济持续发展提供了有力的支撑。

上海浦东新区地处于上海市东大门，东濒长江主航道出海口，西临黄浦江，沿江与杨浦、

① 邓小平. 国际形势和经济问题 // 邓小平文选（第三卷）[M]. 北京：人民出版社，1993：354.
② 邓小平. 视察上海时的讲话 // 邓小平文选（第三卷）[M]. 北京：人民出版社，1993：367.
③ 邓小平. 在武昌、深圳、珠海、上海等地的谈话要点 // 邓小平文选（第三卷）[M]. 北京：人民出版社，1993：372.
④ 邓小平. 视察上海时的讲话 // 邓小平文选（第三卷）[M]. 北京：人民出版社，1999：366.

黄浦、南市三区毗邻，南与南汇县及闵行区接壤，是与上海市中心区仅一江之隔的一块三角形地区。面积 522.75 平方公里，人口约 150 万。鉴于上海原有的市区已经日趋饱和，开发浦东已是顺理成章。政府于 1990 年 4 月 18 日向全世界宣布开发开放浦东，把它作为大陆改革开放的龙头，浦东成为最著名的经济技术开发区之一。

浦东新区农村地区土地面积 438 平方公里，占新区总面积的比重由开发开放初期的 91% 下降为 1997 年的 83.7%；城市化面积 85 平方公里，所占比重则由 9% 上升为 16.3%。到 2000 年，浦东新区的城市化面积将达到 100 平方公里，并建成中国大陆一流的市政基础设施、最大的金融商务活动中心、高度开放的综合性自由贸易区、先进的出口加工基地、国家级的生物医药中心、现代化的城郊型农业和配套服务条件完备的高质量生活区。

为建设多功能、外向型、国际化、现代化新城区，浦东坚持高起点、高标准的规划，以塑造出符合未来现代化城市功能与环境需求的城区形态、人文景观和市政基础设施。仅陆家嘴金融中心区的规划方案就投入 400 万法郎，邀请了英国罗杰斯（Rogers）、法国贝罗（Perrault）、日本伊藤（Ito）、意大利福克萨斯（Fuksas）等五国设计大师参与设计，为了吸取世界不同文化的精华。

浦东城市功能开发在编制规划、兴建重大市政基础设施的同时，首先启动了陆家嘴金融贸易区、金桥出口加工区、外高桥保税区和张江高科技园区四个国家级重点开发小区。它们按照不同的功能定位，在开发模式和产业导向上各有侧重。经过八年开发建设，重点开发小区已经初具规模。与此同时，孙桥现代农业开发区、华夏文化旅游区、王桥工业区、六里现代生活园区等开发小区的建设也进展顺利。开发区域带动了相关产业和周边地区的经济发展。

浦东新区 8 年来直接引进外资规模不断壮大，至 1998 年 12 月底，浦东已累计引进外资项目 5472 个，总投资 275.1 亿美元。合同外资从 1990 年的 0.34 亿美元已增加到 104.95 亿美元。至 1998 年 12 月底，已有 67 个国家和地区投资浦东。在投资项目数和协议外资额上，香港地区仍居首位，美国和日本名列前茅。

浦东开发不仅仅是工业项目的开发，同时也是社会事业的开发。浦东开发的最终目的是实现社会全面进步（表 7-1）。

投资浦东的主要国家和地区（至 1998 年 12 月） 表 7-1

国家 / 地区	项目个数	比例（%）	合同外资（万美元）	比例（%）
中国香港	2286	41.8	293187	23.9
美国	745	13.6	230991	22.0
日本	720	13.2	124007	11.8
中国台湾	470	8.6	22874	2.18
新加坡	259	4.7	31970	3.05
加拿大	122	2.2	10741	1.02
英国	125	2.3	30434	2.9
德国	79	1.4	144619	13.76
澳大利亚	103	1.9	5601	0.53

浦东开发开放8年多以来，旅游业已经逐步形成了以城市新景观为依托，旅游接待设施不断完善，都市旅游产品不断更新的旅游业发展新格局，成为上海发展都市旅游的新兴区域，并成为新区新的经济增长点。据统计，1998年，新区旅游景点共接待游客380.8万人次，比上年增长12%，接待入境海外游客28.52万人次，比上年增长112.84%，旅游业营业收入总额达11.2亿元，比上年增长69.7%。

旅游景点在空间分布上已形成了"西、中、东"三个部分，东方明珠每年接待游客超过200万人次，成为浦东西部观光旅游区的核心，金茂大厦、"奥丽安娜号"游轮、滨江大道、中心绿地、上海第一八佰伴、陆家嘴林立的高楼等成为都市旅游的拳头产品。中部以占地140.3公顷的中央公园为核心，正在建成行政文化中心；东部的华夏文化旅游区已经建成林克斯高级行政人员休闲区、高尔夫球场、美国学校、浦东民俗馆和奇石馆，一批大型旅游项目正在建设中。

孙桥现代农业开发区已经成为现代农业旅游的代表产品，1998年接待游客达20余万人次。各种主题旅游，如商务旅游、爱国主义教育旅游等特色旅游也形成一定规模。旅游接待设施渐趋完善，截至1998年底，新区已有48家国内旅行社，2家国际旅行社，包括五星级的新亚汤臣大酒店和达到五星级标准的香格里拉大酒店、金茂凯悦大酒店等在内的各类具备不同星级设施的宾馆近40家，客房总数达5500多间，其中8家被正式评定为星级宾馆，18家被评为涉外宾馆。经过1996年上海旅游节、1997年旅游年系列活动、1998年上海旅游节系列活动的开展以及国内旅游交易会等活动，使得浦东都市旅游业的整体形象逐步树立，旅游市场开始走向繁荣。

浦东新区在高速城市化进程中十分重视文化、教育、卫生事业和社区建设的同步发展。

对上海来说，浦东新区已经成为举足轻重的地区，土地面积占全市8.2%；人口数占全市11.7%；国内生产总值占全市18.1%；工业总产值占全市24.2%；全社会固定资产投资占全市25.2%；建筑业施工产值占全市18.2%；社会消费品零售总额占全市12.2%；外贸出口商品总额占全市25.5%；累计外商直接投资项目占全市28.1%；累计外商直接投资协议额占全市27.9%；港口货物吞吐量占全市45.2%。

浦东新区的GDP和增长率　　　　　　　　　　　　　　　表7-2

年份（年）	1990	1991	1992	1993	1994	1995	1996	1997
GDP（亿元）	60.24	71.54	101.49	164.00	291.20	414.65	508.12	608.22
增长率（%）		13.90	21.20	30.20	28.60	22.00	20.20	18.30

上海，东方明珠（电视塔），位于黄浦江畔陆家嘴，与外滩一江之隔，是浦西和浦东新老城区的交汇点，上海城市风景区的高潮。用地5公顷，建筑面积7万平方米，集旅游、观光、娱乐、购物、餐饮、广播电视发射以及空中旅馆、太空舱会所等多功能为一体的大型综合性公共建筑。

下球直径50米，中心标高93米，4层，设科技游乐天地；上球直径45米，中心标高272.5米，9层，设全天候观光层、旋转茶室、歌舞厅和发射机房等；太空舱球体标高342米，直径16米，是游人可达观景的最高点，设观光层和太空舱会所。再上是118米的钢桅杆天线，加上消雷器总高 468 米，是当时亚洲第一、世界第三高塔。上下大球之间的五个小球是空中旅馆，是利用结构大梁的空间布置的 20 套高级客房，大多为豪华套房。塔座直径为 60 米、高度 15 米，为二层共享空间的进出塔大厅，三层为 2 万余平方米的商场等，层高 6 米的两层箱形基础部分为车库、设备用房以及员工生活办公用房。

大片坡地绿化连绵至浦东公园和黄浦江边。由花岗岩铺筑的广场、平台、环道、台阶、喷水池连同雕塑和灯饰绿化形成整个塔区的优美环境。建筑创造性地采用了带斜撑的多筒体巨型空间框架结构，不仅具有良好的抗风、抗震性能，并使建筑造型获得了鲜明的特点。新颖的造型，新技术新材料的应用，使"东方明珠"成为建筑和结构、艺术和技术的结合。

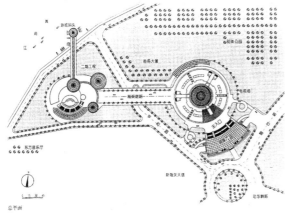

图 7-001 上海，浦东陆家嘴金融区及东方明珠电视塔（左上）
图 7-002 上海，东方明珠，1988—1995 年，建筑师：华东建筑设计研究院凌本立、项祖荃、张秀林等（右）
图 7-003 上海，东方明珠，1988—1995 年，平面示意（左中）
图 7-004 上海，东方明珠，1988—1995 年，室内（左下）

（二）经济过热和成功软着陆

政府根据邓小平南方谈话和中共十四大的精神，制定或调整了新的计划，加快了改革的速度。股票市场的活跃，房地产开发，开发区的建设，形成了一股股热浪，与此同时，外资的引进也在大幅度增加。受此形势鼓舞的许多建筑师和院校教师，涌向广东、海南、浦东等地，寻找自己的发展机会，一些在机关工作的人们，也扔掉"铁饭碗"辞职"下海"，试图在商海一展身手。"允许一些人先富起来"的口号，鼓舞着人们积累更多财富的理想。

市场机制的作用得到迅速的扩大，1992年国内生产总值比上年增长13.2%，1993年第一季度国民生产总值比上年同期增长15.1%。由于经济增长不是依靠技术进步，而是依靠高投入实现的，因而在1992年的下半年，经济生活开始出现了失衡的苗头，到1993年上半年，新的问题和矛盾就更加突出，出现所谓经济过热。

1993年6月、7月，中共中央和国务院采取果断行动，"整顿金融秩序，严肃金融纪律，推进金融改革，强化宏观调控""整顿财税秩序，严肃财经纪律，强化税收管理，加快财税改革"。1994年，中国的改革开放迈出了重大的步伐，国有企业和股份制试点加快，粮价开放，汇率并轨，所得税统一，分税制出台，价格改革和推进市场化进程等，促进了的全方位改革，势头之猛前所未有。

经过改革和宏观调控，经济成功地实行了"软着陆"，在调整经济的同时，保持了相当高程度的发展。通货膨胀由1994年10月25.2%的最高点，回落到1997年上半年的1.8%，1992—1996年国内生产总值年增长速率为11.6%，1997年以后继续保持了8%左右的增长势头，外汇储备1996年超过1000亿美元，1998年超过了1400亿美元。

（三）有特色的社会主义理论

1997年2月19日，邓小平逝世，这位享年93岁在政治上"三落三起"的"乐观主义者"，把国事、家事和个人的后事安排得如此完善而离去，他留下的最宝贵的财富是"建设有特色的社会主义理论和党的基本路线"。1997年9月12日，中共十五大在北京开幕，中共主席江泽民报告的题目是《高举邓小平理论伟大旗帜，把建设有特色社会主义事业全面推向二十一世纪》。

中共十五大依然坚持"社会主义初级阶段"的基本路线，并提出了社会主义基本路线的纲领，在政治、经济和文化等方面做出了部署，在经济方面的目标是：下个世纪第一个十年，国民经济生产总值比2000年翻一番，使人民的小康生活更加富裕，形成比较完善的社会主义市场经济体制；第二个十年，使国民经济更加发展，各项制度更加完善；到下个世纪中叶，基本实现现代化，建成富强民主文明的社会主义国家。

二、建筑设计市场初创

1992 年以来的房地产开发热和建筑热逐渐进入了高潮，规划和建筑设计开始在市场经济的模式下运作。

（一）两种类型的经济本位

在建筑设计市场上，社会政治对建筑的影响，再也不像 1950 年代那样：政治运动绝对左右建筑活动的起伏，意识形态具体指导设计业务；更不像 1970 年代那样：形成"建筑政治"和"政治建筑"的畸形创作环境；也不像 1980 年代充满激昂情绪的"拨乱反正"。政治和意识形态与建筑创作的距离越来越远，经济对建筑的直接影响上升到主要地位，以致于形成某种"经济本位"。造成这种形势的原因很简单：一是新型的投资业主要反映自己的经济利益；二是设计单位和建筑师个人，要在设计活动中取得自己的经济利益和名望。

1.业主的经济本位

业主或投资者的经济地位，使得他们的意志成为主导建筑设计方向的意志。出自商业目的，业主向建筑师提出了种种原则要求，通常要求他的项目要做到：建筑的利益最大化，或者说建筑是"从来没有见过的""50 年不落后的""标志性的"等。建设主管长官则愿意看到一方的建设政绩，乐得吸引建设项目，他们对于建筑设计的要求几乎和业主是一致的，希望看到自己所辖地区的现代化建筑标志。

在这个过程中，国家意志例如建筑方针、建筑设计的政策性标准和指标等，在建筑设计中的作用逐渐淡化乃至取消，而建筑师在为业主和主管长官所提出的种种要求绞尽脑汁。如果这一过程中藏有腐败因素，情况又会复杂得多。

2.建筑师的经济本位

1992 年以后的建筑热，引来了做不完的大量设计任务，各方业主想以最少的设计费、最快的速度获得最优秀的方案。事实上，这三种因素很难统一，特别是在速度快和费用少的情况下，难以保证设计的质量。不过，业主提出的那些虽然冠冕堂皇但终归难以实现的要求，使不少建筑设计为了经济效益而偏离建筑本体目标。在经济利益的驱使下，更有"业余设计"和"炒更"现象层出不穷，使得设计大失专业水准。

（二）全国性房地产大开发

19 和 20 世纪之交，我国房地产业就已见端倪，1930 年代在大城市有较大的发展，称为"不动产"。1949 年以后，在计划经济的条件下，房屋不是商品，实行土地无偿划拨、土地和房屋的财产和所有权概念大大淡化甚至扭曲了。直到 1984 年 5 月，国务院总理赵紫阳在向六届人大所做的《政府工作报告》中正式提出：城市住宅建设，要进一步推行商品化试点，开展房地产经营业务。自此，房地产市场逐渐形成，1992 年邓小平"南方谈话"以后的房地产开发进入了高潮。

1980 年代，城镇住宅建设投资 2600 亿元，是前 31 年的 4.6 倍；投入使用的住宅面积是 1.8 倍。1991 年，房地产投资的增长速度为 117%，1992 年开发投资比上年增长 143.5%，开发土地面积增长 175%，形成一个速度的奇迹。

房地产开发单位飞速增加，1991 年全国有房地产开发公司 3700 余家，1992 年为 1.2 万余家，1993 年上半年新增 6000 余家，年底全国房地产开发公司达 2.86 万家。[①] 不过，由于经济的过热发展，且带有"泡沫"性质，国家于 1993 年的下半年对国民经济实行了"宏观调控"政策，房地产业成为"宏观调控"的重点。这年的投资增长速度依然达到 124.9%。

从 1980 年代到 1990 年代的经济体制，正处在自计划经济向市场经济的转型过程中，房地产开发体制的新旧交替，在许多管理的"真空地带"，出现了不良现象。例如，原来的城市土地无偿、无限期使用，导致了土地事实上的企事业单位或个人所有，有些单位，将自己所属的土地，或非法有偿转让或作为投资坐地分成；城市房地产投资者的长期单一性，导致了事实上的无偿财政拨款，刺激了投资的需求过大，滋长了不正之风。其结果是，土地超计划使用、房地产商品开发结构不合理，市场行为不规范。致使炒卖地皮严重、大量积压房地产商品，个人中饱私囊。

在房产商品的开发中，受利益的驱使，许多地方高级宾馆、写字楼和高级住宅比重过大，而供工薪阶层使用的旅馆、公寓和普通住宅的比例过小，房产商品普通居民无法问津，致使商品长期大量闲置，自 1994 年以来，闲置房产的建筑面积长期徘徊在 5000 万 –10000 万平方米。有新闻媒体称，截至 1998 年底，全国积压商品房已达 8783 万平方米，沉淀的资金 6000 亿元左右。[②]

房地产企业数量的增长持续过大，导致在开发能力有限的情况下无序竞争。1999 年底，天津公布房地产市场清查结果，在被检查的 1769 家企业中，"571 家开发企业被逐'出场'。91 家企业受到了降级处理，28 家企业被亮出'黄牌'限期整改。这是近 10 年来本市规范房地产开发企业经营行为，撤销、降级、限期整改房地产企业最多的一年"。[③] 从一个大城市的实例中，可以看到房地产企业数量如此之多，违规者的数目也如此之多，全国大城市的状况可见一斑。

设立开发区是引进外资和先进技术发展经济的有效方法，"一窝蜂"地一哄而上，造成了"圈地运动"。例如，开发区名目繁多，不但省市县设区，就连乡镇也争相设置。据某省统计，县级以上开发区 233 个，面积达 4000 平方公里，超过全省县城以上现有城市建成区 2170 平方公里将近一倍。[④] 大量的圈地而又缺乏项目，使得许多开发区的土地长期闲置，有时以过低的价格出让，为了局部的利益而牺牲了城市的根本利益。

① 参见：王贵岭主编. 房地产市场概论 [M]. 上海：同济大学出版社，1999：167.
② 谢然浩. 8783 万平方米积压商品房如何消化 [N]. 文摘报，1999-9-23.
③ 参见今晚报 [N].1999-12-13.
④ 参见：叶绪镁."城市规划专家座谈会"综述 [J]. 城市规划，1993（1）：1.

地产与房产的这一开发周期，取得了一定的效果，也产生了不少的问题，为日后的依法有序发展提供了经验。

（三）片段模仿支撑新面貌

新兴的建筑设计市场，是一个十分繁忙的市场，忙到了缺乏合理设计周期的地步。在业主"求新""求快"的主导下，急于得到建筑"新面貌"的许多建筑师，把目光转向外国建筑。

1970年代以来，国际上修正经典现代建筑的浪潮，比想象要复杂得多。与外界很少联系的中国建筑师对此了解甚少。尽管改革开放初期有些外来建筑理论的引进，但普遍缺乏深入研究，使得一些认识停留在表面上。因此，在建筑创作中，出现了用"理论片段"支撑"建筑片段"，用"建筑片段"支撑新面貌的现象。在"与国际接轨"的说辞下，采取容易操作的建筑手法，取得立竿见影的建筑效果。最常见的手法举例如下：

（1）结构装饰法：用一些类似网架、桁架或吊车梁之类的结构构件，放在建筑显要部位上，有的还贴上大理石或包上不锈钢。在高层建筑中，这类部件装饰在建筑的顶部，支起一些空架子或玻璃角锥之类，并称其为"高技"。

（2）平面化拼贴：把建筑立面当作一种平面化的东西，任意做平面式的描绘；或不管体量不顾空间去硬性划分介面、分片装饰，成为表面的脸谱建筑。

图 7-005 北京西客站的装饰性钢架（左上）

图 7-006 某建筑用架子装饰的建筑入口，构思是"二龙戏珠"（下）

图 7-007 某村镇的小建筑的立面，也有结构装饰之风（右上）

图 7-008　对高层建筑屋顶的种种处理

图 7-009　深圳火车站立面使用阶梯形、断开的
拱券等二维手法装饰体量

图 7-010　南宁某建筑在体量的平面上做任意凸
凹处理

图 7-011　青岛某建筑立面上任意做平面图形，
并拉伸至体量之外

（3）建筑卡通化：在一些商业建筑比较集中的建筑群体中，把建筑卡通化；或者并置各种雕塑或具象的形态。

（4）"易操作"的低级模仿：直接模仿或抄袭建筑的某种做法、局部形象、所谓"符号"等。如模仿波特曼的"中庭"，贝聿铭的"金字塔"，KPF 的"帽檐"以及所谓后现代的"符号"之类，全国范围呈泛滥之势。

图 7-012　重庆某鞋厂立面的卡通化（左上）
图 7-013　螃蟹形状的某建筑（下）
图 7-014　在建筑上拼贴雕塑（右上）

图 7-015　并非儿童乐园中使用的商业卡通建筑

图 7-016　乌鲁木齐某广场金字塔（左）
图 7-017　西安某饭店前的金字塔（右）

（四）欧陆风崇洋心态写照

1990 年代以来，中国形式主义建筑的突出表现就是所谓"欧陆风"或"欧陆风情"。"欧陆风"可能发源于房地产开发商的广告词，也可能是店面、室内装修商或设计师迎合业主"豪华""高贵"包装时的用心。但是，它发展成地方官员和建筑师们主动或被动追逐的时尚，其社会影响及内涵就不能轻视了。

"欧陆风"在小住宅、公寓、公共建筑和城市设计中都有表现，大体在三种层次上表演：第一种是拼贴装饰型：在普通建筑上使用西洋建筑的装饰细部，如檐口、线脚、门窗套、宝瓶栏杆等，作拼贴处理，使人联想到西方建筑；第二种是模仿古典建筑型：以西洋古典建筑构图为蓝本，如有三角山花、柱式、屋顶等代表性部件；第三种是群体构图型：在群体设计中，例如在住宅小区等建筑群，追求宏伟的西洋古典建筑构图，并把建筑群冠以西洋名称，如"罗马花园""西部小镇"之类。这类建筑，虽然冠以"欧陆风"的浪漫名称，但却十分缺乏可以与西洋建筑认同的美学特征，最重要的是，设计、施工、材料不得优秀西洋建筑的要领，在多数情况下是一种简陋的模仿，一种没有文化见地盲目崇洋廉价的门面。

"欧陆"一词，以往为泛指欧洲大陆的地理概念，但用在建筑上，难以确定时空所指。例如，在空间上，欧陆难以确定是哪个国家，在时间上，也不能断明历史时期。因此，这类"欧陆风"建筑，在形式上毫无规矩可言，在大多数情况下，都把西洋古典建筑当成"欧陆风"，大大忽视了真正具有地域风情的欧洲地域性居住或公共建筑的感人魅力。

从建筑创作的角度讲，搞"欧陆风"是一种模仿，模仿本身就失去了建筑创作的基本意义，何况现实中是十分粗劣的模仿。在这场持续不断的"欧陆风"建筑风潮中，建筑师或因屈从不良文化要求，或因为经济利益，或因不掌握基本构图法度，致使出现一些大失水准的设计，建筑师在"欧陆风"中的作用，值得深思。

图 7-018　用拼贴把建筑装饰成欧陆风

图 7-019　小建筑模仿大教堂的古典构图

图 7-020　原普通砖混结构规划部门办公楼花巨资改造成古典构图

图 7-021　对比美国洛杉矶好莱坞的"中国剧院"，可以看作是外国建筑师心中的"中国风"

图 7-022　上海，雁荡路改造中的"装饰派
艺术"方案，1987 年，建筑师：同济大学
建筑与城市规划学院罗小未
图片提供：罗小未

图 7-023　上海，雁荡路改造中的"装饰派艺术"方案，1987 年，
细部
图片提供：罗小未

　　许多学者对此风提出批评，如建筑学家罗小未的态度值得重视和学习。作为精通西方建筑
历史的专家，她在上海雁荡路改造评审会议上毫不容忍那些不伦不类的店面；作为负责任的建
筑师，她经过认真的调查研究，提出在这个具体的地点应该以 1920 年代国际上出现的"装饰
派艺术"①（Art deco）建筑为蓝本，对街道建筑进行改造。她的工作，体现了建筑师执业的高水
准和对待世界建筑文化的郑重态度：尊重世界，尊重自己。

（五）注册建筑师制度的实施

　　1980 年代之前，在中国的职称系列里没有建筑师这个职称，尽管 1949 年以来民间许多人
延续了建筑师这个职业称谓，但建筑师都是在"工程师"的名义下进行工作的，只是偶尔在国
际交往中使用一下建筑师这个称谓。在社会大众乃至中央媒体上，对建筑师这个职业称谓同样
陌生，常常把这些人叫作工程师、设计师或建筑设计师。广大建筑师渴望恢复这个职称，改革
开放初期创刊的《建筑师》杂志，在刊名和内容上都表达了这一心声。

　　对外交往的需要，设计市场的开放，建筑学学生的交流，使得恢复建筑师职称的事提到了
官方的工作日程上。然而，这绝不是一个恢复名称的简单问题，因为建筑师的工作负担着涉及
到人民生命财产的安全问题，有贯彻执行国家方针政策、法令法规的任务，按国际惯例必须从
建筑学专业教育评估开始，实行建筑师注册制度。

　　1990 年 6 月 5 日，全国高等学校建筑学教育专业评估委员会成立大会在天津大学召开。

---

① 有的学者译作"装饰艺术"派。

全国近 50 所高等学校的建筑系主任、全国高等学校建筑学学科专业指导委员会、建设部、国家教委、国务院学位委员会办公室的有关领导出席了大会。评估委员会由建筑教育专家、知名建筑师、有关教育管理部门和学术团体共 15 人组成，决定 1991 年进行试点评估，1992 年正式受理评估申请。

1990 年 10 月，经国务院学位委员会第九次会议原则批准，开展建立特色的建筑学专业学位制度的研究工作。1991 年 11 月，成立了以齐康为组长、叶如棠、吴良镛为顾问的建筑学专业学位制度的研究小组，具体展开研究工作。与此相关的注册建筑师考试制度研究工作同时展开。评估委员会制定了一系列评估标准和方法，首先要确认被评估的学校和建筑学专业是否具备培养建筑学专业学生的条件，被认定合格的学校给予培养建筑学专业人才的资格，期限为 6 年、4 年不等，到期申请重新评估，其间还要进行中期检查。通过评估的学校，其毕业生授予"建筑学学士"或"建筑学硕士"职业学位，有建筑学职业学位的毕业生，经过若干年后才有资格参加注册建筑师考试。英国、美国、中国香港等建筑师职业评估团体和专家，作为观察员参加了所有的评估活动。

1991 年，开始进行建筑学专业评估试点，全国高等学校建筑学专业教育评估委员会接受了清华大学、天津大学、东南大学和同济大学 4 所高等学校的申请，经学校自评后，于 11 月派出两个专家组进行实地视察。为了保证评估标准与国际标准一致，特聘英国皇家建筑师学会理事、前任副主席和英国皇家建筑师学会教育与实践委员会委员和香港大学、香港中文大学建筑系的两位系主任等以观察员的身份参加评估。21 日，经评估委员会认定，该 4 所院校通过了评估，可授予"全国高等学校建筑学专业评估合格证书"，资格为 6 年，中期检查。

该 4 所院校的五年制建筑学专业毕业生，自 1992 年开始授予建筑学专业学位。1993 年，华南理工大学、重庆建筑工程学院（后并入重庆大学）、哈尔滨建筑工程学院（后并入哈尔滨工业大学）、西安冶金建筑学院（今西安建筑科技大学）于年底前通过了建筑学专业教学评估。至此，建校比较早的所谓八大院校建筑学专业都通过了评估。1995 年，这八所学校分别于上半年和下半年两批通过了建筑学硕士学位专业评估。以后，每年都有若干学校申请评估，建筑学教育在评估中得到了大力发展。

建筑学专业的评估，带动了相关专业的教学评估。1993 年 10 月，全国建筑工程专业教育评估委员会成立，并完成了评估委员会章程、评估标准、评估程序与方法以及视察小组工作指南等 4 个文件。1994 年 4 月 5 日，建设部令公布了《高等学校建筑类专业教育评估暂行规定》，适于建筑学、城市规划、建筑工程、给水排水工程、供热通风与空调、城市燃气工程、房地产经营管理等专业的评估。

1993 年 4 月 10 日—22 日，建筑学会在北京举办了"建筑师职业的未来"国际研讨会，学会理事长叶如棠、英国皇家建筑师学会会长 R·Maccormac、第一副会长及下届会长 F·Duffy、美国建筑师学会第一副会长及下届主席 W·Chapin、美国全国建筑师注册委员会主席 H·Robinson 及常务副主席 S·Balen、香港建筑师学会会长刘荣广及前任会长潘承梓等，还有建设部、人事部等部门的有关领导、国内的有关专家 60 余人参加了会议。会议着重讨论了"职业主义"与"商业主义"的矛盾问题，会议一致认为，"为对付各种挑战，关键的对策是维持本职业的高水准"。

这些对注册建筑师制度的建立具有良好的作用。

1993 年，经过广泛的征求意见，"注册建筑师考试大纲"报请建设部有关主管部门批准，大纲从设计前期工作到环境控制与建筑设备等 8 个部分组成，规定考试 4 天完成。这是一个严格的大纲和严格的考试。1995 年 1 月 18 日，建设部和人事部联合颁布了《一级注册建筑师考试大纲》。

1994 年 2 月 23 日，全国建筑师管理委员会成立，委员会负责承办建立注册建筑师制度的各项事务。这年 10 月 10 日—13 日，在辽宁省进行了一级建筑师注册考试试点，700 多人参加了考试，美国、英国和中国香港的观察团到现场视察。13 日，美国全国建筑师注册管理委员会与中国方面就双方互相承认对方注册建筑师资格、互派人员考察等事宜达成会议纪要。11 月 1 日，高等学校建筑学专业评估委员会和美国全国建筑学评估委员会签署了教育标准和教育评估标准方面合作意向书。1995 年 11 月 11 日—14 日，全国第一次一级注册建筑师考试在各地 31 个考场举行，有 9100 人参加考试，来自美国、英国、日本、韩国、新加坡和中国香港的考试观摩团观摩了考试。

1995 年 9 月 23 日，中华人民共和国国务院令颁布了《中华人民共和国注册建筑师条例》，内容包括：总则、考试和注册、执业、权利和义务、法律责任、附则共六章 37 条。1996 年 7 月 1 日，建设部发布了《中华人民共和国注册建筑师条例实施细则》，并于 1996 年 10 月 1 日施行。《细则》分总则、考试、注册、执业、附则，共五章 47 条。至此，注册建筑师制度完全确立。

三、超越经典现代建筑

中国不是现代建筑的发源地，发源地欧美及以外的地区，包括殖民地半殖民地国家，先后以主动或被动的方式，引入了经典现代建筑的原则，并在各地结果。在中国，经过 20 世纪上半叶的传播和发展，1950 年代至 1970 年代隔而不绝的缓慢进程，在 1980 年代改革开放时期，现代建筑的原则重新得到认知。在以"后现代建筑"为代表的修正经典现代建筑的思潮中，中国建筑师对经典现代建筑原则进行了再认识，建筑创作进入一个既符合现代建筑原则又有中国特色的创作阶段，这些特色表现在已经提到的诸项：

（1）小型建筑起步，朴素的经典现代建筑原则

（2）立足现实国情，从现代性出发探索新形象

（3）整体建筑语言，建筑艺术中内含文化观念

（4）技术符合国情，低技术和适宜技术的应用

（5）尤其是分散在中国各个地区的地域性建筑，不但冲破了"千篇一律"成为"繁荣创作"的先锋，而且自发地显现出现代建筑的"中国特色"。这再次证明，中国建筑师的创作，天然会流露由创作环境所决定的"中国特色"。这种情况在许多发展中国家也得以印证，如印度现代建筑和一些拉美国家的现代建筑实例，都是具有不可替代的该国特色。

（6）建筑中"传统"和"现代"之关系，曾经是中国建筑创作核心议题，在全新的创作条件下，其焦点已经从"大屋顶"问题上淡出，更注重建筑传统内在精神方面和对现代性的注入，

且有一些高水准建筑师作品出现，对传统的继承问题，也成为多元思想之一。

进入 1990 年代，以邓小平南方谈话为契机，在建筑设计市场的更加开放的舞台上，中国的建筑创作，进入一个大规模高速度发展的阶段。这是一个社会背景极为特殊的历史时期：一方面，进入"信息社会"的发达国家正在对现代建筑的原则作强烈地修正或批判；另一方面，作为发展中国家的中国，正需要现代建筑原则支持大规模建设。中国建筑师面临的是，以工业化为基础的现代建筑观念尚在完成，同时要对其中的一些观念进行批判，在工业社会和信息社会重叠任务的矛盾中，寻求着自己的方向。正像一些论者所说："现代主义肩负着满足社会大众需求的重任，以现代功能为出发点，运用新技术、新材料表现时代精神，有时也反映出后现代主义的某些影响"[1]"我们是在现代化过程中加入'后现代'佐料，在建立工业型文化中掺入信息性因素"[2]。

中国是被定义在"社会主义初级阶段"的发展中国家，正在全面踏入工业社会，同时踏在"信息社会"大门口。现代建筑运动所倡导的注重功能、追求经济效益、体现技术理性等设计观念，现在仍然适用于中国，但这并不是说，只能沿着发达国家走过的路重复一遍，而是有可能在发展的过程中，超越经典现代建筑，国际上修正现代建筑运动的种种思潮，恰恰可能是超越经典现代建筑的某种新动力。

这里所谓对经典现代建筑的超越，是指在经典现代建筑的基础上，渗入许多新观念和意识，例如：建筑创作中的多元共存意识；生态环境意识、建筑文化意识、大众参与意识、人本主体意识等。在下面的建筑实例中（也会部分涉及 1980 年代的作品），会较完整地反映出这一时期的建筑面貌。

（一）经典建筑类型的新表现

现代建筑有许多经典性类型，如体育建筑、交通建筑、科教建筑、博览建筑、高层建筑、以及工业建筑等。功能性、科学性、经济性、真实性、空间化、理性化是经典现代建筑的设计原则，新时期的许多优秀建筑，在遵循现代建筑原则的基础上，深入当代生活，从一个或几个方面，突破了机械式和某些固定的模式，不论从原则上，还是从设计水准上，都有些新面貌。

1. 体育建筑

体育建筑是可以全面体现现代建筑精神的一类建筑，有比较复杂的功能、多样的结构形式和丰富的造型。近些年来，体育建筑进入全面"升级"的新境界。

（1）随着体育运动规模和比赛规格的提高，特别是亚运会的举行和奥运的申办，体育设施经常以综合场馆的形式出现，建设的规模和复杂程度大大提高，如北京的奥林匹克中心和广州的天河体育中心。

---

① 王明贤. 戴念慈现象与当代建筑史 [J]. 建筑师，1992（48）：24
② 张钦楠. 八十年代建筑创作的回顾 [J]. 世界建筑，1992（4）：23.

（2）包括国际比赛在内的各种比赛，对场馆提出更新的功能要求和技术要求，建筑设计相应地增加了难度，远远超出了1970年代之前的建筑水准。

（3）专用体育场馆的建设增多，例如自行车赛场、冰球、速滑场馆等，提出并解决了许多相应的课题，场馆的类型也大大丰富。

（4）主动创造体育建筑形象的意识十分强烈，设计者无不意识到体育建筑是表现"创新"和"力量"的好机会。

北京，国家奥林匹克中心，以系统论的思想进行规划设计，追求建成环境的连续性和整体性。总体设计中充分考虑了建筑与环境的互补关系，场区中心布置了2.7公顷的人工湖，反映周围景色的同时，改善了小气候；根据不同功能要求灵活布局绿化，使不同地段各具特色；雕塑、小品、铺地等使景观有机联系，成为一处经管完善的体育公园。设计者的意图在于通过一系列的自然与人工环境因素，激发人们的参与意识，突破体育场馆设计的传统观念，使其成为一处充满体育精神的场所。1993年获"中国建筑学会建筑创作奖"（1988—1992年）。

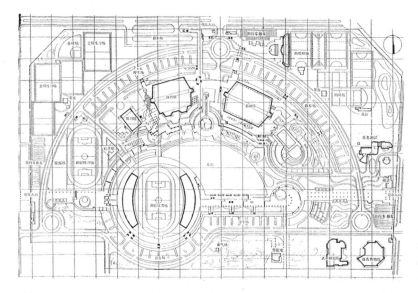

图 7-024　北京，国家奥林匹克中心，1984—1990 年，总平面图，建筑师：北京市建筑设计研究院马国馨等
图片提供：马国馨

图 7-025　北京，国家奥林匹克中心，1984—1990 年，鸟瞰
图片提供：马国馨

图 7-026 北京，国家奥林匹克中心，1984—1990 年，
体育馆
图片提供：马国馨

图 7-027 北京，国家奥林匹克中心，1984—1990 年，
游泳馆
图片提供：马国馨

图 7-028 北京，国家奥林匹克中心，1984—1990 年，
环境雕塑：龙腾虎跃，雕塑家：白兰生
图片提供：马国馨

　　广州，天河体育中心，该中心是为举办 1987 年第 6 届全国运动会而建。用地 54.54 公顷，
总建筑面积 12.47 万平方米，包括 6 万座位的体育场、8000 座位的体育馆、3000 座位的游泳馆
以及练习馆、风雨跑道、田径、足球练习场等训练设施。工程采用新技术、新结构，设备选型先进。
建筑造型新颖，环境开阔优美，具有时代感和地方特色。

　　体育场临水，结构外露，白色体量显得轻巧通透，水池、现代雕塑和喷泉加以衬托，有丰
富的整体。体育馆采用多种艺术手法，使得巨大的体量通透轻快。比赛大厅合理安排观众座席
和相关设备，屋顶结构外露，设备吊装在屋顶结构上，几乎不作任何装饰处理。游泳馆雕塑感强，

图 7-029　广州，天河体育中心，1984—1987 年，鸟瞰，建筑师：广州市建筑设计院郭明卓、余兆宋、劳肇煊等
图片提供：郭明卓

图 7-030　广州，天河体育中心，1984—1987 年，体育场
图片提供：郭明卓

图 7-031　广州，天河体育中心，1984—1987 年，体育馆
图片提供：郭明卓

图 7-032　广州，天河体育中心，1984—1987 年，游泳馆
图片提供：郭明卓

图 7-033　天津，体育中心体育馆，
1992—1994 年，鸟瞰，建筑师：天津市
建筑设计院王士淳、王宝田、刘景梁、
张家臣等
图片提供：天津市建筑设计院

图 7-034　天津，体育中心体育馆，1992—
1994 年
图片提供：天津市建筑设计院

白色的体量下部挖空，于山墙部位贯穿玻璃体形棚罩，加强了材料的对比。1993 年获"中国建筑学会优秀建筑创作奖"（1953—1988 年）。

天津，体育中心体育馆，南开区滨水道，占地面积 12.3 公顷，总建筑面积 5.4 万平方米。由主馆、副馆、小练习馆、联结厅及体育宾馆 5 部分组成，是个集比赛、训练、住宿和康复为一体的大型综合性、多功能体育馆。

馆内有高水准的照明、音响、通信设备、大型彩色屏幕和计算机管理系统，是当时设备最先进、功能最完善的体育馆。设计中在使用功能和先进技术方面达到国内先进水平。结构选型采用了"飞碟"形式，摒弃了传统的立面设计方式，摆脱了"房子"概念，以期成为一个庞大而精美的机械产品。

广州，华南理工大学学生体育文化活动中心，位于广州市华南理工大学校园内一号主楼广场东侧的一个小山坡上，由室内运动场、活动用房和室外小广场组成，建筑面积 5500 平方米。设计以功能实用、经济节约和以结构表达造型为原则。

平面为圆形，结合工程的实际要求，选用拉索混凝土面层结构体系，主体由 3 道环梁、32 条拉索及混凝土面层板组成，最大跨度 54 米。正面和顶部设玻璃窗和斜面天窗，使得门厅成为具有室内和室外的双重感受的场所，强调了与外部环境的联系。室内天花运用结构构件所形成的图案，再加上墙面图案的配合，富于韵律和节奏。

图 7-035 广州，华南理工大学学生体育文化活动中心，1994年，建筑师：华南理工大学建筑设计研究院马威、李绮霞、李少运等
图片提供：马威

图 7-036 广州，华南理工大学学生体育文化活动中心，比赛大厅，1994年
图片提供：马威

图 7-037 长春，冰上运动中心，冰球馆，1983—1986年，建筑师：哈尔滨建筑大学建筑系梅季魁、郭恩章、刘志和、张伶伶等
图片提供：梅季魁

　　长春，冰上运动中心，冰球馆的屋盖为双层平行错位预应力悬索与轻型钢架组合结构，受力合理、技术先进、施工简便、用钢量少。屋盖承重索按两侧看台高低的不同倾斜悬垂，吸声体随其升落并封透交替，顶部采光紧密呼应，空间新颖明快，动态感强。起伏不断的波状檐口与平坦的弧形屋面，顺利地解决了屋面排水，并比折板结构减小了可观的屋面展开面积，同时成为建筑内涵的象征。

　　冰上运动中心的练习馆因投资限制，不作保温采暖，以简洁的格构式钢架，覆盖瓦垅钢板和玻璃采光板，围合出的空间经济实用、光线明亮、内景独特，外貌不俗。

图 7-038 长春，冰上运动中心，练习馆，1983—
1986年，建筑师：哈尔滨建筑大学建筑系梅季魁、
郭恩章、刘志和、张伶伶等（右上）
图片提供：梅季魁
图 7-039 哈尔滨，黑龙江速滑馆，1994—1995年，
建筑师：哈尔滨建筑大学研究所梅季魁、王奎仁、
孙晓鹤（右下）
图片提供，梅季魁
图 7-040 哈尔滨，黑龙江速滑馆，1994—1995年，
比赛大厅（左下）
图片提供，梅季魁

哈尔滨，黑龙江速滑馆，建筑面积2.22万平方米，观众席2000座，跨度86.2米，长度191.2米，冰道长400米，为当时世界上仅有的5座速滑馆之一。速滑馆的用地较紧，圆柱和球体组合成的体量比平行六面体要小，渐升渐退无逼人之感。并在6米高度拦断屋盖走势，立竖墙、支斜柱，近看只有一、两层的高度，尺度宜人，远看则不失宏伟壮观。

平展的休息厅玻璃幕墙，有利于淡化自身、扩展外部空间，给广场增添了几分宽松感。比赛大厅的功能设计考虑了可持续发展，为日后开发田径、足球等项目留有余地。比赛大厅空间巨大，看台少、场地多，采用拱形界面内聚力强，有助于克服空荡感。比赛大厅将屋盖结构、管道、设备等有组织地暴露在外，增加了界面的层次感，并以优美的网壳图案、轻巧的杆件、流畅的环形灯桥和粗犷的空调管道等展示技术美。流畅的建筑外形，意在表征速滑运动的飘逸感，创造质朴的美。1993年获"中国建筑学会建筑创作奖"（1988—1992年）。

北京，石景山体育馆，采用少见的三角形平面和下沉式布局，以适应特殊的地段形状。比赛厅场地规模由专用的25米×36米扩大到34米×44米（1980年代初由梅季魁提出的综合场地），为多种用途使用和提高使用率创造条件。座席为不对称布局，便于多种使用获得较多的有效席位。比赛厅空间量体裁衣，有高有低，节省体积并构成向外升腾的体形。采光带向中心汇聚，突出了场地。薄壳结构暴露，屋盖结构依空间需要由3片双曲抛物面网壳组成，表现体育运动的健美。

北京体育学院体育馆，是一座多功能、综合性体育馆。比赛馆平面呈八角形，大厅屋盖结构采用四角有落地斜撑的双层双曲扭网壳，建筑造型表现了结构形式和大跨度空间结构之美。白色的外露网架、鲜红的金属屋面、洁白的实体墙面、大片灰色玻璃幕墙以及四周环绕的绿色草地形成了色彩对比和虚实对比，体现功能、结构与美的结合。

图 7-041　北京，石景山体育馆，1986—1988 年，哈尔滨建筑大学建筑系和机械部设计研究总院合作设计，建筑师：梅季魁等
图片提供：梅季魁

图 7-042　北京体育学院体育馆，1986—1988 年，建筑师：清华大学建筑学院建筑设计研究院、科学院建筑设计院、建筑科学院结构所林爱梅、李笑美、王余生等

　　成都，四川省体育馆，位于人民路与一环路交口的西南侧，坐落在高出室外自然地坪 2.1 米的台地上，用地面积 4.32 万平方米，建筑面积 1.89 万平方米，1 万座位。平面近似矩形，布置简捷紧凑；比赛空间充分利用屋面结构所形成的空间，设计新颖。屋面是国内首创的单层预应力索网与拱的组合形式，建筑造型运用了结构所形成的室内空间和室外体量，有"腾飞"的含义。

　　大连体育馆，建筑面积 1.3 万平方米，6000 座位。把比赛场地水平旋转 45 度，观众席区由通常的矩形变成三角形，这就减少了偏而远的座席。在外部体量的处理上，把观众席下部的 4 个三角形空间削去，安排了 4 个入口，体量的四角翘起支撑点内移，使建筑呈现向上腾跃之势。建筑的形式源于功能，外部体量源于内部空间，内外组合自然流畅，建筑具有雕塑感和粗犷有力的北方建筑性格。

图 7-043　成都，四川省体育馆，1984—1989 年，建筑师：中国建筑西南设计院黄国英、黎佗芬、朱思荣等
图片提供：中国建筑西南设计院

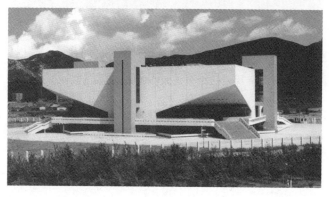

图 7-044　大连体育馆，1985—1988 年，建筑师：中国建筑东北设计院苏兴时、丁国宝
图片提供：中国建筑东北设计院张绍良

图 7-045 上海体育场，1997 年，设计：
上海建筑设计研究院

图 7-046 上海体育场，1997 年，内景

上海体育场，体育场坐落于徐汇区，可容纳 8 万人，作为第八届全运会开幕式主会场使用。建筑面积 17 万平方米，占地面积约为 3.6 万平方米，是上海当时最大的体育中心。平面为直径 273 米的圆形，立面以实体玻璃墙与周围镂空的构架结构形成对比，马鞍形白色透明的膜结构屋顶高低起伏，表达体育建筑的活力。

2. 交通建筑

交通建筑也曾是现代建筑发展过程中产生的新类型，随着现代交通工具火车和飞机的发展而日新月异。1980 年代和 1990 年代年，中国兴建了许多大型车站和机场，使得这类建筑的设计和施工水准有了本质的飞跃。除了规模的宏大和建筑的功能性日趋复杂之外，交通建筑在体量和造型的处理上也有突出进展。经典现代建筑造型处理，大多停留在以基本功能为依据的层面，其体型比较呆板，模式雷同。新时期所建交通建筑，不但追求交通建筑本身的性格表现和现代性，而且着力追求特定地方性，一扫千篇一律旧貌，成为表现力很强的建筑类型。

天津铁路新客站，位于原天津东站（即老龙头车站）旧址新建，站区占地 50 公顷，建筑面积 5.1 万平方米，最高集结人数 1 万人，每日输送旅客 9 万人，是京山、津浦两大铁路干线汇交点上联结 4 个铁路方向具有重要地位的现代化客运站。

设计尊重城市现状环境，妥善解决原有铁路横穿市区、分隔城市带来的交通不便，而且在总体布局、站房设计中，突出旅客人流疏导和车流交通这两个功能性设计构思。由于地形受到铁路与海河的挟持，形成东窄西宽的不规则三角形地带，站房顺势形成 "Y" 字形平面，解决

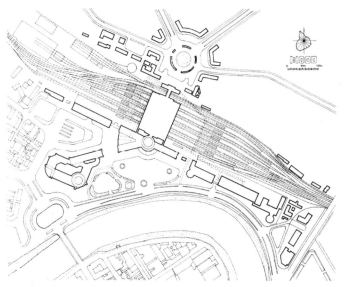

图 7-047　天津铁路新客站，1986—1988 年，总平面图，建筑师：天津市建筑设计院韩学迢、曹建明、袁秀云、纪建廷等，合作单位铁道部第三设计院
图片提供：天津市建筑设计院

图 7-048　天津铁路新客站，1986—1988 年
图片提供：天津市建筑设计院

了建筑既要与铁路平行，又要与海河弯道平行的城市规划要求，形成主、副广场的格局，创造了进、出站全面分向、分流的良好疏导环境。

中央大厅集中了旅客进站的全部垂直交通，2 层直通跨越铁道 12 米宽的中央通廊和候车室。筑以高耸的塔楼和挺拔的列柱，回应了天津近代建筑的文脉。中央大厅上空 600 平方米的穹顶，绘有国内少见的穹顶画"精卫填海"，是建筑师和艺术家的合作之作。

沈阳铁路北站，位于沈阳市惠工广场，用地面积 12 公顷，建筑面积 3.6 万平方米，最高集结人数 1 万人次 / 日，将候车、休息、购物餐饮娱乐等功能融为一体，将高层建筑引入站房，是当时国内第一座综合性大型铁路客运站。

建筑打破过去按水平方向布置站房的常规模式，形成水平与垂直相结合的立体站房，是铁路客运站房设计理论和实践的一次大胆的探索。建筑主体地上 16 层，地下 1 层，主楼为弧形曲面，给人双臂包容来客之感，中部开有高 7 层、宽 22 米的透空"门"，隐喻城市和建筑都是交通门户，建筑具有北方建筑的浑厚和交通建筑的舒展。

杭州铁路新客站，系拆除旧站原址重建，站房建筑面积 2.8 万平方米，最高集结人数 5200 人。作者把广场、站房作为一个有机的整体，采用地下、地面及高架三个层面来控制流线，把车流

图 7-049　沈阳北站综合楼，1987—1990 年，建筑师：中国
建筑东北设计院徐方、吴章铫、郭旭辉
图片提供：中国建筑东北设计院张绍良

图 7-050　杭州铁路新客站，1991—1999 年，建筑师：杭
州市建筑设计院程泰宁、叶湘菡、刘辉，铁道部第四设计院、
浙江省建筑设计院合作设计
图片引自：程泰宁提供中国建筑师丛书《程泰宁》

图 7-051　广州，白云机场
国际候机楼，1988—1990 年，
建筑师：中南建筑设计院姚
永瑞、郭和平、吕其璋等
图片提供：中南建筑设计院杨
云祥

和人流分别组织在不同的层面上，并作到步行距离最短。建筑师以"城市大门"作建筑的美学
内涵，本身是一组庞大的建筑，但在造型上具有江南建筑的清秀。

　　广州，白云机场国际候机楼，建筑面积 2.7082 万平方米，容量为 1100 人次／高峰小时。
建筑大厅采用 9 米 ×9 米柱网，室内宽敞明朗，室外以白色的实体来衬托正面的玻璃幕墙，体
现出简洁大方的交通建筑性格。

　　武汉，汉口新客站，建筑群包括车站综合大楼、行包房、站台、进站天桥、出站和行包、
邮政 3 条地道等。站前广场 10 万平方米，地下商业城建筑面积达 5.5067 万平方米，车站综合
大楼建筑面积 7.5 万平方米，中部的站房 2 万平方米，最高同时聚集人数为 5000 人。

　　广厅和候车室采用钢网架和 GRC 轻型屋盖系统，候车室还采用 28.8 米后张法预应力楼面大
梁，室内无柱，空间开阔，使用灵活。建筑两个有力的圆柱限定出车站的大门，宽阔的水平檐
口贯通整个立面，高耸的钟塔与水平的构图形成强烈的对比，使建筑具有开放、流畅的交通建
筑性格。

　　烟台，莱山机场航站楼，候机楼建筑面积 7170 平方米，500 人次／高峰小时。作者从城市
形象的体验中，获得了建筑形式的素材，直径为 4 米的主筒体，取意"狼烟墩台"，成为机场

图 7-052　武汉，汉口新客站，1988—1991 年，建筑师：中南建筑设计院赵本刚、杨云祥、向欣然等
图片提供：杨云祥

图 7-053　烟台，莱山机场航站楼，1990—1992 年，建筑师：中房集团建筑设计事务所布正伟、于立方等（左）
图片提供：布正伟
图 7-054　烟台，莱山机场航站楼，1990—1992 年，候机厅一角（右）
图片提供：布正伟

进路的对景；3 个副筒体的延续，可引发人们的多义联想，在阳光之下，富于雕塑感。

建筑材料的使用，如用海草、石头和缆绳等，可以联想到所处的城市场所。用海上养殖场的浮球悬吊组合而成的大型壁饰"飘"，用不锈钢制作的端墙浮雕"翔"，都是表现特定环境与场所意义的辅助手段。

重庆，江北机场航站楼，总建筑面积 1.58 万平方米，高峰小时旅客流量约为 1800 人次；地处"三大火炉"的重庆，设计中必须考虑减少夏季空调负荷和节能措施，这就决定了立面"避免直射阳光"的造型特点：敦实的墙面占据主要地位，两侧落地玻璃窗完全在悬挑的大雨棚之下。航站楼的屋顶向一侧倾斜突起，并开设北向天窗，其造型使人联想到"起飞"。室内室外都采用了弓形圆弧为母题，组成千变万化的图案，并有一定的寓意乃至适用性的标志功能。

大连机场航站楼，航站楼建筑面积2.1万平方米，高峰人流1100人／小时。航站楼为扇形平面，采用国际通用模式，为进港、出港分层式流线，进出客流完全分开，靠登机坪一侧设三架登机桥。

图 7-055　重庆，江北机场航站楼，1990 年，
建筑师：民航设计院布正伟、杨海宇、黄
海兰等
图片提供：布正伟

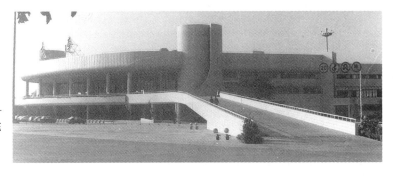

图 7-056　大连机场航站楼，1990—
1993 年，建筑师：中国建筑东北设计院
徐方、魏立志、韩松等设计
图片提供：张绍良

图 7-057　济南机场候机楼，1989—
1992 年，建筑师：济南市建筑设计院
邵琦
图片引自《中国一百名一级注册建筑师作
品选》第一卷

航站楼建筑整个造型，均以自由曲线构成，在一个扇形弧面体的两侧，各耸立一座缓缓张开的弧形卷筒，成为建筑的垂直要素，体量流畅，试图给人以腾飞的联想。

济南机场候机楼，建筑带有圆弧形的流线型平面，适应了对广场人流的围合、进港人流的分散以及工艺要求。建筑造型力求在多变中求流畅，具有交通建筑简捷、明快的性格。由于地方政府首脑要求建筑体现"泉城"特色，作者以圆形为泉水的抽象，喻体与本体之间的差距较大，难以产生实际的联想。

珠海机场候机楼，建筑面积 9.12 万平方米，年飞行量 10 万架次，年旅客吞吐量 1200 万人次。候机楼采用平行双指廊式的平面构图，分为国内指廊和国际指廊。平面无障碍设计，候机楼应用了多种新技术，其中有后张式无粘结预应力结构，以节省投资、加快了工期。旅客服务设施中包括了目前世界上最先进的 FMT 透明登机桥系统、行车分检系统以及站坪车辆服务系统等。简单的体量以结构外露的杆件装饰，具有现代建筑技术形象，室内天花也是结构露明，与室外风格统一，绿化植株室内，增添了室内的活力。

图 7-058 珠海机场候机楼，1995 年，建筑师：华
南理工大学建筑设计研究院陶郅、王加强、汤朝辉
等（左上）
图片提供：华南理工大学建筑设计研究院
图 7-059 贵阳龙洞堡机场航站楼，1997 年，建筑师：
贵州市建筑设计院罗德启、王政、傅祖荫等（左下）
图片引自《中国一百名一级注册建筑师作品选》第一卷
图 7-060 贵阳龙洞堡机场航站楼，1997 年，候机
大厅及采光天窗，建筑师：贵州市建筑设计院罗德启、
王政、傅祖荫等（右上）
图片引自《中国一百名一级注册建筑师作品选》第一卷

贵阳，龙洞堡机场航站楼，位于贵阳东郊，占地 387 万平方米，航站楼建筑面积 3.4923 万
平方米。设计中力图体现现代航空功能的快速、连续、流通以及导向性等因素，创造出与此相
适应的宽敞、通透的大空间。在满足使用功能的前提下，动员材料、质感以及具有地方特色的
要素，创造一个安全、舒适、高雅的候机环境。

宜昌，三峡机场航站楼，位于宜昌市区东南，距市区中心 26 公里，地处丘陵地带，青山环绕，
风景优美。航站楼占地 9.6577 万平方米，总建筑面积 1.6185 万平方米，候机楼 1.38 万平方米，
航管塔高 40 米。候机楼平面设计为 54 米 ×135 米简洁的矩形平面，9 米 ×9 米规整柱网，中
部设 36 米 ×54 米两层高中央大厅，室内空间均使用轻质隔墙与 2.2 米高铝合金玻璃隔断分隔，
可满足候机楼复杂的功能要求，并可随时改变平面布局，以适应变化的功能要求。航站楼建筑
造型着眼于大体量，将候机楼与航管楼（含航管塔）并列，其间设过街楼，使三者成为一整体，
天际轮廓线错落。设计构思提炼大型喷气机形象特征，曲线柔和，富有现代雕塑感。

拉萨，贡嘎机场候机楼，机场地处西藏高原，海拔 3500 余米，由于当地空气稀薄、缺氧、少雨，
设计简化机场设施，减少旅客的不适，其主要功能部分按一层前列式设计。建筑面积 9500 平方米，
高峰小时旅客数为 600 人，国内和国际两部分考虑了部分合用的可能性。内部空间采用大小结
合的方法，其无柱空间采用三角形平板网架体系。细部的形象和色彩，都直接取自西藏传统建筑。
使得建筑既有西藏建筑的粗犷和力度，又有现代交通建筑特色。

图 7-061 宜昌，三峡机场航站楼，1993—1996 年，建筑师：天津大学建筑设计研究院杨秉德等
图片提供：杨秉德

图 7-062 拉萨，贡嘎机场候机楼，1994 年，中国建筑西南设计院设计
图片提供：中南建筑设计院杨云祥

图 7-063 北京，西客站，1996 年，北京市建筑设计研究院设计
图片提供：北京市建筑设计研究院

图 7-064 北京，西客站，1996 年，正面门洞及古典亭子
图片提供：北京市建筑设计研究院

北京，西客站，位于北京市莲花池东路，总规划设计面积 62 公顷，总建筑面积 37.7488 万平方米。建筑设计突出了交通组织的重要性，在国内第一次把地铁站台大厅置于火车站中轴线下，可直接与火车站各站台进出口连通，创造了高架候车和地下广厅相结合的新站型，实现了现代化的立体交通组织，成为集铁路、地铁、公交、出租车、自行车、通信、邮政、商业服务、环卫为一体的大型、现代化、多功能、综合性交通枢纽站。西客站的设计体现许多科技因素，如巨型结构体系、阶梯形不规则网架、大跨度预应力重型钢结构等，达到了先进水平。

北京西客站引来许多争议，一是过多的人流集中和过长的交通路线以及流线上的"瓶颈"现象；二是正面空门架上的三重檐古亭，不但花费 6 千万巨资，而且成为某些长官以"夺回古都风貌"到处加设亭子的顶级之作。

3.科教建筑

中国新时期是在努力实现四化的口号中开始的，并长时期贯彻这一口号，科教建筑的大量出现反映这一历史时期特点。许多建筑师在设计中，满足新的功能要求，并注入现代性、地方性以及文化内涵。值得注意的是，科教建筑尤其是教学建筑，大多投资不足，建筑师能深入生活，发挥创作精神，作出许多有益的探索。在建筑类型上，也有综合化的趋势，集教学、科研和生活服务等于一体，使得类型有所丰富。

许多香港著名人士，关心祖国内地文化教育事业，并有大量的捐赠，如"船王"包玉刚等，其中以邵逸夫的捐赠规模最大、数量最多，其捐赠具有特殊的意义。

1973年邵氏基金会成立，在此后的20年间，资助内地、中国香港、新加坡、中国台湾以至英国、美国等地的医疗、社会福利和艺术等方面的工作，总额超过港币12亿元。自1986—1992年间，资助内地246个项目，分布于80余所大专院校、160所中小学，捐赠6亿6千余万元。与此同时，国家教委（教育部）也拨出数目不等的款项，响应这些捐资。建设的项目，以教学楼、图书馆等为主，设施标准也明显高于大陆同时期的同类建筑。由于这些建筑的创作环境相对宽松，因而出现一些较有新意的作品，特别是在改革开放初期克服千篇一律方面，起到了良好的示范作用。邵逸夫对教育的捐助，不论在数量上和质量上，对国家投资的教育建筑是个有力的补充，在繁荣创作方面起到了良好的作用。

广州，华南理工大学逸夫科学馆，建筑面积7335平方米。主楼5层供教学科研实验用，副楼2层，为学术交流中心。该馆平面布局合理，与校园建筑和谐相处，同绿树繁花、湖光山色共同形成理想的校园环境。建筑体量对称处理，竖向3段，中段为入口所在，门口两侧设立现代金属雕塑，使中段成为建筑重点。内部庭院的设置改善了局部小气候，衬托了建筑，透空的建筑空间，将庭院和外部环境打通，形成一个整体内外环境，体现了广东园林建筑的特点。室内设计也有岭南建筑清新典雅的装修格调，传达了高等学校的文化和学术气氛。

图7-065　广州，华南理工大学逸夫科学馆，1992年，建筑师：华南理工大学建筑设计研究院何镜堂、杨适伟、许迪等

图片提供：华南理工大学建筑设计研究院

图 7-066　上海，同济大学逸夫楼，1993 年，建筑师：同济大学建筑设计研究院吴庐生等（左上）
图片提供：吴庐生
图 7-067　上海，同济大学逸夫楼，1993 年，中庭（右上）
图片提供：吴庐生
图 7-068　天津大学科学图书馆，1988—1990 年，建筑师：天津大学建筑设计研究院王乃弓、曹治政、张文忠、郭泉等（左下）
图片提供：天津大学建筑设计研究院

上海，同济大学逸夫楼，建筑面积 6828 平方米，用两个不大的中庭共同构成一个多变化、多用途、多层次的功能性艺术中心。外墙用大片白色，与蓝色玻璃面形成对比，入口的圆柱状体量，突出了入口又形成了雨棚的部位；建筑的北面缺乏阳光，墙面开了竖向的凸出侧窗，活跃了墙面。室内设计没有采用高级材料，但制作精心；庭院设计与整体建筑一气呵成，绿化设在不同的标高上，结合地面铺装，形成丰富的外景层次。

天津大学科学图书馆（逸夫楼），位于天大校园主教学区，与原图书馆隔湖相望，以桥联通。占地 0.6 公顷，建筑面积 1.1 万平方米。采用不对称布局，高大空廊斜向组织入口，立面造型简洁，形体穿插。室内设计以简洁流线组织学术活动、研究室和开架阅览 3 个功能分区。

重点处理入口大门厅，局部跃层，大厅墙面点缀科学发展史抽象壁画，烘托学术气氛。中部两组院落的连接部位设电梯厅及 180° 曲面螺旋楼梯，使功能构件与空间造型结合起来。内院以几何形绿化，与灯具组合。

重庆大学图书馆及学术中心（逸夫楼），位于重庆大学校园中心的山梁上，建筑面积 9000 平方米。基地原建有旧图书馆和行政办公楼，所余场地是一个不规则三角形隙地。建筑平面略呈工字形，中部为主要入口及大厅，面向校园主要道路，并自然形成小广场。

两翼为新图书馆及学术中心，分别与旧馆及行政办公楼相连通，新旧建筑之间有很好的功能关系。三座楼之间自然围成庭院，适于读者休息。校园内原有 1960 年代和 1970 年代的建筑，

图 7-069　重庆大学图书馆及学术中心，1992 年，建筑师：清华大学建筑学院王辉、关肇邺、余吉辉与机械部重庆设计院合作设计
图片提供：关肇邺

图 7-070　武汉大学人文科学馆，1987—1990 年，建筑师：东南大学建筑设计研究院沈国尧、高菘、孙明伟等
图片引自《一百名一级注册建筑师作品选》第五卷

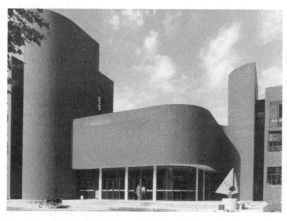

图 7-071　上海，同济大学建筑与城市规划学院教学办公楼，1985—1987 年，建筑师：同济大学建筑与城市规划学院戴复东、黄仁等
图片提供：戴复东

图 7-072　上海，同济大学建筑与城市规划学院教学办公楼，1985—1987 年，"锺庭"

造型均较简单，新馆保持了简洁的造型。

　　建筑入口处理简单而突出，大片凹进的玻璃幕墙吸引了远处读者的视线，虚的墙面之前加上了有相当体量的实框入口，开洞部分加强了对已经靠近了的读者的吸引。建筑的色彩凝重，使建筑形象在简洁之中不失应有的庄重感和学术气氛。

　　武汉大学人文科学馆（逸夫楼），位于 1928 年始建的武汉大学校园内，该校的建筑由美国建筑师规划设计，以因山就势巧妙利用地形完成校园建筑而素有盛名。人文科学馆建筑面积1.067 万平方米，是原有规划轴线端点的中心建筑，由于具有这样的特殊地位，作者在满足功能的前提下，十分注意特定环境中与周围建筑及环境的对话。建筑在大的环境中，是东湖的景观，由通透的门廊及叠落屋顶平台将湖光山色引入校园，同时也较好地适应了武汉地区气候。造型兼有传统精神和现代气息。

　　上海，同济大学建筑与城市规划学院教学办公楼，建筑面积 7790 平方米，在建筑基地紧张、投资较少的条件下，除了满足教学办公的使用要求之外，还需完成师、生的种种交流，观摩评图、聚会展出等。在教室之间的庭院内放图书馆和大阶梯教室，并利用图书馆的屋顶做台阶式的"锺庭",成为有学术交流和文化品位的场所。建筑入口体块浑厚,与玻璃门口形成对比,给人以巨大的体量感。

南戴河,化工进出口公司南戴河培训中心,建筑面积7200平方米,运用简单三角形构图母题,把单纯而低造价的建筑处理成具有现代气息的作品,而这里出现的许多三角形恰是由于自然形成的。在主楼的门厅两侧,每层有不同数量的客房分别向后突出一个房间的进深,于是出现了倾斜的屋面。餐厅和报告厅采用斜梁落地的钢架,使外观与主体相协调。单坡两层的专家楼,采取每户一楼一底的布置方式,使之具有家庭气氛。其前方有两个四分之一圆组成的庭院,主楼南侧半圆形的铺地中设置一矩形水池,相对喷射的斜向水柱,意在与建筑物上的斜线相呼应,从交叉水柱组成的空间中穿过,别有情趣。

北戴河,中房集团培训中心,位于北戴河林海度假村东南角,近邻海滨路与大海相望,地形开阔,在建筑处理中,注意不使"个性表现"破坏海滨优雅情调,并注意到建筑的整体性,可以多个方向接近和欣赏建筑。

主体建筑有客房、学习和会议用房等,建筑面积3500平方米,100床位,结合东南两侧的眺望和"引入阳光"的功能设计,使屋顶与墙合二为一,没有任何装饰符号的红瓦斜面,由绿化托起。建筑师将两个烟囱联系起来形成"门架",加以三角形挖洞处理,赋予装饰性,下部的烧火处,成组地开方形小洞,并由墙面上深色的三角形组织起来,可以说是"化腐朽为神奇"的手法。

图 7-073　南戴河,化工进出口公司南戴河培训中心,1988年,建筑师:建设部建筑设计院王天锡等
图片提供:王天锡

图 7-074　南戴河,化工进出口公司南戴河培训中心,1988年,室内（左）
图片提供:王天锡
图 7-075　北戴河,中房集团培训中心,1990年,建筑师:中房集团建筑设计事务所布正伟、于立方、郦小松等（右）
图片提供:布正伟

图 7-076 北戴河，中房集团培训中心，1990年，附属部分的艺术处理（左）
图片提供：布正伟
图 7-077 北京，经贸干部子弟学校，1993年，建筑师：北京市建筑设计研究院刘平（右）
图片提供：北京市建筑设计研究院，摄影：杨超英

图 7-078 上海图书馆，1996年，建筑师：上海市建筑设计研究院张皆正、唐玉恩等
图片提供：上海市建筑设计研究院，摄影：陈伯熔、毛家伟

北京，经贸干部子弟学校，建筑面积3952平方米，是18班的小学，有完善的教学设备，如计算机房语音教室和阶梯教室等。主体建筑有一个能够反映学校主题的塔楼，塔楼的顶部有象征地球的球体，是建筑的制高点，墙面上装饰了世界地图，点出了学校的性质。在建筑群体的安排中，注意了用借景的手法丰富建筑空间。

上海图书馆，位于淮海中路高安路口，基地面积3.1万平方米，建筑面积8.4万平方米，地上24层，主楼高107米。方案征集和设计工作前后历时10余年，所坚持的创作方向是具有现代化功能，布局开放、紧凑、方便的室内外环境，体现时代精神和上海文化特色。

在总体布局上，做到内外有别、人车分流、组织有序。新馆主要入口前设"知识广场"，西入口设"智慧广场"，一方面有效地组织交通，同时延伸文化内涵，促成图书馆的开放性。平面设计自下而上垂直功能分区，"动""静"区位合理划分。在建筑造型方面，由建筑内容有机生成体块，吸收外滩建筑的优秀手法，在整体与细部上体现。

沈阳，机器人示范工程中心实验楼，占地面积2964平方米，建筑面积1.0712万平方米。机器人的发展是当代科学技术水平的标志，楼内设整机性能实验室、信息传播实验室、触觉、视觉、语言实验室、机构学室、控制系统室以及计算中心、辅助用房和150座位学术报告厅等。为适应使用、科研工作灵活性的需要，建筑的整体采取了57.35米×57.1米的方形平面。四角布置直径为7.5米、

图 7-079　沈阳，机器人示范工程中心实验楼，1986—1989 年，建筑师：中国建筑东北设计院任焕章、黄良平等
图片提供：中国建筑东北设计院张绍良

图 7-080　深圳科学馆，1987 年，建筑师：华南理工大学建筑设计研究院何镜堂、李绮霞等
图片提供：华南理工大学建筑设计研究院

高 21 米的圆形塔楼。方形平面的中心设 28 米 ×14 米、高 17 米 4 层通高的屋顶采光中心四季厅，其环境中的绿地、水面和庭院构成宁静的空间。各类实验室、计算站沿四季厅周边布置。

　　建筑探索了机器人形象的寓意，在造型上将 4 座引人注目的圆形塔楼隐喻为一个巨型机器人的 4 只触角，也是 4 座角垒，将建筑装点成一座机器人城堡。塔楼顶端成 30 度削角，使城堡具有向上的动势。削角的斜面上刻画红、黄、蓝三原色，犹如机器人的信息流，可唤起人们有趣的联想，又不失科研建筑的庄重新颖。

　　深圳科学馆，位于深圳市上步区，建筑面积 1.24 万平方米，9 层，由科技活动、学术交流和培训 3 部分组成。科学会堂设置 200 座位学术报告厅、85 座位国际会议厅、展厅、各种科技活动室、会议厅及教室，是特区科技活动和进行国内外学术交流的场所。

　　设计构思从整体环境入手，结合厅堂建筑的要求，形成八角形母题的体形组合，造型简洁。会议厅的座位呈圆形布局，报告厅墙壁按声学要求做了相应艺术处理，创造良好的视听条件。

　　天津科技馆，建筑面积 1.737 万平方米，是当时国内规模最大、功能最齐全的科技展览馆。建筑采用了大空间、利用悬索结构体系，形成 54 米 ×72 米的大空间，可使布展灵活。顶部建有球形天象厅。室内按不同的展出或活动要求分区设计，形成其造型各有特色的单元，有科技建筑的意趣。

　　北京，科学院古脊椎动物与古人类研究所及标本馆，位于西直门外大街与三里河路相交的"丁"字路口东南角，地段重要，但用地紧张。

图7-081　天津科技馆，1993—1994年，建筑师：
天津市建筑设计院韩学涩、卢植光、张馥等
图片提供：天津市建筑设计院

图7-082　北京，科学院古脊椎动物与古人类研究
所及标本馆，1988年，建筑师：建设部北京建筑设
计事务所王天锡等（左）
图片提供：王天锡

图7-083　北京，科学院古脊椎动物与古人类研究
所及标本馆，1988年，建筑师：建设部北京建筑设
计事务所王天锡等（右）
图片提供：王天锡

图7-084　北京，梅地亚中心，1988—1990年，建
筑师：建设部建筑设计院黄建才、周琳、谢定南等
图片提供·律设部建筑设计院

　　主要功能分为标本陈列、研究办公和附属用房3部分。主体研究办公楼的布局向西北旋转
一个适当角度，使得更能充分利用地段，解决了许多功能问题，并密切了建筑物与城市道路
网和环境的关系。办公楼北面外墙下部有一段近50米长的弧形玻璃幕墙，与陈列馆相结合，
大大加强了主体研究办公楼与整个陈列部分的关系。陈列馆外墙以青石板饰面，其色泽层次
与地质构造的层次相呼应，使建筑物自然化。庭院绿化耗资甚微，却使建筑处于园囿之中。

　　北京，梅地亚中心，位于北京复兴路，北面为玉渊潭公园。用地面积1.25公顷，建筑面积
3.9851万平方米，采用同心而不同半径的扇形平面，组合转播、公寓和宾馆为一体，体形为台
阶状。立面简洁，3个主要建筑作自南向北逐步跌落，中部为2层的裙房，两端为圆形的楼梯间，
构图完整。

4. 博览建筑

这里所说的博览建筑，包括博物馆、展览馆之类。其创作的倾向，同样代表了一种追求现代性的进步。其主要表现是，从各类建筑的现代原理和基本形象出发，结合课题作独特的构思，或注入某种特定含义，或就建筑的结构要素进行发展，或赋予某种文化内涵。应该特别指出的是，按照惯例，许多博物馆之类的建筑，大多要求走民族形式之路，但这个时期的一些作品，另走一条从现代建筑出发的路，其结果是现代的，也是中国的，已较为彻底地摆脱了长期流行的一些传统创作口号。

北京建材馆，写字楼与展览厅南北一字排开，展馆位于写字楼南面，中间设小广场以解决写字楼出入，展馆西侧设下沉式广场。展馆采用155米跨的弧线形落地拱，顶高24米。落地拱由两排27米跨度的梁柱支撑，网壳下面做了4层退台式的向中轴缩小的展览平台，既符合人流底层多、上层少的特点，又充分利用了空间，扩大了展览面积。写字楼与展览馆之间用弧线形连廊连成一个整体。在形体上形成垂直高耸和平缓舒展、直线与曲线、刚与柔、简与繁的对比。

乌鲁木齐，新疆国际博览中心新馆，是在原自治区展览馆后院扩建而成。建筑面积1.3万平方米，为适应新的需要，新馆为开间10米，跨度为10米+15米+10米的2层展厅，中部为35米×50米的无柱空间，以充分满足使用要求。屋顶为网架锥形天窗，成为全馆最明亮的共享空间。在新老馆之间，跨过原综合馆的上空，设计了一个21米见方的新闻发布会场，充分利用了屋顶空间。新馆以高侧窗采光，建筑的四角有圆柱形的屋顶升起，顶部高耸空灵的拱架，与相邻的会堂和谐对话。

图7-085 北京建材馆，1987—1992年，建筑师：北京市建筑设计研究院柴裴义等（左）
图片提供：北京市建筑设计研究院，摄影：杨超英
图7-086 乌鲁木齐，新疆国际博览中心新馆，1994—1995年，建筑师：新疆建筑设计研究院孟昭礼、孙国城、蒋琰红等（右）

图7-087 乌鲁木齐，新疆国际博览中心新馆，1994—1995年，室内

图 7-088　广州，西汉南越王墓博物馆，1986—1993 年，建筑师：华南理工大学建筑设计研究院莫伯治、何镜堂、李绮霞、马威、胡伟坚（左上）

图 7-089　广州，西汉南越王墓博物馆，1986—1993 年，墓室（下）

图 7-090　广州，西汉南越王墓博物馆，1986—1993 年，陈列馆（右上）

　　广州，西汉南越王墓博物馆，位于解放北路 867 号地段的象岗山上，地处城市交通繁忙地段。为保护被发掘出的南越王第二代王赵昧墓而兴建，该墓距今已有四千多年的历史，列为国家重点文物保护单位。结合陡坡和山冈地形，沿中轴线依山建筑，通过蹬道及回廊拾级而上，将入口、陈列馆、古墓馆、珍品馆 3 个不同的空间连结成一个有机的整体。

　　古墓馆设计遵循"遗址与新构筑物之间，外观上有明显的区分"的原则，其围护结构采用覆斗形玻璃光棚罩。陈列馆建筑则在古墓以外的地段上，突出了主题，保护了墓室的完整性。珍品馆则建在墓室南北轴线的北端，作为全馆的高潮。设计遵循现代建筑原则，融合地方特点，是具有现代建筑特征的古墓博物馆。1993 年获"中国建筑学会建筑创作奖"（1988—1992 年）。

　　北京，炎黄艺术馆，位于亚运村安亚路与惠忠路交叉口，用地面积 1.5 公顷，建筑面积 8900 平方米，大小展厅共 9 个，多功能厅一个，展厅与多功能厅东西对峙，中间为中央大厅。展出空间采用簇集组织原则，展室设在首层与二层。为覆斗形，展出功能要求使用顶光，因此上层展厅比下层展厅面积小。"斗"形赋予民族建筑神韵，但没有仿古或复古。

　　上海博物馆，位于市中心人民广场，用地面积 2.2 公顷，建筑面积 3.8 万平方米，地上 5 层。内部有 6 个功能分区：陈列馆、文物保管库藏、学术区、研究区、行政管理区、对外服务区。建筑师试图全方位造型，包括第五立面屋顶的景观以形成个性。建筑立意"天圆地方"，并吸取传统建筑之"上浮下坚"的造型特点，东西南北 4 个拱门各具象征意义。

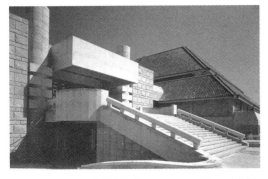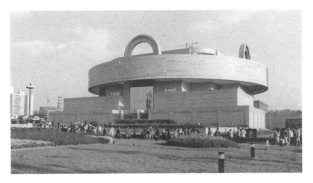

图 7-091　北京，炎黄艺术馆，1988—1991 年，建筑师：
北京市建筑设计研究院刘力、刘长江、赵志勇等
图片提供：北京市建筑设计研究院，摄影：杨超英

图 7-092　上海博物馆，1995 年，建筑师：上海市建筑设计研究院
邢同和、滕典等

5. 高层建筑

　　高层建筑集现代建筑之各项进步为一体：如先进的结构设计和计算技术，高强的建筑材料、复杂的建筑设备，较高的施工技术，以及雄厚的经济实力等，难怪许多人认为，高层建筑是现代化的象征。

　　在刚刚进入 1980 年代，全国高层建筑寥若晨星，且分布在有限的几个大城市之中。以特区深圳的开发为契机，高层建筑在大城市飞速崛起，如深圳、广州、上海、北京等地。1980 年代前期的代表作品有：北京的国际大厦、社会科学院大楼、上海的联谊大厦、深圳的国贸大厦，后者高达 160 米，是当时全国最高的建筑物。1980 年代的后期到 1990 年代，高层建筑不但在个别大城市和特区有了进一步的发展，在一般大城市和中、小城市也有遍地开花之势。

　　建筑的规模和高度，都进一步向更高的水准逼近，如北京的国际贸易中心建筑群，总建筑面积 42 万平方米，商业办公楼高 155 米；深圳发展中心大厦总建筑面积 7.5 万平方米，高达 185 米；广东国际大厦，地面以上 63 层，高达 200.18 米，总建筑面积 18 万余平方米；北京的京广大厦，已高达 208 米。高层建筑所达到的高度，往往是人们追求的指标之一。

　　高层建筑的建设引起了比较大的争论，一方面认为，随着经济的发展，中国建设高层建筑已是必然的趋势，特别是在用地紧张的大城市；另一方面认为，高层建筑的造价高昂，与目前的国力很不相称，不宜过多建造，特别是在古老的历史文化名城和优美的风景胜地，例如杭州和桂林，曾经引起激烈的争论。

　　在一些中、小城市，确有一些高层建筑是为了景观的需要，盲目追求高度，对使用功能、结构合理、安全和经济因素有所忽视，经常出现标准层面积不足 500 平方米的高层建筑。在很多情况下，业主或城市主管部门，让高层建筑充当"标志性建筑""现代化的象征"等角色，致使这类本应体型简单、不宜过多装饰的建筑，人为地复杂起来，甚至有悖于基本科学原理。例如，本身最不需要艺术处理的设备顶层，成为最需要艺术处理的部位，架子、玻璃角锥、廊子等比比皆是，似乎又回到现代建筑运动之初的装饰运动。

　　技术含量较高的高层建筑，一般分布在大城市，多为中国的设计单位与外国建筑设计事务所或公司合作设计，在这个合作设计的过程中，中国设计单位不但在技术上，也在设计理念和

图 7-093 广州，广东国际大厦，1985—1991 年，建筑师：广东省建筑设计研究院李树林、叶荫樵、颜本昭（左）
图片提供：广东省建筑设计研究院
图 7-094 北京，中国国际贸易中心，1989 年，设计：[美]索波尔·罗思公司等与北京钢铁设计研究总院合作设计（右）
图片提供：《世界建筑》杂志贾东东

设计管理上，学到了一些有益的经验。

广州，广东国际大厦，用地面积 1.954 万平方米，建筑面积 15.7 万平方米，主楼 63 层，主楼高度 200.18 米，是国内当时最高的钢筋混凝土结构建筑。工程集商贸、金融、旅馆等为一体，在内容多、规模大和功能复杂的情况下，较好地协调了各类矛盾。建筑的体量设计适当做了收分，体现出超高层建筑的挺拔刚劲。立面设计大处着手，不过多地细小刻画，符合高层建筑的设计原则。

北京，中国国际贸易中心，位于建国门外大街，占地 12 公顷，总建筑面积 42 万平方米。建筑群包括：沿街的一栋 38 层和一栋 6 层的办公楼，位置稍后的 21 层弧形中国大饭店（9.5 万平方米），两栋各 30 层的公寓，一座 8000 平方米的展厅，1.3 万平方米的购物中心和可放 1200 辆车的车库。建筑构图主次分明，利用稍加变化的纯几何形体，在严谨中求得变化。建筑色彩凝重，具有经典现代建筑的庄重气氛。

深圳，地王大厦，位于深南中路、宝安南路与解放中路三路交汇的三角地带，是一座多功能现代化综合商厦。占地 1.8 公顷，建筑面积 26.7 万平方米。大厦的体量分为 3 部分，主体为 68 层的写字楼，由两个柱体连接而成；副楼为酒店式商务住宅，33 层、高 120 米的板式体量，中间开出一个方洞，以丰富体量的构图。5 层高的购物裙房，将这两个体量连在一起，形成大厦完整构图。

天津，今晚报大厦，位于南京路与南开三马路内环线交口，建筑面积 8.4 万平方米，地上 38 层，主体高 133.1 米，停机坪高 137.6 米，通信钢架高 168.6 米。主楼为《今晚报》社，出租写字楼公寓和顶部俱乐部。

建筑师手法简练、纯净，难得取得丰富效果和高雅意趣。设计中采用了先进的结构技术：主体为板柱钢筋混凝土核心筒体系，8.4 米 ×8.4 米的柱网采用钢管混凝土柱。这是天津起步最早的高水准、高智能的现代化超高层综合性大厦。

图 7-095 深圳, 地王大厦, 1996 年, 设计单位:[美]
张国言建筑师等与深圳建筑设计院等合作（左）
图片提供：《世界建筑》杂志贾东东
图 7-096 天津, 今晚报大厦, 1997 年, 设计单位：
[美] 吴湘建筑设计事务所与天津市美新建筑设计有
限公司合作设计（右）
图片提供：天津市美新建筑设计有限公司

图 7-097 天津, 今晚报大厦, 1997 年, 入口细部,
[美] 吴湘建筑设计事务所与天津市美新建筑设计有
限公司合作设计（左）
图片提供：天津市美新建筑设计有限公司
图 7-098 上海, 上海商城, 1990 年, 设计单位：[美]
波特曼建筑设计事务所与华东建筑设计研究院合作（右）
图片提供：《世界建筑》杂志贾东东

　　上海, 上海商城, 位于南京西路, 是一组集展览、办公、旅馆、商场、剧场及餐厅为一体
的综合性高层建筑。占地面积 1.8 公顷, 建筑面积 18.5 万平方米, 34 层, 高 113.7 米。在这个
设计中, 建筑师波特曼并不用他在其他项目中惯用的手法如"共享空间", 入口处有一个庞大
的开敞空间, 这也是作者不常用的。作者研究了大量的中国建筑, 在设计中渗透了建筑的语言
和特征。建筑严格控制造价, 并不用十分豪华珍贵的材料。

　　上海, 环球金融中心, 位于浦东陆家嘴金融区, 高 460 米, 95 层, 建筑面积 33.542 万平方米。
主体建筑平面是方形, 其中的一组对角线自下而上逐渐收分, 至 460 米的最高处收成一线, 整
体成为一个富有弹性的体量。上部开设圆洞（后改为方洞）, 洞中架设观光桥廊, 设有美术展厅、
商店、咖啡厅等, 是在 400 米高处远眺的佳地。建筑简洁精细, 具有现代魅力。

　　上海, 金茂大厦, 高 421 米, 88 层, 建筑面积 28.9 万平方米, 是集办公、旅馆、展览、
餐饮及商场为一体的综合性大厦。

　　设计者企图在高层建筑造型中, 实现一个既有传统又体现高科技成就的塔楼, 塔楼平面双
轴对称, 以提炼中国"塔"的造型而被称道。塔形以柔和的阶梯状韵律和明快的节奏向上伸展。

图 7-099　上海，上海商城，1990 年，入口

图 7-100　上海，上海商城，1990 年，室内

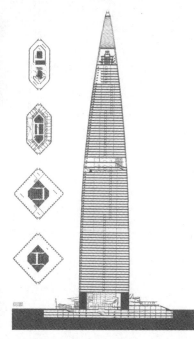

图 7-101　上海，环球金融中心，1999 年，设计单位:[美]KPF 建筑设计事务所、[日]清水建设株式会社、[日] 森大厦株式会社一级建筑士事务所与华东建筑设计研究院合作设计（左）
图片提供：《世界建筑》杂志贾东东
图 7-102　上海，环球金融中心，1999 年，剖面和平面（右）
图片提供：《世界建筑》杂志贾东东

为了取得中国"塔"的相应轮廓，细部采用了过多的装饰构件，以支持造型。

为了适应广播、电视事业的发展，一些大城市还建设了电视塔，1980 年代开始，有大量的电视塔建成，如武汉湖北广播电视塔（221.2 米）、天津电视塔（415.2 米）、中央电视塔（405 米）等，这些电视塔造型各异，丰富多彩。电视塔最新的发展，当属已经提到的上海"东方明珠"。

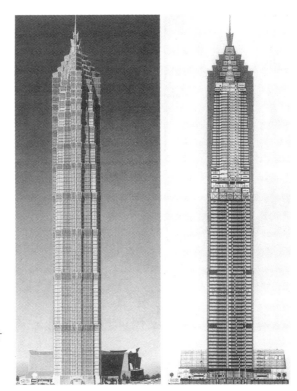

图 7-103　上海，金茂大厦，1998 年，[美] SOM 建筑设计
公司与上海建筑设计研究院合作
图片提供：《世界建筑》杂志贾东东

图 7-104　上海，金茂大厦，1998 年，细部
图片提供：《世界建筑》杂志贾东东

6. 工业建筑

　　国家对重工业和轻工业在国民经济中地位的调整，外资企业的引进以及新型工厂的建设，使得工业建筑的创作有了新的活力。改革开放以前，工业建筑一直沿用了适用于寒带的苏联工业建筑体系，即建筑师经常称之为"肥梁、胖柱、深基础"的大型屋面板体系。

　　工业建筑设计领域对于改革开放新形势做了积极的回应，1991 年，成立了中国建筑学会建筑师学会工业建筑专业学术委员会，展开比较活跃的学术研究和讨论，到 1997 年，举行了 4 次工业建筑学术研讨会，并出版论文集。学术活动和设计实践，为工业建筑的新发展注入了新的活力。

　　（1）思想上解决对工业建筑的曲解，打消工业建筑是"二等建筑"，认为同民用建筑一样，同样有建筑艺术问题，有特殊的美的表现。

　　（2）高科技的发展，科技园的建立，使得出现了许多新型的工业建筑，如多高层厂房、通用灵活车间、洁净和超净的封闭车间、新型科学试验建筑、核电站、现代藏书仓储建筑等，这些建筑都向建筑师提出了新的要求。

（3）全球环保意识的加强，对工业建筑提出了关于环境的特殊要求，不但满足环保的要求，而且要使工厂园林化。同时，企业文化的开展和企业形象的建立，比以往的工厂面貌有巨大的改观。

（4）工业建筑采用民用建筑的设计手法日益明显，特别是多层工业厂房，其设计条件本身已经近于民用建筑；室内设计按照工艺要求，视线通透，空间隔离，简洁明朗，具有工业设计的效果。有的工业建筑也采用了象征和隐喻的手法，以突出企业形象。

西昌卫星发射中心，是1971年建成的，原来属于高度机密的军事工业建筑，改革开放以来，卫星发射中心，开始以经营商业发射的面貌，在社会上露面。

位于距市区65公里的深山幽谷之中，用地380公顷，总建筑面积50万平方米，是中国三大航天发射场之一。建筑由发射区、技术区和指挥控制中心3部分组成，注重结合环境、美化环境并体现时代。发射区第二工位97.6米高的活动工作塔，是座能行走的钢结构高层工业建筑，采用防锈铝压型板外墙、复合岩棉板内墙及氯丁乳胶敷岩棉浮筑楼面等新材料、新技术，较好地满足了体轻、洁净、隔声等诸多特殊功能要求。塔体造型雄伟、挺拔，显示出航天建筑的特有气质。

图7-105　西昌，卫星发射中心，1971年，活动工作塔，建筑师：国防科工委工程设计总院肖昌杰、宋长、吴书庆、宋淑云

图片提供：国防科工委工程设计总院

图7-106　西昌，卫星发射中心，1971年，卫星装配测试厂房入口

图片提供：国防科工委工程设计总院

图 7-107　平顶山锦纶帘子布厂，1981—1987年，厂区入口，设计单位：纺织工业设计院（上）
图片提供：纺织工业设计院
图 7-108　平顶山锦纶帘子布厂，1981—1987年，生产车间及厂区外景（中）
图片提供：纺织工业设计院
图 7-109　唐山机车车辆工厂地震后重建，1985年，鸟瞰（下）
图片提供：唐山机车车辆工厂

　　平顶山锦纶帘子布厂，一期工程厂区建筑面积 9.7531 万平方米，年产锦纶浸胶帘子布 1.3 万吨。总体布局按 3 个区带划分空间：即行政生活区带、主体生产区带和附属生产区带，3 个区带按生产功能有机地组合在一起。主要生产建筑由成片单层厂房、高层厂房和部分生产装置组成，群体空间层次丰富，整体性强。

　　唐山机车车辆工厂，这是中国第一个铁路工厂，始建于 1880 年，1976 年唐山大地震后，国家投资重建于唐山新区，厂区占地 123.8 公顷，建筑布局合理，工艺先进，是一座现代化修造并举的大型铁路工业企业。

　　成都飞机公司 611 所科研小区，位于武侯祠区，在首先保证科研要求的前提下，注意建筑与环境的结合。设计突破一般工业建筑的手法，有些厂房采用了圆形和八角形等建筑平面，建

图 7-110 唐山机车车辆工厂地震后重建的厂房，1985 年，内景
图片提供：唐山机车车辆工厂

图 7-111 成都飞机公司 611 所科研小区科研所，外景，1986—1992年，建筑师：航空工业规划设计研究院李长珍、陆建超等
图片提供：中国建筑西南设计院

图 7-112 上海，永新彩色显像管厂，1987—1990 年，厂前绿地、办公楼及总装厂房，建筑师：中国电子工程设计院黄星元、周景溪等
图片提供：黄星元

筑组合比较灵活，形象简洁。在工业建筑中，对室外环境有较高的要求，如大片绿化改善了环境质量，并使整个小区和谐统一。

上海，永新彩色显像管厂，位于上海西南郊朱梅路，占地面积 12.9 公顷，建筑面积 8.443 万平方米，年产 21 英寸和 25 英寸彩色显像管 200 万只，是国家重点项目。考虑人的工作环境与严格的工艺环境分开布置，在主厂房前并列有两栋办公楼，使内部办公和对外经营分开而有联系，办公与总装厂房有过街廊相连。

总装厂房是一个高技术、多功能的现代化综合多层厂房，管线集中，用地节约，形成了完善的工艺生产环境。将 50 米高的构筑物水塔做艺术加工后，成为有现代感的双柱式水塔，丰

图7-113 上海，永新彩色显像管厂，1987—1990年，
双柱水塔（左）
图片提供：黄星元
图7-114 成都，全兴酒厂，1991年，鸟瞰，建筑师：
中国建筑西南设计院黎佗芬等（右上）
图片提供：中国建筑西南设计院黎佗芬
图7-115 成都，全兴酒厂，1991年，主楼（右下）
图片提供：中国建筑西南设计院黎佗芬

富了建筑群的轮廓线，成工厂的标志。

　　成都，全兴酒厂主楼，位于成都外西旅游热线上，工程包括年产白酒6000吨的生产、管理等一系列配套建设项目，形成一个集科研、办公、文化、食宿为一体的现代化总厂。在总体布局完整，生产管理合理的前提下，重视环境的规划设计。强化厂前区建筑的对称格局，以中轴贯穿全厂组织建筑、绿化、水景和小品。设计引入了花园式工厂的概念。建筑造型考虑从三星堆考古中追寻出蜀人和酒的关系，确立了"似樽非樽"的建筑单体和群体立意，使建筑呈现出"樽"的隐喻。

　　大连，华录电子有限公司，位于大连市郊七贤岭地区，年产录像机机芯400万套与录像机配套，是国家重点大型项目之一。厂房坐落在铺满草坪的丘陵上，总图采用阶梯式布置，各台地建筑物之间用连廊和引桥联系成一个有机整体，使人流和物流交通顺畅，满足了电子工业生产工艺联系紧密和高洁净度的要求。办公楼根据地形，分段错层，使建筑物布置和场地坡度紧密结合在一起；办公楼的主入口作开洞处理，使厂前区与第二台地广场视线贯通，空间互相穿插延伸，大体量的主厂房与高低错落的办公楼和食堂的组合，使这一有明确轮廓线的建筑群与自然起伏的丘陵和大片集中的绿地，形成建筑体量和色彩的强烈对比，在远处山峦的背景下，展现出现代化工业建筑的壮丽景观。建筑的单体设计延伸了总图的构思，并引入了CI企业形象设计概念，使形象具有个性，如流畅的超尺度建筑、模拟录像机磁鼓的水塔等，力图表现企业的文化性。获"建筑学会建筑创作奖"（1996年）。

图 7–116 大连，华录电子有限公司，1992—1993 年，建筑师：中国电子工程设计院黄星元、周景溪（上）
图片提供：黄星元

图 7–117 大连，华录电子有限公司，1992—1993 年，第二台地厂前区（中）
图片提供：黄星元

图 7–118 北京金属结构厂厂区，1996 年建成，建筑师：机械部设计研究院严致和等（下）
图片提供：机械部设计研究院费麟

北京金属结构厂，位于通县（现通州）梨园，占地 27.36 公顷，建筑面积 7.7 万平方米，生产各种大型高效炼油化工高压容器，食品、医药、航天等不锈钢容器、贮罐等产品。建筑布局严格按工艺要求，在严整中取得厂前区的变化。

厂房体量高大，工艺要求光线充足、通风良好，外墙设计带形窗，上下窗间留出较大的实体，有利于室内管线的整齐布置。生活间和车间之间留有足够的绿化空间，有利于通风采光和环境美化。在工业建筑艺术方面作了有益的探索。

北京，四机位机库，位于北京首都机场附近，占地面积 3.6 万平方米，总建筑面积 5.3848 万平方米，净跨 150 米 +150 米，进深 95.4 米，可同时并排容纳 4 架波音 -SP 及 4 架窄体飞机。

建筑师采用积木式的设计方法，选用现代化的建筑材料——夹胶安全玻璃、彩色压型钢板等，将这座体量庞大的建筑处理得轻盈。银灰色的墙面与它的服务对象——飞机的颜色一致，工业建筑形象为之一新。

北京航空港配餐中心（BAIK），位于首都国际机场候机楼南侧，占地面积8125平方米，一期总建筑面积1.534万平方米，日产量0.5~1万份餐食；航空配餐以供应航班餐食为主，其服务内容繁杂。航空配餐有特定的工艺要求、卫生要求和食品保鲜要求，生产加工特殊，在航空业的综合评价中，配餐服务是一项重要的指标。设计除了严格执行各项要求外，还探索了工业建筑设计的特殊性问题，如表现了航空工业建筑的性格问题。建筑造型简洁明快，深蓝色铝合金墙板，都是显示航空工业建筑的要素。

深圳机场货运库，建筑面积1.1万平方米。建筑的底部敞开，利于作业，同时使得建筑比较轻快。上部的连续水平带窗使建筑显得舒展，是处理大型建筑体量的简练手法，具有工业建筑的性格。

北京经济技术开发区工业建筑，1990年代起，在总结早期开发区的经验的基础上，北京亦庄经济技术开发区，有计划分期分批地建设30平方公里的综合开发区，近期先开发15平方公里，起步区3平方公里。通过拓商引资新建了许多无污染的工业建筑，形成较好的厂区环境，同时也带动了商业区、住宅区、能源供应区的建设。在短短的几年内，许多技术性和艺术性都比较高的工业建筑，如资生堂丽源化妆品有限公司、北京四通松下电工、北京航卫GE医疗系统有限公司、黎马敦（北京）包装有限公司、和露雪有限公司建立起来。开发区功能分区明确，环境优美，是新型工业建筑的示范。

图 7–119　北京，四机位机库，1996建成，航空工业规划设计院设计
图片提供：航空工业规划设计院

图 7–120　北京，四机位机库，1996建成，内景（左）
图片提供：航空工业规划设计院
图 7–121　北京航空港配餐中心，外景，建筑师：机械部设计研究院孙宗列、李东梅等（右）
图片提供：机械部设计研究院费麟

图 7-122　深圳机场货运库，外景，机械部设计研究院设计（左）

图片提供：机械部设计研究院费麟

图 7-123　北京经济技术开发区，入口标志，建筑师：马麟（右）

图片提供：北京开发区管委会

图 7-124　北京经济技术开发区，工业区和生活区之间的绿带

图片提供：北京开发区管委会

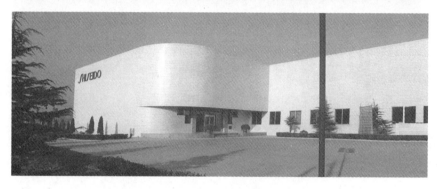

图 7-125　北京，资生堂丽源化妆品有限公司，北京市建筑设计研究院施工设计

图片提供：北京开发区管委会

图 7-126　北京，和露雪公司，1994 年，中国电子工程设计院设计（左）

图片提供：北京开发区管委会

图 7-127　北京，乐天四通食品有限公司，1995 年，建筑师：中旭建筑设计事务所张益（右）

图片提供：北京开发区管委会

图 7-128　北京，北京四通松下电工，1994 年，建筑师：中国电子工程设计院俞存芳

图片提供：北京开发区管委会

图7-129 北京，黎马敦（北京）包装有限公司，1995年，建筑师：北京市建筑设计研究院顾尚歧、刘夫坪等
图片提供：北京开发区管委会

开发区入口标志，由3个西洋古典建筑爱奥尼柱式，呈三角布置，柱头由3个半圆形拱券连接，形成一个独特的门式标志结构；地面配以茂密的绿化，成为开发区有多重含义的入口。

（二）建筑环境意识的新觉醒

当人们陶醉于胜利征服大自然的成就时，环境问题的恶化已经达到威胁人类自身生存的地步，爱护地球，改善环境，已经成为全世界共同关注的头等大事。1972年6月在斯德哥尔摩召开人类环境会议，发表了《人类环境宣言》；1977年的《马丘比丘宪章》指出：新的城市化概念追求的是建成环境的连续性[1]；1981年国际建协14次会议发表的《华沙宣言》将建筑学定义为"建筑学是创造人类生活环境的综合的艺术和科学"[2]；1993年芝加哥国际建协大会和1996年"人居Ⅱ大会"则从人居方面研究了持续发展和环境问题。1990年代，西方建筑界的环境意识已经逐渐突破了狭义的建筑内外环境和广义的城市空间环境，走向应用环境科学和生态技术的层次。

1970年代以前的中国，从观念到实践都存在着严重忽视环境甚至违背客观规律的现象。"征服自然、改造自然""让高山低头，让河水让路"曾经是最为豪迈的口号，这些已经深深地影响着建筑的创作思想和方法。改革开放以来，随着经济的高速发展，各种短期的开发行为已经构成了对生存环境的严重破坏，环境保护问题已经迫切地摆在面前。"如果要走西方国家在发展前期掠夺环境的老路，就不但不能持久发展，连自身生存都将遭到威胁。"[3]越来越把环境意识作为设计或评价优秀建筑的标准之一，视环境为建筑设计的出发点与回归点。[4]鉴于对环境问题的认识有一个过程，实践中也要有一阵摸索，真正解决可持续发展问题的建筑尚待时日，但是，环境意识已经逐渐深入人心。

改革开放初期，中国经济发展与环境保护之间的矛盾尚未如此突出，对此的认识尚不明确。但在中国建筑创作中，素来有尊重周围自然环境并注意与之相协调的作品，虽然这些作品所反

① 转引自马国馨. 环境设计与环境意识——北郊体育场馆创作笔记之一 [J]. 建筑学报，1988（5）：9.
② 转引自张明宇. 环境艺术的缘起及创作特征 [J]. 建筑师，1994（59）：39.
③ 张钦楠. 建立有特色的建筑学理论体系的一些建议 [J]. 建筑学报，1997（10）：5.
④ 参见石学海. 环境——建筑设计的出发点与回归点 [J]. 建筑师，1994（58）：72-73.

映出的环境意识，并没有上升到可持续发展和生态保护的层次，但从中可以明确地体会到朴素的、基于建筑本体要素的创作态度。适应自然的设计思想，在日后的创作实践中，逐步形成环境意识的觉醒，无疑正在发展成为积极主动的环境保护建筑理念。举出一些实例的名称，说明了这一过程的进展，如表 7-3 所列。

建筑创作中的环境意识主要体现在以下几个方面：

第一：与自然环境协调共生。这种意识觉醒虽然和地域性建筑有内在的联系，但出发点有所不同，在风景区或复杂地形的建筑设计中表现尤为突出。

具有环境意识的建筑作品浏览　　　　　　　　　　　　　表 7-3

建筑名称	作品中体现的环境意识
安徽黄山云谷山庄	保护自然景物，分散布局
北戴河林海度假村	充分利用周围环境特征，完善自身整体
北京国家奥林匹克体育中心	以系统的思想创造总体和谐完美的公园环境
北京人定湖公园文化站	建筑形象呼应公园自然形态，保留自然树木
北京首都宾馆	城市中的园林花园宾馆
常州红梅西村住宅小区	创造富于领域感和可识别性的生态环境
成都全兴酒厂 85 扩建工程	引入国外花园式工厂的概念
福建武夷山庄	平面布局、体量组合与风景区有机结合
福州国贸广场	创造富于自然情趣的外部环境和内部立体花园
广东深圳大学会演中心	顺应自然地势，结合绿化小品开敞布局
广西桂林博物馆	采用院落形式，与自然地形、环境有机结合
广州江湾新城	点式布局，底层架空，还地于民
广州天河体育中心	注重体育场馆的总体布局和外部环境设计
杭州黄龙饭店	与自然景区相协调，建筑内外环境互相渗透
杭州南天大厦	立体化绿色城市空间体系
合肥琥珀山庄住宅小区	顺应自然地形，构成独特的山庄风貌
华南理工大学逸夫科学馆	建筑造型与周围环境相呼应
化工进出口公司南戴河培训中心	注重创造和谐完善的人工环境
江苏徐州矿业学院	既与自然环境协调又创造环境典雅的校区群体空间
上海人民广场	在城市黄金地段设大面积绿地、花坛、小品，建筑与绿化融合
上海站南广场商业中心	在站前形成以人为本的商业建筑群外部环境空间
天津电视塔	保留原有的水面，控制周围建筑的高度，形成良好的外部环境
甘肃窑洞建筑	利用新技术手段，挖掘古老的生态技术的价值
武汉水利电力大学主楼	既与东湖景区相协调又注重完善校区总体人工环境
厦门大学艺术教育学院	建筑与山体相结合，保护自然的山、海景观
织金洞风景名胜区接待厅	建筑依山就势，屋顶覆土植草，力求建筑与自然和谐共生
中房集团北戴河培训中心	创造完美的群体空间环境

黄山云谷山庄，坐落在风景区东部云谷寺景区，总建筑面积约8000平方米，设200床位。地貌复杂，曲溪叠潭交错，巨石古木杂陈。因此，设计中首先考虑保石、护林、疏溪、导泉，全方位处理所有环境要素，建筑布局傍水跨溪、分散合围，与环境交融在一处，绝不对植物大杀大砍。1993年获"中国建筑学会优秀建筑创作奖"（1953—1988年）。

　　厦门大学艺术教育学院，学院位于地势高十几米的山坡上，正对着厦大海滨景点，景色宜人。两个系的大楼均坐北朝南，一前一后，左右错开布置，充分利用复杂地形，与山体相结合，均能面向大海。在第5层楼用20多米长的展廊将两楼连成有机整体，并形成一个完美院落空

图7-130　黄山云谷山庄，1987年，入口，
建筑师：清华大学建筑系汪国瑜、单德启、
王志霞（左）
图片提供：汪国瑜
图7-131　黄山云谷山庄，1987年，门厅
（右）
图片提供：汪国瑜

图7-132　黄山云谷山庄，1987年；外景
图片提供：汪国瑜

图7-133　厦门大学艺术教育学院，1986—
1989年，建筑师：福建省建筑设计院厦门
分院高亚俠、陈敏华、蔡向牧等
图片提供：黄汉民

间。美术系西侧楼梯设计成60度的斜面，与山势遥相呼应。学院的主要入口设在西南面，由6米宽的台阶拾级而上，直通展厅，展厅的外墙壁画，突出了入口处的艺术效果。学院底层地坪高出展厅4米，此处保留了原有的一块巨大山石，建筑与山石巧妙结合，更加体现了学院建筑环境的自然美。

织金县，织金洞国家级风景名胜区接待厅，位于贵州西北著名国家级风景名胜区，建筑面积1024平方米，这是一组以彝族文化为代表的建筑。织金洞又称"打鸡洞"，在距洞不到一里远的地方，就是著名的彝族首领安邦彦的官邸旧址；在织金县城，有彝族女杰奢香夫人的行宫。

为了使地域文化特征得以充分体现，在接待大厅正中立图腾柱，镌刻彝族先民对中华民族作出贡献的彝十月历法，还用彝文刻下了"天上七十二宿"的名字，立柱的中央就是彝族的守护神资格阿洛，映衬出贵州地区的文化特征。接待厅距宏伟的大溶洞咫尺之遥，作者使建筑处于大自然的配角地位，力求建筑与自然和谐共生。建筑依山就势，屋顶覆土植草，柱子以粗石贴面，除必要的对比用材外，完全就地取山石，建筑隐去一切人工痕迹，融于自然环境之中。

第二：对特定地点的自然和人文环境进行完善和发展，创造体现人文景观的场所，能使人感受到明确的归属感。

深圳大学会演中心，位于深圳大学校园内，建筑面积4500平方米，1650~2000个座位，56米×64米网架结构，供集会、演出、电影、展览及游乐等多种用途。建筑平面考虑地方气

图7-134 织金洞国家级风景名胜区接待厅，1990—1992年，鸟瞰，建筑师：贵州省建筑设计院罗德启、赵晦鸣等
图片提供：罗德启

图7-135 织金洞国家级风景名胜区接待厅，1990—1992年（左）
图片提供：罗德启
图7-136 织金洞国家级风景名胜区接待厅，1990—1992年，彝族十月历法图腾柱（右）
图片提供：罗德启

图 7-137　深圳大学会演中心，1987—1988 年，建筑师：深圳大学建筑设计院梁鸿文、陈崇德等

图 7-138　深圳大学会演中心，1987—1988 年，室内

图 7-139　深圳，华侨城华夏艺术中心，1990 年，建筑师：建设部建筑设计院华森建筑与工程顾问设计公司张孚佩、周平、曾筼
图片提供：建设部建筑设计院，摄影：张广源

图 7-140　深圳，华侨城华夏艺术中心，1990 年，外廊
图片提供：建设部建筑设计院，摄影：张广源

候特点，顺应自然地势，满足演出、影视功能需要，形成自由灵活半开敞的布局。结合绿化和建筑小品，把室内外环境沟通一体，有清新的环境体验。1993 年获 "中国建筑学会建筑创作奖"（1988—1992 年）。

深圳，华侨城华夏艺术中心，位于深圳华侨城，在总体布局上，以三角形构图与周围建筑取得统一，空间通透，虚实结合，进退变化。正面有以网架形成的 60 米的敞开空间，作为内部交通集散和空间组织的枢纽，形成一种向大环境开放的主题空间，同时也体现了文化建筑的市民性和开放性。

从功能到造型，体现了传统和现代科技的紧密结合，加上装饰、雕塑和色彩的运用，力图创造出一个艺术殿堂。剧场观众厅按声学的要求处理天花板和四壁。天花板为折板式，以利于声波的反射。为使视线集中于舞台，靠近人体的墙面采用深色。1993 年获 "中国建筑学会建筑创作奖"（1988—1992 年）。

徐州，矿业学院，依据山丘的自然走向作总体布局，北部教学区主轴明确，主楼面北与校门形成前庭，隔绿地与淮海战役纪念塔相望，空间组合完整，亦表现出学校建筑性格。教学楼南面则与其他教学建筑围合成后院，内辟水池和绿岛，形成适于学生学习和生活的优雅场所。

图 7-141　徐州，矿业学院，1978—1984 年，建筑师：中国建筑西北设计院张生南、教锦章、李琦等
图片提供：教锦章

图 7-142　徐州，矿业学院，1978—1984 年，外部环境
图片提供：教锦章

图 7-143　上海，人民广场

上海，人民广场，这是在市区中心开辟的一片绿化广场，是繁忙大都会中提高生活质量的重要休息环境。在充分关照人流活动的基础上，以几何构图的手法组合大面积的绿地、雕塑、座凳以及照应市政府大厦、博物馆等重要建筑。广场创造出国际化大都市的优美环境和氛围，成为市民文化的载体。

在一些住宅小区里，创造人文环境的机会更多，特别是在自然条件比较好的地区。例如已经举过的常州红梅西村住宅小区，特别注重创造以人为本的适宜居住环境，强调环境的领域感和可识别性，体现了江南水乡风貌。

第三：绿色建筑的初探。环境意识的深层内涵之一，是利用包括低技术、适宜技术和高技术环境科学和生态技术在内的所有手段，为人类自身的持续与发展创造条件。中国一时还难以拥有西方发达国家的高技术设施和装备能力，但是有些作品已经明显地体现出绿色生态建筑的观念，这种自觉的绿色生态观念，是实现生态建筑的前奏。

深圳市少年宫方案，由青年建筑师孟建民等设计的深圳市少年宫方案，力图体现生态建筑的准则，将自然的阳光、天然的通风和立体绿化植入建筑，促成人工构筑与自然环境的和谐共存、良性互动，使建筑本身成为一个绿色生态球。[1]

---

[1]　参见 韩冬青. 根深足迹沉 叶茂风华盛——《青年建筑师设计作品选集》引介 [J]. 建筑学报 . 1997（10）: 53.

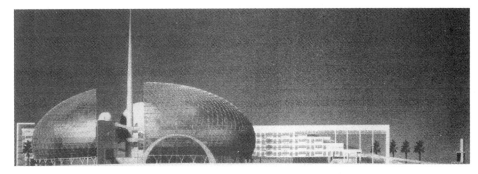

图 7-144　深圳市少年宫方案，引自《建筑学报》1997（10）

图 7-145　重庆，恒信公司方案，1998 年，重庆市建筑设计院
图片提供：重庆市建筑设计院陈荣华

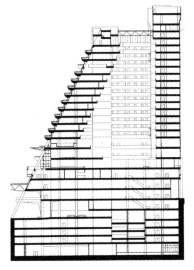

图 7-146　重庆，恒信公司方案，1998
年，剖面
图片提供：重庆市建筑设计院陈荣华

重庆，恒信公司方案，建筑面积 7.5 万平方米。这是一个有环境、生态思想的设计。把建筑从剖面中打开，使之接触流通的空气，在建筑的所有可能的部位，适当地进行绿化，这样成为一个与自然亲和的大型公共建筑。

竹楼和竹桥，昆明市建筑设计院为参加国际博览会，设计和建造了用竹子制作的竹楼和竹桥，对于竹子性能的熟悉，精心的设计和施工，使得建筑表现出大自然所赐予的普通地方材料具有的技术能力和艺术魅力。

在城市总体规划方面，近年来也出现了宏观性、整体性的环境设计思想。如著名科学家钱学森提出了"山水城市"的概念，吴良镛教授将其解释为："'山水城市'是提倡人工环境与自然环境相协调发展，其最终的目的在于'建立人工环境'（以'城市'为代表）与'自然环境'（以'山水'为代表）相融合的人类聚居环境。"① 这一注解把山水城市的概念从狭义的风景园林城市推广到具有普遍意义的人工环境与自然环境相融合的范畴。

---

① 鲍世行，顾孟潮主编．杰出科学家钱学森论城市与山水城市 [J]．北京：中国建筑工业出版社，1996：46.

图7-147　瑞士苏黎世竹楼，昆明市建筑设计院设计（左）
图片提供：昆明市建筑设计院
图7-148　德国毕梯海姆竹桥，昆明市建筑设计院设计（右）
图片提供：昆明市建筑设计院

图7-149　德国毕梯海姆竹桥，竹结构细部，昆明市建筑设计院设计
图片提供：昆明市建筑设计院

（三）建筑创作文化观的重建

建筑创作作为一种文化现象，是不言而喻的，即使在共和国成立之初，建筑师和社会也有这种意识。1970年代以前，随着经济的波澜起伏，建筑创作的文化属性，在过多的批判和阶级斗争的环境中淡化，以致在"文革"的建筑政治中几乎泯灭。

"文化革命"几乎把所有文化领域的"命"都给"革"掉了，所以，作为对"文革"的拨乱反正，1980年代初期有一个重建文化观的普遍浪潮。这个浪潮，首先反映在对"文革""砸烂"的建筑传统"拨乱反正"之后，主流传统的新续，颇具现代性的古典建筑形式，如西安"三唐"工程和曲阜阙里宾舍为代表的一批作品。这类工作，实质上也是建筑文化观念的重建。

在国际上"寻根热"、国内"文化热"的大环境里，建筑界重建建筑文化的高潮大约出现在1986年。1985年繁荣建筑创作的动员，是来自主流的基本动力，1986年11月，权威的《建筑学报》以"本刊特约评论员"的名义，以《重新认识建筑的文化价值》为题，在祝贺1986年优秀建筑设计评选的同时，呼吁造就为后世珍惜永存的建筑文化瑰宝。

1980年代中期以来，建筑创作追求文化品位已经是不言而喻的事情，建筑作品的趋势也较为复杂。比较有意义的有三种情况：

第一，在正统传统文化的基础上，摆脱过去的"传统形式""民族形式"，注重传统建筑内涵的发掘与发扬，有时也出现过去的"传统形式"，但这已经不是唯一的或最重要的。应该说，这是对以梁思成为代表的传统建筑思想的发展，注入了现代概念，深挖了内在的因素。例如前面所分析过的戴念慈设计的阙里宾舍、关肇邺设计的清华图书馆、张锦秋为代表的西安唐风建筑等，其现代建筑的本质已经不必置疑。

曲阜，孔子研究院，设计从对曲阜城市的研究开始，在新总体规划的基础上，发展了"十字花瓣"模式，提出建立"新儒学文化区"。以城市环境设计的概念为引导，建筑设计与地景设计三位一体。总体布局以九宫格为基础，参照风水学的理念，在山水围合的中央突出建筑的主体。把主体建筑置于高台之上，隐喻高台纳士。辟雍广场由主体建筑、报告厅、东门、长廊

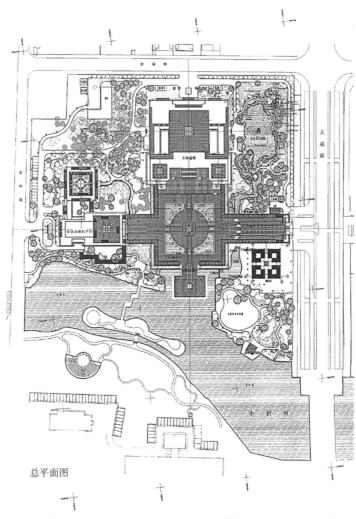

总平面图

图 7-150　曲阜,孔子研究院,1996—1999 年,
总平面图，建筑师：清华大学建筑学院吴良
镛领导的创作集体
图片提供：吴良镛

图 7-151　曲阜,孔子研究院,1996—1999 年,
主体建筑
图片提供：吴良镛

图 7-152　曲阜，孔子研究院，1996—1999 年，牌坊和环境（左）
图片提供：吴良镛
图 7-153　曲阜，孔子研究院，1996—1999 年，中庭里的雕塑，雕塑家钱绍武（右）
图片提供：吴良镛

图 7-154　济南，山东省博物馆，1991—1992 年，山东省建筑设计研究院设计
图片提供：山东省建筑设计研究院

及牌坊围合，是体现"礼""正""序"思想的最重要的外部空间。在设计中，把功能放在第一位，以现代人所能理解的技巧与手法，体现孔子的哲学思想，隐喻中国文化内涵。设计做到室内外统一、整体与细部统一。建筑师与著名雕塑家钱绍武的合作，更提高了建筑艺术水准。

济南，山东省博物馆，位于风景区千佛山北麓，占地 50 亩，建筑面积 2.1 万平方米，其中陈列面积 1.2 万平方米。总体规划和建筑布局突出中轴线，将各种不同性质的功能空间，按现代博物馆陈列需求，组织在中轴和次轴上。用传统庭院空间设计手法，将露天陈列院的回廊和大小不同的陈列空间联系在一起。牌坊式的形象融入建筑立面，丰富了造型并表现出新意。

重庆大学工商管理学院大楼，位于校园内，周围有中国古典建筑环境。建筑面积约 1 万平方米，高层建筑部分采取一组盝顶的四坡攒尖顶，屋顶造型简练，主次有序，比例优美。建筑下部采取中国牌坊式的构图，部件简化适度，显示出作者处理古典建筑的功力。

曲阜师范大学图书馆，位于校园的中心地段，有小游园及溪流。将建筑入口放在二层，前面以学术报告厅、音像室等做成平台及踏步，自然引导两侧道路读者入口。在正门前三层高的玻璃窗前，设置了石牌坊，其造型来自曲阜颜庙前的"陋巷"坊，坊上正面题"就道"（追求真理），背面题"弘道"（弘扬真理），均摘自《论语》，比较充分地表达了在孔子故乡的师范学校所应具有的文化内涵。馆前新辟与溪流相通的水池，并以象征尊长爱幼、循循善诱为主题的太湖石为构图中心。通过平台、牌坊、水池、湖石等的处理，形成建筑与游园间的自然过渡，并增加了思想内涵。

图 7-155　重庆大学工商管理学院大楼，1998 年，建筑师：重庆市建筑设计院陈荣华
图片提供：陈荣华

图 7-156　曲阜师范大学图书馆，1992 年，建筑师：清华大学建筑学院关肇邺等，海军北海设计院合作设计

图 7-157　天津大学建筑系馆，1987—1990 年，建筑师：天津大学建筑系彭一刚等
图片提供：彭一刚

图 7-158　天津大学建筑系馆，1987—1990 年，门厅
图片提供：彭一刚

天津大学建筑系馆，位于校园中轴线的末端，基地呈三角形，正面有宽阔的水面，水面长达 400 米。建筑面积 6800 平方米。建筑师结合地形条件采取对称布局，内设一方形庭院。作为建筑系系馆，除了保证合理的使用功能之外，还力求通过建筑的体量空间组合及细部处理，使之具有一定的建筑文化内涵和艺术感染力。作为轴线的底景，建筑体形力求稳重，并具有强烈的虚实、凸凹和色彩、质感对比。为丰富整体的轮廓，在建筑的两侧分别布置了斗栱和爱奥尼柱头，入口两侧左右墙壁上老子《道德经》上的一段中英对照铭文，同时点出了建筑的文化性。建筑于 1993 年获"中国建筑学会优秀建筑创作奖"（1953—1988 年）。

　　在重建建筑的文化观方面，不能不提到许多具有文化品位的室内设计。这些设计继续并深化建筑设计的主题，以独特的构思、丰富的内涵、或简朴或华丽气氛的营造，以及材料与施工的精当搭配等，使建筑得到完整的表现。

　　北京，全国政协办公楼，大厅的正面素净淡雅，用深色的拱券突出了国徽和大门，顶部方形的图案脱胎于传统的藻井，特别是藻井中央的图案和柱身红色图案的处理，令人想到传统的

图 7-159 北京，全国政协办公楼，1993—1995 年，建筑师：建设部建筑设计院梁应添等（左）
图片提供：建设部建筑设计院，摄影：张广源
图 7-160 北京，全国政协办公楼，大堂，1993—1995 年，建筑师：建设部建筑设计院黄德龄等（右上）
图片提供：黄德龄
图 7-161 北京，全国政协办公楼，会议厅，1993—1995 年，建筑师：建设部建筑设计院黄德龄等（右下）
图片提供：黄德龄

图 7-162 北京，清华大学建筑学院，1992—1995 年，建筑师：清华大学建筑设计研究院胡绍学等（左）
图 7-163 北京，清华大学建筑学院，门厅中的宋代柱式，1992—1995 年（右）

雕漆工艺，在简练的背景下极富装饰效果。达到了现代条件与传统装饰的高度结合。会场的处理极为单纯，唯有天花板图案和装饰照明华美壮丽，创造了既庄重严肃，又欢快明朗的气氛。建筑的室内设计，有效地探索了在现代建筑空间和材料的前提下，传统装饰革新的问题。

北京，清华大学建筑学院，为建筑学院的教学、科研和办公基地，是校园内有特色的建筑之一。教学建筑的性格单纯、朴实，富于文化内涵，室内设计有效地延伸了建筑空间的设计。入口门厅空间紧凑，南北两侧是展厅，展厅是高 2 层的空间，室内室外、楼上楼下空间相互渗透。南北墙面的处理采用了电影"蒙太奇"的手法，将两侧墙面各开了一个通高的凹槽，凹槽中放置了能代表中西古典建筑艺术标志的白色汉白玉古典柱式：一为古希腊雅典卫城山门的"爱奥尼"柱式，一为中国宋代木结构柱式片断。二者在黑色的壁龛衬托之下，点出了学术气息和艺术品位。

北京，人民大会堂澳门厅，位于人民大会堂北部，包括会议厅与四季厅两个部分。建筑面积 500 平方米，是一个大型会议大厅。此厅在改造之前的原址是一个"四通八达"的电梯厅和一间普通办公室，其中包含 4 个移动的通风竖井和一条贯穿于中的伸缩缝，空间零落，入口分散。

建筑师首先理顺了布局和空间的秩序，采用建筑轴线对称及主、副轴线交替的手法，调整人流路线，形成几个既分又合、起伏变化的空间序列，将原有办公室的窗改成门，利用了相邻

图 7-164　北京，人民大会堂澳门厅，大厅，
1994—1995 年，建筑师：清华大学建筑学院王
炜玉
图片提供：王炜玉

图 7-165　北京，人民大会堂澳门厅，过厅，
1994—1995 年（左）
图片提供：王炜玉
图 7-166　北京，人民大会堂澳门厅，大厅细部，
1994—1995 年（右）
图片提供：王炜玉

的屋顶平台改成四季厅，既扩展了大厅的使用面积，又丰富了室内外的借景。

室内采用澳门的地方风格，即西方古典建筑形式的变形，形成一个明快典雅又具现代气息的光环境。会议厅采用了大面积同类色调的材料，重点部位的装饰又选用色彩和质地具有强烈对比的材料，使其在光、色、质、形几个方面都得到了对比。

第二，与正统的传统文化形成对比的是，建筑中通俗文化的出现，这是过去十分少见的倾向。1960 年代以来，西方的 POP 文化广为流传，美术、音乐和建筑中层出不穷。这类建筑，曾以被当作后现代建筑的部分特征立足于世。中国的建筑文化缺少这类因素，故一般不登大雅之堂。

烟台，美食文化城， 建筑师布正伟提出"高俗"与"亚雅"的概念，让"通俗"带上"高雅"的气息，防止走向"庸俗"。[①] 他在烟台美食文化城的设计中，力图创造尺度亲切、购物舒适并富有浓郁通俗文化意趣的商业空间与休闲场所。

美食文化城坐落在市中心商业区主要繁华地段海港路西侧，与火车站、港口客运站和长途汽车站相邻，是过往人员的主要集散地。占地 7 公顷，以 3~4 层为主的建筑群体南北延展

---

① 布正伟. 高俗与亚雅——自在生成的两种文化走向 [J]. 建筑学报，1994（9）：26-27.

图 7-167　烟台，美食文化城，1990—1995 年，
建筑师：中房集团建筑设计事务所布正伟等
图片提供：布正伟

图 7-168　烟台，美食文化城，细部，1990—1995 年
图片提供：布正伟

图 7-169　广州市儿童活动中心，1984—1987 年，建筑师：
广州珠江外资建筑设计院余思、罗君亮、秦锦铭
图片提供：余思

图 7-170　广州市儿童活动中心，1984—1987 年，局部
图片提供：余思

300 米，总建筑面积 12 万平方米。5 座人行天桥将街道的东西两侧连起来，形成人看人的热闹商业景象。

南段为美食中心，与之相对的是文化中心即图书城。3 座大门、马蹄形广场、清真餐厅、娱乐宫、社会旅馆等，都有自己独特的风格。建筑适应商业、娱乐和特有的文化、艺术氛围的需要，既活泼多变又不放任自流，有通俗性又有广告性，但格外注意摆脱司空见惯的庸俗性。建筑的环境小品设计比较精到，室内外环境一气呵成。

广州市儿童活动中心，建筑面积 1.6853 万平方米，包括儿童活动场所 8500 平方米，112 间客房旅馆。主体建筑登月楼 13 层，巨球形的儿童航天馆屹立在顶端。两座副楼为科学宫和艺术宫，采用多层垒级圆形体量。宫中分设图书馆、电脑馆、卫生体育馆、实验室、小剧场、城堡楼、森林餐厅、建筑乐园、童话世界等近 20 个活动场所。建筑迎合童趣，取形巨轮，多曲面造型，体形活泼，空间丰富。

深圳大学乡巴艺廊，似乎是利用废品构件制作的建筑，有西方"装配艺术"（Assemblage Art）和"废品雕塑"（Junke Sculpture）的意味。建筑的立面有面孔的造型，给路人以幽默感；建筑构件的装置自由而随机，有现代艺术"机遇"的手法。室内设计有同样的格调。这类建筑规模不可能很大，从某种程度上说，介于雕塑和建筑之间。

图 7-171　深圳大学乡巴艺廊

图 7-172　深圳大学乡巴艺廊，餐厅入口

图 7-173　广州，岭南画派纪念馆，1988—1992 年，入口
建筑师：华南理工大学建筑设计研究院莫伯治、何镜堂、
马威、胡伟坚
图片提供：华南理工大学建筑设计研究院

图 7-174　广州，岭南画派纪念馆，1988—1992 年，门厅
图片提供：华南理工大学建筑设计研究院

　　第三，介于正统文化与通俗文化之间的建筑，这是一个广大的地带，由作者根据不同的主题赋予某种特定的含义，有时近于地域文化，有时近于民族文化，有时沿袭城市文脉，往往难以确切分类，但共同的特征是关注建筑的文化内涵。

　　广州，岭南画派纪念馆，位于广州美术学院内，建筑面积 4000 平方米。设计运用岭南建筑传统布局和现代展览建筑流动空间的处理手法，结合一些新艺术运动建筑风格的语言，把现代陈列功能与岭南文化糅合在一起，表达了岭南画派的内涵。

　　纪念馆门厅用金属制作植物形态的装饰，流畅的线条使得大厅增添了生气。回廊上的天窗和天花板的处理运用了现代建筑的手法，使得空间有现代气息。

　　南京，梅园新村周恩来纪念馆，建筑面积 2200 平方米，设计运用建筑造型语言，再现当年国共南京谈判时的特定历史文脉，并寻求纪念馆本身功能和艺术的完美结合。整个建筑朴素清纯，成为缅怀往事的庄严场所。1993 年获"中国建筑学会建筑创作奖"（1988—1992 年）。

　　淮安，周恩来纪念馆，规划设计注重环境处理，将纪念馆与其所在水面、半岛和城市的整体关系进行了统一研究，创造水天一色的效果，并运用象征性的建筑语言，对该馆特定的内涵和意义进行了深层次探索。近景作为景框加强了远景的深远意境，倾斜的基座和台阶，使建筑

图 7-175　南京，梅园新村周恩来纪念馆，1988，建筑师：东南大学建筑研究所齐康、许以立、曹斌等，南京市建筑设计院合作设计
图片提供：东南大学建筑研究所

图 7-176　淮安，周恩来纪念馆，1989—1990年，建筑师：东南大学建筑研究所齐康、张宏等
图片提供：东南大学建筑研究所

图 7-177　贵阳，贵州省老干部活动中心，1988年，建筑师：贵州省建筑设计院王炳俊、马双媛、张淑英
图片提供：贵州省建筑设计院罗德启

稳固如大地生长，角部开敞，使视线通达、开放。屋顶自主体建筑上浮起，显得轻快而舒展。材质和肌理单纯，以促成建筑的纯洁性。

贵阳，贵州省老干部活动中心，位于城北近郊，占地面积 70.3 亩，建筑面积 1.3280 万平方米。该中心既可以供中老年干部开展各类康乐活动，又可以接待宾客、举办中小型展览、召开中小型会议，还可以为市民提供休息和娱乐场所，设施齐全。

根据建筑场地地形起伏、高差近 8 米的具体条件，建筑依山就势分 3 个台阶布置，用回廊连接，构成错落有致、伸展自如的庭院建筑群。内湖的湖心有水榭和钓鱼台，台旁有人工瀑布，湖岸堆土成丘，叠石成山，配以花木、竹林、草地，使院内具有清流石壁、堂前清波、绿水青山的诗情画意和山区庭院的独特风格。主体建筑的屋顶将传统的"大屋顶"抽象变异为平缓的幕结构屋面，使之与周围民居建筑风格协调，并采取贵州山区民居中的吊脚楼、悬梁、吊柱、歇山、重檐等建筑细部，使之具有浓郁的地方建筑文化气息。

武汉，楚文化游览区，位于武汉东湖风景区磨山，由楚天台、楚市和楚城等 3 部分组成，总建筑面积 5240 平方米。其中楚市包括牌坊、旅游购物街、茶楼酒肆、游艺广场等，再现楚市井文化。建筑顺山势起伏错落布置，并可远眺主景建筑楚天阁。楚市在建筑造型上吸取湖北民居木构轻墙、鄂西北吊脚楼、旧式街坊骑楼以及汉代以前直屋檐等做法，青瓦直檐、黑柱黄墙。楚天台布置在磨山上，与原有的东湖风景区隔湖相望。以楚天阁为主景，后面有传说中的火神祝融塑像等配套建筑。

图 7-178　武汉，楚文化游览区，楚城，1989—1992 年，建筑师：中南建筑设计院郭和平、袁培煌等
图片提供：中国中南建筑设计院杨云祥

图 7-179　武汉，楚文化游览区，楚天阁，1989—1992 年，建筑师：中南建筑设计院郭和平、袁培煌等
图片提供：中南建筑设计院杨云祥

（四）基于本体的象征与隐喻

象征与隐喻是建筑创作中带有感性倾向的手法之一，古今中外建筑作品中均有所见。1970 年代以前的中国建筑创作，运用比较简单的象征与隐喻的手法，大多在图案装饰层次，如向日葵、红五星、火把图案等。"文革"之中，强行给建筑注入政治内容，设计中隐喻和象征手法，不适当地演变成了政治口号的牵强附会和数字的游戏。

在建筑领域，"象征"和"隐喻"是指由可见的建筑实体作为喻体，去象征和隐喻（明喻或暗喻）建筑实体所代表的精神内涵——本体，从而使建筑体现美学价值。在实践中一般应符合：①喻体与本体相切合，不是强加的或无关的含义和形象；②所表达的喻义应该有多数公众的认同；③过分象形或过分抽象都达不到令人愉悦的目的。

1980 年代以来，已经有一批基于建筑本体的象征与隐喻建筑，超越了单纯处理物质性问题的局限，表现出较高的审美价值。

威海，甲午海战馆，位于威海市刘公岛的南缘，当年北洋水师的指挥机关海军公所的所在地，附近的海域正是甲午海战的战场，建筑面积 6000 平方米。甲午海战虽然由于清廷的腐败而蒙受屈辱，但参战官兵浴血奋战、不畏牺牲，表现出高度爱国主义精神。

在方案设计中，除满足使用功能外，还用象征主义的手法，使建筑形象犹如相互穿插、撞击的船体，并使之悬浮于海滩上，在风起云涌、惊涛骇浪的环境中形成一种悲壮气氛。为纪念以丁汝昌、邓世昌等人为代表的英雄人物，还在海战馆的入口即建筑物最突出的部位设置一尊高 33 米的巨大雕像，昂然屹立于"船首"，手持望远镜怒目凝视海上敌情，随风扬起的斗篷预示一场恶战风暴即将来临。身下为敦实基座，镌刻着"甲午海战纪念馆"字样。

沈阳，"九一八"事变陈列馆，陈列馆又叫"残迹碑"，取型一部台历的形象，展示 1931 年 9 月 18 日黑色星期五这个国耻日，当日深夜侵华日军挑起事端，悍然出兵攻占中国东北。

建筑为台历的 130 倍，正面后倾，底面三分之一埋于地下，犹如一座城门的废墟。墙上弹痕累累，刻画了侵略者的凶残以及给中华民族造成的历史悲剧。这座碑馆采用了雕塑手法，高度抽象出一个"残"字，似警钟长鸣，永世不忘"九一八"国耻日。

图 7-180 威海，甲午海战馆，1994—1996 年，建筑师：天津大学建筑设计研究院彭一刚、张华等
图片提供：彭一刚

图 7-181 威海，甲午海战馆，1994—1996 年
图片提供：彭一刚

图 7-182 沈阳，"九一八"事变陈列馆，1991 年，建筑师：中国建筑东北设计院赵永丰，鲁迅美术学院雕塑系贺中令合作设计
图片提供：中国建筑东北设计院张绍良

图 7-183 自贡，彩灯博物馆，1988—1993 年，建筑师：东南大学建筑系吴明伟、万邦伟、朱人豪
图片提供：吴明伟

　　自贡，彩灯博物馆，位于自贡市彩灯公园西南隅斜坡地段，临近公园入口，用地面积 2.2 万平方米，建筑面积 6375 平方米。

　　建筑完全顺应地形，保留全部树木，并在建成后加以调整。主体建筑设外廊、亭阁等小建筑，与外部环境有所过渡，使之达到园中建馆，馆中有园，园馆融合的效果。考虑到灯会活动的民间性和群众性，灯馆的造型应最大限度地符合市民的审美要求，采用含义清楚的灯群主题，立面灯形角窗的使用，既反映灯馆特色，也符合经济合理的原则。灯馆形象繁简适宜，使民俗文化和时代精神有机结合。本建筑方案是 1988 年全国设计竞赛中选方案。

　　东莞游泳馆，位于东莞体育中心内，总建筑面积约 2 万平方米，观众席 1900 座位，游泳馆平面设计呈正方形，比赛池 50 米 ×25 米，是具有国际标准的多功能室内游泳馆。由 3 个区组成：前区是观众席和贵宾区；中区为跨度为 63 米 ×59 米带有单侧看台和 10 条泳道的比赛大厅；后区为运动员及比赛用的各种用房，并有 100 床的运动员宿舍、餐厅、健身房等。

　　游泳馆的立面造型结合这 3 个分区形成的自然体型，前区首层裙房高高地托起整个比赛大厅，并用单坡斜向网架收其后区附属部分与比赛大厅统一处理。从远处看犹如一头巨鲸，贴切

图7-184 东莞游泳馆，1993年，建筑师：
广州市建筑设计院余兆宋、李小莉等
图片提供：广州市建筑设计院郭明卓

图7-185 绍兴震元堂及震元大楼，1993—
1995年，建筑师：同济大学建筑与城市规划
学院戴复东（左）
图片提供：戴复东
图7-186 绍兴震元堂及震元大楼，1993—
1995年，大厅（右）
图片提供：戴复东

游泳馆"水"的主题。建筑入口，利用建筑结构构件自然形成装饰效果的特点。顶部的厚重檐口作竖向肌理，使人联想起昂首巨鲸的上下两唇。

绍兴，震元堂及震元大楼，位于绍兴市中心繁华地带胜利路及解放路口的西北角上。震元堂创于（清乾隆十七年）（1752年），是当时已有244年历史的中药店。原店建筑主体已毁，基地仅620平方米。

设计构思从"震元"二字入手。平面为圆形，"圆""元"同音，以"圆"代"元"；地上3层，逐层外挑，内有一小中庭，剖面空间借"☰"爻（震卦），寓意为"震"。中庭顶部为玻璃穹窿——震元明珠，整体形似药罐。主入口两侧各有汉画像石风石刻"中药发展历史"和"老震元堂历史"。店堂中央地面运用了"圆方六十四卦"卦相图案，体现传统医学中的"医、药、易"一体的精神。震元大楼将震元堂拥入怀抱，地上12层，自顶部逐层迭落，整体轮廓有"马头墙"韵味。迭落的屋顶外沿端部设花池置绿化，寓意生命昂然于空中。

北京，中国人民银行总行、金融中心，位于西长安街西端，占地0.975公顷，总建筑面积3.986万平方米，是中国中央银行的办公大楼。主楼呈半圆弧形，与圆柱体的中央楼组合成"元宝""聚宝盆"的造型，借以隐喻中国金融实业的兴旺发达，表现国家银行稳定、安全的性格。

天津，南开大学东方艺术系馆，该建筑由两个相对旋转上升的体型组成，给人以画卷的隐喻，暗示其中的使用功能。在平面上，有类似于"阴阳鱼"的图案，有中国或东方文化的含义。建筑在这里被当作雕塑处理，取得了奇特的建筑效果。但由于平面均为曲线构成，加之建筑规

图 7-187　北京，中国人民银行总行、金融中心，1986—1990 年，建筑师：建设部建筑设计院周儒、王永臣、陈孝堃、朱锦珠

图片提供：建设部建筑设计院，摄影：张广源

图 7-188　天津，南开大学东方艺术系馆，1991 年，北京市建筑设计研究院设计

图 7-189　东营，市政广场及建筑群，1999 年，建筑师：中房集团建筑设计事务所布正伟

图片提供：布正伟

图 7-190　桂林观光酒店，桂林市建筑设计院与香港周伟淦建筑师事务所合作设计

模不大，形成许多不规则的小室内空间。

东营，市政广场及建筑群。东营是 1960 年代开始建设的新型石油城，建设方给作者的任务是，要在一片空旷而周围无建筑界定的大片场地上，在建筑规模十分有限的前提下，营建一个既是市政建筑所需的高效、方便的建筑群，又是一个可供市民休闲和调节心态的美丽环境。

作者根据实际情况，将已经建成的市府办公楼设置在对称主轴上，两边分别布置市检察院和市法院。由于两院建筑面积要控制在 5500 平方米以下，由于地下水位和半地下辅助面积的使用，将建筑坐落在大平台上，四角敦实的建筑中部，各自突起标志塔楼。这样，建筑物无形中具有一个"山"字的形象和感受，如果与建筑的内容联系起来，则有"执法如山"的联想。

桂林，观光酒店，是一个普通的现代建筑，在立面窗户划分处理上，利用平面化的手法，组成了三角形排列和水平排列两种图案，以象征桂林这个优美的山水城市。这是一种极为经济的手法，但不是一个到处都适用的手法。

建筑师齐康设计的一系列的纪念建筑，除了有强烈的地域特色之外，常常是以象征、隐喻的手法表达建筑的纪念意义。不同课题各有构思，使得建筑有遐想余地。

图 7-191 江苏海安，苏中七战七捷纪念碑，1987—1988 年，
建筑师：东南大学建筑研究所齐康等
图片提供：东南大学建筑研究所

图 7-192 宁波，镇海口海防历史纪念馆，1994—1997 年，
建筑师：东南大学建筑研究所齐康、段华璞、张彤
图片提供：东南大学建筑研究所

图 7-193 郑州，河南博物院，1992—1997 年，入口，建筑师：
东南大学建筑研究所齐康等
图片提供：东南大学建筑研究所

图 7-194 南京，邮电大楼及细部，建筑师：东南大学建筑
研究所齐康等
图片提供：东南大学建筑研究所

江苏海安，苏中七战七捷纪念碑，纪念碑的体型犹如步枪的刺刀，象征战斗，碑体自下而上，有力收分。

宁波，镇海口海防历史纪念馆，位于招宝山南麓，东依甬江，是历史上抗击外来侵略的海防要塞。建筑紧密结合地形，并作为山的延续，有一定的内在含义。建筑体量上似圆形舵轮，点出了与海相关的主题，黑铁与混凝土构成的"刀"状雕塑，直指天空，给人以丰富的想象空间。

郑州，河南博物院，建筑的总体布局，取"九鼎中原"之势，主馆设在九宫的中心，并作对称布置，具有中国建筑文化中的象征意义。建筑师深入研究中原地区潜在的文化特质，汲取其古朴、淳厚的文化内涵，结合现代审美特征给予适当的表现，创造出与天地浑然一体的现代建筑。

南京，邮电大楼，作为一个高层建筑，其顶部处理有"城楼"之意匠，使人联想到古代中国城楼位置四通八达的格局，暗含通邮之意义。细部处理色彩醒目，有红色的城门，而金色的饰物使人联想到门钉，尽管位置不在门上。该建筑把象征、传统和现代结合成三位一体。

从举例中可以看到，这些作品都是根据建筑本体表达喻义，有的象形度较高，偏于具象，有的象形度较低，偏于抽象，只要在恰当的象形度范围，就可以有适当的美学效果。

（五）建筑理论家贡献之管窥

相对于轰轰烈烈的建筑设计活动和人数众多的建筑师而言，建筑理论成果和理论家显得冷清得多，极度繁忙而浮躁的建筑设计市场，使建筑理论的作用旁落。然而，建筑历史反复证明，指导建筑创作的建筑理论或建筑思想十分重要，因此，中国的许多建筑师尤其是高等院校的部分教师，执着地研究国内外的建筑理论和设计思想，引进和传播国际上的新动态，以促进繁荣创作和建筑教育。

改革开放以来，政治上的拨乱反正，形成了发表个人见解的宽松环境和条件。老一辈建筑家，如一贯坚持发展现代建筑立场的童寯，在沉寂多年之后的暮年，自1979年创刊《建筑师》第一期始，一直到他去世的1983年，连续发表多年研究成果，尤其是对西方现代建筑的体认。此间，它还出版了多种专著，影响深远。共和国成立前后毕业的建筑师正值中年，他们有着锐利的眼光和丰厚的学术积累，在开放的新时期建筑论坛上，发挥着领军作用。

"文革"之前毕业的青年建筑师，恰逢盛世、年富力强，积极探索新生事物，成为理论阵线上的生力军。新时期老中青三代建筑理论工作者的工作是艰辛的，不可替代的，具有重要的历史意义。更多的人物和成果有待研究，这里只能举出个别人物及其理论活动（按照出生年份列出），以管窥基本面貌。

周卜颐（1914—2003）

1940年获中央大学建筑学学士，1948年获美国伊利诺伊大学美术学院建筑科学硕士，1949年获美国哥伦比亚大学建筑科学硕士，1950—1986年在清华大学建筑系任教，1982—1984年创建华中工学院建筑系并任首届系主任，1983年创立《新建筑》杂志。

周卜颐是一位始终站在建筑理论前沿的理论家和教育家。早在1956年代，他就热心推介经典现代建筑及其创始人，如格罗庇乌斯、勒·柯布西耶、赖特和沙里宁等人的建筑思想和代表作品。在建筑理论"一边倒"向苏联的时期，不但需要理论修养，更要具备很大的理论勇气。同时，他对于当时兴起的复古主义思潮，展开激烈批判。

1957年不幸被打成"右派分子"，1958—1978这20年间销声匿迹。改革开放以后，迎来学术自由的政治气候，更是活力焕发，依然在介绍和研究外来建筑理论的前沿，对现代建筑的再认识、对热点新建筑介绍，对R·文丘里（Venturi, Robert）的著作《建筑的矛盾性和复杂性》的介绍，对后现代建筑理论和解构建筑等理论，作出了重要贡献。

他在《时代建筑》1986年第2期《正确对待现代建筑·正确对待我国传统建筑》一文中，匡正了许多模糊观点，例如，"千篇一律"与现代建筑没有必然联系，也决非现代建筑之过，后现代建筑也更没有取而代之；现代建筑并不一概反对传统，它反对的是复古主义和形式主义的学院派；中国的现代建筑应该既有现代建筑风格又有中国特色，既有文化传统又有创新精神，能找到并发扬具有活力的传统特色而不丢掉进步的设计思想。

作为教育家，他对学院派建筑教育有着深刻的认识和研究，并把法国的学院派与来自苏联的学院派联系起来，结合中国现状加以批判。他与陶德坚创办的《新建筑》，成为宣传新建筑思想的理论阵地，并发现和培养了像布正伟、张伶伶、张在元等一批新人。

汪坦（1916—2001）

1941年毕业于南京中央大学建筑系；1941—1948年，在兴业建筑师事务所任建筑师，主持设计了南京张群住宅、馥记大楼等工程；1948年2月至1949年3月赴美，师从建筑大师赖特进修；1949年12月至1957年12月在大连工学院任教，1958年1月到清华大学建筑系任教。

汪坦有传统文化和西方文化的深厚根底，多年来一面从事建筑教育，一面潜心研究中西建筑历史与理论问题，就现代西方建筑理论、建筑设计方法论、历史学、现代建筑美学等诸多领域深有所得。在改革开放后的学术气氛下，他热心中外建筑文化的交流，主持了清华大学《世界建筑》杂志的创办，这是中国第一份专题评介世界建筑的刊物，在全国具有广泛的影响。他十分专注外国建筑理论的发展，主持了中国建筑工业出版社出版的《建筑理论译文丛书》翻译工作，这套13本的丛书，不但选取了经典现代建筑的理论著作，同时还包括了当时比较新潮的话题，如建筑符号、建筑体验、后现代建筑等，是新时期引入外来建筑理论的一件盛事。

1985年8月，汪坦在北京发起并主持了"中国近代建筑史研究座谈会"并向全国发出《关于立即开展对中国近代建筑保护工作的呼吁书》。1986年10月他主持召开的"中国近代建筑史研究讨论会"，这是第一次全国性中国近代建筑史学术会议。十余年的时间，汪坦主持并召开了6次"中国近代建筑史研究讨论会"出版了多部论文集。同时，与日本东京大学合作完成了中国16个城市的近代建筑普查工作，主编了16分册《中国近代建筑总览》。汪坦不但是建筑教育家，现代建筑理论家，对中外建筑文化交流作出贡献，他更是新时期中国近代建筑历史研究的开拓者。

戴念慈（1920—1991）

1942年获重庆中央大学建筑系工学学士学位并留任助教；1944—1949年在重庆、上海的兴业、信诚等建筑师事务所任建筑师；1950—1952年在北京中直修建办事处工程处任设计室主任，1952年该室与其他11个单位合并为"中央直属设计公司"，即经过多次变迁后的建设部设计院，他从基层做起，直到后来担任部院的总建筑师，1982—1986年任城乡建设环境保护部副部长，曾于1983—1991年连任两届中国建筑学会理事长。

戴念慈在长期的建筑创作实践中，紧紧伴随着理论的思考，逐步形成"以优秀传统为出发点，进行革新。"的创作思想，北京饭店西楼、斯里兰卡班达奈克国际会议大厦、山东曲阜阙里宾舍、锦州辽沈战役纪念馆等成为有力的实证。他本人也就成为有自己理论支持的学者型建筑师。

早在共和国成立初期，戴念慈就著文为中国的新建筑勾画前景，如他提出过新中国新建筑的四条标准并对建筑方针的制定产生过影响。从事领导工作之后，对建筑理论问题更是深入探求，就传统与现代的结合、继承与革新、国内外创作流派剖析、住宅设计趋向、建筑哲理以及建筑文物保护等方面提出独立见解，丰富了现代建筑创作理论。他还是《中国大百科全书·建筑·园林·城市规划》卷编辑委员会主任及有关条目的撰稿人，其中"建筑设计"条目原文近万字，这是一个时期具有权威性的文字。

戴念慈从建筑师到政府高官，在不同条件下为繁荣建筑创作，发展建筑理论，推动建筑师注册制度，推动建筑教育等多方面作出了突出贡献。令人称道的是，他是唯一在办公室内放置图板亲自画图的官员，并留下一批优秀建筑作品。

吴良镛（1922—）

1944 年重庆中央大学建筑系毕业，1945 年 10 月应梁思成之邀赴清华大学协助筹办建筑系。1948—1950 年赴美国匡溪艺术学院建筑与城市设计系，师从伊利尔·沙里宁，获硕士学位。1950 年底自美返国后在清华大学建筑系任教，为清华大学建筑系的发展作出贡献。他长期坚持在教学第一线，提出了关于中国建筑与城市规划教育的系统设想与建议，为探讨建立具有中国特色的建筑与城市规划教育体系作出了重要贡献。

吴良镛根据社会的进步和发展，认为建筑学已不再囿于个体建筑设计的范围，与建筑学相关的其他学科以及相关影响因素都在不断扩展，形成一个相互联系而错综复杂的大系统，建筑学所包含的内容不断扩展，大大超过了旧建筑学的领域。因此，他提出"广义建筑学"的概念，对建筑学研究范畴的发展和变化作出独到的见解，从更大的范围内和更高的层次上提供一个理论框架，以进一步认识建筑学科的重要性、科学性和错综复杂性。"广义建筑学"理论包括八个方面的基本理论，并从方法论的高度指出建筑学应该贯彻系统科学的思想与融贯学科综合研究的方法。广义建筑学是贯通区域与城市规划、城市与建筑设计以及景观规划设计领域的理论创新，在中国建筑大发展的时候问世，具有重要的理论和实践意义。

吴良镛在领导制定的 1999 年国际建协 20 届建筑师大会《北京宣言》及其相关文件，达到他建筑理论研究的又一个高峰。1997 年 6 月，吴良镛任大会筹备会的科学委员会主席，并委托他起草大会主旨报告和《北京宪章》。以中国建筑学会和九所高等院校为成员单位的科学委员会，对此做了范围广、规模大、时间长和质量高的理论研究，这一过程，成为改革开放 20 年来，中国全国性建筑理论协作研究的最高潮，也给中国建筑理论领域注入了新的活力和能源。《北京宪章》在回顾 20 世纪建筑发展的基础上，提出问题，思考问题，全面系统地展望了 21 世纪建筑学的发展趋势，呼吁全球建筑师要认识时代、正视问题、整体思考、协调行动，在 21 世纪里能更自觉地营建美好、宜人的人类家园。《北京宣言》展开了更广泛的国际视角，发展了广义建筑学的思想。

罗小未（1925—2020）

1948 年毕业于上海圣约翰大学建筑系，1951 年在该校任教，1952 年院系调整至同济大学任教至今。

罗小未从事建筑理论与历史教育 50 余年，特别是在现代与当代西方建筑史、理论与思潮上有高深的造诣与广泛的影响。在西方建筑特别是西方现代建筑受到压抑甚至排斥的环境里，坚守这块学术阵地，为建筑学教育培养具有国际视野的建筑人才作出突出贡献。

改革开放以后，为外国建筑史学科重新得到重视，西方现代建筑也走出了禁区，罗小未的教学和研究工作进入一个活跃的新阶段。早在开放初期，她就主持编纂了四所高等院校参加的《外国现代建筑史》教材，这是中国建筑教育的第一部外国现代建筑历史的教科书，填补了已久的空白。她主编的《外国建筑史图说》，也具有广泛的影响。她也是较早出国交流的学者，并针对当时的热点问题调查研究。热心宣传自己的研究成果，受到建筑界的热烈欢迎。她不但介绍了发达国家建筑的新动态，同时对现代建筑与后现代建筑关系以及西方建筑中的一些现象，提出自己的见解，具有匡正视听的良好效果。

上海是一个具有国际建筑文脉的大都市，在中国有独特的地位。1990 年代，罗小未对上海建筑的特色进行了研究，并发掘上海建筑文化与中国传统文化的关系，她出版了《上海建筑指南》《上海弄堂》《中国乡土建筑概要》《中国建筑的空间概念》等著作。同时，她还积极参与和指导一些重要的工程设计，给上海这个快速发展的现代化都市带来积极的影响和借鉴。

陈志华（1929—）

1947 年入清华大学社会学系，1949 年转学营建系，1952 年毕业于建筑系并留校任教，主要从事外国古代建筑史及其理论的研究和教学活动。作为建筑历史学家，他 1960 年出版的著作《外国建筑史（19 世纪末叶之前）》，几经修订作为教材沿用至今；作为建筑评论家，他的著述涵盖面广，观点鲜明、锐利，在我国广有影响。

改革开放初期，他提出的建筑理论系统，借用系统论阐述建筑的基本理论，论述了建筑理论系统里的各元素（子系统）互相影响、互相制约、复杂而有序的层次结构，有一定开创性。《建筑师》杂志创刊后，他在专栏"北窗杂记"中，提倡建筑的现代化本质就是建筑的民主化和科学化。当时提现代化的人很多，但上升到民主和科学层面，只有具社会学眼光的建筑家才能提出并一贯坚持。他主张"要创造时代风格必须跟最新的科学技术结合起来，跟最先进的生产力结合起来"。他旗帜鲜明地反对带有封建迷信色彩非科学的"风水"说，大力呼吁文物建筑保护，坚决反对制造"假古董"。他十分关心平民百姓的居住状况，认为建筑的民主化首先就是要转变关于建筑的基本观念和整个价值系统，把老百姓的利益放到第一位。而且，建筑师要有独立的精神和自由的意志，要有平民意识和人道情怀，要有强烈的创新追求。

陈志华从 1989 年开始乡土建筑的研究，他认为乡土建筑是中华民族传统文化的重要组成部分。"《二十四史》不能代表传统文化的全部，那是帝王文化；乡土文化才是大多数人的文化"，没有民众史的历史是残缺不全的。在全球化背景下，对乡土建筑的保护显得尤其重要。他和其他教师和学生一起，在缺乏经费，条件艰苦的情况下，利用假期进行古村落建筑保护的调研和测绘工作，并且取得了丰厚的成果。发表了《楠溪江中游乡土建筑》《诸葛村乡土建筑》《新叶村乡土建筑》《婺源县乡土建筑》等成果，他被誉为中国乡土建筑第一人。

吴焕加（1929—）

1947 年，考入清华大学航空工程系，次年转入建筑系；1953 年毕业留校任教。先从事城市规划和建筑历史与理论的教学与研究，以外国现代建筑史的教学和研究成果著称。

吴焕加十分注重西方现代建筑的动态，早在"文革"以前，视西方现代建筑为资本主义国家"腐朽、没落"的日子里，他曾经写过《西方的十座新建筑》《巴西建筑行脚》等文章，介绍资本主义国家的新建筑，而且是发表在党报《人民日报》上。虽然文章不乏"批判"的字句，却让求知读者耳目一新，得到了一定的满足。改革开放之后，他摆脱了学术桎梏，活跃在考察、研究外国新建筑及其理论的领域中，先后曾在意大利、美国、加拿大、法国、德国考察、进修和讲学，这些经历都使作者能够身临其境、真切体会，有大量著述问世。

吴焕加以多年的积累，写出了《20世纪西方建筑史》一书，虽然当时已有西方现代建筑历史的译本出现，但本书却是出自中国学者的亲眼观察和独立思考，切实解决了中国读者所思索的问题。还出版了《外国近现代建筑史》(合著,1982年)《外国近现代建筑科学史话》(1983年)、《欧美建筑外观与环境空间》(1996年)《20世纪西方建筑名作》(1996年)和《论现代西方建筑》(1997年)等丰富的著作，繁荣了建筑论坛。他也敏感地关注国内外建筑理论的前沿问题，在后现代建筑、解构建筑以及形形色色的流派的介绍分析方面，有独立的见解，给人以深刻的启迪。

吴焕加从事城市规划和建筑创作，在他指导下完成的辽宁北宁市闾山辽代历史文化风景区的新山门，在用四片钢筋混凝土组成的"立体构成"中，以虚空部分的边缘现出著名辽代建筑——蓟县独乐寺山门的轮廓，让历史在新的形式中呈现，富有创意。

刘先觉（1931—2019）

1953年毕业于南京工学院建筑系，1956年在清华大学建筑系硕士研究生毕业，师从梁思成。长期从事建筑历史与理论的教学与科研工作，是我国最早研究中国近代建筑史的学者之一。

早在1950年代初就已在梁思成先生的指导下，以《中国近百年的建筑》为题完成了其硕士论文。经过几十年的补充与整理，于2004年出版了专著《中国近现代建筑艺术》，该书系统地总结了鸦片战争后至20世纪末中国建筑的发展历程及其建筑艺术特点，是当时宏观研究中国近现代建筑艺术的主要著作之一。

刘先觉在外国建筑理论方面获得丰富成果。1981—1982年在美国耶鲁大学任访问学者期间，认识到建筑理论是完全不同于建筑设计原理的一门学科，它是解决为什么与怎么做的问题，涵盖了建筑哲学思想与建筑设计方法论两大范畴。从1983年起，开始系统研究与总结这方面内容，于1999年出版《现代建筑理论》专著，教育部1999年推荐为全国首批研究生教学用书，在国内具有广泛影响。

刘先觉是中外建筑历史和理论研究方面的多面手，他对中国古典园林的研究，现代建筑设计方法论研究，生态建筑学的理论与实践研究，对江苏、南京的城市与建筑生态研究，南京近代建筑遗产研究，澳门近代建筑遗产研究（与澳门文化局合作），新加坡历史建筑研究（与新加坡有关单位合作）等，取得广泛的成果。刘先觉还是系统翻译介绍外国现代建筑历史和理论文献的学者，对中外建筑文化交流作出了积极贡献。

张钦楠（1931—）

1947年赴美留学，1951年毕业于美国麻省理工学院土木工程系，同年回国。1952—1988年分别在上海华东工业建筑设计院，西北建筑设计院以及政府部门等从事建筑设计与管理工作。其中1985—1988年任城乡建设环境保护部设计局局长。此后并在中国建筑学会任秘书长、副理事长，有许多国家的建筑学术荣誉头衔。

具有美国留学背景，从基层设计单位做起，并成为建筑设计的主管官员，这在当时并不多见。他的学养，使他在烦琐的行政事务中，能够洞察基本建筑理论对建筑设计的广泛而巨大的影响，他真切地体察到，基本建筑理论对繁荣建筑创作思想、方法、方针政策等的巨大作用。他还亲自翻译和引进了大量的建筑文献，如《现代建筑 一部批判的历史》，在建筑界具有广泛的影响。

他的理论著作内容充实、思路开阔，一扫官样文章的八股气。

早在改革开放后第一次举办的 1986 年广州繁荣建筑创作座谈会上，他在发言中曾打比喻说，不要给创作过多的束缚，要像足球场上的规则一样，只要不踢人、犯规，怎么踢进球都行。针对建筑经济问题，他提出三个效益说，认为建筑创作的目的，就是尽可能的以更低的费用来取得更多的收益，从而实现更高的建筑效益，其中包括经济效益、社会效益和环境效益。在后来的专著《建筑设计方法学》中，又补充了资源效益。突破了过去追求建设过程一次性节约的单纯经济观点。

1999 年北京国际建协 UIA 大会前后，为组织编撰 10 卷大型丛书《20 世纪世界建筑精品集锦》付出了巨大努力，这是一项组织世界性的 20 世纪建筑作品征集、遴选和撰写建筑评论等复杂而细致的涉外工作。他还组织研究建筑师的"职业主义"问题，在大会上作了《全球化时代的职业精神》的分题报告。大会结束之后，他和建筑学会的另一位副理事长张祖刚，不失时机地共同组织了关于"有中国特色的建筑理论框架"的研究，得到了许多院校建筑理论工作者的响应。张钦楠提出中国最主要的特色是贫资源和高文明。以贫资源创造高文明是我们在研究中国特色的建筑理论中所必须探讨的基本核心。在环境日益恶化、资源渐趋贫乏的今天，这样的传统尤其值得认真研究和科学继承。

张钦楠的理论研究工作，具有国际视野，又落脚中国大地；有基本建筑理论基准，也有前沿理论的观察，他的著作和译著，具有广泛影响。

彭一刚（1932—）

1953 年毕业于天津大学土木建筑系建筑学专业，并留校任教，从事建筑教育、建筑创作和理论研究至今。

彭一刚的理论研究主要有三个方面，第一是建筑基本理论研究，包括早年的建筑构图和建筑表现，经多年的积累，在"文革"刚刚结束之际出版了《建筑绘画表现技法》和《建筑空间组合论》两部著作。由于"文革"期间没有任何学术著作问世，建筑艺术一直被认为是禁区，这两部著作受到学术界的热烈欢迎，并成为建筑学子人手一册的教科书。"建筑空间组合论"相关课题的研究与时俱进，及时组织了对国际上一些先锋性建筑理论研究，如审美变异及其作品的研究等，其成果收入该书的三次再版中。第二是古典园林的研究，这也是早在"文革"之前就开始的课题，专著《中国古典园林分析》是这些研究的阶段成果，把园林研究从直觉境界推向科学的范畴。可贵的是，彭一刚积极进行现代园林的创作，他在山东、福建所的现代园林，如山东平度现河公园、福建漳浦西湖公园以及早期的天津水上公园熊猫馆等作品，都是传统园林创新的范例，在国内很有影响。第三是对传统聚落的研究，和传统园林的研究一样，是彭一刚扎实传统建筑功力的又一个来源。传统聚落的研究，除了研究传统建筑中大自然与建筑群体和个体之间的关系外，同时，还汲取了当地民俗、民风等对建筑创作的关系，《传统村镇聚落景观分析》一书先后在大陆和台湾出版后，受到广泛的欢迎。

可贵的是，这些理论研究一直紧密伴随着他的建筑创作。他的基本创作目标是，从传统出发的中国现代建筑创新，改革开放以来的创作活动，印证在这一目标上的努力，从他的创作轨迹看，其作品越来越新，而不失中国元素。

侯幼彬（1932— ）

1954 年清华大学建筑系毕业，哈尔滨工业大学建筑系任教，长期从事建筑历史及其理论的教学研究。

侯幼彬作为建筑历史学家，当年作为青年学者参加了我国所有重要中国建筑历史研究和教材编写工作，如 1958 年，曾参加梁思成、刘敦桢共同主持的中国建筑历史研究课题组，与几位青年学者一起，参与写"三史"的工作。1978 年加入潘谷西先生主编的《中国建筑史》教材编写组，分工编写"近代中国建筑"部分（《中国建筑史》一版、二版、三版、四版、五版，分别于 1982 年、1986 年、1993 年、2001 年、2004 年出版）。在历次教材编写和相关专题研究中，对中国近代建筑做了一些脉络梳理和宏观阐释的工作。从第四版开始，建构了以"现代转型"为主线的中国近代建筑的写史框架。

在长期从事的中国建筑史教学中，致力于探索和建构史论结合的教学体系，尽力摆脱建筑史教学停留于"描述性"史学的状态，结合史料、史实，展开深层的规律、机制、思想、手法分析，努力拓展建筑史学的"阐释性"内涵。因此，他从 1960 年代开始，同时对于涉及基本建筑理论的课题进行研究，涉及建筑矛盾、建筑本体、建筑符号、建筑美形态、建筑模糊性、建筑软传统、建筑风格论、建筑创作论等层面。对若干重要理论问题，发表了相关论文，作了有哲理的探讨。其中所涉及当时的"禁区"建筑美学问题，成为日后卓有成就的方向。

侯幼彬针对建筑创作实践中缺乏创造性、独创性，存在统一化、简单化、模式化的现象，较早地把系统论观点应用到建筑创作领域，他认为，建筑是一个高度复杂、多值、多变量的非线性系统。因此，我们应当突破非此即彼、一种选择的"线性模式"，而代之以非线性的"系统综合模式"，倡导开放的、豁达的、兼容的系统建筑观。这在倡导"繁荣建筑创作"的时期，有十分积极的理论意义。

1990 年代开始，侯幼彬专注于"中国建筑美学"分支学科的探索，搭建中国建筑美学的基本理论框架，有系列的基本论点，有一定深度的展开。如对中国建筑的形态构成、组合规律、设计意匠、设计手法，以及对中国建筑所体现的文化精神、文化心理、审美意识、审美机制等，从多维的视角作了概括性的梳理、阐释。《中国建筑美学》这本跨学科建筑理论专著的出版，对重新认识中国建筑的美学内涵，具有新时代的重要意义。经"教育部研究生工作办公室"审定，该书列为"研究生教学用书"。

曾昭奋（1935— ）

1960 年毕业于华南工学院建筑学系，在清华大学建筑系任教，1986—1995 年任《世界建筑》杂志主编。

建筑评论一向是建筑论坛很不活跃的领域，尤其是对建筑指名道姓的批判意见更是凤毛麟角。1980 年代，曾昭奋就积极开展当代中国建筑评论，他的立场鲜明，反对复古主义，敢于直面权威人士的作品，如他批评贝聿铭的香山饭店占据美丽的风景区，破坏了环境，而且造价昂贵；批评戴念慈的阙里宾舍"……当我们的双脚落到地面上来，回到我们正向四化进军的伟大现实中来时，我们感受到的却是：空间的窒息、时间的倒流、文化的僵化和老化。"他认为重檐十字脊瓦顶大厅是"是对手工业的少、慢、差、费的歌颂，是对一种僵化的传统形式的狂热崇拜。"1989 年出版了他的建筑评论集《创作与形式》，在中国的建筑论坛上是少见的。

改革开放以前的建筑论坛很少为建筑师立传，曾昭奋主编了《当代中国建筑师》系列丛书，为中国建筑师树碑立传；《十大师印象记》（1999 年）记载了建国 50 年以来，活跃在建筑理论和建筑创作领域的十位建筑师；《沟边志杂（八）——第 20 届世界建筑师大会中国青年建筑师展》（1995年）一文中，较早的介绍了活跃在建筑实践与理论舞台的 8 位青年建筑师。曾昭奋主编了《莫伯治作品集》《周卜颐建筑文集》等，是改革开放后大力推介建筑师特别是中青年建筑师的重要作者。

顾孟潮（1939—）

1962 年毕业于天津大学建筑系，曾分配至新疆从事建筑设计工作，改革开放后调回北京，后在建筑学会工作。

顾孟潮是一位对事物敏感的理论家，由于在建筑学会工作，使他有开阔的视野，广泛的涉猎。信息技术是改革开放之后的前沿性课题，早在 1986 年，他就提出"信息游泳术"问题，即"信息对策学"，研究信息处理、应用和创造的规律和对策的科学和技术。他认为建筑界亟须建立建筑信息学，以便更好地掌握和运用作为建筑设计和创作生产力的信息，提高运用和生产创造建筑信息的效率和质量。1993 年又就信息的分类、属性与层次，建构了"信息塔"，这是一个广泛适用于包括建筑理论和设计、研究、认知、操作的模型。

顾孟潮长期关注建筑的基本理论，持续关注比较沉寂的建筑评论以及当代建筑动向和历史。他以锐利的笔锋，写出许多观点鲜明的评论文章，且与时俱进。如《新时期中国建筑文化的特征》和《后新时期中国建筑文化的特征》两篇文章时隔 7 年。他也是位热心建筑社会活动的组织者，他曾组织"中国建筑文化沙龙"，为建筑理论的研讨和密切文化界的关系作出贡献。他还编写了《中国建筑评析与展望》《20 世纪中国建筑》等著作，翻译了苏联建筑科学院的《构图概论》和《世界建筑艺术史》等名著，在建筑论坛上很有影响。

1996 年 11 月 6 日《人民日报》发表了钱学敏的文章"钱学森论科学思维与艺术思维"一文，披露了钱学森增补完成的现代科学技术体系的整体构想图，把建筑科学列为第十一个大科学部门，与自然科学、社会科学等十大部门并列，并加上建筑科学通向马克思主义的桥梁——建筑哲学。对于建筑业作为支柱产业的地位、建筑科学技术领域有重大的理论与实践意义。顾孟潮和其他学者，及时沟通了钱学森理论和建筑界之间的关系，并把这些体系做了研究和诠释。

顾孟潮将钱学森有关建筑哲学和建筑科学的思想引入建筑领域，并结合建筑学科的具体状况将其深化、拓展和融会贯通，提出建筑科学体系图，说明了建筑哲学的研究对象和范畴是复杂、巨大和开放的，试图构筑可供人们把握的理论建筑框架，模型或模式。为建筑理论的研究提供了新的方法和视野。他的系列研究论文《建筑哲学概论》（三篇），在许多大学的相关课程中得以传播。

科学家钱学森对城市和建筑问题十分关注，且有体系性的建树，并提出"山水城市"的理念，引起建筑界的兴趣。顾孟潮对此作了广泛的研究，出版了《杰出科学家钱学森论城市学与山水城市》（一版，二版）、《杰出科学家钱学森论山水城市与建筑科学》专著，作出独特的贡献。

布正伟（1939—）

1962年毕业于天津大学建筑系，同年考入硕士研究生，导师徐中，1965年毕业一直在建筑设计第一线从事建筑创作。

布正伟是一位学者型的建筑师，早在读书期间，就在《人民日报》上发表过文章，介绍建筑彩画艺术。毕业后，在繁忙的建筑创作活动中，总能看到总结自己工作中经验教训的文字。在"文革"的动荡和寂寞之中，他继续研究徐中提出的课题《在建筑设计中正确对待与运用结构》，写成《现代建筑的结构构思与设计技巧》一书，于1986年出版。该书内容丰富、精到，以至有人以为他是结构专业人士。

布正伟的建筑创作实践，没有固定模式却有独立个性，自1980年代起，逐步形成了自己的一套建筑理论"自在生成论"。自在生成论倡导走出当时风行的风格流派之困惑，树立建筑师应有的"自己"，在冲破建筑千篇一律和建筑师缺乏个性的年代里，起过积极的作用。由于他在建筑理论方面的功力和影响，在《新建筑》杂志的早期曾聘任他为特约主编。

改革开放之后，出现了引进外国建筑理论的高潮，特别是和"语言学"有关的理论。在建筑界，既有缺乏消化、不求甚解的现象，也有盲目追随风格流派的趋势。布正伟于1990年代大力关注外来的"语言学"的消化，同时，也开始了自己的"建筑语言学"研究。继《从建筑语言学论走向新世纪的现代中国建筑艺术》一文发表以后，连续发表了关于建筑语言的"概念""框架""系统"和"基本语法规则"等一系列论文。文章一扫引进外来文字的洋腔洋调、不知所云的毛病，具有良好的文风，并将发展成为系统、完整的建筑理论。

布正伟对于建筑环境和现代艺术问题，有着潜心的研究，并在自己的创作实践中身体力行，亲自制作雕塑或装置，取得良好效果。除了发表一些有关环境问题的论文之外，还积极参加和推动相关的社会活动。

郑时龄（1941—）

1965年毕业于同济大学建筑系，分配在第一机械工业部第二设计院从事建筑设计工作。1981年获同济大学建筑设计及理论硕士学位（师从黄家骅和庄秉权）并留校任教，1994年获建筑历史与理论博士学位（师从罗小未）。期间，曾在意大利和美国等国高等院校做访问学者和讲座教授等。郑时龄的教学范围广泛，包括建筑设计和城市设计理论和实践，建筑历史及其理论、美术历史等。他的研究工作同样宽广，以建筑的基本理论为平台，课题涉及建筑美学、建筑评价论、城市与建筑发展史、上海近代和当代建筑史论等。

郑时龄在1990年代初就翻译出版了西方现代建筑的名著，如《建筑学的理论和历史》《建筑的未来》等，还出版了介绍外国建筑师的《黑川纪章》，为中外现代建筑文化交流作出积极贡献。对上海城市规划和建筑的研究，是他的重要课题之一，发表了系列论文，如《上海城市空间环境的当代发展》《当代上海住宅的发展特点及新模式探索》等，出版了学术专著《上海城市的更新与改造》《上海近代建筑风格》得到同行的好评。

郑时龄是我国建筑批评学的开拓者。1996年，他出版了另一学术专著《建筑理性论——建筑的价值体系与符号体系》，他运用建筑的本体论，引入中西人文主义思想，建立了"建筑的价值体系和符号体系"这一具有前沿性与开拓性的理论框架，成为他的建筑批评学基础之一。稍后出版的《建筑批评学》，是一部完整的建筑理论著作，它全面论述了建筑批评的主体论；建筑批评意识；建筑批评的价值论；建筑批评的符号论；建筑师；建筑批评的方法论等，并以批判精神面向未来建筑的发展。《建筑批评学》是建筑批评的理论武器，对于缺少建筑批评实践的中国建筑论坛而言，尤为迫切。该书是高校建筑学学科专业指导委员会规划推荐教材，也是上海普通高校"九五"重点教材。

四、作品的外出和外来

（一）从援外到开拓国外市场

中国的援外建筑，在 1970 年代是一个高潮，已经形成了适应援外工作需要的配套组织体制，建立了从工程勘察、设计、施工到交工全过程的管理体制，培养储备了一大批有援外工作经验的各种专业人士。

1980 年以来，适应国际形势的变化，对外经济贸易部对经援工作体制作了改革，试行项目投资包干办法。1982 年，在北京召开了全国首次对外承包工程、劳务合作工作会议，胡耀邦提出援外工作"守约、保质、薄利、重义"的指导思想。1983 年，开始全面推行承包责任制，加大了援外项目实施单位的经济责任，从根本上克服了过去经援工作的预、决算制，避免了只算政治账，不算经济账的弊端。对外经援也在从计划经济向市场经济转型，显露出一些新面貌。

1. 国际市场的开拓

1980 年代后期，建设部所属的中建总公司、中房总公司和建设系统其他公司与事业单位，依据国际市场形势，确定多方位开拓市场的方针，即在巩固和进一步发展两伊战争后的中东、北非市场的同时，积极开拓经济活跃、投资兴旺的东南亚和港澳地区市场；发展市场广阔、经济稳定增长的北美市场，以中苏关系正常化为契机，大力开展工程承包和劳务合作。形成了"发展亚太、巩固中东，开拓独联体市场"的发展战略。全方位的开放格局，为建筑设计走向国际市场奠定了基础。

从 1980 年代起，先后设立多家对外设计机构。1980 年建设部在香港创建首家设计机构"华森建筑与工程顾问有限公司"，其后在阿拉伯也门共和国与外商公司合资经营了"也中建筑工程有限公司"，1986 年在香港及东京注册成立了"华艺设计顾问有限公司"。这些机构的成立，结束了在国际建筑设计市场竞争中长期缺席的局面。依靠高质量的设计、良好的信誉和科学管理，真正由单纯劳务合作、分包工程走上了以设计为龙头，以技术出口带动国产材料设备出口，实行国际工程总承包的道路，在激烈的行业竞争中逐渐站稳了脚跟。

为推进开展国际工程设计咨询业务，1992 年，由建设部建筑设计院、航空规划设计院等

36个设计院和10多家国际合作公司联合成立了"国际工程咨询协会"。协会积极开展活动，同世界50多个国家和地区的同行建立了合作关系，并加入了国际咨询工程师联合会（FIDIC）。

2. 竞争意识的觉醒

国际设计市场和市场上的竞争，对于建筑师来说，是比较生疏的概念，自从"援外"概念被"市场"概念替代之后，唤醒了建筑师的市场竞争意识，不但在东南亚和非洲地区建立了良好的信誉，而且能在国际市场的招标中，同发达国家一决高低。

1986年由航空技术公司设计的阿联酋保龄球馆和游泳馆，在有英、法、西德等8个国家的公司参与竞争的情况下夺标，它是中国第一个通过国际投标而进入国际市场的网架工程。在印尼雅加达电视塔的设计竞赛中，华东建筑设计院在12个参赛方案中一举中标，能够在这种大型国际工程设计竞赛中获胜，对于开辟建筑国际市场具有特殊的意义。有意思的是，中国建筑也向对中国建筑影响多年的苏联市场进军。天津市建筑设计院承包的俄国克拉斯诺亚尔斯克国际贸易大厦；中国建筑东北设计院为俄联邦设计了大型医疗设施：哈萨克斯坦卡拉干达理疗城，用地90公顷，总建筑面积约32.4万平方米，完整的医疗体系，是集医疗、行政办公与科研于一体的综合性建筑。

不过，中国建筑进入国际市场还只是一种觉醒，不论在设计观念上、建筑技术上、乃至管理体制上，目前尚不具备与发达国家真正交锋的实力，国外的设计占领中国市场的份额，远远大于中国在国外的份额。据1988年ENR美国杂志提供的资料，在进入国际市场的200家最大的设计公司中，欧美公司占169家，日本有15家，中国一家也没有。

在国内，竞争机制促进了优秀作品的诞生，援外建筑成为中青年建筑师展现才华的用武之地，孕育出一批优秀的建筑设计方案，依然是建筑创作舞台上的亮点。如突尼斯青年之家，北京市建筑设计院刘力在1985年全国公开招标中中标；加纳国家剧院，杭州市建筑设计院程泰宁在1986年经贸部组织的全国性招标中中标。本时期完成的多项高级公共建筑，在建筑艺术和技术上呈现出整体高水平的状态，如加纳国家剧院、埃及开罗国际会议中心、喀麦隆文化宫、突尼斯青年之家、塞拉利昂政府办公楼、斯里兰卡高级法院大楼、塞拉利昂军队司令部办公楼等。开创了援外建筑设计的新局面。

3. 创作个性的释放

改革开放之后，援外建筑和国内建筑的创作环境已经没有什么不同，所不同的只是具体课题的具体条件。不论在国内还是国外，建筑师都在释放被长期压抑的个性，援外建筑已经焕发出内在的力量。

突尼斯青年之家，利用场地平面的形态特点组织建筑空间，利用东西10米高差的地形，解决机动车停放问题。整组建筑以圆形为母题，圆券、圆拱、球顶反复出现、不断变化。白色调主体建筑主入口饰以富有韵味的琉璃瓦、灰红色圆柱。用"类型学"原理，把阿拉伯建筑最典型的部件归纳、提炼、升华、抽象、淡化处理后用于新建筑上，产生新的形象，赋予新的意义。作者紧紧把握住整体的构思和细部雕琢一气呵成，环境设计、建筑设计、室内设计三者结合一体。

加纳国家剧院，位于加纳首都阿克拉市中心主干线的交叉口上，位置十分显要。占地面积 1.55 公顷，建筑面积 1.2 万平方米。建筑包括：1500 座位的剧院、展览厅、排演厅和一个可容纳 300 人的露天剧院。

图 7-195　突尼斯青年之家，1990 年，建筑师：北京建筑设计研究院刘力、王永建、邵韦平

图 7-196　加纳国家剧院，1985—1992 年，建筑师：杭州市建筑设计院程泰宁、叶湘菡
图片提供：程泰宁

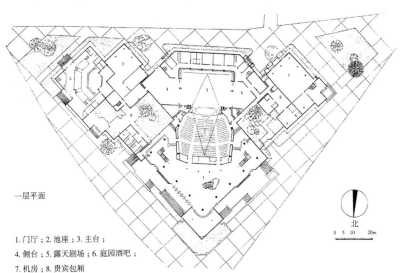

一层平面

北
0　5　10　　　20m

图 7-197　加纳国家剧院，1985—1992 年，首层平面
图片提供：程泰宁

1. 门厅；2. 池座；3. 主台；
4. 侧台；5. 露天剧场；6. 庭园酒吧；
7. 机房；8. 贵宾包厢

图 7-198 加纳国家剧院，1985—1992 年，入口（左）
图片提供：程泰宁
图 7-199 马里会议大厦，1989—1995 年，建筑师：杭州市建筑设计院
程泰宁、叶湘菡、徐东平等（右）
图片提供：程泰宁

图 7-200 马里会议大厦，1989—1995 年，楼梯间
图片提供：程泰宁

作者把创作程序归纳为："理性和意象的符合过程＝创造"。黑非洲舞蹈、雕塑和壁画等艺术的粗犷神采和原始而炽热的情感，强烈地震撼着作者，使之在作品中有所体现。结合三角形地形和功能要求，将 3 个方形单元的旋转、弯曲、切割、升腾，塑造了一个奔放、有力而不失精致和浪漫的作品。内部空间统一，外部体量奔放，剧院休息厅四壁处理简单，唯有墙上的艺术品和中庭的金属构成，形成具有现代感的意趣。观众厅内部空间为无阻挡视线设计，3 层楼座最远视距仅为 24 米，应邀测试的菲利浦公司专家对音质十分满意。

马里会议大厦，位于巴马科，马里最主要的河流尼日尔河的一侧，占地面积 6.592 公顷，建筑面积 1.182 万平方米，建筑由 1000 人、200 人、100 人的会议厅、接待厅、300 人宴会厅等组成。马里会议大厦外景为了以优美的尼日尔河景色为借景，在会议厅、接待厅之间以连廊形成半围合的空间，使建筑与环境更能互相渗透。在屋顶、拱廊，以及广场装饰性构架的设计中，尝试传达某种当地伊斯兰建筑的韵味。如花的拱饰组成的雕塑，挺拔而富于装饰；喷泉的竖向水柱加强了向上的动势。

埃及，开罗国际会议中心，建筑面积 5.8415 万平方米，是个符合国际标准的现代化会议中心。总体上注重环境效果，建筑的主要轴线与原有的埃及无名英雄纪念碑有和谐的关系，布局充分利用地面的高差。

两座圆形主体建筑（国际会议厅和宴会厅）的外侧，配以线条粗犷的埃及双曲尖拱柱廊，庄重而富于纪念性；室内设计融入埃及伊斯兰建筑装饰艺术。作品中可以看到两种力量的交汇，一是内部的力量，来源于建筑本身的功能性要求；一是外部力量，来源于城市环境和文脉，达到了建筑的高层次追求。埃及总统授予工程主持人魏敦山"国家一级军事勋章"。建筑于 1993 年获"中国建筑学会优秀建筑创作奖"（1953—1988 年）。

图 7-201　埃及，开罗国际会议中心，1983—1986 年，建筑师：上海市民用建筑设计研究院魏敦山、滕典、严庆征等

图片提供：上海民用建筑设计院

图 7-202　喀麦隆文化宫，1981 年，建筑师：中国建筑西北设计院杨家闻等

图片提供：中国建筑西北设计院

图 7-203　缅甸国家剧院，1990 年，建筑师：广西建委综合设计院陈璜、蒋炎、蒋伯宁等

图片提供：陈璜

　　喀麦隆文化宫，位于首都雅温得北部恩孔卡纳小丘上，比市中心高出 100 余米，是西北风景区的制高点。建筑面积 3.079 万平方米，包括 1500 座位的多功能会堂、400 座位的会议厅，山头上要求设 500 辆汽车的停车场。

　　结合当地热带建筑和山地建筑的特点，依山顺坡借台错层，高架空廊等组合建筑体量，用各式遮阳板、花格墙、漏窗和明亮的色彩处理建筑细部。运用自由的手法，在比较复杂的地形上布置比较复杂的功能。

　　缅甸国家剧院，位于首都仰光，建筑面积 1.0335 万平方米，1500 座位。建筑体量的处理十分简洁，台阶和外廊形成建筑的"托盘"，门厅的连续大片玻璃又将主要体量浮起，主体量是一个简单的实体，在空灵的下部承托下，显得稳重但不沉重。这是援外建筑中具有现代精神的实例之一。

塞拉利昂政府办公楼，位于弗里顿市的显要部位，由主楼和东、西配楼组成，建筑面积1.8036万平方米，10层，建筑对称布置，有明显的中轴线。主要入口前设一广场，中央有喷水池，并有构成塞拉利昂国旗的绿、白、蓝三色灯光分别照射三组水柱，与建筑相配合创造了政府办公中心的气魄。

建筑采用瓦楞铝板通风屋面，同时解决了屋面的排水和隔热问题。由钢筋混凝土遮阳板形成的立面基调，通透而轻巧，具有湿热带地区建筑风格。政府国际会议厅位于大楼南侧，有空廊与大楼相连，并形成一个安静的内院。建筑的外墙采用了大片的水泥花格，材质和风格与政府大楼相协调。警察总局办公楼的建筑处理亦采用遮阳板，形成一组完整的建筑群。

斯里兰卡高级法院大楼，建筑面积2.6万平方米，由上诉和最高法院楼（主楼）、司法部办公楼（配楼）及辅助用房3部分组成，功能上满足现代法律程序的要求。因其为国家最高司法部门所在地，斯方要求以其独特的建筑形象来弘扬民族精神，体现法制的主宰作用。

上诉和最高法院楼是整组建筑群的主体，最高法院的屋顶，借鉴了斯国13世纪"康堤王朝"的"康堤式"屋顶形式：平面八角形，曲线锥形，犹如佛徒双手合十。屋顶覆盖下的八角形法院大堂高18米，双层弧形天棚，内部装修以斯里兰卡民族图饰为主。阳光从顶部环形天窗射入，

图7-204 塞拉利昂政府办公楼，部级办公楼和国际会议厅，1983年，建筑师：建设部建筑设计院罗仁熊、王天锡、王传霖、周庆琳
图片提供：王天锡

图7-205 塞拉利昂政府办公楼，会议厅，1983年（左）
图片提供：王天锡

图7-206 斯里兰卡高级法院大楼，1985—1989年，建筑师：安徽省建筑设计院俞祖珍、程培林、蒋士龙（右）

图 7-207　瓦努阿图会议大厦，1991
年，建筑师：王天锡
图片引自《百名一级注册建筑师作品
选》第五卷

图 7-208　巴基斯坦体育综合设施之
体育馆，1985 年，建筑师：华森建
筑与工程设计顾问公司梁应添、熊
承新、吴持敏等
图片提供：建设部建筑设计院，摄影：
张广源

渲染庄严气氛。配楼屋面设计成四边形曲面尖锥顶，与主楼屋顶相呼应。公众入口两侧安设作
为民族象征的铜质雄狮。整组建筑具有强烈的标识性、鲜明的僧迦罗文化色彩。

　　瓦努阿图会议大厦。瓦努阿图为南太平洋中一岛国，风景优美，气候宜人，议会大厦规
模 5580 平方米。作者从历史遗迹、民间艺术、地方民居中获得设计灵感。为满足自然通风条件，
大部分为 1 层，分别围成大小不同的 3 个庭院，其间有走廊相连。为使更多的建筑朝向海湾，
满足观海要求，整组建筑一字排开。位于主体建筑中轴线上的多功能厅，平面由一螺旋线决定，
目的是使人联想到作为瓦努阿图国家象征的野猪牙图案，厅中还陈列传统工艺木雕。在外观
处理上采用当地传统民居形式，仿木构架双坡屋顶，覆红色瓦状轻钢屋面，轮廓线和色彩都
很别致。重点部位——入口门廊和多功能厅的屋顶采用瓦国民间常用的一种树叶屋顶，颇具
热带风情。

　　巴基斯坦综合体育设施之体育馆，巴基斯坦综合体育设施用地 60 公顷，总建筑面积 7.126
万平方米，体育馆 1 万座位，体育场 5 万座位，练习馆 500 座位。

　　体育馆采用 4 根柱子支承的 94.4 米 × 94.4 米的空间网架结构，柱子跨距只有 62.44 米，形
成巨大而灵活的空间。厅内座席布置避开了 4 个柱子所占区域，保证了各区的最佳视觉质量。
屋盖施工采用整体顶升新工艺，为确保安全可靠，对施工方法进行了周密细致的研究。体育馆
的通风设计，将过去惯用的由内墙顶端四周向中心送风的空调装置，改为悬挂中央的中心环送
风方式，解决了观众席长期存在的脑后风的弊病。

图 7-209 巴巴多斯体育馆，1987—1992 年，
建筑师：东南大学建筑设计研究院高民权
图片引自《全国优秀建筑设计选》下卷

图 7-210 贝宁科托努体育中
心之体育馆，1980 年代，建
筑师：华东建筑设计院项祖荃、
贺松茂、秦志欣等

图 7-211 肯尼亚国家体育
综合设施体育中心，鸟瞰，
1979—1989 年，建筑师：中
国建筑西南设计院周方中、吴
德富、万福春
图片提供：中国建筑西南设计院

　　巴巴多斯体育馆，位于首都布里奇敦，是加勒比地区一流的现代化体育馆，建筑面积 9941 平方米，3988 个座位。平面为 66 米 × 66 米的正方形，大型平台有 6 个入口与比赛大厅相连，成为适宜当地气候条件的休息场所。平面分区明确，各种流线清晰互不干扰，有良好的视线效果。建筑体现了当地文化特点和体育建筑的性格。

　　贝宁科托努体育中心之体育馆，体育中心包括体育场、体育馆、游泳馆等项目。体育馆 1.4 万平方米，5000 座位。设计结合了当地的气候特点，采用自然通风的开敞式看台，既节约了造价，又具有当地的建筑风格。

图 7-212　肯尼亚国家体育综合设施之体育场，1987 年，建筑师：中国建筑西南设计院黎佗芬、吴德富、石红佑等

图片提供：中国建筑西南设计院

图 7-213　肯尼亚国家体育综合设施之体育馆，1989 年，建筑师：中国建筑西南设计院周方中、吴德富、万福春、李子义

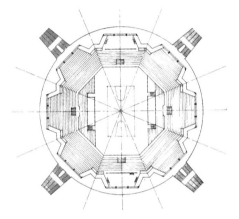

图 7-214　肯尼亚国家体育综合设施之体育馆，1989 年，平面

图 7-215　肯尼亚国家体育综合设施之体育馆，1989 年，看台

肯尼亚国家体育综合设施体育中心，位于肯尼亚首都内罗毕市东郊 7 公里处的卡萨尼亚地区，坐落在一片开阔的坡地上，主要竞赛区由 6 万座席的灯光体育场、5 千座席的体育馆、2 千座席的游泳场和 200 床位的运动员宿舍等，组成协调的建筑群，周围分散布置了足球、田径、篮球、排球、手球、曲棍球等各种训练场地及相应的停车场，并同毗邻的体育村、能源交通中心、通信医疗和后勤服务机构紧密相连，形成规模庞大、设施齐全、环境优美的大型体育活动中心。

肯尼亚国家体育综合设施之体育场，建筑面积 5.659 万平方米，6 万座位。平面呈椭圆形，设 3 层看台，周边式挑棚，观众席遮盖率 60% 以上，具有良好的视觉质量和比赛条件。建筑造型和结构构件相结合，运用三角形看台板、挡风墙板、框架斜大梁和斜柱组合整体造型。同时，利用看台的分区和结构温度区段的设置，将庞大的体育场划分成由 24 个花瓣组成的图案。内部空间的处理采用了开敞式的休息厅、廊和嵌入式的庭院布置，使建筑通透，具有热带建筑特色。1993 年获"中国建筑学会优秀建筑创作奖"（1953—1988 年）。

肯尼亚国家体育综合设施之体育馆，建筑面积 1.225 万平方米，4870 座位。体育馆为八角形，周边有宽敞的圆形平台，观众厅由赛场和周围的 8 个花瓣形观众席空间组成。采用花瓣形体量使屋盖的跨度自 76 米减少到 66 米。1993 年获"中国建筑学会优秀建筑创作奖"（1953—1988 年）。

图7-216 毛里求斯普列桑斯机场，1981年，建筑师：云南省建筑设计院饶维纯、包养正

图片引自：《百名一级注册建筑师作品选》第二卷

毛里求斯普列桑斯机场，航站楼结合地形，采用大部分旅客在同层处理流线的空间布局，各种流线互不干扰。造型力求体现当地建筑风格，且体现航站楼的性格。

4. 传统出旧和出新

在对外的建设项目中，有相当多的一部分是古代建筑文化的输出。有的是旧形式的再现，有的是在传统的基础上出新。其中可以分为3种类型：

一是片段形象的主题象征。多为建筑的局部或独立要素，基本采用优秀的古代建筑原型并加以改良。如日本名古屋大通公园南京广场的"南京华表"（1980年），造型取自南京梁萧景墓华表。又如华盛顿城友谊牌楼（1985年），这些都是友好的姊妹城市之间的文化交流项目；二是移花接木的园林展奇。古典园林是古代建筑艺术中的奇葩，在对外的展示中，获得国外公众舆论的一致称赞。如1981年在纽约大都会艺术博物馆内建成的"明轩"，是苏州网师园"殿春簃"原本移置的，《纽约时报杂志》评论说："明轩宛如一轴画卷，把秀美多姿的庭园展现在人们面前。"1983年参加德国慕尼黑国际园艺展建造的"芳华园"是一所岭南式园林，荣获大金奖；此外有1984年英国利物浦国际园林艺术节的"燕秀园"、1990年日本大阪花与绿世界博览会的"同乐园"等。三是再现历史的主题公园或建筑群。古典建筑文化的输出越来越不满足于对古典建筑的简单模仿，而是在充分发掘传统建筑精华的基础上，结合时代的需求，适合于大众的生活。如广东顺德建筑设计院在法国巴黎塞纳河畔设计的中国城，是海外最大的园林式商贸建筑群，建筑面积4万多平方米，将现代化的营业楼、餐厅、商场、展览厅等与纯正的城池、亭榭、船舫、钟楼等巧妙地融合一起。1986年在日本奈良设计的"文化村"（未实施），模仿唐都长安和丝绸之路，现代的使用空间和内容，在古代的建筑形式下展开了它的功能。

这些工程出自各种因由，对外介绍多而缺乏创作力度，就建筑创作进步而言，作用相当有限。

5. 技术审美的向往

建筑师有改变建筑技术和设备比较落后的强烈愿望，因此，在建筑中追求技术的先进和技术的审美情趣，成为建筑创作的趋势之一。与国外流行的"高技派"和用构件片段组合的手法

图 7-217　雅加达电视塔，1996 年，建筑师：华东建筑设计研究院项祖荃、江欢成、邵晶、郭畅等

图片引自：《百名一级建筑师作品选》第五卷

主义不同，建筑师与工程师通力合作，超越本专业的局限，以新材料、新技术为依托，展现技术和技术美的意趣。

新加坡港务局岌巴货物分销园（PSA 工程），是冶金建设公司与 17 个国外公司竞标赢得的项目，总建筑面积 6 万平方米，以钢架为屋顶结构体系，离地面 14 米高，采用整体提升工艺，制作精细、安装巧妙，外观暴露着钢柱、系杆、拉索，配合使用多种新型围护材料，如玻璃、彩色镀膜金属板、压型钢板等。整个建筑在阳光之下熠熠生辉，有独特的结构美学效果。虽然工程是仓库性质，不俗的外观与新加坡洁净优雅的城市气韵融为一体。

上海华东建筑设计院中标的雅加达电视塔是备受印尼政府重视的大型工程项目，在半圆形的基地上，布置了一个造型挺拔、力度强劲的主塔，塔身由 3 根直径 13.2 米的巨柱组成的空间框架支起，塔端转换成单筒体，顶部是电视发射天线，塔高 558 米，比世界最高的多伦多电视塔高出 5 米。作者在技术性的建筑中追求艺术性，通透的塔身、层次丰富的塔基和裙房，均反映出热带建筑所特有的轻巧、灵通，有较浓的印尼建筑风格，并自然地融合到郁郁葱葱的绿色环境之中。

参加援外建筑设计的建筑师，是国内有经验的建筑师，所用的材料、技术和设备也是国内较先进的，因而建筑作品整体水准基本反映国内建筑师的较高水平。当前，国内建筑市场大于国外的市场，外国建筑师进入市场的势头远远大于占领外国市场的份额，现在已经进入了一个真正进行国际竞争的时刻。

建 筑 师	建筑名称	设计年代
布正伟	阿拉伯叙利亚共和国哈玛棉纺厂厂前区建筑	1967
蔡镇钰	毛里塔尼亚伊斯兰共和国成衣厂	1974
	毛里塔尼亚国家体育场	1983
	扎伊尔人民宫	1967
柴裴义	扎伊尔卡马尼奥拉体育场	1976
	加蓬民主党部大楼方案	—
陈登鳌	越南国会大厦方案	1960
	巴基斯坦卡拉奇文化中心国际展览会展览馆	1964
	几内亚人民宫	1967
	阿拉伯也门国际会议大厦	1979
陈璜、蒋炎	缅甸国家剧院	—1990
陈世民	加拿大蒙特利尔枫华苑	1988
	日本奈良文化村	1987
陈玉华	塞拉利昂西亚卡·史蒂文斯体育场	—1979
程泰宁、叶湘菡	加纳国家剧院	1985
	马里会议大厦	1987
	日本奈良文化村剧院方案	1992
戴念慈	斯里兰卡国际会堂	1964
	驻加纳大使馆	1964
戴复东	波兰华沙英雄二战纪念物国际竞赛	1957
	美国纽约 Staten Island 植物园"思退庄"设计	1983
项祖荃等	贝宁科托努体育中心之体育馆	
方鉴泉、倪天增	贝宁人民共和国友谊体育场	1982
冯钟平	古巴吉隆滩胜利纪念碑国际竞赛方案	1963
	美国圣路易斯老年人居住与活动中心总体规划及设计方案	1986
	日本北海道登别溪谷山庄庭园设计	
龚德顺	蒙古总工会疗养院	1959
	蒙古人民共和国百货大楼	1960
	蒙古政府大厦扩建工程	1960
	蒙古人民共和国乔巴山宾馆、官邸	1960
	古巴吉隆滩胜利建筑国际竞赛方案	1963
何玉如	南也门技术学校设计	
	驻南也门使馆	1967
黄建才	泰国曼谷"城"度假宾馆	1981
黄 薇	马达加斯加体育馆	1989
黄元浦	也门驻沙特武官住宅	1982
	也门萨拉商业中心	1982
	阿联酋沃培德高层公寓设计方案	1983

建 筑 师	建 筑 名 称	设计年代
蒋仲钧	苏丹旅馆	1963
	柬埔寨玻璃厂	1963
	吉布提体育场	1986
黎卓健	赞比亚四省中波广播发射台建筑	1977
	赞比亚卡布伟纺织厂生活区规划及单体建筑设计	1978
	斯里兰卡"瑞士酒店"旅游旅馆	1982
李海南、张令名	科特迪瓦共和国剧院	1992
李青云	摩洛哥综合体育中心	1977
林乐义	蒙古乌兰巴托跨线公路桥工程	1957
	驻波兰大使馆	.
刘 力	突尼斯青年之家	1985
刘福顺	毛里塔尼亚青年之家	1968
	毛里塔尼亚文化之家	1968
饶维纯	毛里求斯岛北机场航站楼设计方案	1975
单可民	桑给巴尔姆柯阿尼医院	1968
	摩洛哥综合体育中心	1977
	叙利亚体育馆	—1979
	尼日利亚国家奥林匹克体育中心设计方案	1997
佘峻南、莫伯治	驻泰国、希腊、塞浦路斯、挪威大使馆	
	澳大利亚布里斯班城设计方案	
	加蓬卫生中心	
孙先本	肯尼亚国家体育综合设施运动员宿舍	1981
汪定曾、陈植	苏丹民主共和国友谊厅	1971
王天锡	巴基斯坦文化综合设施	1978
	塞拉利昂政府办公楼	1984
	瓦努阿图议会大厦	1986
魏敦山	埃及开罗国际会议中心	1984
	驻尼日利亚大使馆	1979
	驻贝宁大使馆	1979
吴德富	肯尼亚国家体育综合设施体育场	—1987
吴家琳	塞拉利昂军队司令部办公楼	—1991
项祖荃、凌本立	赞比亚联合民族独立党部大楼	1977
	印尼雅加达电视塔	1996
严星华	柬埔寨金边第一届亚洲新兴力量运动会运动村	1959
	驻朝鲜大使馆	1954
扬 芸	巴基斯坦伊斯兰堡综合体育设施	1974
杨家闻	喀麦隆文化宫	1981
高民权	巴巴多斯体育馆	1992
杨舟、秦中和	多哥共和国洛美国家体育场	1993

建 筑 师	建筑名称	设计年代
俞祖彭	斯里兰卡高级法院大楼	1986
俞 霖	德国某市政厅方案设计	1990
	德国达姆施塔特工商会总部扩建方案设计	1990
张东旭	马里共和国巴马科体育场	1995
周方中	肯尼亚国家体育综合设施莫伊体育馆、游泳馆	1979
周凝粹	塞内加尔友谊体育场	1975
周庆琳	驻阿拉伯也门共和国大使馆	1968
朱山泉	扎伊尔人民宫	1979

（二）外来作品经验超越形式

在中国土地上的海外建筑师作品，特别是高水准建筑师的作品，在改革开放近 20 年间对于建筑有强烈的影响和积极作用。从某种程度说，比外国建筑理论的引进的作用意义更为重大。

按照建设部的规定，海外建筑师在中国从事设计业务，需要与中国的设计单位合作设计，这样就大大加深了中外建筑师的相互了解，中国建筑师不但可以体会海外建筑师的建筑理念、建筑语汇、设计手法、室内装修乃至建筑技术，更重要的是这些作品摆在公众和建筑师的面前，人们随时可以看到。最早进入的几位建筑师的作品，如贝聿铭设计的北京香山饭店、建国饭店、长城饭店等，都曾起过这样的作用。

与建筑创作的大环境一样，海外建筑师在中国的活动也可以分为前、后两个 10 年。1980年代，主要以满足旅游要求的旅馆建筑为龙头，合作设计了许多高级的旅馆项目。以北京为例，此间由海外建筑师独立设计或合作设计的旅馆项目 20 多个，有 7 个被评为五星级。除了已经提到的，还有香格里拉饭店（1986 年）、长富宫中心（1989 年）、王府饭店（1989 年）等。1990 年代，项目的类型逐步扩大到办公楼、商业、医院和公寓等，如北京国贸中心（1989 年）、京广中心（1990 年）、京城大厦（1990 年）等，这些建筑长期保持着北京建筑的最高纪录。

邓小平南方谈话之后，房地产业迅速崛起，国内外的开发商积极寻求投资合作的机会。海外的投资商，为了取得更多的回报率，寻求海外有开发经验的设计事务所，一同进入开展业务；国内的一些投资项目，出于各种原因，例如为增强售楼的号召力、较高的技术含量、企业的商业宣传乃至获取其他利益的，指名或邀请海外的知名事务所参加竞赛，甚至直接委托设计。许多知名的事务所，通过大量的业务已在中国站稳脚跟。例如日本最大的事务所日建设计，自1970 年以来已经设计了 50 多个项目，加拿大的 B+H 事务所，在 1992 年专门成立了国际建筑师事务所，并在中国参与了 20 余项设计。

海外建筑师有广泛影响的设计领域首先表现在建筑超高层的突破。如上海 460 米高的环球金融中心（美国 KPF 事务所）、420.5 米的金茂大厦（美国 SOM 事务所），不但有比较先进的建筑理念，同时需要掌握难度较大的建筑设计技术；其次是大型机场和航站楼等，不但需要高超的设计技术，同时需要有丰富的设计经验，而这些是国内建筑师所不能全面掌握的；第三是超大型、综合性多功能的复杂公共建筑，例如上海大剧院和北京国家大剧院、东安市场、恒基中心等。

这些建筑样板，包含了许多值得建筑师认真学习和思考的经验。

第一是海外事务所的严格设计管理和高效率，特别是设计的市场意识。中方的合作单位，大多数是规模较大、技术水准较高的国营设计单位，在国内属于高水平。与外方相比，在决策的科学性和组织的灵活性，以随时适应变化了的市场形势，与国内以不变应万变的设计管理体制形成对照。

第二是能够在专注基本功能的前提下，提出设计观念和方法，建筑师追求个人作品的独特魅力，很少有人追逐流行风格流派与迎合"传统形式"。

第三是比较雄厚的技术实力和丰富的设计经验，突出地表现在各类超大型复杂公共建筑之中，例如超大型机场、功能复杂的大剧院等。这些正是国内建筑师所缺乏的。

第四是有些作品对当地建筑文化内涵作自己的探求，试图使设计尽量与当地的历史文脉结合，使建筑融合到当地的环境中去。

总之，值得认真学习的海外建筑设计经验，多数在建筑形式之外，例如管理、技术、设备和全新的设计理念等，而不是建筑表面形式的雕琢。

当然，海外的建筑师事务所进入中国建筑设计市场，主要是商业目的，不是来支援中国建筑创作的。所以，单位和个人也是鱼龙混杂，既有滥竽充数的，也有买空卖空的，打着海外事务所的招牌，廉价招募国内设计人员的皮包事务所。他们片面迎合迁就某些业主者，使用各种手段提高容积率、突破城市规划、不顾文物保护的不良设计，产生了许多负面影响。中国建筑师应当以清醒的头脑，对待外来的建筑师事务所。

深圳，发展中心，位于市中心区，占地 0.76 公顷，建筑面积 7.6 万平方米，由五星级酒店、高级写字楼和各种商场组成具有国际水准的现代化综合性大厦。标准平面为圆形，将高层的核心部分移至与圆形相切的位置，使得有条件形成大的空间；立面的台阶形处理，增强了体量的动势。

天津，水晶宫饭店，是天津市旅游总公司与美国美吴有限公司合资兴建，并聘请瑞士航空公司所属瑞士饭店集团管理的豪华饭店，具有国际标准的一流管理和服务水平。坐落在友谊路与宾水道相汇的十字路口，占地约 2 公顷，建筑面积约 2.9 万平方米。拥有 363 间、348 套客房、697 张床位。建筑为 7 层板柱剪力墙结构。

结合基地多水的环境，水晶宫饭店光亮简洁，两翼舒展，线条流畅，立面洗练纯净。并不用整片玻璃幕墙，而是用料纯朴、虚实相间，室内外都大量使用涂料。其玻璃的材质肌理、简洁的装饰手法、表里如一的建筑空间，赋予建筑强烈的"水晶"意匠。饭店后部是一大片水域，远景岸树葱郁、近处银光闪烁，反射玻璃与水平如镜的湖面相互辉映，反映出建筑科技的新成就和新艺术观。

图 7-218　深圳，发展中心，1992 年，香港迪奥设计顾问公司与华森建筑与工程设计顾问公司合作设计（左）
图 7-219　天津，水晶宫饭店，1988 年，[美] 吴湘建筑设计事务所，吴湘、祝狄英与天津市建筑设计院张佩生合作设计（右上）
图 7-220　天津，水晶宫饭店，临水的背面，1988 年（右下）

　　北京，中日青年交流中心，位于北京三环亮马河畔，占地 5.5 公顷，建筑面积 6.8 万平方米。该中心有 21 世纪饭店、世纪大剧院、游泳馆及友好之桥 4 部分组成。各部丰富而有象征性的体量，加以园林的手法和绿化，不但构成了美好的环境，同时形成了比较容易体会的文化内涵。

　　北京，发展大厦，位于东三环北路 5 号，建筑面积 5.2 万平方米，是现代化的出租办公楼。办公楼为将来发展成"智能化"创造了条件，在通信、办公自动化以及消防等方面体现了较高的科技水准。大空间办公自由分隔，整体建筑交通合理，室内色调明快高雅，为租户提供了高效的工作环境。

　　北京，燕莎中心，位于东三环北路亮马桥路，由友谊商店、凯宾斯基饭店、及办公公寓楼 3 部分组成。占地 4.69 公顷，建筑面积 16.5 万平方米。建筑群的构图中心是凯宾斯基饭店，虚实处理得当，顶部的康乐部分覆盖以圆形玻璃体量，有旭日东升的隐喻。地下室采用自防水混凝土，外墙以混凝土挂板，方便施工并达到天然石材的效果。

　　上海，新世纪商厦（第一八佰伴），位于浦东南路张扬路口，总建筑面积 14.4 万平方米，由一栋 11 层的百货商店和一栋 22 层的办公楼组成，高 99 米。建筑外形有竖直和水平的对比，有平缓与凹凸的对比，有材质虚实的对比，形成丰富多彩的立面；大片的实墙开有拱廊，使人联想到上海建筑的文脉。门廊围合了一个多变的空间，是城市和建筑的过渡部分。连续的拱廊和顶部的结构形成竖直和水平两个渐进的韵律，建筑细部处理和结构相结合。

图 7-221　北京，中日青年交流中心，1990年，[日]黑川纪章建筑事务所与北京市建筑设计研究院合作设计（左）

图片提供：《世界建筑》杂志贾东东

图 7-222　北京，发展大厦，1989 年，[日]日本株式会社大井组东京本社、野村不动产株式会社和北京市建筑设计研究院建筑师翁如璧等合作设计（右）

图 7-223　北京，燕莎中心，1992 年，[德]诺瓦尼曼纳公司与建筑科学研究院综合设计研究院合作

图片提供：《世界建筑》杂志贾东东

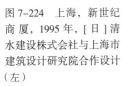

图 7-224　上海，新世纪商厦，1995 年，[日]清水建设株式会社与上海市建筑设计研究院合作设计（左）

图片提供：《世界建筑》杂志贾东东

图 7-225　上海，新世纪商厦，入口，1995 年（右）

图片提供：《世界建筑》杂志贾东东

　　上海大剧院，位于上海人民广场，占地面积 4.69 公顷，建筑面积 6.2 万平方米。大剧院设 2000 座位，能满足国际一流歌剧、舞剧和交响乐的演出。弧形屋面上是露天音乐厅，有雨可加玻璃顶。建筑采用晶莹、透明的材料，并考虑到灯光效果。

　　敦煌石窟文物保护研究陈列中心，为保护敦煌莫高窟千佛洞及其文物，日本提供资金的建设项目，旨在为研究人员提供部分研究设施。为了不破坏场地的历史及空间环境条件，选择了高 5~6 米的平缓沙丘作建设用地，并把 2 层高的陈列中心的一部分埋入沙漠之中，既可使建筑物与地形融为一体，又可使之与严酷的气候隔绝；把屋面做成石棉板和混凝土的双层屋面，可以利用早晚的固定风向促使顶棚内换气；陈列厅内布置流水式辅助性冷气设备，冬天采用炕式地板供暖；外墙的大型砖块采用沙漠上的沙子作坯料，在当地烧砖，并作花锤处理，使建筑有如沙漠中生长。

图 7-226　上海大剧院，1997 年，[法]
夏氏建筑设计事务所与华东建筑设计研
究院合作（左）
图片提供：《世界建筑》杂志贾东东
图 7-227　上海大剧院，立面细部，1997
年（右）
图片提供：《世界建筑》杂志贾东东

图 7-228　敦煌石窟文物保护研究陈列中
心，1994 年，鸟瞰，设计：[日]日建设
计与西北市政工程设计院合作
图片提供：《世界建筑》杂志贾东东

图 7-229　敦煌石窟文物保护研究陈列中
心，1994 年
图片提供：《世界建筑》杂志贾东东

（三）对引进建筑理论的观察

中国建筑师与西方建筑理论大约隔绝了 30 年，改革开放之后广大建筑师特别是高等院校师生，渴望了解这 30 年间西方建筑理论发展的状况。

早在 1970 年代之末，许多敏感的学者，在缺乏渠道、工具和出版条件的情况下，开始搜集、编写和翻译外国建筑动态和著作。如重庆建筑学院油印了一批资料集，青年教师尹培桐翻译了芦原义信的名著《外部空间设计》，在硫酸纸上手绘插图，晒成蓝图"出版"交流。1980 年代有了出版条件，建筑界有一个建筑理论与建筑历史重建的过程，例如，已经提及的经典现代建筑理论的翻译，外国建筑大师的专题介绍，规模小而意义重大的建筑文库出版，近代中国建筑史卓有成效的研究，以及后现代理论与其他理论的引进等。这些理论引进活动，是一个让人感动的进程。大量前辈学者、青年学子以及热心的编辑家、出版家，为持续地引进外来建筑理论活动作出了积极的贡献。

引进外来建筑理论的活动，大体有以下几个方向：

（1）经典现代建筑的补课——如《建筑师》杂志创刊后，许多前辈建筑师像童寯、罗小未和其他学者发表的许多文章。建筑学家汪坦主编《建筑理论译丛》的出版。系统介绍外国现代建筑师的《国外著名建筑师丛书》等。

（2）建筑创作观念的跟进——媒体上对建筑师或建筑作品个案的介绍，跟进并更新了战后国际建筑创作的观念，如实地告诉中国建筑师，一个多元化的建筑世界已经到来，中国建筑论坛也基本上跟进了国际建筑信息。

（3）风格流派与哲学引见——主要有 C. 詹克斯式"后现代建筑"的引入，"解构主义"①建筑的现身，晚期现代建筑的翻译，以及许多其他名目的流派的介绍，如"高技派""白色派""灰色派"和种种"主义"，这些都丰富了引进的内容。值得注意的是，"后现代主义""解构主义"等建筑思潮或理论的引入，都带有一些哲学色彩，这是在风格流派引入过程中的一个特色。例如后现代建筑涉及的"语言学"，"解构主义"建筑涉及的解构主义哲学（即后结构主义哲学）。还有现象学、哲学人类学、存在主义、精神分析学、结构主义等。以哲学名义的建筑理论，是个新动向，尽管有些似通非通，它还是活跃了建筑论坛。

1. 对外来理论的正面观察

（1）拨乱反正后促进确立建筑创作多元化和包容性的局面

改革开放之初，"千篇一律"是建筑创作乃至整个文艺创作的沉重现实。虽然苏联所谓社会主义建筑理论在中国的创作实践中早已显露出种种弊端，但因为这种理论有个"社会主义"的"头衔"，所以阻吓了出面质疑的声音。这时引入的外来建筑理论和作品，尽管其中有些当时看来离中国国情尚远的东西，如 POP 和高技等，毕竟出示了"多样化"可以"多"到何种程度的样板，"多样化"或"多元化"的局面，不但有理性的思想推动，更需要感性的启发。应当说，外来的建筑理论和形象，是促成这种局面诞生的"催化剂"，随着时间的推移，中国建筑界的包容性越来越大。

（2）逐渐认识到经典现代建筑在发展过程中对环境和感性等方面的缺失

当中国建筑界对经典现代建筑"补课"的时候，国际上建筑理论正在清算经典现代建筑的种种"罪状"，这是个很大的反差。这种环境，表面看是一种混乱，但正是中国读者从多元信息的筛选中，从正负两个方面认识经典现代建筑的好机会。人们终于认识到，环境和可持续发展问题，是现代建筑发展过程中被严重忽略的根本性问题。

（3）拓展了对建筑理论的哲学思考以适应建筑日益复杂化

自然科学和社会科学二者的发展，相互鼓励相互促进，自然科学的新成就为哲学思想打开思路，社会科学的新哲学思想，又可以为自然科学提供思想武器。建筑师的创作，在很多情况下的确是一个闪烁着哲理的思考过程，把哲学家新的思想方法引入建筑创作，不但可以丰富建筑理论，无疑还会大大深化建筑作品的内涵。语言分析的方法引入建筑创作，将建筑创作与文

---

① 在国外的相关文献中，在绝大多数情况下用 deconstruction in architecture 来表示"解构建筑"或"建筑中的解构"，而"解构主义"另有一词 deconstructionism，很少出现。

学创作相比较，将会大大拓宽建筑构思和艺术手法；"解构"哲学对文学创作和文学批评的"解体批评"①，是具有现代精神的思想和方法。在当今社会对建筑要求越来越复杂多变的条件下，建筑师借助哲学方面的思想方法，不失为应付新任务的新手段之一。

（4）计算机辅助设计大大促进建筑设计和表现手段现代化

1985年前后，关注发达国家正在蓬勃发展的计算机辅助设计技术，对建筑师具有革命性影响。1990年代以来，计算机辅助建筑设计在建设大潮中迅速在全国设计单位普及。起初着重绘图，各大设计单位纷纷"扔掉图板"，进而是对建筑设计活灵活现的表现，一直达到当今的部分"智能化"。它的多方面意义，至今还难以评估，例如对建筑教育的影响。

2. 外来理论的负面响应

这次对国际建筑理论的引入，完全没有官方的倡导，可以说是建筑界的自觉、自主。因而，中国建筑师对此做出的响应，也是真实而客观的。像任何事物的两面性一样，这次引进也表现出不能忽略的负面响应。

（1）建筑理论晦涩和异化

著名哲学家多数是所谓"公共知识分子"，所研究的问题，往往针对重大社会问题发言。哲学和建筑学之间的学科界限，汉语和英语的语言差异，加之学界缺乏研究的积累，使得哲学理论和建筑理论之间总是"两张皮"。涉及哲学的论述，常常是"晦涩难懂""高深莫测"。高等院校的一些学位论文，也经常出现这样一些"高深"的段落，以显示理论水平。这样，建筑理论就发生了"异化"，即建筑理论的非建筑化，中国建筑理论的非中国化，进而导致建筑理论的非社会责任化现象。致使这类建筑理论的介绍和研究脱离国情现实，脱离建筑实践，脱离人民的生活。

（2）理论片段支持建筑片段

进入1990年代以后的建筑设计市场，夹杂着泡沫的建筑设计任务层出不穷，尽管设计单位数量激增，设计任务始终难以按正常周期应对。由于新兴的业主和一方长官们，对建筑设计提出特殊的甚至是远离实际的"先进"要求，建筑设计市场不需要建筑理论，只要建筑"样本"提供的建筑片段和可供当作说辞的理论片段，以表示"与国际接轨"。

（3）常吹不衰的欧陆风情

以西洋古典建筑为蓝本的"欧陆风情"长吹不衰，起初基本上是一种房地产的商业号召，后来发展成官方建筑需求，那就不是简单的现象，尽管不是多数。西洋古典建筑的艺术魅力是永恒的，历数无数的建筑批判活动，大体没受到冲击。但是，西洋古典建筑形式也像大屋顶一样，不是当今社会随处可用的，更不应该成为拿外国式样装自己门面的东西，尤其是失去水准的模仿，效果很负面。形成对照的是，学校早已取消了学习西洋古典建筑的课程。

---

① 在文艺界 deconstruction 翻译成"解体批评"或"消解"，更贴近该词的内涵。

五、迎接 21 世纪的花束

　　1990 年代后期，适逢"亚洲金融风暴"，许多亚洲国家和地区的经济，遭遇萧条，而中国经济依然稳步发展，"世纪末"的建筑设计，也不像业内许多人士所说已陷入低潮，这是因为：第一，国家并没有采取诸如"调整""下马"之类的减速措施。相反，即使受到亚洲金融危机的影响，中国政府正在以空前的魄力"拉动内需"，为开发西部作准备的公路、铁路等交通建设，以空前的规模在进行；第二，建筑市场也可以说是正常的，有信誉的设计单位工作依然饱满，市场规律在给过多、过滥的那些设计单位上课；第三，住宅的规划、设计和施工可以说已经起飞，且不说建设数量空前，住宅作为提高生活质量的商品，已经彻底走向"人本主义"和"买方市场"。

　　作为"世纪末"的 1999 年，建筑活动有许多好"兆头"：中国西部昆明市的世界园艺博览会，正在向世界报春，这个身居中国内地的省份，也在面向世界"文化搭台""经济唱戏"，预示着"西部大开发"的世界含义；中华世纪坛作为一个象征，人们站在这里总结中华民族的历史并展望未来。还有许多值得记叙的建筑活动在 1999 年完成。

　　但是，1999 年最令人瞩目的是首都国际机场新航站楼的落成和国家大剧院方案的征集，如果我们再把这两个最大的交通和文化建筑联系起来，会有令人鼓舞的象征意义。

　　规模极大的国际机场新候机楼，继续敞开了中国对外开放的大门，它可能是 20 世纪中国规模最大、建筑功能最复杂、设计难度最大、设计理念要求最新的公共建筑，用它来小结 1999 年乃至近 50 年来的建筑观念、建筑艺术和建筑技术，将是恰当的。

　　以设计机场建筑见长的法国建筑师安德鲁，所提供并被选中作为实施方案的国家大剧院方案，其圆浑浑的造型，和周围的谁也没有关系，它是继改革开放之初贝聿铭的香山饭店之后，国际建筑大师对中国建筑观念的又一次冲击，在中国已经改革开放约 20 年的日子，建筑观念又有一些突破，这不能不是未来中国建筑有希望的开端。

图 7-230　昆明，世界园艺博览会，中国馆，1999 年，建筑师：　图 7-231　北京，中华世纪坛，1999 年
云南省建筑设计院张军、周永材、饶维纯
图片引自：《当代中国建筑艺术精品集》，1999 年，184

（一）首都航站楼总结新意识

首都机场航站楼的3次建设历史，包含着中国建筑设计进步的历程，充分显示出设计规模、能力和水平的发展。

新航站楼的设计，除了流程部分为加拿大B+H建筑设计事务所进行调整设计外，其余各专业均为北京市建筑设计研究院设计，因而在一定程度上具有设计能力的代表性。首都国际机场航站楼可以说有三代，他们的主要指标列在表7-5中。三代候机楼在规模上的变化可以说是惊人的。

首都航站的三代候机楼比较　　　　表 7-5

建设年代	建筑名称	建筑面积（万平方米）	年吞吐量（万人次）	高峰人次人次/时	停机坪位	停车位	造价（万元）
1958	首都民用机场航站大楼	1.1				400	198
1979	首都国际机场航站楼	5.8	30	1500	20		
1999	首都国际机场新航站楼		3500	12200	36	5171	92000

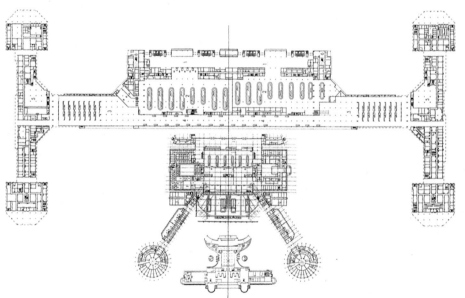

图7-232　二代首都机场航站楼同一比例首层平面的比较
图片引自：《建筑学报》1999年12期，26

图7-233　首都民用机场航站大楼，1958年，建筑师：北京工业建筑设计院（今中国建筑设计院）许介三

图 7-234　首都国际机场航站楼，1979 年，建筑师：北京市建筑设计研究院刘国昭、倪国元、孙培尧等

图 7-235　首都国际机场新航站楼，1999 年，鸟瞰，建筑师：北京市建筑设计研究院马国馨、马利

除了从规模上感受航站楼的设计难度之外，还应看到建筑所体现的中国建筑的主管者、使用者和设计者，改革开放 20 年来建筑观念的进步。

1. 着力于技术创新

综观近 20 年的建筑成果，形式上的创新远远重于技术方面的创新。机场航站楼有复杂的技术要求，客观上提供了技术创新的机遇。比如，为保证旅客人流流线的准确、迅速和安全，需要先进的智能设备系统的支持；在物流的处理上，为保证行李流线的准确、迅速和安全，需要先进的行李分检系统；旅客进出空港所需要的种种资讯、安检、监控、防灾等系统，都是建筑师所应当尽心关注的，建筑师再也不能仅仅关注立面上的创新，而是精心处理新型技术所带来的种种建筑问题，这应该是建筑师促进建筑进步的又一个重要方面。

2. 对体现北京特色的宽容

大型交通建筑一向被认为是城市的"大门"，在北京还要加上"古都风貌"，不久以前完工的北京铁路西客站，就是这种观念的代表性产物。新航站楼建筑的平面呈"H"形，建筑南北总长 746.4 米，东西指廊总长 341.8 米，即使中央大厅，面宽也有 338.8 米（进深 120 米）。这样的建筑体量，任何传统的屋顶、台阶或亭台楼阁都派不上用场。主管者只得退而求其次，选择"时代性"，利用现代建筑材料和结构方式，求得简洁明快的艺术效果。客观上，如此大规模、现代化的机场航站楼，在总体上舍弃"传统"或"地方"特色的表现，也是合理的。实际上，航站楼给人这样一个信息：北京最大的建筑竟然没有通常一定要具备的传统和地方特色。联系到在北京市中心的国家大剧院也没有丝毫"传统"或"地方"特色，这些起码预示了中国主流建筑观念大变革的前奏。

3. 人本意识的确立

以人为本，是建筑的无可置疑的目标，在现实的设计过程中，或因经济条件的局限，或因认识方面的原因，甚至因为等级观念，使得这个目标竟在现实中成了问题。改革开放以来，以人为本的设计观念，得到了重申和贯彻，不但在住宅，也在公共建筑之中。

旅客在这样庞大的航站楼中行动，建筑师应格外注意人在过程中的舒适方便。建筑在交通设施方面，设电梯51台、自动扶梯63部、自动步道26条；还设置了公共厕所38处，公用电话近400个等所需要的一切设施。为残障人士提供专门的交通和服务设施，如盲道和专用厕所等。同时，利用各种技术手段，突出旅客想要知道的信息，如广播系统有276个功效、5805个音箱。当然还有那些为服务人员使用的种种高效设施。人本意识，将在未来的建筑创作中越来越突出。

4. 可持续发展意识的融入

可持续发展意识，是1990年代以来全世界的共同课题，但如何在创作实践中具体实施，尚需努力探索。航站楼在设计中积极地融入了可持续发展的意识，如采用合理的能源，提高设

图 7-236　首都国际机场新航站楼，东侧候机厅，1999年，建筑师：北京市建筑设计研究院马国馨、马利

图 7-237　首都国际机场新航站楼，2层入口，1999年，建筑师：北京市建筑设计研究院马国馨、马利

图 7-238　首都国际机场，停车楼，1999年，建筑师：北京市建筑设计研究院马国馨、邵韦平、刘杰、唐雁

备的节能效率，控制超大厅堂的空间体积，控制外墙的玻璃面积，注重保温隔热等。同时还采用某些可以再生和循环使用的大量金属内外墙板、吊顶和柱面，以便按建筑材料的寿命结束时，可以翻新使用或安全处理。这座建筑虽然算不上完美的可持续发展的建筑，但在这样一个巨大的公共建筑中，努力贯彻这一原则，已具有一定的示范作用。

（二）国家大剧院预示新观念

国家大剧院的设计竞赛，不但震动了中国建筑界，而且震动了北京的普通百姓。1989年7月当竞赛方案在中国革命历史博物馆展出时，展厅拥挤得水泄不通。

1. 源头

国家大剧院本是1958年"十大建筑"项目之一，当年曾组织国内的许多设计单位和院校进行过设计竞赛，清华大学青年教师李道增（时年28岁）带领毕业班学生参赛方案被选中，后经集体创作和协作完成方案，1959年7月完成施工图。剧院观众厅3000座位，平面呈马蹄形。外观接近西洋古典建筑形式，与人大会堂十分协调。后为财力所限，又逢3年困难时期，大剧院下马，但筹建工作一直继续到1963年，成为国家的一个未了心愿。

1980年代末至1990年代初，文化部报告要求建设国家大剧院，具体内容比过去有所增加，并进行了可行性研究和试作方案，估算投资10亿人民币，但项目也没有继续进行。1996年3月，全国政协委员递交了"国家大剧院工程该上马了"的大会发言，1997年3月，39位政协委员联名提案，吁请保留国家大剧院原来选址并促请工程尽快上马。1998年中共召开十五大之后，为加强精神文明建设，加大文化建设项目的投资，政府决定工程上马，地址不变。

1998年下半年，北京市建筑设计研究院开始制作方案，在评议方案的基础上，请参加评议的单位制作方案。12月26日，评选了7个方案。国务院总理朱镕基指示国际招标。

剧院基地位于北京长安街南侧、天安门广场的人大会堂西侧，东西224~244米，南北166米，用地范围7.61公顷，建筑用地面积3.89公顷，其余为城市绿化。沿西长安街的建筑高度控制在30米，局部可适当提高，但不得超过45米。国家大剧院由歌剧院、音乐厅、戏剧场、小剧场等4个不同类型的剧场组成，并有相应的配套设施，总建筑面积12万平方米，投资约20亿元人民币。

北京市市委书记、市长贾庆林为国家大剧院建设领导小组组长，成员有：胡光宝、何春霖、马凯、曾培炎、刘忠德、孙家正、俞正声、楼继伟。由文化部、建设部和北京市代表组成业主委员会，北京市政协副主席万嗣铨担任该委员会主席，文化部副部长艾青春、建设部总工程师姚兵任副主席，三方面各派人员担任委员，共6人。

1999年4月13日举行了建筑设计方案竞赛文件的发布会，至7月13日第一轮竞赛结束，参赛单位33家，其中16个国内单位（包括香港4家）。7月19日—26日，在中国革命历史博物馆举行了公开展览，参观者4万余人，1万多人填写了意见表，盛况空前。

图 7-239 北京，1958 国家大剧院方案，1958 年，建筑师：清华大学李道增
图片引自：《建筑学报》1960 年4 期

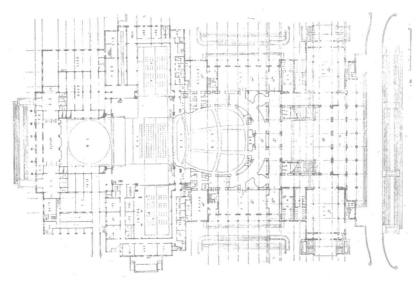

图 7-240 北京，1958 国家大剧院方案，1958 年，首层平面
图片引自：《建筑学报》1960 年4 期

2. 评选

国家大剧院设计方案于 7 月 27 日—31 日进行了评选，评委会共有 11 人，主席为清华大学教授、两院院士吴良镛，委员包括 7 位国内著名建筑师、规划师、科学院院士、工程院院士及 3 位国外著名建筑师。

按原定计划，评委会将评出 3 个提名方案报国家大剧院建设领导小组，由领导小组确定中选方案。国家大剧院设计方案评审委员会经过评审，认为全部 44 个竞赛方案中，没有一个方案能较综合地、圆满地、高标准地达到设计任务书提出的要求。

国家大剧院业主委员会主席万嗣铨说，尽管评委会未能评出 3 个提名方案，但评委们经过深入研究，多次以无记名投票方式预选，最后选出了 5 个方案，它们的设计单位分别是法国巴黎机场公司、英国塔瑞法若建筑设计公司、日本矶崎新建筑师株式会社、建设部建筑设计院、德国 HPP 国际建筑设计有限公司。评委会建议对上述 5 个方案给予充裕的时间，再进行一轮新的设计创作，保持原有独特的优点，努力改进存在的缺点，希望能够产生全社会所喜爱的、为世界所瞩目的新的建筑精品。

根据多方面的意见，业主委员会决定再邀请 4 家设计单位参加第二轮竞赛，它们是北京市建筑设计研究院、王欧阳（香港）有限公司、清华大学、深圳大学。第二轮竞赛从 8 月 24 日开始，竞赛截止时间为 11 月 10 日。

万嗣铨还向新闻界公布了评委会的评审报告。评委们在报告中提出，国家大剧院的设计必须综合地满足设计任务书上的基本要求，设计造型上要考虑如何与周围环境结合，而又"和而不同"富有鲜明的个性，表现出既具有民族文化特色又有时代精神；既具备庄重典雅而又亲切宜人；既具有开放性便于群众交往又利于运营管理；既能选用先进的技术又能保证建设与长时间使用的经济合理性等。国家大剧院是最高表演艺术中心，全世界都在注视着它，期望着一个能够展现新的面貌、预示未来发展方向的高水准的方案问世。

3. 议论

国家大剧院的第一轮评选，在建筑界掀起了一个活跃的议论高潮，许多建筑师、学者参加座谈会发表文章，以开放的姿态畅谈自己的意见。大家一致认为世纪之末能够展开这样一项国家级的工程而感到鼓舞，热情地对国内外同行的众多方案发表议论，同时也对大剧院牵涉到的许多方面进行了评论。

有的针对设计任务书提出意见："设计要求中反复强调的多是对建筑形式设计的要求。而对于建筑内容、功能、科学技术、特别是视听质量、使用方式、使用对象——建筑主人的特殊性则缺少说明……"[1]

"大剧院应该是什么样子，业主说，应该一看就是中国的、北京天安门附近的、剧院的建筑。要求十分空洞，洋溢着中国式的幽默。美国一位参赛的青年建筑师说，必须把业主的要求全然置于脑后，方能做出方案。正因为这种空洞的无法捉摸的要求大可不必当真，才为建筑留下了可以自由驰骋、百花齐放的余地。"[2]

有的认为"虽然所展方案在建筑功能、造型方面体现了强烈的空间追求和建筑语言的探索，但与作为中国最高艺术表演殿堂的象征，人民群众希望大剧院能与悉尼歌剧院媲美的心理期待相比，还有较大的差距"。[3]

这种讨论的实际意义在于建筑师关注自己的创作环境，青年建筑师贺承军在一篇题为《国家大剧院方案面向北京市民》的文章中说："国家大剧院凝聚了浓烈的意识形态因素，即国家的、民族的、甚至时代的要求，对于这个未出现的空间与场所，已经作出了强烈的暗示。"

来自南方的建筑师群体，对北京的建筑，发出了深深的质疑。

置疑之一：我们是否具备了评审国家大剧院的条件？

置疑之二：新的国家大剧院会不会成为一个普通百姓难以涉足的场所？

置疑之三：国家大剧院当然不可避免地和"国格""雄伟"等联系在一起……困扰建筑界数十年的"民族形式"可能依然会对国家大剧院的方案竞标与评选产生困扰。

① 谷思. 后"迷茫"之后——从国家多见于设计要求说起 [N]. 建筑报，1998（6-2）：7.
② 曾昭奋. 大剧院设计和使用的民主性 [N]. 建筑报，1998（9-22）：7.
③ 陈鸿章. 为国家大剧院"号脉" [N]. 建筑报，1998（9-22）：7.

"有哪座建筑以这种方式引起这么广泛的关注。这个现象，反映建筑界和全社会产生了对'什么是真正的好建筑'这一问题的兴趣，它可能对建筑界提高建筑设计品质，提高城市建筑的素质产生极大的后续影响。而在此之前，对前三门建筑、长安街建筑系列、北京西站和清华大学建筑系馆的讨论与批判，可算是建筑民主化与多元化思潮的有影响的前奏。"[①]

无论如何，在建筑师的心目中，国家大剧院具有总结 20 世纪建筑并开创新世纪的意义，人们在期待着国家意志的选择，从这种选择中建筑师可以判断或预测他们在下一个世纪的工作环境。

4. 定案

国家大剧院的方案评选工作，前后历时一年零四个月，参赛方案 69 个，国内（包括香港）32 个，国外 37 个，经过两轮竞赛和三轮修改，在激烈的观念交锋中，确定了法国巴黎机场公司建筑师安德鲁的方案。

这是一个十分独特而有创造性的方案，完全冲破了人们的预料和想象，特别是作为国家意志的选择，它的实施将对中国 21 世纪的建筑创作发生重要的影响。

图 7-241　北京，国家大剧院，1999 年—，鸟瞰，建筑师：[法] 巴黎机场公司安德鲁
图片引自：《建筑学报》，2000（1）：20.

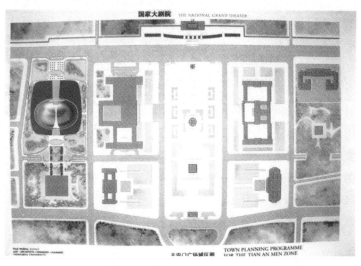

图 7-242　北京，国家大剧院，1999 年—，总平面图
图片引自：《建筑学报》，2000（1）：20.

---

① 贺承军. 国家大剧院方案面向北京市民 [N]. 建筑报，1998（7-28）：7.

方案设想，人民大会堂以西、历史博物馆以东，作为城市绿化公园，一直延续至前门，实现对天安门广场的绿化包围，大大地改善广场周围的小气候；建筑体型大体上为扁椭圆形，形象不很强烈，以轴线关系与周围的建筑协调；钛金属板的巨大体量放置于水中，观众经过透明的水下长廊进入剧院，头顶水波，感受神奇。体量上开启优美曲线的天窗，与金属屋面合成一个具有张力的整体。

图7-243　北京，国家大剧院，1999年—，透视效果图
图片引自：《中国国家大剧院建筑设计国际竞赛方案集》，2005：55.

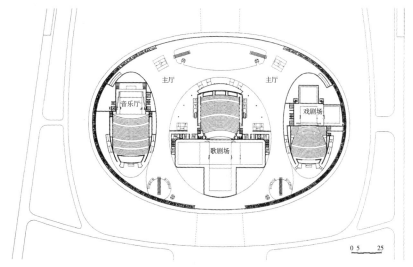

图7-244　北京，国家大剧院，1999年—，首层平面
图片引自：《建筑学报》，2000（1）：20.

图7-245　北京，国家大剧院，1999年—，北大厅效果图
图片引自：《中国国家大剧院建筑设计国际竞赛方案集》，2006：61.

图7-246　北京国家大剧院设计竞赛第一轮，北京市建筑设计研究院方案之一
图片引自：《中国国家大剧院建筑设计国际竞赛方案集》，2000：90.

图 7-247 北京国家大剧院设计竞赛第一轮，建设部建筑设计院方案

图片引自：《建筑学报》，2000（1）：27.

图 7-248 北京国家大剧院设计竞赛第一轮，清华大学方案

图片引自：《建筑学报》，2000（1）：26.

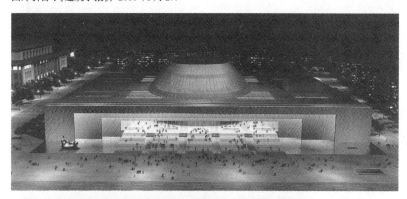

图 7-249 北京国家大剧院设计竞赛第一轮法国巴黎机场公司 101 方案

图片引自：《中国国家大剧院建筑设计国际竞赛方案集》，2000：78.

图 7-250 北京国家大剧院第二轮上报候选二方案之一，塔瑞·法若建筑师事务所（英国）和北京市建筑设计研究院合作

图片引自：《中国国家大剧院建筑设计国际设竞赛案集》，2000：65.

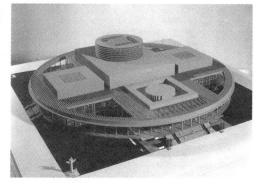

图 7-251 北京国家大剧院第二轮上报候选二方案之二，清华大学和法国巴黎机场公司协作

图片引自：《中国国家大剧院建筑设计国际竞赛方案集》，2000：73.

5. 观念

对比一下外国建筑师与中国建筑师的基本创作观念是非常有趣的。

中国建筑师的方案多数都按照任务书要求工作，体现与周围环境的协调、体现中国传统建筑形式作为首要的问题对待。这是延续了几十年的中国主流观念，其主要的手法是模仿周围、模仿过去，我们经常对此归结于中国具有数千年文明史和丰富的建筑传统。

法国、意大利等国也是同样具有悠久历史文明的国家，其建筑传统的丰富程度绝不在中国之下。他们的作品，大多具有强烈的个性，很少模仿周围或重复自己。面对设计任务书中如此之多的"既要如何，又要如何"等对传统和协调的要求，他们用"如果怎样，宁可怎样"来交卷。西班牙评委鲍菲尔说如果选不到一个历史延伸的好方案，宁可要一个前卫的。安德鲁甚至对接

图 7-252　北京，国际建协（UIA）20 届世界建筑
师大会会标与会场人大会堂入口

图 7-253　北京，国际建协（UIA）20 届世界建筑师大会在人大会堂
隆重开幕

见他的中国驻法大使说：“我就是要割断历史”。①

我们很难说东西文化观念孰先孰后，但明白这种文化差异是十分必要的，按照中国人的思维方式，东西方文化的结合为最高的境界，希望这种结合不是两者的折衷，使各自失去自己的特色，而是兼得，是创造。

中国建筑师有许多理由容纳这个实施方案，不论从交流、欣赏甚至从"反面教材"的角度。

（三）国际建协大会的新方向

1. 八年争办

1999 年 6 月 23 日—26 日，国际建协（UIA）20 届世界建筑师大会在北京人民大会堂隆重开幕，来自世界各地的 6000 多位建筑师和学生参加了大会，这是世界建筑师的盛会，更是中国建筑师的盛大节日。

国际建协成立于 1949 年，是代表 100 多个会员国和 100 余万建筑师的全球唯一的国际性建筑师组织。自成立以来，即关注社会的重大课题，以为人类营造美好的生活环境为己任，在三年一度召开的世界建筑师大会上，都提出一个深刻的主题，成为建筑师和国际社会所关注的热点，第 20 届大会的主题是"21 世纪的建筑学"。

申办在中国召开建筑师大会是几代建筑师的愿望。1985 年，第一次申办，历经 1988 年和 1990 年直到 1993 年第四次申办，6 月 17 日—21 日，国际建筑师协会（UIA）第 18 次大会和第 19 次代表会在美国芝加哥举行。中国建筑师代表团参加了大会，周干峙再次当选为理事。会议期间，中国建筑学会代表团经过同韩国、菲律宾、土耳其、德国等 5 国激烈竞争，以压倒多数票获 1999 年在中国举办第 20 届国际建筑师协会大会和第 21 届代表会议的资格。8 年申办，成

---

① 周庆林. 从国家大剧院建筑方案的国际竞赛看东西方文化的差异 [J]. 建筑学报，2000（1）：21.

功不易，自那时起，建筑学会和相关的政府部门即积极地展开了筹备工作。

政府给予本次大会以大力支持，经国务院批准，成立了 16 个部委组委会。全国政协主席李瑞环担任名誉主席，建设部部长俞正声任主席，建设部副部长、建筑学会理事长叶如棠为执行主席。

在北京人民大会堂国际建协（UIA）20 届世界建筑师大会开幕式上，大会名誉主席李瑞环发表了演讲。他指出，20 世纪是人类取得巨大进步的世纪，也是人类社会蒙受巨大灾难的世纪。他呼吁："世界范围的生态环境问题，确实十分严重，确实令人忧虑，确实值得重视。一切有责任有良知的人们，都应该行动起来，献身于认识自然保护自然的崇高事业。"

2. 主题报告

中国建筑学会副理事长、大会科学委员会主席吴良镛作了以《世纪之交展望建筑学的未来》为题的主旨报告。他在谈了 20 世纪建筑在建设上和理论上的辉煌成就之后，说到建设发展存在着缺憾。报告努力寻找下一个世纪的"识路地图"，认为改弦易辙的开始是"环境意识的觉醒"，在规划和设计中走可持续发展之路；"地区意识的觉醒"，可以吸收融合国际性文化，以创造新的地域文化或民族文化；"方法论的领悟"，使得人们认识到建筑的发展需要分析与综合相结合，倡导广义的、综合的和整体的思维，使得传统的建筑学走向广义的建筑学。[①]

美国哥伦比亚大学教授肯尼斯·弗兰普顿以《千年七题：一个不适时的宣言》为题也作了主旨报告。他分 6 个题目阐述了他的观点：

（1）建筑和社会：环境教育和专业的未来。

（2）建筑的相对独立性及其社会文化角色的本质。

（3）特大城市时代大地聚居的危机。

（4）地景形式与挽救策略。

（5）产品形式与场所形式。

（6）巨构形式与城市"针灸"。

这两个报告都是谈论当今世界建筑和城市面临的迫切问题，也都吸取了国际同行的智慧，吴良镛的报告更具普遍性，弗兰普顿更具有个人色彩。

3. 北京宪章

国际建协第 20 次大会在北京所通过的《北京宪章》是一个伟大的、划时代的文献，也是中国建筑师的骄傲。

《北京宪章》共分 4 章，（1）"认识时代"；（2）"面临挑战"；（3）"从传统的建筑学走向广义建筑学"；（4）"基本结论"。《北京宪章》总结了 20 世纪国际社会的发展和破坏以及此间建筑学的进展；论述了当今世界面临的种种挑战，21 世纪建筑学的发展方向。

---

① 吴良镛. 世纪之交展望建筑学的未来——国际建协第二十届世界建筑师大会主旨报告.

4. 分题报告

按照大会的主题，在主旨报告之下，设立了6个分题报告，分别由中外的建筑师、学者在会上报告，他们是（表7-6）：

分题报告的类别   表7-6

分题报告	报告人	外国报告人
建筑与环境	朱文一（清华大学）	Nicolas Grimshaw（UK）
建筑与城市	吴志强（同济大学）	Nils Carlson（Sweden）
建筑与技术	夏义民（重庆建筑大学）	Thomas Herzog（Germany）
建筑与文化	曾坚（天津大学）	Bruno Stagno（Costa Rica）
建筑学与职业精神	张钦楠（建筑学会）	James Scheeler（USA）
建筑教育与青年建筑师	仲德崑（东南大学）	Alexander Kudryavtsev（Russaia）

这些报告，从专门的国际角度和不同的侧面，阐述了20世纪建筑的发展和21世纪建筑学的展望。

中国建筑界提出的主旨报告和分题报告，是改革开放以来最重大的建筑理论工程，也是中国建筑理论水准的全面展示。主旨报告和分题报告的拟订过程及其发表，不但澄清了一个阶段建筑界在建筑理论方面的混乱，同时也为未来建筑理论的发展指明了正确的方向。

5. 精品集锦

在世纪交替之际，对20世纪的建筑作品作出总结和评价是有意义的事情。在国际建协的支持下，组织编纂了10卷巨著《20世纪世界建筑精品集》。该书的主编是美国哥伦比亚大学教授肯尼斯·弗兰普顿，副主编是中国建筑学会副理事长张钦楠，并负责具体运作。10卷《20世纪世界建筑精品集》，是按照10个地理区域分配的，其中包括：加拿大和美国、拉丁美洲、北中东欧、地中海沿岸、中东、中南非洲、俄罗斯和独联体、南亚、东亚、东南亚和大洋洲。由各地区的知名建筑师和评论家投票选出本地区代表性作品100项，共选定了作品1000项。这些项目，比较全面地反映出本地区各个年代的建筑创作趋势和建筑文化成就，并鲜明地反映出各种建筑文化的碰撞及其交融，具有很高的学术价值和信息量。

6. 设计竞赛

作为本届大会的组成部分，会议之前举办了一次重要的建筑系专业学生的设计竞赛。竞赛的题目是"21世纪的城市住区"，56个国家的701个设计小组报名，实际送交的方案446个，其中，西欧区83个。在历史文化古城西安进行了评选，有20个方案中奖。清华大学Zhao Liang，Wang Yao，Prey Laws获联合国教科文组织大奖，北京建筑工程学院、东南大学、重庆建筑大学、青岛建筑工程学院、西安建筑科技大学等学校均有学生获奖。

7. 各种展览

本届大会举办了12项多种多样的展览活动，官方、民间从不同角度展示了大会的主题和中国独特的建筑文化。其中有：大会主题展；中国建筑展；UIA/UNESCO 大学生建筑设计国际竞赛获奖作品展；当代中国建筑艺术展；国际建协各会员国学会及工作组建筑展；中国国际建筑新材料、新设备、新技术展；中国古建筑照片展；中国建筑画展；新世纪的家园——中国儿童画展；中国古代建筑展；中国古代陶瓷、瓦当、封泥、画像砖展；中国古代建筑门窗及陈设展等。

国际建协（UIA）20届世界建筑师大会在北京召开，把世界建筑师接到北京，也把中国建筑师展示给世界，面对面的交流，使得人们掀去了建筑媒体在中国和世界之间制造的无形纱幕，彼此看得更加真切，尽管也看到了一些缺点，但可取之处也更加分明，中国建筑师所处的历史时期及其使命，迫切需要这种交流。对于中国的青年学子而言，这是一次难忘的经历，在他们逐渐成熟的过程中，一定会汲取这次大会的动力，将来也会为当年与明星建筑师会面时的狂热而反思。

尽管解决环境问题的权力在政府，决定建筑问题的权利在业主，建筑师关注这些重大问题依然有其实际意义，他们将及时地调整或发展自己的专业方向和内涵，为政府和业主提供最恰当的解决方法。未来中国建筑的主流应当实行《北京宪章》所指出的建筑方向。

图 7-254　吴良镛在国际建协（UIA）20届世界建筑师大会上做"主题报告"

图 7-255　国际建协主席莎拉女士（左4）、叶如棠理事长（左6）、吴良镛副理事长（左2）为"国际建协20次大会主题展"剪彩

第八章

全球化背景下的建筑应对：新世纪再启
国际视野，2000—2010 年

2001 年 11 月 10 日，世界贸易组织第四届部长级会议在卡塔尔首都多哈举行，以全体协商一致的方式，审议并通过了中国加入世贸组织的决定，一个月后的 12 月 11 日，中国正式加入世界贸易组织（WTO），成为该组织的 143 个成员。

入世后，中国经济与世界经济逐渐融合，对国际资本产生极大的吸引力。经济的高速增长和更加开放的政策，使得中国的对外贸易量也在逐年稳步上升，据海关总署发布的统计资料，2008 年中国外贸达 25616.3 亿美元，比上年增长 17.8%。其中出口 14285.5 亿美元，增长 17.2%；进口 11330.8 亿美元，增长 18.5%。贸易顺差 2954.7 亿美元，比上年增长 12.5%，净增加 328.3 亿美元。[①]

同时，我国的社会主义市场经济也面临全球化的挑战，生产力需要大幅提高，对外开放需要进一步拓宽、加深，而且要按照国际贸易规则办事。尽管还有许多不适应之处，必须全面开放、深化改革，来解决面临的问题，中国的改革开放进入了攻坚新阶段。

此前，建筑领域的改革已在逐步进行，自 1983 年 3 月建设部在济南召开全国建筑工作会议以来，我国的建筑设计体制，就逐渐开始了市场化的进程。当年 7 月，勘查设计单位开始，将国家按人头拨给事业费，改为向建设单位收费。1984 年 6 月设计单位由事业管理改为企业化经营。1986 年，国家开始对勘察设计单位施行资质管理后，集体和个体所有制设计单位，在严格资质管理的条件下，陆续建立。例如，开设个人事务所要有知名建筑师主持，以确保此类小型事务所的设计质量和信誉。最早推出的个人事务所有陈世民、左肖思、王孝雄等。同时，大量建筑设计有限责任公司、股份有限公司完成改制，中外合资或独资的设计企业也一并出现，形成国营、集体、个人、合资、外资等多种设计企业并存的局面。

建筑设计市场如何应对入世之后的局面，成为面临的新问题：中国这个世界上最庞大的设计市场，有更多的外国设计单位进入，而中国设计单位走出国门的机会，却远远不及外来的事务所。资质不错的中国设计单位，常常作为合作单位，配合外来建筑师的工作。

我国的建筑设计自身，也面临特有的挑战：第一，在号称"世界最大工地"的中国，数量如此众多的建筑作品，缺乏世界公认的优秀建筑。如何把建筑设计数量上的优势，转化为设计质量上的优势。第二，在全球化的条件下，如何使我们的建筑创作拥有独特的品质，自立于世界建筑之林。第三，随着设计商业化的日盛，如何规避不良文化沉渣的泛起。第四，如何使得现有的设计制度体系，如法律、法规，改善创作环境并与世界接轨。

---

① 数字来源于新华网 2009 年 1 月 13 日公布海关总署 2008 年我国对外贸易进出口情况统计.

一、打开新视野寻求新答案

（一）设计单位完成市场化

在一个开放和激烈竞争的建筑设计市场上，建筑设计的品牌效应和诚信效应，成为设计企业竞争的核心。大型国营设计院依然是设计市场的主力，外来建筑师选择合作单位，大体也找这类单位。大设计院有人才、技术、管理资源以及声誉的优势。但是，设计院日益扩大的规模，例如国营设计单位人数一般都数百、近千人，有的达到数千人，所带来的经营、分配以及发挥人才优势等方面的困惑，成为设计管理和建筑创作进一步发展的重要阻力，主流设计院的"工作室"体制应运而生。

这类工作室，形式多种多样，有专业性的（建筑学专业或建筑类型专业），也有综合性的（各种专业齐备），它们也像个人建筑事务所一样，由一位或数位比较有影响的建筑师为核心，大体上是自愿组成的团队，仍然以设计院的名义，进行较为独立的团队经营活动。在经济上，打破设计院"大锅饭"的分配制度，在业务上，发挥建筑师的个人积极性。更吸引人的是，一些有意实现自己创作梦想的建筑师，可以在较为宽松的创作条件下，自由地创作出一些有个性的建筑作品来。甚至，许多已经成为设计院"领导"的建筑师也乐意参与其中。

在高等院校，许多有资质的教师也积极参与到市场化之中。他们或作为个人，或也采用建立工作室的方式，不但出设计方案，同时也与设计部门合作把项目建成。此类活动，提高了教师理论与创作相结合的水平，对学生也有良好的示范作用。

设计单位的市场化改革，进一步深化了竞争机制，竞争促进了建筑的创新。可以说，进入新世纪之后，经过20余年积累的中国建筑，展开了全新的面貌。

（二）资深建筑师的新作

共和国成立后培养出来的建筑师，尽管他们的建筑设计或创作生涯有十年"文革"和一些政治运动的阻隔，但改革开放20年乃至以前，他们是中国建筑创作的主力军。进入21世纪后，这辈建筑师多数已步入老年，但仍有许多人活跃在创作第一线，为建筑创作作出自己的贡献。

这里举出部分老一辈资深建筑师及其创作活动，尽管有"挂一漏万"之嫌，但还是可以代表这一代建筑师对建筑事业的执着。虽然他们有些特殊性，例如都有很高的名望，如具有院士、大师的头衔，创作条件也相对优越，但他们在创作中所遇到的问题乃至困惑，与广大建筑师是一样或相似的，应该说，在很大程度上，是其他一些中国资深建筑师的代表，因为这一时期的资深建筑师，在创作条件上也有很大程度的改进。

关肇邺，1929年生于北京，1952年毕业于清华大学，长期于清华大学任教，同时积极参与建筑创作活动，他的代表性作品，在以前的章节里已经有所介绍。进入新世纪后，依然活跃在创作第一线，且硕果累累。

他在 2011 年出版《关肇邺选集》的前言里，用大部分篇幅谈了当代社会面临的新问题，并深刻地引申到建筑领域。他谈到"消费文化"已弥漫成风，"许多建筑宏大奢华远超彼邦"；他提出，技术是服务于使用空间之要求的，而不是为了自我表现的。我们提倡"科学发展观"，可不是"技术发展观"。科学才是进步的、全面的观念。而技术，可能提供正面的或是负面的影响，包括物质的节约和浪费以及对人们意识的滋养和侵蚀，这要看我们(包括业主和建筑师)如何去处理它了。

他还从起源上阐述了东、西文化之差异，比较了东方农耕文化与西方游牧文化的差异及其互动，指出了以中国为代表的东方文明应发扬光大之处。关于"理性主义和非理性主义"的讨论，他指出了一些建筑乱象的根源，建筑的方向还是应当遵循"适用、经济、美观"的原则。他对于大发展中出现的各种问题，给出了独立的见解。

北京，清华大学医学院，位于清华老校区之西端，离圆明园较近，在清华文物保护区范围内，限高 12 米。建筑体量做单元重复组合略呈"丰"字形，为打破限高 12 米的体量单调感，在主入口处突破了限高 8 米，做八角形穹顶，以丰富体量的天际线。医学院建筑与附近的理学院新老建设"和而不同"，红砖外墙显示其"和"，大面积的玻璃表达其不同。

西安，亚欧学院图书馆，位于亚欧学院主校门内一大片绿地的中心，用地面积 7.65 万平方米，建筑面积 1.53 万平方米。就位置而言，建筑应明显成为这一景区的主角，但从体量考虑，建筑却难以胜任。建筑师采取不规则的几何形式，在倾斜的屋面上大面积植草，与四周草坪融为一体，成为景观的一部分，而不是突出体量高大。建筑的内部组合，在中部设采光中庭，各层阅览空间均围绕中庭布置，交通方便的同时，可获得充足的自然光线。

图 8-001　北京，清华大学医学院，2001—2007 年；建筑师：关肇邺
图片引自：关肇邺.《关肇邺选集》，P28-29

图 8-002　西安，亚欧学院，2003—2006 年，设计单位：清华大学建筑设计研究院；建筑师：关肇邺、张晋芳、解霖
图片引自：关肇邺.《关肇邺选集》，P128-129

石家庄，河北博物馆，位于市文化中心区域，与河北省图书馆、科技大厦形成文化建筑群。新建博物馆位于博物馆旧馆（1970年代建成的河北省展览馆）南侧。旧馆建筑面积2.01万平方米，外面采用柱廊、浮雕装饰等手法，室内设计保留向日葵、红五星等具有典型的"文革"时代特征的装饰细部和灯具。新建部分建筑面积3.31万平方米，新、旧馆之间以采光中庭和下沉庭院相联系，在"和而不同"的原则指导下，表达对旧馆建筑的尊重。新馆与相邻的河北省图书馆相呼应，造型明朗、简洁；室内设计不事奢华，反映出河北这个"燕赵之地"文物大省的朴实民风和文化自信。

齐康，1931年生于南京，1952年毕业于南京大学工学院建筑系，这年，遇上全国高校院系调整，留在调整后的南京工学院任教。长期从事教学、科研和建筑创作，特别是改革开放以来，在南京、福建等地创作了许多纪念性建筑和带有地域特色的作品，受到广泛好评，在前面的章节中已有所介绍。

进入新世纪，创作精力旺盛，依然活跃在第一线。他在作品集《创意设计》一书中说道：我们学习了国内外的优秀作品，懂得尊重历史的传承、外来文化的引入，最后达到创新和创意。他还说，我们十分重视进程、地区、层次、活动、对位、超前的哲学思辨，使设计作品上升为一种情感，并使之成为以人为本、持续发展的一种智慧结晶。

拉萨，西藏和平解放纪念碑，位于布达拉宫南广场南端，广场规划总用地面积3.6万平方米。碑体的造型从珠穆朗玛峰的形象获得灵感，借用其高耸入云的气势，与天地同在的永恒性，用建筑化和抽象化的语汇来表达。

纪念碑底部基座高3米，采用草坡形式，让碑身有从大地生长出来的感觉。自纪念碑入口进入，向上的空间层层收缩，顶部设有天窗，创造纪念性的空间气氛。

福州，福建省博物馆，博物馆位于西湖公园内，是个集历史博物馆、自然博物馆、闽台交流中心，积翠园艺术馆和考古研究所等为一体的综合性博物馆，建筑用地5.9万平方米，建筑面积3.5万平方米。

建筑三面环水，在规划中，强调城市尺度与环境尺度相结合，既融入环境，又创造环境，期望建成西湖公园内的一座博物馆花园。自主入口的台阶起，空间序列明确，经序言厅、中央

图8-003　石家庄，河北博物馆，2006—2012年；设计单位：清华大学建筑设计研究院，河北建筑设计研究院有限责任公司；建筑师：关肇邺、刘玉龙、郭卫兵、韩梦真、楚连义
图片提供：河北省建筑设计研究院

图8-004　拉萨，西藏和平解放纪念碑，2001—2002年；建筑师：齐康；合作单位：东南大学建筑设计研究院
图片引自：齐康.《创意设计》，P94

大厅形成高潮，展厅围绕大厅布置。建筑采用抽象的福建民居飞檐，且大量并置，形成层层相叠的丰富形象。设计中，在许多部位还探索了地方建筑曲线的现代化处理。

彭一刚，1932年生于合肥，1953年毕业于天津大学，长期于天津大学任教，进行建筑设计教学、理论研究并参与建筑创作。对古典园林和聚落的研究，引出了他从传统出发追求"现代"的基本建筑思想，这体现在一系列的景园建筑和其他建筑的创作中。他有特色的作品，业已在前面的章节中有所介绍。

进入21世纪，接受了一些大型工业园、校园和纪念建筑，在传统和现代之间构建的设计思路更加开阔，在地域建筑中努力追求现代化，建筑语言也更加丰富，以适应新的建筑类型。

舟山市沈家门小学，位于沈家门岛上，建筑面积1.86万平方米，该校用地狭小且有旧建筑暂不拆除。由于当地气候湿热，为求得夏季良好自然通风，教学楼呈三合院布局。南北两翼为教学楼，取单边开敞走廊，并以一条通透的连廊把南北两楼连成一个整体。图书馆及教学楼置于建筑北侧，与教学楼有连廊连接。噪声较大的音乐、文娱等用房的综合楼，则放在离教学楼稍远的南侧。在结合海岛气候的同时，吸收江浙传统民居的特点，期望做到地域建筑的现代化。

图 8-005　福州，福建省博物馆，1997—2002年；建筑师：齐康、林卫宁、杨志疆、邓浩；合作单位：福建省建筑设计研究院
图片引自：齐康.《创意设计》，P95

图 8-006　舟山市沈家门小学，2000—2002年；建筑师：彭一刚
图片引自：彭一刚.《传统·现代·融合——彭一刚建筑设计作品集》，P210

郑州高新技术孵化器一、二期工程，所谓"孵化器"，功能接近写字楼，租给科研单位使用，不同的是，要求定期提供展出科研成果和举办相应宣传科研成果的条件。

一期工程平面呈"口"字形，取四合院布局，以求功能紧凑；为避免与一般写字楼形式雷同，门厅独立于其他部分呈卵形。正立面中部取凹曲线，留出空洞把卵形门厅嵌入其中，并采用其他相应手法，与之配合，形成有自身特点的面貌。

二期工程平面呈"U"字形，使多数房间南北向，并使立面富于变化。裙房置于主体之前，并有与一期互相联系的连廊，使两期可以共用某些功能。立面处理采取与一期近似的手法，借墙面的虚实、凹凸变化和良好的比例、尺度并取得韵律感。

南安革命烈士纪念碑，位于福建南安市南山公园南门附近，用地起伏较大，启发了整体的构思：建筑布置应为不对称格局，纪念碑宜用群碑而并非孤立的单碑做纪念建筑。

主碑为竖向，下部由3个立方体叠摞在一起，立方体间略作扭转，分别象征第一次国内革命战争、抗日战争和解放战争，各立方体有头像和年份加以标识。主碑的主体上部逐渐收分，并在略下部饰以国徽，以显纯净、挺拔、庄重。后面的横碑呈曲线，中部镌刻碑文，端部饰以巨大的烈士头像，下部镌刻烈士姓名。

程泰宁，1935年生于南京，1956年毕业于南京工学院建筑系。一段长期的曲折经历后，于1981年调入杭州市建筑设计院，长期从事建筑创作。他的部分代表作品，前些章节已经介绍。

图 8-007 郑州高新技术孵化器一、二期工程，设计单位：天津大学建筑设计研究院，建筑师：彭一刚、杨永祥、张益勋
图片提供：彭一刚

图 8-008 南安革命烈士纪念碑，主碑，设计单位：天津大学设计研究院；建筑师：彭一刚等（左）
图 8-009 南安革命烈士纪念碑，群碑（右）

进入 21 世纪，继续保持旺盛的创作精力，尤其在东南大学（即南京工学院）成立理论研究所之后，对当前建筑创作的理论问题有广泛的研究，提升了创作的理论高度。提出三个"立足"即"立足此时，立足此地，立足自己"，作为创作的立场和态度；提出三个"合一"即"天人合一，理象合一，情境合一"，作为对建筑观、建筑创作中的认识论、方法论和审美观当中比较系统的思想。他创作的种种建筑，带有江南建筑的清秀感。

平湖，李叔同（弘一大师）纪念馆，位于浙江省平湖市东湖风景区，总建筑面积 2800 平方米，其中纪念馆 1800 平方米。用地三面邻水，纪念馆突出岛外，成为景区的中心。设计采用"水上青莲"的造型，隐喻弘一大师的佛教文化背景。纪念馆面临两种尺度要求：过大会影响对整体环境感受，过小会对建筑错觉为小品，建筑师恰当地处理了建筑尺度和形象，使这件作品中的环境和建筑相得益彰。

杭州，浙江美术馆，位于西子湖畔，环境得天独厚，建筑面积 3.155 万平方米。建筑依山形展开，轮廓起伏有致，并向湖面层层跌落，期望取得与自然共生的和谐状态。粉墙黛瓦的色彩构成，坡顶的穿插，提示江南建筑的意趣。钢、玻璃、石材，强调了材质的对比，以黑色的屋顶构件勾勒轮廓，蕴含传统水墨和书法的审美韵味。

上海市公安局办公指挥大楼，位于静安区，面临城市主要干道，用地面积 3.459 万平方米，建筑面积 7.8402 万平方米。大楼共分三部分：主楼、辅楼与独立地下车库，满足公安系统复杂的功能要求。主楼采用高低层建筑相结合的布局，在高层周围留出足够空间，使周围空间得到

图 8-010　平湖，李叔同（弘一大师）纪念馆，2001—2004 年；设计单位：中联·程泰宁建筑设计研究院；建筑师：程泰宁、梁擎天、邱文晓（左）
图片提供：程泰宁
图 8-011　杭州，浙江美术馆，2004—2007 年；设计单位：中联·程泰宁建筑设计研究院；建筑师：程泰宁、钱伯霖、王大鹏、胡洋、郑茂恩、郭莉、吴健、陈渊韬（右）
图片提供：程泰宁

图 8-012　上海市公安局办公指挥大楼，2000—2004 年；设计单位：中联·程泰宁建筑设计研究院；建筑师：程泰宁、徐东平、叶湘菌等
图片提供：程泰宁

疏解。主楼的塔楼高 112.90 米，塔上部有收分，造型简洁，塔顶设直升机停机坪，控制主体建筑构图之全局。总体布局上考虑了足够的停车场及方便的出入通道和出入口，以满足公安业务迅速出警的要求。结合环境，在主楼四周、裙房屋面及内庭院布置了绿化。

四川建川博物馆·不屈战俘馆，位于大邑县安仁镇，战俘馆属于建川博物馆聚落的单体建筑之一，在馆区的东南角，四周为保留鱼塘现状。建筑师借鉴自然山石经过扭曲、断裂而发生的形态，来表达对战俘这一特殊人群的理解。馆内空间往返曲折，与简朴粗犷的混凝土墙面、顶棚，特别是与由点窗、高侧窗、小天井采光所形成的室内光环境相结合，营造了一种沉重、压抑的氛围。

绍兴，鲁迅纪念馆，位于鲁迅故里的中心位置，东接鲁迅祖居，南隔鲁迅中路步行街与三味书屋相临，建筑面积 5495 平方米。从绍兴传统建筑的院落、台门、坡顶和黑白对比的色彩中，去发掘与现代精神相契、相通之处；从现代材料运用、现代功能要求以及现代审美倾向中，去寻找与中国传统的结合点。追求"老台门、新空间，老建筑、新感觉"的设计目标。

张锦秋，1936 年生于成都，1960 年毕业于清华大学，1966 年获该校硕士学位，长期在中国建筑西北建筑设计研究院从事建筑创作，通过对历史文化名城大唐都城长安（西安）的研究，设计出了当代的仿唐建筑，前些章节已有所介绍。

进入 21 世纪前后，创作类型更为拓展。"和谐建筑"的创作思想，在实践中形成。她说："和谐建筑"的理念包括两个层次。第一个层次是"和而不同"，第二个层次是"唱和相应"。她认为：在国际化的浪潮中，一方面勇于吸取来自国际的先进科技手段、现代化的功能需求和全新的审美意识，一方面善于继承发扬本民族优秀的建筑传统，突显本土文化特色，努力通过现代与传统结

图 8-013　四川建川博物馆·不屈战俘馆，2004—2005 年，建筑师：程泰宁建筑设计研究院程泰宁、郑茂恩、胡洋
图片提供：程泰宁

图 8-014　绍兴，鲁迅纪念馆，2002—2004 年；建筑师：程泰宁建筑设计研究院程泰宁、叶湘菡、邱文晓、王峰、戴晓玲
图片提供：程泰宁

合、外来文化与地域文化相结合的途径，创造出具有中国文化、地域特色和时代风貌的和谐建筑。

延安革命纪念馆，在旧馆基地上重建，用地面积15.87万平方米，建筑面积2.9853万平方米。以彩虹桥为导向，广场、纪念馆和园区融为一体，有完整的纪念空间序列。建筑立面的开窗比较节制，营造出基本建筑体量的厚实感。正立面中部实墙、拱廊的处理，以及首层的连续矮拱连廊，有西部地区黄土高原建筑的地域特征，并可联想到当年革命者居住的窑洞建筑。立面两端的建筑处理，吸取了延安革命历史建筑的细部。该建筑有强烈的纪念性，却不失亲切感，是作者在地域建筑方面的新尝试。

黄帝陵轩辕庙祭祀大殿，位于延安市黄陵县，用地面积7.89万平方米，建筑面积1.335万平方米。项目包括：原轩辕庙的整治完善，增建祭祀大殿、大院，完善交通系统，优化周围环境。共分三院：古柏院（轩辕庙所在地）、中院和祭祀大院。这是一组国家级的祭祀建筑及场地，设计本着"山水形胜、一脉相承、天圆地方、大象无形"的原则。

古柏院保护16株古柏和10余件古碑，适当加添建筑供综合使用；中院位于两院之间，横贯东西，正中是登高4米的大型石阶，石阶两侧分列8个青铜鸿叔簋，高台左右耸立三出石阙。人们在此整衣、拾级登上大院。大院为祭祀的主要场所，可供5000人举行活动，具备

图8-015　延安革命纪念馆，2004—2009年；建筑师：张锦秋、王军、张煜旻、徐嵘
图片引自：张锦秋.《延安革命纪念馆》，P48-49

图8-016　黄帝陵轩辕庙祭祀大殿，2002—2004年，大院大殿西面全景；设计单位：中国建筑西北建筑设计研究院华夏设计所；建筑师：张锦秋等
图片引自：张锦秋.《圣殿记》，P50

祭祀所需的仪仗和环境。轩辕殿坐落在 6 米高的三层台阶上，由 36 根圆形石柱围起 40 米见方的平面，上部设矩形覆斗屋顶，中央开有直径 14 米的圆形天光，欲取得比汉代建筑更古的效果。

西安，世界园艺博览会天人长安塔，建筑面积 1.3060 万平方米，是世界园艺博览会全园有制高作用的高层建筑。鉴于园博会的性质和规划里外国建筑师作品性格，作者不采用所谓"唐代建筑风格"，更多地运用现代手法和建筑材料，塑造具有现代感和地域性的塔楼。该塔取形于木塔寺方形高塔，运用钢框筒结构，外墙为玻璃幕墙，墙外装饰以亚光不锈钢列柱支撑的似斗栱出挑轮廓的檐部结构。塔内设观光电梯和现代服务设施，并以此完成该塔通透的观光功能。

何镜堂，1938 年生于东莞，1961 年毕业于华南工学院建筑系，1965 年获该校硕士学位并留校任教至 1967 年。经过湖北和北京的设计经历后，于 1983 年调入华南工学院建筑设计研究院。改革开放以来在建筑创作上有突出的表现，其代表性作品在前面的章节里有所介绍。

进入 21 世纪后，他把自己的建筑创作观念总结为：两观——整体观，可持续发展观；三性——地域性，文化性，时代性；以及它们之间的辩证关系。据此创作了大量的优秀作品。

杭州，浙江大学紫金港校区东教学组团，建筑面积 17 万平方米。该设计遵循"现代化、园林化、网络化、生态化"的设计原则，用分别位于学校主要道路两侧的组团，围起教学空间。近水的建筑，做不同形式的亲水处理，使建筑与地形地貌完好结合。

图 8-017　西安，世界园艺博览会之天人长安塔，2009—2011 年，制高全园的塔楼；建筑师：张锦秋、徐嵘、万宁
图片引自：张锦秋.《天人古今》，P46-47

图 8-018　西安，世界园艺博览会之天人长安塔，2009—2011 年；建筑师：张锦秋、徐嵘、万宁（左）
图片引自：张锦秋.《天人古今》，P66
图 8-019　杭州，浙江大学紫金港校区东教学组团，2001—2002 年；设计单位：华南理工大学建筑设计研究院，建筑师：何镜堂、汤朝晖、刘建平、徐喆、郑少鹏、梁志超、马明华（右）
图片引自：何镜堂.《何镜堂建筑创作》，P159

一条中间主交通轴，联系起所有的功能区，设计中尤其重视交往空间的处理，各部位走廊均有局部拓宽，以利于室外活动，内外空间与大自然相通。结合"园"的概念，进行空间划分和渗透，通过架空，联系起建筑物周边的园。

南京，侵华日军南京大屠杀遇难同胞纪念馆扩建，位于原有纪念馆的东、西两侧，用地面积 7.4 万平方米，建筑面积 2.254 万平方米。内容包括扩建纪念馆（作为参观序列的铺垫）、万人坑遗址改造（序列的高潮）以及和平公园（序列的尾声）三部分。设计突出遗址主题，尊重原有建筑，塑造整体气氛。总体以战争、杀戮、和平三个概念做整体组合。

新馆避免对老馆形成压迫感，采用"体量消隐"的手法，主体部分埋在地下，向东侧逐渐升高，屋顶作为倾斜的纪念广场。园区西侧的馆藏交流区也采用化整为零的手法，新老建筑手法统一。和平公园用巨大的长条形水池将人们的视线引向水池终点的和平女神塑像。

广州，华南理工大学逸夫人文馆，建筑面积 6398 平方米。建筑群保持以院落为中心的格局，用三栋建筑围合成大小庭院，以保持"庭院深深""绿树成荫"的记忆。设计中贯彻"少一些""透一些"的原则，积极回应南方自然气候特点，如通风、透光和遮阳等方面。人文馆原址为教工活动中心，对原有空间及树木的延续与保留，在实现必要的使用功能的同时，形成一个贯穿全局的开放交通体系。人们可以通过廊道、桥梁，从东、南、北三个方向进行穿行，尽可能多的开放空间实现多元化人文交流。

王小东，1939 年生于兰州，1957—1963 年毕业于西安建筑工程学院（今西安建筑科技大学，曾名西安冶金学院和西安冶金建筑工程学院）建筑系，选择去新疆乌鲁木齐建工局设计院工作，从基层劳动做起，陆续做出许多带有新疆地域特点的作品，在内地有广泛的影响，前面的章节里已有所介绍。

2000 年成立工作室以来，摆脱了行政事务专心致力于新疆建筑文化的理论研究和创作实践。在创作实践中，他以自己的方式，对我国经济高速发展期间，由于一部分官员、业主和建筑师所表现出来较差的文化素质，以及在创作中造成的困惑，作出一个建筑师的回应。

图 8-020　南京，侵华日军南京大屠杀遇难同胞纪念馆扩建，2005—2007 年；设计单位：华南理工学院建筑设计研究院；建筑师：何镜堂、倪阳、刘宇波、林毅、姜帆、何小欣、麦子睿、吴中平、包莹
图片引自：何镜堂.《何镜堂建筑创作》，P91

图 8-021　广州，华南理工大学逸夫人文馆，2004 年，设计单位：华南理工大学建筑设计研究院；建筑师：何镜堂、倪阳、郑昊栩、林毅、孟庆林
图片引自：何镜堂.《何镜堂建筑创作》，P158

乌鲁木齐，新疆博物馆，位于阿尔泰路，建筑面积 1.7299 万平方米，为 1958 年所建新疆农业展览馆，1960 年代改为博物馆。原建筑为砖混结构，因缺乏现代设备，决定原址拆除重建。

新疆多民族、多宗教、多文化和多时空的特征，只能用"西域文明"来诠释而不是某单个民族。由多个半圆拱及圆屋顶的建筑主立面构图，表现出混沌的、非宗教的、非某一民族的、以及非特定时空的泛西域的建筑语言。外墙以灰白花岗石为主调，凸起方形石块，方格子天窗，既是一种模糊的建筑语言，又有西域空间构成的元素。

入口广场墙面的龛式空间，安置了由整块白色汉白玉精心雕刻的 6 根柱头，包括：古希腊的爱奥尼、古罗马的科林斯以及古印度、古波斯、维吾尔建筑中的柱式，还有代表中国古建筑的斗栱，象征多文化的交流。

该作品的创作过程中，经历了地点改变两次，投资和规模改变两次等变故，自 1996—2000 年做了六、七次方案，从设计到竣工时达十年。

乌鲁木齐，新疆国际大巴扎综合体，位于二道桥一带的商业区，总建筑面积 9 万平方米，规划要求是乌鲁木齐"民族风情一条街"；设计定位是"创造新疆民族建筑的精品，使其成为乌鲁木齐标志性建筑群"。

图 8-022 乌鲁木齐，新疆博物馆，1996—2005 年；设计单位：新疆建筑设计研究院；建筑师：王小东、郑扬、杨少芸
图片引自：王小东.《西部建筑行脚》，P79

图 8-023 乌鲁木齐，新疆国际大巴扎综合体，2002—2003 年；设计单位：新疆建筑设计研究院；建筑师：王小东、钟波、杨少芸、王宁、任学斌
图片引自：王小东.《西部建筑行脚》，P64

图 8-024 乌鲁木齐，新疆国际大巴扎综合体，2002—2003 年，观景塔细部
图片引自：王小东.《西部建筑行脚》，P71

　　建筑群包括：一号商业楼、二号商业楼、二层半的露天巴扎、连廊、拆迁返还的清真寺等。此外，还有一座高达 70 余米的观景塔，以及可容上千人的广场演艺场地。建筑师的研究表明，伊斯兰建筑与现代建筑相似，也是功能主导建筑空间，且有多变的几何体量、强烈的光影、砌砖工艺的肌理等，这应当是统一该大巴扎建筑群的主导原则。

面对丰富的文化遗产，作者紧紧以"新疆"为中心做取舍、简化，用伊斯兰空间构成的独特手法，如拱、圆顶、廊以及集合体的转换，取得类似早期伊斯兰建筑风格，并含有现代建筑的简约。作为"国际大巴扎"，设计中适当流露古希腊、罗马、西亚以及中原文化的影响，如观光塔参照了古埃及、古罗马和巴比伦的柱式。外墙采用土红色耐火砖，砌工精美，色彩鲜明。

（三）广大建筑师的探新

改革之后的国营大型设计院，之所以能在建筑创作方面焕发出活力，除了以工作室为代表的机构改革竞争机制之外，同时还应归结于设计技术的更新和设计思想开拓。

曾几何时，设计院曾提出"放下图板"的理想，代之以计算机辅助设计。如今计算机辅助设计技术的发展，如参数设计及 BIM 等，已经可以代替许多复杂和繁重的智能活动，作出过去不可想象的建筑来。外来建筑设计企业的引入，在"合作设计"环境里，中国建筑师也借鉴国外事务所的运营管理经验、建筑师的思想方法和设计技术，为 2000 年以来的建筑创作增加了动力。

这里选出部分建筑类型，观察建筑创作的进步。

1. 体育建筑

体育建筑曾经是中国建筑创作中比较活跃的建筑类型，早在 1950 年代，曾经被所谓"民族形式"所累，因披着厚重的外衣，而难以表现体育建筑应有的力感和动感。1960—1970 年代，由于各种群体活动、包括政治活动的需要，令人瞩目地兴建了许多大型体育场馆，尤其是以援外的名义在国外设计的场馆，引起了国际的瞩目。这一时期的体育建筑，已经逐步焕发出体育建筑的风貌，特别是相应的场馆技术设备也得到了很大发展，体育建筑成为中国建筑创作的亮点。

进入 21 世纪以来，场馆功能更加复杂，设施要求更加专业，设计思想更加开放，尤其是支持技术更加完善，也就带来了体育建筑形象的百花齐放，依然是一个成就较高的建筑类型。

鄂尔多斯市，东胜体育场，用地面积 4.93 万平方米，建筑面积 10.0451 万平方米，高 129 米，3.5 万座位，是东胜体育中心的主体建筑。建筑为碗状体量，符合容纳观众并观看竞赛的功能形态。高达 129 米的弓形钢拱似乎"提起"体育场屋盖形成感觉中的主体结构。屋盖可开合，是目前国内容纳人数最多的开合屋盖体育场。

北京，国家体育馆，用地面积 6.87 万平方米，建筑面积 8.1 万平方米。由体育馆主体建筑和一个与之紧密相邻的热身馆以及相应的室外环境组成，赛时可容纳观众约 1.8 万人。由于比赛场馆和热身场馆对空间高度的要求不同，建筑以中国"折扇"为设计灵感，采取由南向北的波浪式造型，以衔接国家游泳中心和会议中心，起到承前启后作用。

广州市花都东风体育馆，用地面积 7.2573 万平方米，总建筑面积 3.7516 万平方米，6000 座位。位于花都区飞鹅岭康体公园北侧，由体育馆和训练馆组成，建成后将成为该公园的一部分。

图 8-025　鄂尔多斯市，东胜体育场，2008—2010年，设计单位：
中国建筑设计研究院，建筑师：崔愷、李燕云、赵丽虹、罗洋、王斌
图片引自：中国建筑设计研究院作品选 2010—2011

图 8-026　鄂尔多斯市，东胜体育场，2008—2010年，
光亮的赛场
图片引自：中国建筑设计研究院作品选 2010—2011

图 8-027　北京，国家体育馆，2007；设计单位：北京市建筑设计研究院
图片引自：北京市建筑设计研究院作品集 1949—2009，P29

图 8-028　广州市花都东风体育馆，2008—2011年，鸟瞰；设计单位：广东省建筑设计研究院
图片引自：《建筑学报》2011，09，P88

体量采用金属椭圆球形的圆滑形式，用自由圆滑的曲线划出玻璃的入口区，并在体量上不规则地开天窗和侧窗，求得形体完整而富于变化。

　　椭圆球壳体金属屋面系统，整合虹吸雨水系统、防雷系统等功能性需求，玻璃幕墙与金属幕墙设计相结合，墙面与屋顶浑然一体。从满足功能（防水、保温、声学、消防排烟、采光等）及美观效果方面出发，壳体的不同层次构造都经过精心设计，分别用蜂窝铝板（外装饰）、铝镁合金板（防水板）、玻璃纤维棉（保温吸声）、穿孔铝板吊顶（内装饰）等。

　　北京，国家网球馆，位于奥林匹克公园，用地面积1.69万平方米，建筑面积5.199万平方米，1.5万座位，硬件设施完全满足网球大满贯赛事的要求，开启式的屋顶。建筑没有因袭奥运场馆外观标新立异的风气，倒圆台的体量回归了容纳观众的基本的也是经济的模式，由16组"V"形钢筋混凝土组合柱支撑起圆形钢筋混凝土结构，"V"形柱成全了标准化单元设计及其经济性，也表现了体育建筑所追求的力量之美。

图 8-029　北京，国家网球馆，2009—2010 年；设计单位：中国建筑设计研究院，一合建筑设计研究室，建筑师：徐磊、丁利群、高庆磊、刘恒、安澎
图片引自：《中国建筑设计研究院作品选 2010—2011》，P12

图 8-030　北京，国家网球馆，2009—2010 年，可开启屋顶
图片引自：《中国建筑设计研究院作品选 2010—2011》，P15

2. 教育建筑

教育建筑，也是改革开放以来发展比较显著的类型。特别是邵逸夫等企业家的资助以及教育机构的配套，兴建了许多教育建筑，一段时间里引领校园建筑作品的新面貌。进入新世纪，教育建筑依然有新的增长点，例如，类型的拓宽，项目的完善，和造型的新颖，设备的完善，都有明显的进步。

最令人瞩目的是，进入新世纪前后的大学学生扩招和大学合并热潮，带动了各地新建"大学城"的浪潮，这方面的社会起因、大学合并的后果以及建设"大学城"的效果，是一部主要讨论建筑功能、技术和艺术的建筑史所无力涉及的。这里在分散的章节里，仅仅触及少数单体建筑。

北京，中央美术学院迁建工程，位于北京城东北望京小区的南湖公园东侧，用地面积 13.3218 万平方米，建筑面积 7.6773 万平方米，包括中央美院和附中两部分，在地段东北有 80 米宽的绿地将两者分开。新校园的设计，自始至终贯穿着建筑、规划、园林三位一体的整体设计思想，力图形成多进院落连通、建筑形态朴拙、空间层次丰富、景观环境幽雅、交流氛围浓郁、整体协调素雅的校园环境。美院以方形、圆形、斗型和三角形等纯几何形为母题，通过体块的叠合、穿插、反转、嵌入，形成雕塑感很强的群体形态。

北京市天主教神哲学院，位于海淀区后八家村，用地面积 1 万平方米，建筑面积 6600 平方米。学校对修道生实行封闭式教育，用 4 个不同形状和大小的院落，明确互不干扰的功能分区，既有分割又联系。教堂将十字架的形式融于屋顶，把宗教标记与采光有机结合。头顶的十字形采光，让人感受到宗教的神圣。教堂与钟塔是宗教建筑的标志，也是建筑构图中心。钟塔形式简洁，上部的一个简化了的穿斗架屋顶，放在钟顶轮廓线的开口——钟的所在处：它是从江西婺源一座古代彩虹桥上的屋顶细部脱化而来，既为敲钟人遮蔽风雨，又活跃了钟塔。

天津市第二南开中学，用地面积 4.4786 万平方米，总建筑面积 4.1980 万平方米，是天津市用地最小的示范高中。在尽量减少占地面积的同时，校园采用院落式整体布局，建筑功能分

图 8-031　北京，中央美术学院迁建工程，1994—2001 年，设计单位：清华大学建筑设计研究院；建筑师：吴良镛、栗德祥、朱文一、庄惟敏等
图片引自：《中国建筑学会建筑创作大奖获奖作品集》，P523

图 8-032　北京市天主教神哲学院，2001 年，设计单位：清华大学建筑学院
图片引自：清华大学建筑学院、清华大学建筑设计研究院；《中国建筑学会建筑创作大奖获奖作品集》，P281

图 8-033　天津市第二南开中学，2000 年，设计单位：天津市建筑设计研究院；刘祖玲、邢金利、胡云凌
图片引自：《中国建筑学会建筑创作大奖获奖作品集》，P239

区为：教学区、综合办公区、体育馆、大礼堂、劳动技能区、生活服务区、室外运动区等。分区院落形成多个室外活动与交往空间，为学生创建多样性活动场所。建筑造型和细部处理，吸收了天津建筑的地域砖工等特征。

丽江，云南大学旅游文化学院，位于古城区玉泉路。学院用地周围环境优美、自然植被茂盛。校园规划充分利用固有地景特点，采用自由式布局，道路系统自然流畅，建筑规划布局符合被动式节能的南北座向等。设计理念研究了当地传统文化、建造技术、建筑材料以及资源情况，试图以现代语汇来诠释当地乡土建筑：装饰简约化，屋顶曲线拉直，山墙的装饰简化为涂料色块，其灵感来源于传统的农家晾谷架。设计中采用对生态系统负面影响最小的手段，包括采用具有丽江特点的水景观溪流系统；园艺植物采用本地土生植物；造景材料多选用场地上丰富的卵石材料等。

长沙，湖南大学法学院建筑学院建筑群，法学院建筑面积 1.0785 万平方米，建筑系馆建筑面积 5000 平方米。

法学院的平面，采用一个四合院和一个三合院为主体的环绕式，一条直跑楼梯跨过两个庭院，为交流提供了方便，也感知了不同庭院的空间。建筑造型企图运用不同向度的体块穿插、搭接，隐喻法律的逻辑与约束。

图 8-034　丽江，云南大学旅游文化学院，2002 年，设计单位：云南省设计院，建筑师：张军、石海红、周南
图片引自：《中国建筑学会建筑创作大奖获奖作品集》，P569

图 8-035　长沙，湖南大学法学院建筑学院建筑群，2004 年，设计单位：湖南大学建筑设计研究院，建筑师：
魏春雨、宋明星、李煦（左）
图片引自：《中国建筑学会建筑创作大奖获奖作品集》，P478
图 8-036　北京，清华大学附小新校舍，2002 年，设计单位：清华大学建筑学院，北京清华安地建筑设计顾
问有限责任公司，北京中元工程设计有限公司，建筑师：王丽方、马学聪、童英姿、刘伯英、唐斌（右）
图片引自：《建筑学报》2006，09，P41

　　建筑系馆更强调空间的流动性，以每层的大空间为中心，灵活布置内庭和各种交流场所。
建筑造型通过对立方体的切割和复合处理，来强化建筑系馆的几何形象特征，并成为建筑群体
末端的重点。两个建筑相邻的界面，形成虚与实的咬合关系。建筑整体立面和前广场铺地选用
湘江砂石，运用水刷石工艺，表达了对本地材料的运用。

　　北京，清华大学附小新校舍，用地面积 1.499 万平方米，建筑面积 1.212 万平方米。低、中、
高年级分属不同类型的教室楼，阶段分明，环境新颖；外部空间布局与建筑设计并重，建筑
与外廊组合，构成丰富多样的大小院落，现状大树被有机组织在院内；各异的建筑组群造型，
配合丰富外部空间。建筑以清水灰色砌块墙为主，不同细部构件又配以各种鲜艳的色彩。

　　江西井冈山，中国井冈山干部学院，位于井冈山茨坪，用地面积 17.8667 万平方米，建筑
面积 2.4897 万平方米。茨坪海拔 826 米，是一座美丽的山城，建筑不追求独立的个性，而是与
环境的融合。基地为峡谷式山地，建筑依山就势，沿纵深自由布局。总体布局以外部空间串联
建筑体量，用广场、院落、连廊、溪水将各栋建筑联系起来，体量空间组合舒展自由。并对基
地内原有的自然生态资源进行了最大限度的保留。

图8-037 江西井冈山，中国井冈山干部学院，2005年，设计单位：浙江大学建筑设计研究院，建筑师：董丹申、胡慧峰、劳燕青（左）
图片引自：《建筑学报》2007，02，P63
图8-038 天津美术学院美术馆，2006年，设计单位：天津大学AA建筑创研工作室；建筑师：张颀等（右）
图片提供：张颀

图8-039 杭州，中国美术学院，2003年；设计单位：北京市建筑设计研究院
图片引自：《建筑学报》2004，01，P48

　　天津美术学院美术馆，用地面积9360平方米，建筑面积2.8915万平方米。美术馆包括展览馆、图书馆、报告厅、文化超市、创作工作室及教学用房等6种功能合型的美术馆。建筑主体由4个多层体块和一幢高层塔楼组成，由台阶、斜墙、玻璃天篷、空中步廊、玻璃光庭等建筑部件，将这些体块联结在一起。美术馆主入口大台阶，迎向城市干道，体现了建筑的开放性。主体建筑以体量纯净的雕塑感，与高层通透的玻璃幕形成强烈对比，发扬了经典现代建筑的审美意趣。

　　杭州，中国美术学院，用地面积4.3519万平方米，建筑面积6.2112万平方米。由于基地面积小，进深也很狭小，建筑设计强调"通、透、空"，体现出江南建筑的意境。建筑师将周边用地用足，而中间又留出足够的空间，把校园建成共享庭院。以开放、架空、复合构成的建筑群为主体，以网络化的空间组织交通，将核心建筑与周边各部分建筑联系起来。建筑设计以水墨为基调，以青砖、白色花岗岩、玻璃为主要元素，将传统文化意蕴和现代建筑相结合。

3. 科研建筑

　　科研建筑是这一时期的全新增长领域，它们不仅反映出该类型建筑的新面貌，更表现出我国在科学研究领域的新成就。科研建筑与一般公共建筑不同，它有严格的研究工艺要求，很少业主或建筑师做时尚形式的文章，必须严格按照功能要求展开设计进程。正因为如此，一些特定的科学或技术要求，注定会使建筑产生全新的建筑形式，而令人耳目一新。科研建筑的创作，既可以使建筑设计回归理性思考，又可以为形式的生成注入新的活力。

　　上海光源工程（上海同步辐射装置），位于浦东张江高科技园区，总用地面积 20 万平方米（一期用地面积 5.3393 万平方米）；主体建筑用地 3.55 万平方米，主体建筑面积 3.9 万平方米，该工程是国家重大科学工程——第三代同步辐射光源装置，是个环形建筑，由电子直线加速器隧道、增强器隧道、周长 432 米的储存环隧道以及实验大厅和外围实验辅助用房、辅助设备用房组成。对工艺、用地、消防等均有特殊技术要求，大大超出了现有的标准、规范，不但国内无先例可循，有些技术在国际上也无先例。

　　主体建筑的外形设计，由八组螺旋上升的拱壳面共同组成，每组壳间采用弧形玻璃条带连接，将立面和屋顶融合在一起，流畅的曲面与同步辐射光契合，吻合光束线衍射的轨迹，并形成了总平面的构图框架。

　　北京，低碳能源研究所及神华技术创新基地，位于昌平区未来科技城，用地面积 41.65 万平方米，总建筑面积 32.5354 万平方米，一期完成科研、实验用房 11 个子项。场地中央的神华学院为中轴，两侧为低碳能源研究所和神华研究院。101 子项为通用化工类研发实验平台、104 子项为化工类重型实验室，在工艺、环保、安全等方面，均已达到国际先进水平。设计着重在节能环保、绿色生态、人文关怀及交流空间等方面，提升园区的环境品质。

　　北京，国电新能源技术研究院，位于昌平区，用地面积 14.19 万平方米，建筑面积 24.31 万平方米。研发单元建筑群组成一个矩形景观庭院，营造安静内向的室外环境。研发单元之内院一侧，为数据处理区，同层外侧为实验开放区。八个单元通过企业自己生产的太阳能光伏电池板，将整个建筑屋顶统一起来，既达到提供可持续清洁能源的目的，又形成完整的建筑形象。作为

图 8-040　上海，上海光源工程，2003—2007 年，设计单位：
上海建筑设计研究院，建筑师：钱平、汪泠红、潘嘉凝
图片引自：《中国建筑学会建筑创作大奖获奖作品集》，P119

图 8-041　上海，上海光源工程，2003—2007 年，室内，设
计单位：上海建筑设计研究院
图片提供：上海建筑设计研究院潘嘉凝

图 8-042　北京，低碳能源研究所及神华技术创新基地，2009—2014 年；设计单位：北京建筑设计研究院，3A2 STUDIO；建筑师：叶依谦、刘卫纲、陈震宇、宋磊、高雁方
图片引自：《3A2 STUDIO 2005-2015》，P16-17

图 8-043　北京，国电新能源技术研究院，2009—2013 年；设计单位：北京建筑设计研究院，3A2 STUDIO，建筑师：叶依谦、刘卫纲、薛军、段伟、霍建军、从振
图片引自：《3A2 STUDIO 2005-2015》，P30-31

图 8-044　北京，国电新能源技术研究院，2009—2013 年，内院
图片引自：《3A2 STUDIO 2005-2015》，P34-35

新能源的研发试点工程，园区采用全方位的生态节能技术，其中，光伏发电是业主有特色的技术领域。

深圳国际技术创新研究院研发大楼，位于高新区科技园内，又称哈工大创新研究院，是由深圳市人民政府和哈尔滨工业大学发起并联合俄罗斯、乌克兰等八所国外著名院校合作创办。研究院以高新技术研发及其成果转化、专门人才培养、国际技术合作、高科技企业孵化、信息交流和咨询服务为主要职能，成为具有全球竞争力的技术创新、科技成果产业化、创业企业孵化及高新技术人才培养基地。研究院由 A、B、C、D、E 五个单体工程组成，研发功能齐全，并有现代化办公及教学设施。园林式的室外风景，现代的内部设施，为实现其主要功能创造了良好的条件。

北京，中国科学院图书馆（中国国家科学图书馆），用地面积 1.8 万平方米，建筑面积 4.1 万平方米，是国家级科技文献情报机构。建筑以合院的概念组合，把围起的矩形几何体量从一角挖空，配合以台阶、柱廊作为入口，其前庭的开放性处理，形成建筑的公共性尺度；通透的梁柱体系和内院，给建筑以充分的采光和通风；屋顶檐口等整体造型以及围绕内院展开的空间序列，隐喻了中国传统建筑精神。

图 8-045 深圳国际技术创新研究院研发大楼，2002 年；设计单位：中建国际（深圳）设计顾问有限公司；建筑师：单增亮、沈立众、王俊东
图片引自：《中国建筑学会建筑创作大奖获奖作品集》，P544

图 8-046 北京，中国科学院图书馆（中国国家科学图书馆），1999—2001 年，设计单位：中国科学院建筑设计研究院，建筑师：崔彤
图片引自：《建筑学报》2006，09，P44

4. 办公建筑

办公建筑是最传统的建筑类型之一，长期占据一定建设数量，但过去的办公建筑似乎技术含量不很高。这一时期比较突出的新建办公楼，一是规模较大，二是在一些专业性办公建筑中，有较高的技术含量和科学管理水平。与此同时，在建筑设计中为了解决一些功能等方面的问题，也采取了一些建筑技术、建筑材料以及建筑设计的新手法，取得较好的效果，这些都使得此类建筑有了新的看点。

北京，公安部办公楼，位于天安门广场东侧，与天安门城楼、人民大会堂相映，建筑面积12.5127 万平方米，檐高 34.8 米。办公楼所处地理位置特殊，使用功能多、智能化程度高、科技含量高，是一栋国家反恐、防暴、缉私、禁毒指挥中心和公安部行政办公大楼。

大楼地下二层，地上八层，框架 - 剪力墙结构。办公楼外观设计为了能够更好与天安门周围建筑相协调，外立面造型取自"盛世之鼎"的创意，突出"三门四柱"的理念，幕墙造型复杂多变；造型柱外挑 1.2 米，外侧采用整块"U"形石材，挺拔顺直，犹如一根根石柱屹立长安街畔；门头浮雕警徽采用整块石材，庄重威严，正门采用高 9.2 米的大型铜门，庄严肃穆，

图 8-047 北京，公安部办公楼，2006 年；设计单位：中广电广播电影电视设计研究院，建筑师：王暐、康玉清、蒋培铭
图片引自：《中国建筑学会建筑创作大奖获奖作品集》，P123

图 8-048　北京，德胜科技大厦（德胜尚城），2005 年；设计单位：中国建筑设计研究院，建筑师：崔愷、逢国伟、刘爱华、谢悦、周宇、李慧琴等（左）
图片引自：《建筑学报》2006，09，P60
图 8-049　北京，国家电力调度中心，2001 年；设计单位：上海现代建筑设计集团华东建筑设计研究院有限公司，建筑师：徐维平、陈焱、方超（右）
图片引自：《中国建筑学会建筑创作大奖获奖作品集》，P277

精美绝伦。种植屋面绿化层次丰富，并设有直升机停机坪，可起降 8 吨直升机，应付各种突发紧急事件。

北京，德胜科技大厦（德胜尚城），位于德胜门的西北角，基地原址本是北京的四合院、胡同，用地面积 2.2047 万平方米，建筑面积 7.2055 万平方米。基地位置与德胜门箭楼毗邻，整个建筑群落由一条指向德胜门城楼的斜街串联起来，斜街两旁是由建筑围合而成的七个庭院，含有北京四合院，胡同向内围合空间的意趣，以街坊的形式形成完整的城市街区。建筑群简洁的形式，采用与城楼一样的灰色，与之相映。设计中采用了大量的在拆迁中收集的砖墙、梁枋、屋瓦等原始构件作为点缀，保持了北京建筑文化的记忆。

北京，国家电力调度中心，用地面积 9011 平方米，建筑面积 7.3667 万平方米，借用中国传统建筑的构筑力学概念，利用四大"芯筒"集中布置垂直交通、疏散系统和机电设备间（并预留充足的垂直管井）。将建筑按使用功能分解为四个相对独立的"区域建筑"，并使其围合布置形成一个"内向"的四合院式的中庭格局。在建筑物沿长安街一侧留出一个巨大的"门洞"，采用高精度的不锈钢拉索玻璃墙体系，以期将户外的城市广场空间纳入其中，并利用传统民居"开合式天井"的概念，将屋盖顶部设计为可开启式天幕，以营造良好的室内生态环境。

石家庄，河北建设服务中心，是河北省住房和城乡建设厅办公楼，用地面积 1.08 万平方米，建筑面积 2.22 万平方米。建筑围绕着中部大厅两侧的两个庭院组织功能和空间，使得办公建筑亲切宜人。建筑外装材料以"粗材细作"为指导原则，加以严格的施工要求，以求普通材料获得精细效果，体现了地方简约朴实的设计思想。单纯的建筑体量和具有河北特征的艺术文化符号的运用，表现出较强的地域建筑特质。值得推崇的是，结合建筑设计进行了"四新四节一环保"技术在建筑中的综合应用研究和实践，取得了节能效果。

图 8-050　石家庄，河北建设服务中心，2007—2008 年；设计单位：河北省建筑设计有限责任公司；建筑师：李拱辰、郭卫兵、李君奇
图片提供：河北建筑设计研究院有限责任公司

图 8-051　石家庄，河北建设服务中心，2007—2008 年，"废品艺术"座椅和茶几（用废暖气管件制作）；作者：晏钧（左）
图 8-052　杭州，浙江电力生产调度大楼，2006 年；设计单位：浙江大学建筑设计研究院，建筑师：董丹申、陈建、黎冰（中）
图片引自：《中国建筑学会建筑创作大奖获奖作品集》，P439
图 8-053　昆明五华广场，2005 年，设计单位：北京市建筑设计研究院、云南省设计院，建筑师：肖楠、王戈、程建华、陈金鹏、李昆（右）
图片引自：《中国建筑学会建筑创作大奖获奖作品集》，P489

　　杭州，浙江电力生产调度大楼，总建筑面积，8.4724 万平方米，建筑层数 14 层，地下室 3 层，建筑总高度 65.4 米。主要功能为自用型办公楼，有部分调度，工艺机房。建筑师运用丰富多变的手法，并使得内外空间相互渗透，塑造了一座有特色的建筑形体，同时丰富了不同方向的城市景观。

　　昆明五华广场（五华区政府办公楼），广场东西两地分别设置了市政、市民广场，绿化、造园，为周边市民提供了休闲的园林环境。五华区政府办公楼，底层架空 5.1 米高，形成对外开放空间，市民可以从市政广场穿越。主楼的裙楼为 5 层钢构翘顶形式，和 24 层主楼的楔形顶部形成对比。

　　银川，宁夏回族自治区党委办公新区，用地面积 53.8 万平方米，建筑面积 5.36 万平方米。包括中心办公区、党委办公区、后勤服务区、文体活动区和常委公寓区等 5 大部分。其中中心办公区采用中国围合式的院落手法，力求主从有序、层次分明；常委楼则采用西式的中心放射式处理方式；而其他区域则采取自由非对称式布局。建筑群体的屋顶处理平坡结合，隐于环境之中。

　　北京，中国化工集团总部，建筑面积 4 万平方米，位于中关村西区的一号地，占据地片的西北角。基地隔四环和北大相对，远处就是北京最著名的风景之一西山。项目的规模，高度和退线都有严格的规定。建筑师尽量贴近红线内侧布置建筑，里面留出 30 米见方的院子。建筑

图 8-054　银川，宁夏回族自治区党委办公新区，2007 年；设计单位：中国建筑西北设计研究院、宁夏回族自治区建筑设计研究院；建筑师：赵元超、尹冰、徐少凡、徐嵘、马岚（左）
图片引自：《中国建筑学会建筑创作大奖获奖作品集》，P365
图 8-055　北京，中国化工集团总部，2001—2003 年；设计单位：中国建筑设计研究院、一合建筑设计研究中心；建筑师：徐磊、刘小枚（中）
图片提供：一合建筑设计研究所
图 8-056　北京：联想研发基地，2004 年，设计单位：北京市建筑设计研究院，建筑师：谢强、吴剑利、闫淑信（右）
图片引自：《建筑学报》2005，05，P39

有 50 米高，分成上下两部分，底下作大堂和展示接待的厅，上部作室外的平台，以调整与院落的尺度，也给高区办公人员一个活动的空间。这个平台朝向西北角开了口，刚好可以看见西山。建筑的体形从外面看几乎是 54 米见方的盒子，在建筑的西北朝向北大和西山的方向，在盒子上开了一个自上而下的一个大口，全面解决了地形，体量，景观等要求。

北京，联想研发基地，用地面积 5.4665 万平方米，建筑面积 9.6 万平方米。建筑顺应用地轮廓连续围合。南北两组建筑为研发用房，各由几个相邻标准化模块单体组成，分别以弧线和折线对应庭院；东西为点式单体对景布局，以流水贯通。东西南北各建筑以弧廊在第三层连接。在建筑中大量使用清水混凝土。庭院内部是轻松布局的草坡、流水、石桥、瀑布等园林景观。

5. 宗教建筑

宗教建筑是我国建设较少的建筑类型，已经建成的宗教建筑，伊斯兰建筑居多，也没有形成单独的介绍章节。随着进一步的改革开放，各种宗教陆续有了新的建设，有些建筑设计还获得了大奖，在图说中可以看到。新的宗教建筑，涉及的种类已经比较广泛，在保障基本宗教活动需求的前提下，建筑形式多样，而且具有现代趋势，是值得观察的着眼点。

宁波，象山丹城基督教堂，建筑面积 6700 平方米，可容纳 1900 人。传统教堂作为神权象征，表现一种超能的空间形态，而强调人性解放的新教，其建筑空间更加自由和亲和，象山丹城基督教堂属于后者。建筑采用双塔和十字架造型，对传统形式进行抽象，同时塔楼后移隐喻"诺亚方舟"。另外建筑采用当地传统青砖和石材与周边城市建筑协调。主堂设计参考现代剧院的空间模式。

图 8-057　宁波，象山丹城基督教堂，2005 年，设计单位：浙江大学建筑设计研究院，建筑师：董丹申、杨易栋、莫洲瑾
图片引自：《中国建筑学会建筑创作大奖获奖作品集》，P331

图 8-058　天津蓟县，盘龙谷教堂，2009—2010 年；设计单位：中国建筑设计研究院、一合建筑设计研究中心，建筑师：徐磊、李涵、孟海港（左）
图片提供：一合建筑设计研究中心
图 8-059　宝鸡，陕西法门寺工程，2002 年；设计单位：中国建筑西北设计研究院，建筑师：张锦秋、王天星、姜恩凯（右）
图片引自：《中国建筑学会建筑创作大奖获奖作品集》，P477

　　天津，盘龙谷教堂，位于蓟县盘龙谷的大型山景居住社区，坐落在西班牙商业街区的最高点，教堂主体靠近广场中心，钟塔靠近山崖，两者通过平台连接。内部空间以两个礼拜堂为主体。主堂面向山崖，巨大的阶梯形成祷告台。长条式的横窗滤出后面起伏的山峦。副堂位于主堂之上。一个三角形的天窗露出苍穹。通过大胆的形体切削，塑造了雕塑感的建筑体量，斜屋面，白墙，大台阶与传统西班牙建筑形成呼应。

　　宝鸡，陕西法门寺工程，位于西安市以西 100 公里的扶风镇境内，占地面积 7.375 万平方米，总建筑面积 1.6 万平方米。该工程按照人型皇家寺院规格，规划中、东、西三院的横列式传统格局，中院为主院，沿中轴线布置寺院主体建筑，保持前殿后塔的早期唐代皇家寺院形式。法门寺合十舍利塔高 148 米，中间镂空部分是一座传统形式的唐塔。整个工程青灰瓦、红梁柱、灰白墙，不施彩画，古朴庄重，欲体现了盛唐建筑风貌。

　　无锡，灵山胜境，是中国著名佛教文化圣地，集湖光山色、园林广场、佛教文化、历史知识于一体的大型文化景观建筑群。

　　景区以灵山大佛之"大"、九龙灌浴之"奇"以及灵山梵宫之"特"构成了胜境的三大景观。其中灵山梵宫是灵山胜境三期工程的核心建筑。它以华藏塔风格为主，糅合了中国佛教石窟艺术及传统佛教建筑元素，集世界佛教建筑之塔、殿、堂、厅、廊于一体。梵宫作为一个综合性的功能建筑，能满足国际佛教文化会议要求。

图 8-060　无锡，灵山胜境，2008 年；设计单位：上海现代建筑设计集团华东建筑设计研究院；建筑师：田文之、黄秋平、钱健（左）
图片引自：《中国建筑学会建筑创作大奖获奖作品集》，P551
图 8-061　广安，邓小平故居纪念馆，2002—2004 年，设计单位：上海建筑设计研究院（右）
图片提供：上海建筑设计研究院潘嘉凝

6. 纪念建筑

纪念建筑是我国建设中长期不衰的建筑类型，多为革命领袖、革命烈士、革命根据地和事件、文化名人为纪念对象。纪念建筑设计，有了较大的发展，在构思上更加开放，在对资深建筑师作品的介绍中，已经涉及到许多重要的纪念建筑，这里再举出一些获得大奖的作品。

广安，邓小平故居纪念馆，位于四川广安邓小平故居保护区，用地面积 53.36 万平方米，建筑面积 4000 平方米，建筑由序厅、展厅、影视厅及后勤办公用房组成。建筑采用单层，与周边优越的自然环境和谐共生。建筑师从历史文化、地域特色和周边环境出发，以川东民居风格与现代艺术相结合的手法，赋予陈列馆特有的历史底蕴。作为全国唯一的一座全面展示小平同志生平事迹的陈列建筑，同时符合了建筑的功能需求与精神内涵。

韶山，毛泽东遗物馆，遗物馆用地在三面被山包围的山坳中，采用体量和尺度较小的 1~2 层建筑，组成院落式布局，体量较大的文物库布置在后面，紧贴山体。建筑布局完全融合于韶山自然环境之中。建筑采用坡顶、马头墙和青砖墙作为建筑造型的主要特征，表现出对当地文脉的传承。同时又选用现代技术材料：钢结构、金属瓦、玻璃、不锈钢等，以实现对传统建筑元素的现代演绎。

徐州，李可染艺术馆，用地面积 4232 平方米，建筑面积 2583 平方米。该馆紧邻李可染旧居，处在喧闹的城市中心地带。建筑设计试图表达这位中国画大师的艺术追求，将其绘画的意境传达到建筑中。建筑的主题针对一位中国传统艺术的巨匠，而使用者需要的是现代化专业水准的美术馆，建筑设计兼顾了这两方面的需求，延续旧居中展现的传统建筑因素，以求得精神的传承。

南郑，川陕革命根据地纪念馆，用地面积 1.5 万平方米，建筑面积 4310 平方米。纪念馆采用当地石材砌筑墙面，浑厚朴实，屋面采用较成熟的种植屋面技术，使得建筑与山坡融为一体，同时具有很好的节能效果。建筑设计以"红星"为主题，红星纪念庭院为建筑核心。

图 8-062　韶山，毛泽东遗物馆，2008 年，设计单位：广州市设计院，
建筑师：郭明卓、郑启皓、黎家骥（左）
图片引自：《中国建筑学会建筑创作大奖获奖作品集》，P405
图 8-063　徐州，李可染艺术馆，2007 年，设计单位：清华大学
建筑设计研究院、徐州市城乡建筑设计院，北京主题工作室（右）
图片引自：《中国建筑学会建筑创作大奖获奖作品集》，P402

图 8-064　南郑，川陕革命根据地纪念馆，2007 年，
设计单位：中国建筑西北设计研究院，建筑师：秦峰、
张冬、李强、马牧
图片引自：《中国建筑学会建筑创作大奖获奖作品集》，P481

图 8-065　拉萨，西藏博物馆，1994—1999 年；设计单位：中国
建筑西南建筑设计研究院，建筑师：赵擎夏、刘军、聂毅等
图片引自：互联网

7. 博物馆建筑

　　博物馆建筑一向是建筑师发挥建筑艺术才能的建筑门类，在以往的建设中已显出这一特色。进入新世纪的博物馆建筑建设，依然是个大门类，不但分布广泛，而且种类繁多，有些博物馆的规模之大，尤其引人注目。博物馆的功能继续开拓，增加了储藏之外的研究与合作等种种功能，而且继续在表现地域文化特色方面下功夫。由于博物馆概念的开拓，许多博物馆利用原来的旧建筑，以彰显自身的特色。

　　过去的博物馆，有相当数量门可罗雀，自大量新馆的建设以来，尤其是与国外一样不收门票之后，吸引了大量的观者，这无疑是对博物馆的建筑具有促进作用。

　　拉萨，西藏博物馆，位于拉萨罗布林卡（夏宫）东门外，总用地面积 5.2 万平方米，主馆用地面积 2 万平方米，建筑面积 1.5 万平方米，为庆祝共和国成立 50 周年和西藏民主改革 40 周年而兴建，是援建项目之一。博物馆整体分三大部分：主馆区、民俗村以及办公楼附属设施，一期工程为主馆。

　　在规划的范围之内，圈定了高大树木，以尽量保护。在投资不算宽裕的情况下，建筑力求经济、适用，平面集中布置，一可节约交通面积，缩短参观路线；二可适应冬季寒冷气候，减少外墙面积；三可减少收藏环节，以利于安全运转。

面临大体量，建筑处理注意上繁下简、重点装修，像佛教喇嘛塔的亚字形须弥座那样，适当增加曲尺形的变化，如仿藏式民居枣红色饰带，外墙体选用当地毛面花岗岩石材，在阳光下能显现曲折变化效果。鉴于唐代和清代有汉族大屋顶的建筑，故采用与藏式建筑结合的金黄色屋顶，整体建筑在阳光下有良好的效果。

考虑到当地气候干燥、空气质量较好，除了文物库需恒温恒湿的空调外，其余房间均为冬季电热采暖。而在夏季，因开窗小，墙体保温好，无需中央空调，实践证明，是节约能源的好办法。

武汉，湖北省博物馆扩建，用地面积 8.13 万平方米，总建筑面积为 3.6582 万平方米。扩建工程由已建成的编钟馆和新建的楚文化馆、综合陈列楼以及室外连廊等辅助设施组成，形成"一主两翼"的总体布局，高度体现了楚国建筑的中轴对称、"一台一殿""多台成组""多组成群"的高台建筑布局格式。建筑突出了楚国高台建筑、多层宽屋檐、大坡式屋顶等楚式建筑特点，以此营造出浓郁楚文化氛围。

武汉，中国武钢博物馆，用地面积 9520 平方米，建筑面积 13480 平方米。这是一个企业博物馆，馆舍本身就是一个巨大的展品，其形态特征和深灰色的金属外饰面相结合，产生了工业制成品的特征。内部展示空间自由流动，没有闭合的空间也没有单一走向的通道，增加了观众的选择可能。

天津蓟县国家地质博物馆，用地面积 8000 平方米，建筑面积 5600 平方米，位于天津蓟县国家地质公园，该园 342 平方公里，是我国唯一记录有上元古界地球演化地质历史的国家

图 8-066　武汉，湖北省博物馆扩建，2007 年，中南建筑设计院；建筑师：向欣然、郭和平、李四祥（左上）
图片引自：《中国建筑学会建筑创作大奖获奖作品集》，P235
图 8-067　武汉，中国武钢博物馆，2008 年；设计单位：清华大学建筑设计研究院，北京三和创新建筑师事务所；建筑师：胡绍学、肖礼斌、谢坚、胡真（右上）
图片引自：《中国建筑学会建筑创作大奖获奖作品集》，P362
图 8-068　天津蓟县国家地质博物馆，2006—2008 年，设计单位：天津大学建筑设计研究院，建筑师：张华（左下）
图片提供：张华

图 8-069　泉州，中国闽台缘博物馆，2008 年；设计单位：福建省建筑设计研究院；建筑师：黄汉民、黄乐颖、江枫

图片引自：《中国建筑学会建筑创作大奖获奖作品集》，P519

图 8-070　河北，磁县，磁州窑博物馆，2004—2006 年；设计单位：河北建筑设计研究院有限责任公司；建筑师：郭卫兵、李拱辰、部文辉、张阔

图片提供：河北建筑设计研究院有限公司

地质公园。建筑以大地景观艺术为出发点，以独特的自然语言阐述博物馆的生态肌理和历史内含，即以数亿年演化成的奇石形象塑造建筑体量。其处理体量的单纯建筑手法，使得建筑有了现代感。

泉州，中国闽台缘博物馆，用地面积 10.28 万平方米，建筑面积 2.3308 万平方米，是展示祖国大陆尤其是福建与台湾历史关系的国家级对台专题博物馆。配套的景观广场面积达 1.9 万多平方米，主体建筑高度为 43 米，分四层。一楼为国际学术报告厅，并设临时展厅、库房、办公区、游客休闲处和设备用房等。二楼为综合主题馆，面积 3466 平方米，根据闽台关系的"五缘"即地缘相近、血缘相亲、法缘相循、商缘相连、文缘相承，分 7 部分设计布展。三楼为"乡土闽台"专题馆，展厅面积 2889 平方米，设立戏曲、民俗、建筑、工贸等专题内容。四楼为信息数字及研究中心。

河北磁州窑博物馆，磁州窑是我国古代著名民窑之一，博物馆位于河北省邯郸市磁县，建筑面积 5062 平方米，结合博物馆建设了较大的市民广场。通过对磁州窑的生产工艺、器型特点、材质及当地民俗的认真调研，从中提炼可以用于建筑创作的符号语言，从而使博物馆具有了较典型的本土特征和磁州窑产品的装饰化意趣。

浙江，缙云博物馆暨李震坚艺术馆，用地面积 5375 平方米，建筑面积 3780 平方米。缙云盛产石材，拥有相当多朴实无华的石构建筑。建筑设计选择了 0.825 米为模数进行推衍，以达到建筑整体纯化，平面组织借鉴了民居三"线"——中轴线、穿堂线和备弄线作为依据，引用了地方建筑设计的特点。

图 8-071 河北，磁县，磁州窑之遗存（左上）
图片提供：河北建筑设计研究院有限责任公司
图 8-072 浙江，缙云博物馆暨李震坚艺术馆，2002年；设计单位：浙江大学建筑设计研究院，建筑师：沈济黄、叶长青（左下）
图片引自：《中国建筑学会建筑创作大奖获奖作品集》，P536
图 8-073 新疆，可可托海地质博物馆暨游客服务中心，2009—2012年；设计单位：中国建筑设计研究院、一合建筑设计研究中心、新疆建筑设计研究院；建筑师：柴培根、田海鸥、杨文斌（右）
图片提供：一合建筑设计研究中心

新疆，可可托海地质博物馆暨游客服务中心，地处新疆阿尔泰富蕴县境内的可可托海国家地质公园，公园面积619.0平方公里，建筑面积5000平方米，是我国第一个以典型矿床和矿山遗址为主体景观的地质公园。尊重自然是设计的首要原则，充分利用自然地形、地貌，采用覆土、功能分散布置等手法，造成"大地褶皱"的建筑形态，将建筑与大地融合在一起时。看似建筑形态弱化，实际是借助原有场所的力量，扩大了建筑的影响。

采用梁柱结构系统，集合曲面跌落的屋面，竖向表达地表高差。平面的曲线构成满足展览流畅的观展空间需要，同时积极与所在场地的自然边界产生关联，以生成融入大地中的建筑。

嘉兴，浙江嘉兴博物馆，用地面积2万平方米，建筑面积1.40万平方米。该馆是一个综合性博物馆，展示当地出土文物、历代文人字画以及马家浜文化等。博物馆设计注重丰富的视觉体验，球形带状超长鱼鳞石材墙、倒斜的曲面体、倾斜有节奏的百页石材墙，形成具有统领尺度的巨大雕塑体，隐喻一艘巨船，使自身也就成为一件展品。

河南安阳殷墟博物馆，用地面积6500平方米，建筑面积3525平方米。殷墟是中国历史上有文献可考的最早的古代都城遗址，为减少对遗址区的干扰，尽量淡化和隐藏建筑体量，将主体沉于地下，地表用植被覆盖，最大限度地维持了殷墟遗址原有面貌。

图 8-074　嘉兴，浙江嘉兴博物馆，2004 年；设计单位：中国美术学院风景建筑设计研究，王伟建筑设计工场
图片引自：《建筑学报》2007，05，P46

图 8-075　河南安阳殷墟博物馆，2005—2006 年，设计单位：中国建筑设计研究院，建筑师：崔愷、张男、康凯、喻弢
图片提供：中国建筑设计研究院

　　考虑到全面展现殷墟的各种考古成就和珍稀文物的文化价值，利用中心下沉庭院和长长的迴转坡道等不同空间，并在细节上强化对遗址和文物的展示。前区展厅和后区藏品库各自独立又有方便的内部衔接。展厅布局以线性空间引导观众的流线，由地面下沉到入口庭院，再由出口上升到地面，展线一气呵成，流畅紧凑。

　　水刷豆石是最基本的外部材料，用于有限的外墙和下沉坡道的侧墙。这种圆角的豆石取自当地，演绎了博物馆古朴而内敛性格。在追逐建筑豪华、气派的建筑市场上，这样一个没有立面的建筑，既十分少见也难以通过。

　　江苏，南通博物苑，建筑面积 6000 平方米，原南通博物院为 1988 年国务院公布的第三批全国重点文物保护单位，是一个"园馆一体"的城市园林式综合性博物馆。新建博物馆分为展陈空间、库存空间和办公空间三个部分，是在整个苑区进行总体规划设计的基础上增建的一座现代化新馆，以展示苑藏文物、地方人文资源和研究成果、举行多种会议，进行科普教育以及文物的库藏等。新馆规划设计最大限度地保留原文物建筑以及原有的绿化体系，并加以整理，体现始建者的初衷；通过新馆，将原有建筑组合成完整的建筑群体，形成新旧建筑协调的空间关系。

　　江苏，徐州水下兵马俑博物馆／汉文化艺术馆，园区用地面积 45 万平方米，建筑面积 3850 平方米。建筑设计从用地所处的汉文化与山水交融的自然环境出发，博物馆将汉代大屋顶进行抽象概括和夸张，形成两个架在水面上的正方形屋顶，试图用简朴的形象使人联想"大象无形"的审美意趣；艺术馆采用组织传统院落空间的方法，分亲水交流区和内部陈列展示区。

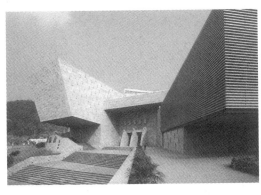

图 8-076 江苏，南通博物苑，2005 年；设计单位：北京市建筑设计研究院何玉如工作室（左上）
图片引自：《中国建筑学会建筑创作大奖获奖作品集》，P411
图 8-077 江苏，徐州水下兵马俑博物馆 / 汉文化艺术馆，2006 年；设计单位：清华大学建筑设计研究院、徐州市第二建筑设计院；建筑师：祁斌（右上）
图片引自：《建筑学报》2006，07，封面
图 8-078 四川，乐山大佛博物馆，2006 年；设计单位：华南理工大学建筑设计研究院，建筑师：陶郅、孙蕾、陈向荣（左下）
图片引自：《中国建筑学会建筑创作大奖获奖作品集》，P435

两者的内敛和开放，形成对比并相得益彰。

四川，乐山大佛博物馆，用地面积 1.6346 万平方米，建筑面积 1.311 万平方米。建筑设计秉承"山体还原""山体契合"的生态原则，以富于自然情趣的错落形体，营造景观建筑的形象，又以深远的出挑体块，形成建筑的标志。建筑造型通过推敲各种倾斜体的穿插结合，类似自然景观中岩石迭起的感觉，使整个外部环境与建筑融为一体。并在这样的造型手法下形成立体、自由的游览与观展模式。

桓仁，辽宁五女山山城高句丽遗址博物馆，用地面积 15 万平方米，建筑面积 3369 平方米。把握保护遗址、消隐建筑的立场，将建筑依附在五女山山体上，掩映在树木水塘后。博物馆成为未来景区的大门，游客从底层进入博物馆，从二层出口去乘景区内专车上山，于是建筑的空间和展线的布置按照"之"字形的登山路经设计，形成自然的转接，又突出山地建筑特色。

云南禄丰，中国禄丰侏罗纪世界遗址馆，该馆在发掘现场上建造，本身也成为公园的一件展品。设计采用了抽象的建筑语言，通过体量的倾斜、扭转、切削等建筑手法，试图传达远古恐龙时代的神秘气息和自然的力量。建筑如同地貌景观，人们在"山谷、丘陵、缓坡、空穴"之中体验连续界面带来的建筑空间感受。恐龙谷为自然起伏的丘陵地貌，建筑因势就形，剖面设计充分利用地形高差，把基地山体的一部分而融入环境之中。建筑整体造型从结构合理性出发，设置了一系列巨型结构柱，既丰富了空间层次又实现了结构经济性与形态标识性。在这些中空的混凝土斜柱顶部，还设置通风百叶，实现了四季都不需要机械排风而能达到通风换气的标准。最大限度地达到节能运行的目的。

图 8-079　桓仁，辽宁五女山山城高句丽遗址博物馆，2008 年；设计单位：中国建筑设计研究院崔愷工作室

图片引自：《建筑学报》2009，05，P38

图 8-080　云南禄丰，中国禄丰侏罗纪世界遗址馆，2005 年；设计单位：浙江大学建筑设计研究院，建筑师：董丹申、杨易栋、彭怡芬、王玉平

图片引自：《中国建筑学会建筑创作大奖获奖作品集》，P335

8. 旅馆建筑

旅馆建筑曾经是改革开放以来的"先锋"建筑，较早引入我国，人们在这类建筑中看到全新的设计思想，先进旅馆设备和独特的经营方式。为迎接日益增长的外来旅客，我国各地也有组织地建造了大量的旅馆。进入 21 世纪，旅馆建筑更显特色，尤其是与当地自然或人文环境相结合的地域特色，成为明显的趋向。

贵阳，贵州花溪迎宾馆，建筑面积 3.2241 万平方米。在基地特定的自然环境里，依山就势，分散布局；并且着意增绿、理水，营造"花"与"溪"的景观意境。在建筑上，借鉴黔中地区民居元素，处理空间的地域特征；建筑平面设计结合地形采取锯齿形的错层布置的方法，并争取地下使用空间。单体建筑或利用地形高差以掉层、悬挑、架空等设计手法，或采取不同的室内标高，突出地方特征，成为一组乡土化的现代建筑。

四川，阿坝藏羌自治州九寨沟国际大酒店，地处川西高原，海拔 1800 米，基地环境优美，用地面积 1.2 万平方米，总建筑面积 6.28 万平方米，是九寨沟风景区第一家国际五星级宾馆。建筑依山造势，傍水取形，由宾馆东楼、西楼、艺术剧院、生肖艺术广场、标志塔四部分组成，各自独立又彼此呼应，用蓝绿色、白色、适度点缀金色的和谐彩色组合，与九寨沟的自然环境相适应。宾馆具有鲜明的藏族山寨式建筑景观，又具有鲜明的时代感。

承德行宫酒店，用地面积 3 万平方米（150 米 × 200 米），建筑面积 2.65 万平方米。基地位置自然景观资源极为丰富，交通便利。考虑到基地位于承德著名景区内，为最大限度保护当地的自然风貌和景观资源，建筑总体限定为 1~2 层，以院落空间的形式布局形式。基地北侧为

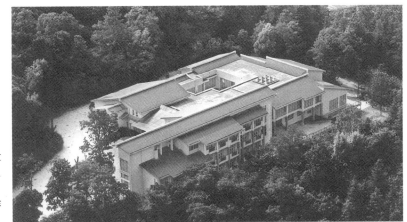

图 8-081 贵阳，贵州花溪迎宾馆，2005 年，设计单位：贵州省建筑设计研究院，建筑师：罗德启、周宏文、阮志伟
图片引自：《中国建筑学会建筑创作大奖获奖作品集》，P555

图 8-082 四川，阿坝藏羌自治州九寨沟国际大酒店，2002 年；设计单位：北京清华安地建筑设计顾问有限责任公司、清华大学建筑学院、中科院建筑设计研究院，建筑师：王毅、邓雪娴、华夫荣、陈林
图片引自：《建筑学报》2004，06，P49

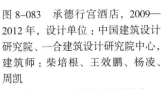

图 8-083 承德行宫酒店，2009—2012 年，设计单位：中国建筑设计研究院、一合建筑设计研究院中心，建筑师：柴培根、王效鹏、杨凌、周凯
图片提供：一合建筑设计研究院中心

酒店公共服务区，采用中国传统"九宫格"轴对称的空间布局，彰显宾馆的礼仪性和尊贵感。基地南侧为酒店客房休息区，采用园林式院落空间布局，强调了寄情山水的情趣，希望将建筑与周边的山水环境融合一体。

南宁，广西荔园山庄，该山庄是高标准的接待建筑，由 2 幢 A 型接待楼，20 幢 B 型接待楼与 1 幢会议中心组成。规划设计结合建设用地实际条件，接待楼围绕中心带状人工湖分布，散点布局，避免了大量的土方工程，同时也保护了原始地形和现状植被，使该山庄形成初具传统山水意境的园林式空间环境。在建筑单体设计中，探求现代地域性建筑创作的新思路，如采

图 8-084 南宁，广西荔园山庄，2004 年；设计单位：广西建筑综合设计研究院，建筑师：雷翔、蒋伯宁、徐欢澜

图片引自：《中国建筑学会建筑创作大奖获奖作品集》，P529

图 8-085 海南，三亚喜来登酒店，2003 年；设计单位：北京市建筑设计研究院，建筑师：金卫钧、张耕、孙勃

图片引自：《建筑学报》2000（2），P46

图 8-086 北京，钓鱼台国宾馆芳菲苑，2002 年；设计单位：同济大学建筑设计研究院，建筑师：曾群、孙晔、丁洁民

图片引自：《中国建筑学会建筑创作大奖获奖作品集》，P231

用具有"岭南意蕴"的干栏建筑形态，玻璃幕墙、白色墙面与粗糙石材，相互组合、穿插，建筑有轻巧的遮阳架与大出檐的四坡顶，以及由简化民族图案得来的方格窗套，力求以现代建筑语汇，转达着地域建筑的艺术内涵。

海南，三亚喜来登酒店，用地面积 10.6108 万平方米，建筑面积 7.8868 万平方米。以度假休闲为主，兼具承接大型会议功能，具有 500 间客房的五星级酒店。酒店的主入口及大堂均设在建筑二层，使游客步入酒店的第一时间就能望到海面。建筑由东西两翼向中间逐级退台，同时，建筑从北向南也采取了同样的手法，以减少对海滩和沙坝的压迫感。建筑采用"U"形对称布局，与周围环境保持比较大的接触面，使酒店的海景客房占到总数的 75%。

北京，钓鱼台国宾馆芳菲苑，位于钓鱼台的心脏位置，南临大草坪，北傍中心湖面，此一坪一湖为钓鱼台内最为开阔处。特色：（1）复杂而特殊的功能，流线的清晰和严格的功能设计；（2）谨慎而大胆的形式，从唐代建筑中获得灵感；（3）超常水平的技术品质。

9. 交通建筑

交通建筑是近十年来突飞猛进的建筑类型，高难度青藏铁路的开通，铁路里程的迅速增长，铁路站房在初次通车的城镇兴建，多处带有新地域的特色车站兴建起来。国际和国内航线的大力开拓，又促进了北京 T3 航站楼这样的超大型建筑竣工。交通建筑注定在造型上较为理性，但在交通管理等技术含量方面，已经今非昔比了。

拉萨，青藏铁路拉萨站站房，用地面积 11.1646 万平方米，建筑面积 2.3697 万平方米。位于拉萨市西南端，拉萨河南岸的柳吾新区，距拉萨市中心约 2 公里，与布达拉宫遥相呼应，著名的哲蚌寺就在它北面正对的山坡上，隔水相望。站区地形平坦开阔，整体建筑采用水平向舒展的形态。倾斜的墙体，厚重的砌筑，竖向的窄窗，木梁格构，白色、红色和金色的运用，乃是鲜明的西藏民族建筑语汇，但在体量处理上，又始终保持和强调它的现代性。

海南，海口火车站，建筑面积 2.4845 万平方米。坐落在海口市西部海滨，是我国第一座火车渡海联运铁路站，站房一次性设计分二期实施。一期为线平式主站房，二期为高架候车室及独立行包房。海口站采用中国传统庭院空间组合方式，一个"中"字的平面布局创造了两条进站通廊和一条出站通廊，构成两个露天庭院。海口站屋顶的组合依空间序列，主次分明，前后层次由攒尖、悬山、屋面构架、折坡组成了均衡有序的整体。富有特性的折坡屋面来源于东南亚的民居形象。

武汉，武昌火车站，建筑面积 4.6085 万平方米。车站的形象设计从楚城和楚台入手，结合现代铁路站房的空间特点，将站房与高架平台设计成叠台形，用超常尺度表现主要入口，同时运用连续的竖向墙面和开窗的交替，反复体现交通建筑的韵律感，并隐喻楚文化编钟造型，入口雨棚吸收汉阙的意象，表达建筑的人文和地域特征。

图 8-087　拉萨，青藏铁路拉萨站站房，2006 年；设计单位：中国建筑设计研究院，中铁第一勘察设计院集团有限公司，建筑师：崔愷、单立欣、顾建英、守义、骆友增
图片引自：《中国建筑学会建筑创作大奖获奖作品集》，P273

图 8-088　海南，海口火车站，2003 年，设计单位：中国中元国际工程公司，建筑师：王长刚、曹亮功、张新平
图片引自：《中国建筑学会建筑创作大奖获奖作品集》，P223

图 8-089　武汉，武昌火车站，2007 年，设计单位：中铁第四勘查设计院集团有限公司，建筑师：盛晖、马小红、姚涵
图片引自：《中国建筑学会建筑创作大奖获奖作品集》，P496

图 8-090 郑州新郑国际机场
航站楼改扩建，2007 年；设计
单位：中国建筑东北设计研究
院，建筑师：任炳文、刘战、
杨海荣
图片引自：《中国建筑学会建筑
创作大奖获奖作品集》，P566

郑州新郑国际机场航站楼改扩建，建筑面积 10.907 万平方米。扩建部分的平面沿用矩形主楼，前列式平行指廊布置，新旧楼在功能上完全分开，在结合部位设计了一个宽 24 米，进深 48 米的中庭，在此设计了坡道、电梯、扶梯等水平及竖向交通载体，并种植了高大的绿植及设置小品，使新旧两部分自然过渡，形成了一个层次丰富的趣味空间。建筑外观设计以钢构件、玻璃、花岗岩为主要建筑材料，整个建筑被金属屋面覆盖，屋面呈不规则波浪形曲线，其下由成组的 "V" 形钢管柱撑、钢檩条等构件组成，形成强烈的韵律感，成为整个建筑造型的主旋律。屋面上的条形采光窗和水滴形天窗，使建筑充分利用自然光采光，既节约能源，也使空间更为开阔和富于动感。

10. 文化建筑及其他

改革开放以来，被成为 "中心" 的建筑多了起来，但并不是一种新建筑门类的兴起，就其具体内容而言，本可以归类到相应的门类中去。但此类建筑包含了一些展示与群众活动，有时也难以确切分类。这里举出一些标以 "文化艺术中心" 的建筑，它们往往内容多样，包含一些地域性（含民族性）的内容，有些特色。还列了传媒和会议建筑实例。

四川西昌，凉山民族文化艺术中心，位于凉山民族文化公园内 "火把广场" 的东侧，用地面积 13.8317 万平方米，建筑面积 2.5389 万平方米。文化中心由大剧场、影院、多功能厅、民俗展厅、商业街组成，建筑平面为三分之一圆环形，一至二层。建筑屋顶和外立面随室外广场观众席坡度走向呈斜坡状，自然景观覆盖其上，整个建筑融合于自然隆起的山体之中，建筑成为火把广场的看台，使建筑和公园成为有机整体。

天文天象成为设计的重要线索，艺术中心的月牙形平面围绕圆形火把广场逐渐展开，是对传统天文崇拜的现代诠释。建筑装饰提取民族服饰、器物中的典型纹样，精心抽象重组，以表现其民族特征。宜人的气候和热情的民风，决定了建筑的开放性，打破建筑边界，使内外生活渗透融合。商业娱乐布局，采用开放的内街形式，与半开放的戏剧展览空间联系紧密。

根据当地气候的地理特点，加强建筑的遮阳、隔热和通风，适度使用玻璃幕墙，尽可能不设地下室，采用当地的材料与技术，空间充分开放，以实现建筑的低成本维护，商业空间有利于平衡文化中心等公益设施的运营成本。

图 8-091　四川省西昌市，凉山民族文化艺术中心，2005—2007 年，设计单位：中国建筑设计研究院，建筑师：崔愷、张男、何咏梅、Eric、李斌
图片引自：中国建筑设计研究院《中国建筑学会建筑创作大奖获奖作品集》，P197

图 8-092　金昌，甘肃省金昌市文化中心，2007 年；设计单位：清华大学建筑学院，建筑师：张利、王灏、张铭歧、郭剑寒
图片引自：《中国建筑学会建筑创作大奖获奖作品集》，P475

图 8-093　广州，广东科学中心，2006 年，设计单位：中南建筑设计院，建筑师：袁培煌、李钫、张行彪
图片引自：《中国建筑学会建筑创作大奖获奖作品集》，P220

　　金昌，甘肃省金昌市文化中心，建筑面积 1.8 万平方米，该设计探讨建筑对气候适宜性以及对地域性表达的艺术潜力。金昌的镍矿储存量居世界第三，堪称中国的"镍都"。金昌当地是典型的中国北方气候，干燥寒冷、日照充足。当地的山形天际线平缓，有着强烈的垂直肌理。同时受到了当地的气候和地貌特点的影响，最主要的特点是在建筑西南侧沿主立面有一条通长的通道，并且被理性地分解为西向实墙和南向玻璃交错的曲尺形，这个立面形象既是对当地丘陵地貌特色的一种表达，同时也能很好地满足吸纳冬季日照，保持室内温度的要求。

　　广州，广东科学中心，用地面积 45 万平方米，建筑面积 13.75 万平方米。建筑以中庭为中心，以展区为单位，呈放射状向心式布局，从而达到公共交通路线最短的目的。4 个展区和 1 个科技电影区，组成 5 个散开的多面体，有从空中俯视宛如木棉花的意图。各个展区均完整而独立，具有良好的视野与采光。

　　苏丹喀土穆，援苏丹共和国国际会议厅，用地面积 5600 平方米，建筑面积 8773 平方米，为大型国际会议提供会场，包括大小会议厅、展示、接待等综合服务空间。

　　苏丹首都喀土穆城位于非洲的沙漠干热地区，素有"世界火炉"之称。针对其气候环境、工程预算和当地经济条件，运用了生态设计的原理和方法：①建筑以实体为主，最大限度地减少开窗面积，提高围护结构的保温隔热性能；②利用出挑深远的屋檐和遮阳格栅，有效地避免了太阳对屋顶和外墙面的直射，以降低建筑热负荷；③采用了多重绿化。设计中强调现代感与当地传统文化的紧密结合，细部从伊斯兰的建筑传统中吸取营养。

图 8-094　苏丹喀土穆，援苏丹共和国国际会议厅，2004 年；设计单位：上海现代建筑设计集团上海建筑设计研究院；建筑师：袁建平、陈玻、潘智
图片引自：《中国建筑学会建筑创作大奖获奖作品集》，P169

图 8-095　重庆，国泰艺术中心，2005—2013 年，鸟瞰；建筑师：崔愷、景泉、秦莹、张小雷等
图片引自：中国建筑设计研究院《设计与研究》032，P11；摄影：张广源

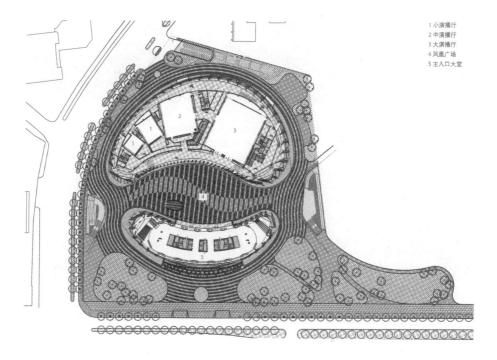

1 小演播厅
2 中演播厅
3 大演播厅
4 凤凰广场
5 主入口大堂

图 8-096　北京，凤凰国际传媒中心，2007—2011 年，总平面示意；设计单位：北京市建筑设计研究院方案创作工作室，建筑师：邵韦平
图片引自：《时代建筑》2012，05，P91

　　重庆，国泰艺术中心，位于市中心解放碑附近地区，建筑面积 3.617 平方米。作为重庆十大文化公益设施之一，在高楼林立的城市环境里，重建抗战时期的国泰剧院。艺术中心以其功能、高差、形式、色彩与周围同质化的建筑环境形成对比，舒缓了城市空间的压迫感，其外部空间形成市民的文化活动平台。

　　北京，凤凰国际传媒中心，用地面积 1.8832 万平方米，建筑面积 7.5368 万平方米（地下 3.3738 万平方米，地上 4.163 万平方米）。由两个独立的建筑功能体量：办公楼和演播楼组成。体量被一个叫做"莫比乌斯环"生成的流线型外壳所笼罩。两个体量之间的环中空间

图 8-097　北京，凤凰国际传媒中心，总体外观
图片引自：《时代建筑》2012，05，P90

图 8-098　北京，凤凰国际传媒中心，东中庭
图片引自：《时代建筑》2012，05，P92

为"凤凰广场"。

这个得自"莫比乌斯环"的复杂非线性体量，引入数字技术深化设计，构成了一种富有特定表现力的交叉状曲面网壳结构。钢结构外壳将办公楼和演播楼融合在一起，创造出丰富的空间，并实现了建筑全生命周期的绿色节能。外壳引入了三维建筑信息模型以及参数化编程控制技术，解决了大量异形构件的设计文件输出问题。工程中的某些系统采用了数字加工技术与数字设计技术的对接，极大地提高了设计产品的精度和对复杂异形构件生产的控制。

（四）旧建筑、街区的新生和保护

旧建筑是一种财富，它在日久经历衰败的过程中，依然存留着一定的价值，尤其是一些旧建筑承载着一定历史意义，有的本身就是文物古迹。尤其是如今进入低碳、绿色时代，环境保护与可持续发展的观念，更让人们很少轻言拆除。

在我国，旧建筑的改造方面有良好的传统，1949 年至今，旧建筑改建及旧城街区改造从来就没有停止过。例如 1950 年代位于济南市中心的一个发电厂，就曾经成功地改造成工业展览馆。同时，许多旧建筑和旧街区的改造，与历史文化建筑的保护，有密切的关系。

2000 年以来，旧城改造更是我国城市建设的一个重要方向，与过去十分不同的是，旧建筑改建及旧城街区改造，面临着如何在尊重历史的前提下，做到有机更新，发现它们的价值，使之成为可以满足现代生活需要的场所。例如城市中的旧工业建筑，曾是城市工业文明发展的见证，随着现代化的进程以及城市的扩张，旧工业逐渐被淘汰，遗留下来的旧厂房，有时成为城市发展的阻碍。所以，这一时期旧建筑改造的一些重要项目，就涉及到旧工业厂房。

一些旧民用建筑也是一样，甚至它们所承载的历史记忆更为广泛。例如共和国成立不久的一些著名的公共建筑，像天安门广场及其周围的建筑，已经在全国人民或城市人民的心目中，形成了深刻的城市记忆。对于这些建筑的"改造"，更应谨慎行事。

对于旧建筑功能的重新定义和改造，省去了拆毁重建的种种耗费，有利于环保，同时也满足了人们的怀旧心理，旧建筑通过改造，可以"再生"，更应该继续承载着城市的"记忆"，在历史中扮演它新的角色。

2000 年以来的建筑活动表明，广大建筑师也乐于承担此类改造项目。他们根据所接触到的具体课题，采取相应的不同方法，取得了丰富的成果。

北京，中国国家博物馆，是对 1959 年北京十大建筑之一的中国历史博物馆和中国革命博物馆的改造加建。2004 年初，举行了包括福斯特、KPF，OMA，以及赫尔佐格德梅隆事务所等在内的 10 家国际著名的事务所参加的设计竞赛，由德国 gmp 事务所和中国建筑科学研究院联合的方案在第二轮中胜出，获得设计委托。

用地面积 7 万平方米，总建筑面积 19.2 万平方米。建筑的核心问题，依然是如何让这座地位重要、位置敏感的建筑外观既有文化传承又有时代精神。建筑基本上保持了西、南、北三个

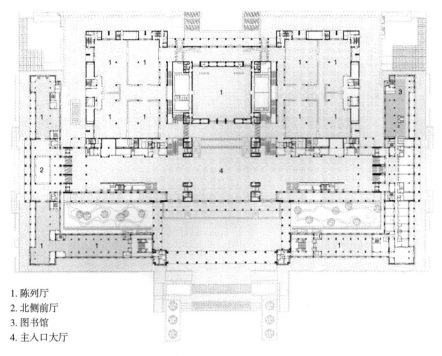

1. 陈列厅
2. 北侧前厅
3. 图书馆
4. 主入口大厅

图 8-099　北京，中国国家博物馆，2004—2010 年，平面；设计单位：gmp-冯·格康、玛格及合伙人建筑师事务所，中国建筑科学研究院，建筑师：曼哈德·冯·格康等；马立冬、王双、王晓荣、杜燕红
图片引自：《建筑学报》2011，07，P20

图 8-100　北京，中国国家博物馆，2004—2010 年，鸟瞰
图片引自：《建筑学报》2011，07，P11

图8-101 北京，天桥剧场翻建，2001年；
设计单位：清华大学建筑学院、清华大学
建筑设计研究院，建筑师：李道增、庄惟
敏、黄宏喜
图片引自：《中国建筑学会建筑创作大奖获
奖作品集》，P487
图8-102 上海，1933老场坊保护性修缮，
2007年；设计单位：中元国际工程设计
研究院，建筑师：赵崇新、陈海鹏、朱中
原（左）
图片引自：《建筑学报》2008，12，P72
图8-103 上海，1933老场坊保护性修缮，
2007年，原状（右）
图片引自：互联网

立面，将原来用庭院支持的较空建筑体量填实，并保留了入口门廊及两侧的庭院。新建部分的立面处理，吸取了原建筑的基本格局，简化装饰构件，并在檐口部位有所创新。

北京，天桥剧场翻建，天桥剧场始建于1953年，是共和国成立后的第一家大型剧院。剧场翻建后成为专业化、高水准的歌剧、芭蕾舞剧场。剧场自东向西，分为文化广场、前厅和休息厅、观众厅以及舞台化妆间和演员公寓4个部分。剧场部分三层，共1200多个软椅座席；一层和二层各有贵宾休息室一套，包厢配有包厢休息室；三层为多功能厅。高质量的建筑声学、灯光、电声设计，足以满足任何大型歌舞、戏剧和交响乐的演出要求。建筑造型庄重典雅，内部装潢华丽，并设有保安监控和楼宇自控系统。

上海，1933老场坊保护性修缮，该项目是始建于1933年的远东地区最大现代化屠宰场（"19叁III"），曾经被标作"19叁III"老场坊，原是上海工部局宰牲场的旧址，场区内有近2.5万平方米的老场房，由英国设计师巴尔弗斯设计，为当年亚洲最大的肉食品加工场。1970年至2002年间，大楼被改建为制药厂，2002年药厂停工建筑闲置。该项目要把一个废弃的工业遗产盘活，并改造成为时尚中心。

1号楼为原工部局宰牲场、2号楼为宰牲场的化制间。改造修缮设计中，力求保留完整的建筑外立面和内部的主要空间特质，并赋予新的功能。项目整体包括1~5号楼，用地面积1.26万平方米，总建筑面积3.2万平方米。

主体建筑由四面高低不一的钢筋混凝土结构围合成方楼，正中是一座24边形的近似圆形

建筑，方、圆建筑之间通过 26 座廊桥连接，各层上下交错，貌若迷宫。改造中保持了这一格局：四面的四方形建筑，围起中间圆柱体大楼。主体建筑最上方设直径 6 米的大型顶棚，光线由此渗透进整个楼房。顶棚下方是一个占地 981 平方米的中心圆大剧院。剧院采用了磨光玻璃作舞台，剧院配套设施还有 3.5 吨的工业电梯，足以承载一部汽车从底楼直达大剧院。主楼内部的迷宫，隐藏了洞穴式车间、老式城堡过道、独特的桥廊和坡道。阳光从大剧院顶棚照射下来，半阴半亮，造成内部空间神秘而幽深之感。

改造修缮过程，方法如同制作雕塑，将后加的部分清除，然后用水泥统一内部的材料，并增设楼梯和电梯来满足现代功能和安全的需要。保留神秘而丰富的廊桥空间的同时，通过金属和玻璃而加入时代的元素。

当年"远东第一屠宰场"，全部钢筋水泥结构，主楼有一种坡道，又称牛道，其地面是非常粗糙的专门防滑设计，而且实行人畜分离。在新的设计里，这些通道得到了最大限度的保留，当年的牛道也成了到访者的一种路径。宰场的外墙也经过专业技术清洗，以恢复原设计的质感和色彩。如今，外立面的花格窗洞、门窗和门前灯也根据 1933 年图纸上的设计进行修复。

石家庄，河北建筑设计研究院办公楼改建，本工程是在旧建筑基础上的第二次改建，第一次改建是在完全保留四层砖混旧建筑的基础上建立一套与其相脱离的结构支撑体系，在垂直方向上的扩建。本次扩建是将四层砖混旧建筑拆除，改建部分与首次扩建部分在结构上形成统一整体，改建部分建筑面积为 3763 平方米。本次改建完善了办公、会议、展示等功能，建筑形式在传承旧建筑历史特征的同时适度展现时代感。

上海，同济大学文远楼保护性改建，建筑面积 5050 平方米。文远楼建于 1953 年，建筑师：黄毓麟、哈雄文，在前面的章节里已有所介绍。此次改造与先进国家节能技术专家合作，成立了一个非常全面的技术梯队，运用了当代最新的建筑节能技术，完成了一套综合节能建筑技术系统，为我国保护建筑的节能更新改造建立了一个典范。其中应用的生态节能技术措施包括：地源热泵、内保温系统、节能窗及 LOW-E 玻璃、太阳能发电、雨水收集、LED 节能灯具、屋

图 8-104　石家庄，河北建筑设计研究院办公楼 2014 年改建完成面貌，2013—2014 年；设计单位：河北建筑设计研究院有限责任公司，建筑师：郭卫兵、李拱辰、楚连义
图片提供：河北建筑设计研究院有限公司

图 8-105　石家庄，河北建筑设计研究院原办公楼 1973 年面貌；设计单位：河北省建筑设计研究院，建筑师：李拱辰
图片提供：河北建筑设计研究院有限公司

图8-106 石家庄，河北建筑设计研究院办公楼1994第一次改建后面貌，设计单位：河北省建筑设计研究院，建筑师：李拱辰、崔道汝（左上）
图片提供：河北建筑设计研究院有限公司
图8-107 上海，同济大学文远楼保护性改建，2007年；设计单位：同济大学建筑设计研究院，建筑师：钱锋、魏崴、曲翠松（右上）
图片引自：《时代建筑》2008（02），P56
图8-108 西安，贾平凹文学艺术馆，2006年；设计单位：西安建筑科技大学建筑设计研究院，建筑师：刘克成、肖莉、王青、张向军（右下）
图片引自：《中国建筑学会建筑创作大奖获奖作品集》，P341

顶花园、内遮阳系统、智能化控制、冷辐射吊顶与多元通风。使这座中国早期现代建筑焕发出当代的技术魅力。

西安，贾平凹文学艺术馆，用地面积4800平方米，建筑面积2000平方米。该馆为西安建筑科技大学校园中建于1970年代的印刷厂进行改造。建筑保留原印刷厂老建筑清水砖墙、外刷深色涂料的基底，选择玻璃、钢架和混凝土三种原建筑所没有的材料作为新的因素介入，以其光影变化统一到老建筑的形式之中。钢架分主框架、次框架和装饰性框架三层，以不同角度和密度，形成新老元素的和谐对话。钢筋混凝土墙采用俯首可得的建筑废料——竹条作为模板浇注，形成粗糙而又富于肌理的表面，与清水砖墙相和谐，造成一种与陕西农村普遍使用的"干打垒"墙体类似的效果。

石家庄，河北图书馆改扩建，位于市文化中心区域，占地面积3.35万平方米，建筑面积4.3万平方米。原河北省图书馆建于1980年代初期，本次改扩建保留了高层书库、部分多层阅览室，新建部分与保留部分共同满足了现代图书馆功能需求，七个主要的功能分区，适应读者成分的多样性，不仅保留了建筑的历史信息，也体现了时代特征。

图书馆本着尊重历史的原则，老建筑以保护为主，采用局部粉刷，外挂玻璃、百叶等处理方法使其与新建筑呼应统一。新建筑用四个相对厚重的实体围合一个玻璃中庭，形成了体量感极强的建筑主体。

图 8-109 石家庄，河北省图书馆改扩建，2006—2011 年；设计单位：天津大学建筑学院 A+A 创研工作室、河北建筑设计研究院有限责任公司，建筑师：张颀、郭卫兵、刘健

图片提供：河北建筑设计研究院有限责任公司

图 8-110 内蒙古工业大学建筑馆，1968—1970 年；改造前原貌
图片引自：《新建筑》2001，05

图 8-111 内蒙古工业大学建筑馆，2008—2009 年，中庭楼梯及周围空间；建筑师：张鹏举（左）
图片引自：《新建筑》2001，05，P54
图 8-112 上海，华山医院门急诊楼，2001—2004 年，设计：上海建筑设计研究院（右）
图片提供：上海建筑设计研究院潘嘉凝

内蒙古工业大学建筑馆，为校园旧工业建筑的改造项目，占地面积 5200 平方米，建筑面积 5900 平方米。位于该校的中心地段，是校原机械厂铸造车间，由薄腹梁大型屋面板和红砖构成的典型单层工业厂房。建筑师利用厂房大空间的开放性，处理建筑馆教学功能所需要的开放空间，保留并加强原有材料的肌理和色彩。建筑利用原有天窗、烟囱、地道等设施采光、组织室内气流以通风降温，利用废旧材料与适宜技术等，把节约概念提升到生态策略。

上海，华山医院门急诊楼，紧邻由红砖砌筑带有西洋古典建筑意味的原华山医院，但新建筑具有明确的现代功能和现代形式，与原建筑形成历史的对照，一扫近年惯用的所谓"协调"和"欧陆风"。急诊区在底层设专用绿色抢救通道，屋顶设急救直升机停机坪，建立现

图 8-113 天津，利顺德大饭店，修建后的原址部分，2008—2011年，设计单位：天津大学 AA 建筑创研工作室，天津大学建筑设计研究院，建筑师：张颀等（左）
图片提供：张颀
图 8-114 天津，利顺德大饭店，修建后的扩建部分，2008—2011年（右）
图片提供：张颀

代急救全方位立体化的服务要求体系；一至八层门诊区采用单元模块化设计，医患流线简短、分离，各单元模块由中心交通和中庭联系，就诊空间安静、舒适、私密；九至十二层管理办公区，设独立的出入口及垂直交通系统，管理集中。各部分共同形成了高效、怡人的医疗环境。

天津，利顺德大饭店保护性修建，利顺德大饭店始建于 1863 年，坐落于和平区台儿庄路，东临海河，西侧为解放北园（原维多利亚花园），中国近代历史上众多重要历史事件均发生于此。饭店原建筑是国家重点文物保护单位，其建筑形态、施工技术和建筑材料均为天津早期租界建筑的典型代表。在利顺德大饭店建成至今的一百多年时间里，原址建筑几经战争和自然灾害的损毁以及岁月侵蚀，至保护修缮之前，1886 年原址建筑所包含的历史信息几乎丧失殆尽。

该保护性修建的建筑面积为 2.34 万平方米，依据原址建筑最具历史价值和艺术价值的原貌，在保持原形制、原结构、原材料、原工艺的基础上，对建筑历史信息严重缺失的部分进行修复，对保存较好的部分予以保留。同时延续区域的历史文脉，利用原址建筑的立面元素，对扩建的建筑立面重构，使新老建筑的立面风格相互呼应。并对新老建筑之间的中庭进行改造，以融合历史气息和时尚元素的休闲空间。

该修建实现了以原尺度、原材料、原工艺对原址建筑进行最大限度的还原，并以新材料、新理念、新技术进行恰当合理的修缮。在防火安全设计上，运用性能化防火技术解决原址建筑保护与现行防火规范的矛盾。

上海当代艺术博物馆，位于黄埔区花园港路。博物馆的前身是南市发电厂（1897—1985 年），见证了早期上海工业化和改革开放后发电工业撤离市区的发展过程。为参与 2010 年的上海世博会，把这座废弃的具有典型工业特征的电厂厂房改造为"城市未来馆"，那个高达 156 米的烟囱改造为具有象征意义的"城市体温计"。2012 年，上海市政府决定把城市未来馆改建成上

原南市发电厂的厂房与烟囱　　世博会期间的城市未来馆　　上海当代艺术博物馆

图 8-115　上海当代艺术博物馆，2010—2012 年，发电厂及改造的两个阶段；设计单位：同济大学建筑设计研究院，建筑师：章明、张姿、丁阔、丁纯、孙嘉龙、王志刚、张昊
图片引自：《时代建筑》2013，01，P124

图 8-116　上海当代艺术博物馆，2010—2012 年，改造后的展厅及展出
图片引自：《时代建筑》2013，01，P125

海当代艺术博物馆，2012 年开始展出，成为中国第一家公立当代艺术博物馆。

发电厂台阶形的低、中、高三跨体量，有机地与博物馆功能相适应，高跨改造为 4 个楼层的主要常规展厅，中跨为设备、仓储和后勤办公区，低跨改作入口大厅、开放展厅和临展功能。建筑师"有限干预"的原则，最大限度地保留和体现了厂房的原有秩序和工业遗产的特征。

上海印钞厂老回字型印钞工房易地迁建，位于上海市普陀区，迁建的新建筑靠近旧建筑，是一个集印钞生产、参观展示、办公等多功能于一体的现代化工业工程，是国家印钞行业对外开放展示的窗口企业。规划建设用地面积约 29800 平方米，总建筑面积 46700 平方米。

设计考虑到生产和参观的两个功能互不影响，其柱网设置能满足不断更新的机器设备，在强调舒适性操作和流线紧凑、高效的同时，实现了工业建筑的人性化和发展的可持续性。新老建筑以过街楼相连，外墙面与内部空间均强调新老建筑的协调和一贯性。

成都宽窄巷子历史文化保护区，用地面积 6.6 万平方米，建筑面积 6.1785 万平方米。宽窄巷子是老成都"千年少城"城市格局和百年原真建筑格局的最后遗存，也是北方胡同文化和建筑风格在南方的"孤本"。规划设计在严格保护的原则基础上进行详细的测绘、调研。改造后的宽窄巷子由 45 个清末民初不同风格的四合院落组成，院落以一层为主，局部二层。以休闲、餐饮、娱乐等现代功能赋予传统建筑新的生命力。

图 8-117　上海，印钞厂厂房，设计：上海建筑设计研究院（左）
图片提供：上海建筑设计研究院潘嘉凝
图 8-118　成都宽窄巷子历史文化保护区，2008 年，设计单位:清华大学建筑学院，北京清华安地建筑设计顾问有限责任公司;
建筑师：刘伯英、黄靖、弓箭（右）
图片引自:《中国建筑学会建筑创作大奖获奖作品集》，P285

图 8-119　天津，静园（鞍山西道 70 号），建于 1921 年，独立式住宅，二层，局部三层，砖混结构。建筑功能齐全，并设
有图书馆。整体建筑有西班牙建筑艺术的特征，如较平的简瓦坡顶、大片实墙，开洞较小等。
静园原名乾园，为陆宗舆的官邸，1929 年溥仪迁此后改为静园。后来做办公用，2005 年复原整修时已是住有 45 户的居民杂院。
整修时，尽量保留原有装修和门窗，并对简瓦进行复制，实行"修旧如故，安全适用"的原则（左）
图片引自:《天津历史风貌建筑图志》，P252
图 8-120　天津，杨柳青镇石家大院，始建于 1875 年，为典型四合院建筑群。院落以"箭道"为中轴，分为东西两部分，有
10 个独立的院落，房屋 200 余间，并设有我国北方较大的戏楼。建筑室内外装饰考究，砖、木、石雕工艺精美，并借助了西
方的装饰。大院一直受到精心的保护，严格执行《保护条例》，作为博物馆运营良好（右）
图片引自:《天津历史风貌建筑图志》，P356

　　天津，历史风貌建筑保护， 天津是国家级历史文化名城，尤其在中国近代史中，留下了丰
富而重要的历史风貌建筑遗产。天津市历史文化建筑保护最重要的举措是：人大立法，政府设
立管理机构"天津市历史风貌建筑办公室"严格执法，同时建立专业修建队伍以保证历史风貌
建筑维护和修建的质量。

　　2005 年 9 月 1 日，天津人大《天津市历史风貌建筑保护条例》出台，这是我国最早的地
方人大法定文件。经天津市历史风貌建筑保护专家咨询委员会审查，天津市政府于 2005—2013
年分 6 批确认了历史风貌建筑 877 幢、126 万平方米。其中，特殊保护级别 69 幢，重点保护级
别 205 幢，一般保护级别 603 幢，分布在全市 15 个区县。在 877 幢历史风貌建筑中，有全国

图8-121　天津，睦南道24~26号（颜惠庆旧宅），是天津"五大道"里的特殊保护级别的建筑。所谓五大道是和平区五条道路纵向贯通的一条狭长的街区，原属英租界的高级住宅区。该住宅建于1920年代，三层砖混结构，有地下室。立面设有古典比例的拱廊檐口等。建筑采用了地方性的过火琉缸砖，墙面带有特殊的肌理，是西洋古典建筑与天津地方材料、技术和风情相结合的范例（左）

图片引自：《天津历史风貌建筑图志》，P089

图8-122　天津，民主道38号（汤玉麟旧宅），位于原意国租界，独立式住宅，建于1922年。平顶二层砖混结构。建筑严谨对称，中部有古典建筑的基座、墙身、檐部竖向三段式划分的意图，拱券、挑檐、开窗比例适当，有装饰性的细部，施工精美（右）

图片引自：《天津历史风貌建筑图志》，P297

在属于原意国租界的民族路、自由道等道路上，许多意式住宅和公共建筑、广场，得到了修复，目前已形成具有意国风貌的建筑群。

图8-123　天津，民族路80号（张鸣岐旧宅），1910年；二层砖混独立住宅。体量构图比较丰富，突起而轻巧的凉亭为构图中心，连拱和柱子吸收尖拱的装饰。檐口、栏杆等细部，有古典建筑的意趣（左）

图片引自：《天津历史风貌建筑图志》，P310

图8-124　天津，重庆道55号（庆王府），1922年，二层砖混结构，外廊式的独立式住宅。室内设共享大厅，房间围绕大厅。外观较为简单，室内装饰豪华，传统格局吸收西洋细部。有宽敞的庭院，良好的绿化环境（右）

重点文物保护单位22处（82幢），天津市文物保护单位142处（162幢），区县文物保护单位31处（32幢），不可移动文物点348处（413幢）。

在专家咨询委员会的指导下，管理机构历史风貌建筑办公室认真总结天津历史风貌建筑的特点，例如：建筑年代相对集中，60%建在1900—1937年；各类建筑相对集中，呈现群区性，如居住建筑主要集中在老城厢与五大道一带、金融建筑在解放北路一条街等；天津近代建筑的设计思想、方法和技术与西方社会同步；天津独特的地理环境和水土，形成了独特的建筑材料和建造技术，体现了鲜明的地域性，以及丰厚人文资源等。在建筑保护和修建的过程中，严格

图 8-125 天津, 浙江路 2 号 (安里甘教堂), 1903, 砖混结构, 由英租界工部局兴建, 是做工精致的小教堂。外墙为清水青砖, 设有八角平面的塔楼。山墙檐部的齿饰、门窗开洞周围以及扶壁等处, 均为精心设计和精心实施青砖砖工。室内空间较为丰富, 墩柱支撑尖拱划分空间, 柱廊、线脚和细部装饰等, 均为本色的统一材料, 精细施工隐于朴实材料之中。

图 8-126 北京, 798 艺术区, 2003 年, 厂房改展区的外观 (左)
图 8-127 北京, 798 艺术区, 2003 年, 厂房做室内展厅 (右)

按照条例的指示, 遏制违反条例的不当"开发", 努力按照以上原则努力复原风貌建筑的特色, 并尽可能保持建筑遗存应有的原貌。

北京, 798 艺术区, 798 艺术区得名于它的前身北京华北无线电联合器材厂 798 厂, 由前民主德国援助建设, 厂房具有包豪斯影响下的现代建筑风格, 外形简洁, 实用而富有美感。工厂被迁出后, 部分厂房空置, 但因其工业建筑独特的空间品质, 从 1995 年雕塑家隋建国租赁厂房作为雕塑车间开始, 吸引了众多艺术家前来, 开始是用于居住与工作, 后来因为人数的壮大开始展示作品。至 2003 年逐渐形成了艺术区。

艺术家及建筑师在对 798 内旧厂房的改造过程中, 大部分保留了建筑原有的结构, 尽量只做修缮和改建, 不进行拆除和新建。保持了单体建筑以及整个 798 内建筑群外观的一致性与和谐性。在内部空间的处理上, 根据不同的功能需求进行重组。在一些建筑内, 完全保留了墙体、屋顶的原貌, 如涂刷在墙体上具有时代特征的标语, 其本身就是一件艺术品, 旧厂房变成了艺术的宜居场所。

与 798 工厂毗邻同属一个时期的 751 工厂, 与 798 的自发形成、自行改造不同, 具有发展及建设的规划性, 从风格上基本与 798 保持一致。751 工厂的改造引起了更多建筑师的关注和参与, 艺术和建筑的结合, 同时彰显了建筑的实验性特征。

与此相类似的旧工业区改造, 在上海、重庆、昆明等地, 都有艺术家或者建筑师自发改建。

图 8-128　上海，上海新天地改造，弄堂内景 1，1999—2007 年，
设计单位：同济大学建筑设计研究院等

图 8-129　上海，上海新天地改造，弄堂内景 1，1999—
2007 年

上海，新天地改造，上海新天地广场是保留了上海老式石库门弄堂的商业空间，位于上海市中心区淮海中路的南面，兴业路把整个广场分为南里与北里两个部分，处于中国共产党第一次代表大会会址所在上海市思南路历史风貌保护区中。①

新天地北里不到 2 公顷的地块上，原先建有十五个纵横交错的里弄，密布着约 3 万平方米的危房旧屋。其中最早的建于 1911 年，最迟的建于 1933 年，它们中有的能直达马路的弄堂口，有的则要借道，从其他里弄才能进出。新天地项目的改造概念在于：保留石库门建筑原有的贴近人情与中西合璧的人文与文化特色，改变原先的居住功能，赋予它新的商业经营价值，把百年的石库门旧城区改造成一片新天地。

广场的南北主弄是广场中最有主导作用的部分，两旁墙壁是石库门有特色的青砖与红砖相间的清水砖墙。具有明显西洋风格的原明德里弄堂口和原敦和里的一连 9 个朝东的石库门，最具吸引力、也最能勾起人们的怀旧情绪。罕见的东西向石库门房屋被保留下来，作为南北主弄的重要题材。由于主弄是从原来的房屋掏空出来的，有宽有窄，为露天餐座或茶座提供了场所。在主弄的中段，通道被拓宽成为一个小广场，集中了几个餐厅，专卖店、艺术展廊如琉璃工场、逸飞之家等的出入口。原来里弄排屋之间的小巷全部被保留下来了，成为南北主弄的支弄。主弄地面铺砌的主要是花岗石，而支弄地面则全部铺以旧房子拆下来的青砖。主弄在接近兴业路时，是一段覆盖了玻璃拱顶的廊。廊的两侧是商店与进入石库门展览馆的入口。廊的南北两端有两个拱门，一方面说明了北里区域的即将结束，同时预告了南里的开始。②

北京胡同的消失和保护，过去几十年来，北京中心城区的面貌发生了很大的变化，老北京城规划之初，由无数四合院围合形成的、以胡同为单位的网格轮廓渐渐被改变。近年来，人们逐渐意识到胡同是北京文化风貌的一个重要的代表，以胡同、四合院为基本元素的老城区格局，

---

① 历史风貌保护区：区内存在着已被登记为必须予以保护的国家级或市级历史文物或具有文化特征的建筑。在建筑周围划定一个风貌保护范围以保护其环境风貌，并对保护区内的建筑提出三个保护层次：核心保护、协调性保护与再开发性保护。
② 文字参考罗小未 . 上海新天地广场——旧城改造的一种模式 [J]. 时代建筑，2001（4）.

在旧城改造中得以重视。采取"修缮、改善、疏散"相结合的方法，改造危险房屋。对文物保护区内重要街巷、重点四合院落、重点景区周边进行修缮、整治，保护了历史遗存，同时也改善了居民居住条件。

对于胡同改造，另一种模式是开发成文化旅游景点。如与菊儿胡同纵向交叉的南锣鼓巷。南锣鼓巷南北向长700多米，巷内东西分布有包括菊儿胡同在内的八条胡同。在规划上相互交叉连接被称为蜈蚣坊。较完整的体现着元大都里坊的历史遗存。

南锣鼓巷，于2005年，得到了全面的翻修，在改造中保持原有胡同和四合院相结合的格局，对房屋采取拆除、翻修、立面装饰、保持原样等四种思路。改造后，大部分临街房屋从民居变成了咖啡馆、餐馆、食品铺、商店等，南锣鼓巷内部建筑空间，逐渐由居住转变为商业空间，此举为老城区文化途径的可持续再生提供了一条新的思路。

官书院胡同，是位于北京北二环边上的一条小胡同。它的距离不长，但曲径通幽。它位于北京最重要的两个历史文化建筑雍和宫与国子监之间。设计主要从两方面入手，一方面，在原四合院的建筑框架中，填充出一系列金属展示窗及木质展示柜，既对陶瓷展示主题做出回应，同时也形成传统与现代两种风格的反差与结合；另一方面，在四合院当中营造出一种江南意境的园林景象。

北京，沙滩南巷四合院改造，改造后的四合院打开了原来的双庭院结构，变为南向的建筑空间。翻新了院内已经残破的地砖、墙面和祖露的结构，但在材料、结构和技术上，与传统保持一致。扩大的南院中，是新增加的建筑体，这个建筑运用了玻璃和钢等现代材料，通过材料的反射性，让建筑本身变得无形，同时和与之对立的传统建筑进行融合。体态轻盈的新建筑体与沉重的旧建筑体形成了对比，又在形式、尺度和功能上互补。改造后的四合院，没有在外观上对周围环境产生影响，院落内相对于原四合院的固定结构和传统功能，带来了新的"现代"功能，是一个具有弹性的多功能空间，又是一个艺术家工作室。

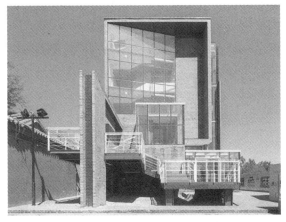

图8-130 北京，南锣鼓巷——游客到访中心（左）
图8-131 官书院胡同18号，2010年；建筑面积：160平方米；设计单位：刘宇扬建筑事务所，建筑师：刘宇扬、赵刚、徐千禾、梁幸（右）
图片引自：http://www.alya.cn

图 8-132　北京，蔡国强四合院，改造前院景，2007 年，建筑师：朱锫建筑工作室朱锫

图 8-133　北京，蔡国强四合院，改造内景一角，2007 年，建筑师：朱锫建筑工作室朱锫

二、从实验建筑到平常建筑

进入 2000 年以后，1977 年中国恢复高考之后毕业的建筑师，大约已有了 10 余年执业经验，这批青年建筑师，逐渐步入中国建筑创作舞台的中心，表现出一代新人的探新诉求。

新一代建筑师，受过完整而良好的建筑教育，比他们的师辈幸运的是，他们有充分条件取得国外的留学或执业背景，即便是完全在国内完成建筑教育的学子，也有充分条件获得国际建筑资讯，并参与相关的交流活动。成立了个人工作室或事务所的建筑师，不论在体制内外，都有了较大的自主权，在创作求新、释放个人潜能和市场生存的环境里，已可以充分发挥自己的才能。

当他们的作品以崭新的面貌出现在公众面前时，媒体上频频使用诸如"实验建筑""前卫""先锋"等词语，来描写这批青年建筑师早期探新的建筑作品，用词虽然不同，用意却大体一致，都是指那些敢为天下先，有明显"创新"精神，正在被行业或社会普遍关注或认可的建筑作品及建筑师。

（一）关于先锋性和实验性

"先锋""前卫"这两个词，是法文 avant-garde 的两种不同译法，原意是指"先头部队""前面的哨兵（卫兵）"，是从艺术领域延伸到建筑领域来的。从历史上看，有新创举的"先锋"艺术家及其作品，如果能与社会进步的方向相吻合，就会获得艺术生命力，成为这个时期的新兴艺术，并最终取得应有的历史地位。如西方艺术史中的印象主义、方块主义（Cubism，又译立体主义）艺术作品和艺术家，就有过这样的经历。

在建筑领域，现代建筑的先驱们，如勒·柯布西耶、W·格罗皮乌斯、密斯·范·德·罗、F·L·赖特等大师，也曾经是这样的先锋。这些建筑家，之所以完成了从先锋到先驱这样一个功德圆满的全过程，是因为他们的建筑艺术顺应了社会进步的潮流，他们在新的社会条件下，呕心沥血，创造新时代进步的新建筑艺术。

"实验性"一词，则更多地用于科学技术领域，指的是为了检验某种科学理论或假说，而进行的某种操作或活动。把"实验性"一词借用到艺术领域，是看中了"为探新而进行试验"的这层含义。

这样，所谓实验性建筑的探新实验，起码应当包括两重含义：建筑艺术的和建筑科学的。而在当前，大众媒体的语境里，它的含义基本上是建筑艺术的，更向艺术领域的"先锋"靠拢，而较少在意科学技术含量。

事实上，我们在谈论"实验建筑"的时候，很难把建筑艺术上的先锋性和建筑科学上的实验性割裂开来，这是由建筑的本质同时含有这两种不可分割的属性所决定的。媒体关注"实验性"或"先锋性"建筑，是因为它们具有新闻价值；业内关注它，是因为对建筑领域的新创造感兴趣，并对建筑推动社会进步和改善民生有所期待。

"实验建筑"之所以引起媒体或公众的广泛兴趣，是因为首先出场的一些作品，带有西方现代艺术的概念，作品并不在意解决多少建筑问题，甚至与建筑设计要解决的问题（如功能等）无关。这类作品出现在建筑师之手，对广大受众来说，是比较陌生的或者新鲜的。

改革开放以后，中外建筑和中外美术的交流，各有各的渠道，有些具有西方留学背景的建筑师或教师，重建了建筑与美术乃同属"大美术"的关系。他们在国内外出示的一些作品，与国内建筑设计的固有概念很不相同，早期许多被叫做"实验建筑"的作品，从本质上说，是以建筑元素为话题的现代艺术——艺术装置或艺术行为，这类艺术装置或行为，是艺术，但不是老百姓可以住进去过日子的建筑艺术。

分清可以入住的建筑艺术和以建筑为话题的某种"装置艺术"的区别，对于认识建筑的"实验性"很重要。前者是科学技术层面上的艺术，追求的是建筑的"进步"，即从无到有，从低

图 8-134　明式家具，艾未未；以明式家具为原型的家具作品
图片引自："建筑实验——人·伦理·空间"展

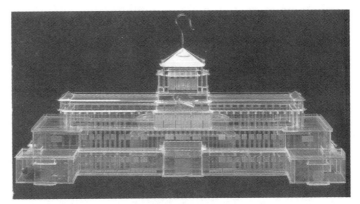

图 8-135　鸟笼，卢昊；以建筑为话题的艺术作品
图片引自："建筑实验——人·伦理·空间"展

级到高级的进步，在建筑技术上、功能上或艺术上的进步；后者是现代艺术层面上的艺术，追求的是"创新"，也是从无到有，是具有艺术家自身个性的绝无仅有的创新。

现实的情况是，许多建筑师集两种艺术作品的创作于一身，除了"纯艺术"或"纯建筑艺术"作品之外，他们更致力现实建筑作品的创作，甚至还经常出现介于这两种建筑艺术之间的作品类型。因此，"实验建筑"现象，就变得既复杂又有趣。

不过，许多实验建筑师落地生根后，他们的事务所或工作室，所接的建筑任务，同样是当今中国社会所需的项目，所面对或所考虑的问题，与中国广大的平常建筑师并没有什么不同。这样，他们实际上融入了平常建筑师之中。

同时我们也会清楚地看到，经受了体制改革之后，广大国营体制建筑师的追求，与所说的实验建筑师，并没有什么两样，而且，他们在数量上，依然是中国建筑设计领域的主力。所以，当我们在谈论实验建筑师及其作品时，不应该忽略这群更广大的建筑师以及他们的建筑实验成就。

如此说来，实验建筑就恢复了自身的本意：为建筑艺术和建筑科学等方面的探新、进步而付出努力。

（二）聚焦新一代建筑师及其作品

新一代建筑师在 20 世纪末就陆续登上建筑创作舞台的中心，十余年来，由于思想开放、创作环境和条件、工具的改善，他们的作品，展现出新面貌、新方向，这一点，在本节之前所举的实例里，他们中的许多人，已经提前出场了。

由于这批建筑师人数较多，作品丰富，这里再列举的建筑师及其作品，只是常见于媒体和出版物上的部分建筑师，更多的建筑师在不同的条件下，进行着他们很有价值的实验，我们将在其他的章节还会提到他们。

张永和，1956 年出生于北京，1977 年考入南京工学院建筑系，1984 获美国伯克利加利福尼亚大学建筑系硕士学位，1989 年成为美国注册建筑师，1993 年在美注册了非常建筑工作室，1996 年回国，2000 年创立北京大学建筑系研究中心，2005 年，他应邀出任美国麻省理工学院（MIT）建筑系主任，成为首位执掌美国建筑研究重镇的华裔学者（任期 5 年）。

在美所受的启蒙教育与现代艺术相关，在早期的设计实践中，体现一些艺术概念的思维，并在多种设计竞赛中获奖，如 1984—1988 年的窥视剧场；1988 年概念性物体设计"蒲公英"桌景——"从桌子到桌景"等。北京的席殊书屋，在临街建筑的交通过道上布置的书屋空间，并运用自行车轮制作活动书架，以灵活分隔空间，是返回建筑概念的早期实践。

非常建筑工作室越来越多的国内平常建筑项目，使得作品更多地考虑平常建筑师所遇到的课题。例如旧建筑的改造，新项目的创新，对于地域性或传统文化的思考。由于张永和的国际视野，作为教师不脱离建筑基本理论的研究，作为建筑师对基本意图的不断实践，他的作品，有可识别的特质。张永和越来越多地关注城市以及城市环境，如他试图用竹子来改善生态环境的设想等，其评说不一。

图 8-136 长城脚下的公社之土宅，2002 年，建筑师：张永和

图 8-137 北京柿子林会馆，2001—2004 年，建筑师：张永和

图 8-138 北京，远洋艺术中心，2001 年，设计单位：非常建筑工作室，建筑师：张永和
图片引自：《青年建筑师·中国·33》，P16

长城脚下的公社之土宅（**"二分宅"**），长城脚下的公社原名建筑师的走廊，位于京北山区水关长城附近，占地 8 平方公里，是由开发商选定亚洲 12 位中青年建筑师 12 件建筑作品组成。

土宅是 12 件建筑作品之一。建筑是由两个较长的矩形体量呈 "V" 形布置，开口一端面对山景，体量内侧设大片玻璃开向之间的院子，欲作为住宅的 "中庭" 又具有传统 "合院" 的意思。外墙采用北方民居用过的 "夯土墙"，屋顶结构中运用了 "胶合木" 构件，也是 1950 年代常用的构件。作者对此等材料的使用，以期取得朴素的形象并体现环保概念。

北京，柿子林会馆，位于北京郊区昌平十三陵万娘坟村的果园内，建筑面积 4800 平方米，为私人住宅兼招待亲友的场所。

建筑得名于果园中数目繁多的柿子林优美环境，建筑中部的公共部分是围绕竹林的平面环形路线，在大环线中，由于插入保留柿树的小天井，提供了绝无重复路线，由此制造出有丰富体验的内外空间，所谓房间有 "取景器" 之称。房屋的承重墙为石夹混凝土，石材只作为混凝土墙的表皮贴面，不起任何结构作用。石材采自于当地，体现了建筑师在材料的选择上试图表现建筑融入地域特征。

北京，远洋艺术中心，为东环路东侧基地原有的两层工业厂房的改建。建筑师保留原有厂房，首层用于售楼处及样板间，二层为展览、演出等艺术活动空间。维持原有工业建筑的空间和结构，新做的玻璃表面，有利于表露原有大跨钢筋混凝土结构。原厂房须被切掉 3 跨，被切的剖面转化为建筑的立面，记录并保留了原建筑的痕迹。

图 8-139　北京大学核磁共振实验室，2001 年；设计单位：非常建筑工作室，建筑师：张永和（左）
图片引自：www.ikuku.cn/project/
图 8-140　吉首大学综合科研教学楼及黄永玉博物馆，2003—2004 年；设计单位：非常建筑工作室，北京意社建筑设计咨询有限公司合作，建筑师：张永和等（右）
图片引自：《城市环境设计》，2009，12，P84

　　北京大学核磁共振实验室，是对建于 1917 年的燕京大学锅炉房改造。原锅炉房有三跨，中部为拱形大空间。纵向划分成三个空间，中部拱形空间为办公和辅助部分，两侧为实验室。在这个办公和辅助部分的中部，设两片剪力墙分别向两侧挑出钢结构，形成大空间中的独立三层建筑而不影响原有基础，剪力墙之间设垂直交通设施。外墙的双层玻璃间，设 20 毫米间隙形成气流，满足更高的物理实验条件要求。

　　吉首大学综合科研教学楼及黄永玉博物馆，位于湖南省吉首市，建筑面积：2.5727 万平方米（综合科研教学楼 2.20329 万平方米，博物馆 3688 平方米）。校园建在山地上，教学楼与博物馆在校园中心的人工湖南侧，形成类似裙房与高层建筑两部分。两部分设置了多个小型坡屋顶，裙房部分设置在顶部，高层部分设置在外墙，即把窗外凸成三角形，窗的斜顶为小坡顶，以尝试取得山村聚落肌理。

　　马清运，1965 年生于西安，1988 年毕业于清华大学建筑系，获奖学金于 1989—1991 年在美国费城宾夕法尼亚大学美术研究生院获硕士学位。1991—1995 年先后在费城 Ballinger 及纽约 KPF 任设计师、高级设计师。成为这两个建筑事务所的主要设计力量。1995 年在纽约成立摩尔马达事务所，2000 年在上海和北京成立马达思班事务所。2006 年 6 月，马清运获得美国南加州大学的聘书，出任该校建筑规划学院院长，这是继张永和之后，又一位获得美国大学建筑学专业领导职位的中国建筑师。

　　在北京、上海、宁波参与的一系列城市和建筑活动，探讨了其中的国际性、商业化、市民化、以及建筑外表等问题；在陕西蓝田的两件小作品，则成为探讨西部故土地域性建筑的形态、材料、施工与文化传统的代表作；同时也介入农村建筑和商业活动，改善生态环境。再返上海、江浙地区的城市建筑，探讨了传统材料与现代材料并用中的问题，以及大型屋顶花园等。建筑师积极参加各种国际策展、巡展，不断更新观念扩大影响。

　　蓝田，井宇，位于陕西蓝田县玉川镇，是玉川酒坊的附属客房，建筑面积 192.8 平方米。建筑以关中乡间民居为蓝本，厢房为当地为集雨水屋顶斜向内院"半边盖"的单坡顶，厅房小开间，庭院窄长，两进院落。外墙为内侧红砖外侧灰砖，形成一种灰、红两色的"编织效果"。材料和工匠都来自当地，建筑与环境自然融合。

图 8-141 蓝田，井宇，2004—2006 年，设计单位：马达思班建筑事务所，建筑师：马清运、孙大海、王山
图片引自：互联网

图 8-142 浙江大学宁波理工学院，2013 年，设计单位：马达思班建筑事务所，建筑师：马清运

浙江大学宁波理工学院，体现了高速城市化条件下的高密度应对，使之成为一种具有都市密度的大学。首先把密度高的元素带到彼此靠近的位置，引发元素间新的变化，这种最大程度的接近，将产生最大程度的灵活性，提高资源和时间上的有效性。这种密度对应了周边的关系，不去打断永远不断产生的都市肌理。而是去联系，去多样化它周围的城市。这是一种与传统校园规划对立的想法，将建筑散落到绿地中，尽可能加强建筑群的联系。

都市实践（Urbanus Design Worldwide Ltd.），1999 年在美国注册的建筑师事务所，主要成员：

刘晓都（1961 年生），1984 年毕业于清华大学建筑系，留校。1992 年获美国迈阿密大学建筑学硕士学位，关注低收入住宅问题。之后在亚特兰大的一家事务所担任设计负责人，1997 年回国，留在深圳。

孟岩（1964 年生），1991 年获清华大学建筑学硕士学位，1995 年获美国迈阿密大学建筑学硕士学位。先后在 KPF 等事务所担任设计负责人，并受该所关注城市问题的影响。

王辉（1967 年生），1993 年获清华大学建筑学硕士学位，1996 年获美国迈阿密大学建筑学硕士学位。并先后在多家事务所担任设计负责人。

他们毕业于同一个学校，都有在国外学习并从事设计工作实践的经历，立足深圳这个当时改革开放前沿的城市发展。该事务所的设计主旨是关注中国城市化高速发展的城市问题，思考城市文化、景观以及艺术等问题，以及从广阔的城市视角和特定的城市体验中，去解读建筑的内涵，这是作品的灵感源泉。

深圳公共艺术广场（Public Art Plaza），致力于研究城市公共空间对城市文化发展影响的重要尝试和探索。建筑师希望促成：艺术家的艺术活动可以在城市场景的展示；建筑不再是对广场的界定，而成了广场空间的延续；调节广场周边城市空间支离破碎状态。

图8-143 深圳公共艺术广场,设计单位:都市实践(左)
图8-144 广东,海南,土楼公社,2006—2008年,设计
单位:都市实践建筑师事务所,建筑师:刘晓都、孟岩(右)
图片引自:《世界建筑》2011,05,P84

设计对城市中心的平坦地表的重塑,结合功能采用隆起,折叠,凹陷,断裂等手段,创造新的人工地貌;屋顶与地面,墙面连成一体,纯粹的建筑与纯粹的广场都消失了。十六棵树从半地下车库屋顶孔洞穿出,为车库提供日光和灯光。广场鼓励非传统的雕塑陈列方式,艺术家针对不同的广场人工地貌设计根植于特定场所的环境雕塑,而广场本身也成了一件大型城市雕塑,表达了希望将艺术融入城市生活的理想。

广东,海南,土楼公社,建筑面积1.3711万平方米。基于对福建传统土楼以及对中国城市化进程中社会动态的调查,建筑师认为土楼的集合住宅可以当做低收入群体的住宅,同时又是吸收多户聚居的传统土楼形式用于当代建设的尝试。

环形和方形体量之中,都包括了小型公寓住宅、底层商店和社区服务设施。所有房屋租金较低,不向有车人士出租,以增加社区的同质性。建筑整体外包混凝土,有良好的采光和通风。建筑形式与拔地而起的高楼大厦形成对比。

维思平公司(WSP),是从事风景建筑创作的单位,主要成员:吴钢、张瑛等。

吴钢(1966年生于合肥),1988年毕业于同济大学风景设计专业,1992年获德国卡尔斯鲁厄大学建筑设计硕十,同年成为该校博士生,主攻城市设计。此后,在欧洲多个事务所参与设计实践和设计竞赛,1995—1997年在德国成立WSP公司,1998年在北京WSP成立建筑师事务所。

西安,西门子信号有限公司新厂,位于开发区内一块130米×102米的基地上。工厂的三个主要组成部分:生产大厅,可以实现产品和流程变化的最大自由度;办公及职工食堂,围合成一个三合院式的钢框架"U"形结构,形成了一个有效且不影响生产的参观走廊;朝北的院落,面向开发区的东西向主干道,展示了一个可识别的开放性格。设备层位于双层结构的屋顶,是一个无支撑、自承重的弧形压型钢板屋顶,它覆盖在"U"形结构之上,形成可通风的"冷屋顶"。

北京,亚运新新家园俱乐部,位于亚运村北部森林保护带内,地段周围树木茂密。在一个围墙围合的院落中,原有一片竹林与作为礼堂和管理用房的三幢一层平房组合而成,院落的后面有一个幽静的水塘。尊重现有的构筑物和环境并发展它,是设计的出发点。

图 8-145　西安，西门子信号有限公司新厂，2001 年，设计单位：维思平公司，建筑师：吴钢

图 8-146　北京，亚运新新家园俱乐部，2000—2001 年，设计单位：维思平公司，建筑师：吴钢

张雷，1964 年生于江苏南通，1985 年毕业于南京工学院（东南大学）建筑系，1988 年获该校硕士学位并留校任教。1993 年获瑞士苏黎世高工（ETH-ZURICH）建筑系硕士学位。1991—1999 年曾在苏黎世高工、香港中文大学任教，2000—2006 年在南京大学建筑研究所任职并主持张雷建筑工作室，2009 年成立张雷联合建筑师事务所。

高校教师出身的业余建筑师张雷，逐渐转向职业建筑师。早期建筑设计，明确以基本建筑理论的理性和简约为本，用简单的几何形体来解决复杂的建筑功能问题，并在其中探讨抽象几何形体之美。在参与了南昌救灾重建的活动，接近百姓的生活，使他关注地域本土的思考，如院落的运用和材料的处理。对建筑哲学、形式简朴和当地本土的思考，使他的作品具有一定社会意义和思想深度。

南京，金陵神学院大教堂，位于江宁校区，建筑面积 5000 平方米，是神学院新校区的主体建筑。由大礼拜堂、小礼拜堂、辅助部分以及后院四部分组成。复杂建筑体量由简单的十字形体块演化而来，经过对墙面和屋顶的几何操作，将天光引入教堂不同部位，借以诠释"神就是光"的教义。建筑外表面为清水混凝土，以表现形体的纯净。

南京，中国国际建筑艺术实践展 4 号住宅，坐落在南京浦口老山森林公园附近的佛手湖畔，包括 4 个公共建筑项目和 20 个小住宅，邀请国内外 24 位建筑师参加设计。每栋住宅在 500 平方米之内，设置不少于 5 个带卫生间的卧室和其他生活空间。

4 号住宅是其中之一，在充满山林景观的缓坡地上，建筑师把 500 平方米的建筑分为 4 层竖直布置在基地上，最大限度地保持了山林和坡地。屋顶平台和水池则是对外完全开放的客厅，与各层较为私密的开窗处理形成对比。这个方块主体的住宅体量与"梦幻式的"有机形状开窗，形成强烈对比。

郑州郑东新区城市规划展览馆，用地面积 3410 平方米，建筑面积 8466 平方米。基地的东、北两侧紧邻建成的学校，西、南两侧为主要城市道路。作为道路转角的建筑，角部向城市敞开，且建筑的局部架空，表现出城市公共建筑向城市开放的姿态。建筑内部的交通流线，也通过较

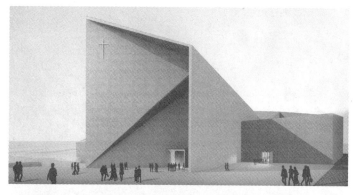

图 8-147 南京，金陵神学院大教堂，2006 年；
设计单位：张雷联合建筑事务所，建筑师：张
雷、戚威、孟凡浩、闵天怡
图片引自：《城市空间设计》2014，05，P106

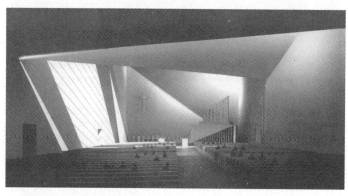

图 8-148 南京，金陵神学院大教堂，2006 年，
礼拜堂室内
图片引自：《城市空间设计》2014，05，P107

图 8-149 南京，中国国际建筑艺术实践展 4
号住宅，2008—2011 年，外观；建筑师：张雷，
Jeffrey Cheng，王旺，Zhang Yi
图片引自：《世界建筑》2011，04，P38

图 8-150 郑州郑东新区城市规划展览馆，
2009—2011 年，设计单位：张雷联合建筑事务
所，南京大学建筑设计规划研究院，建筑师：
张雷、戚威、郭东海、蔡振华
图片引自：《建筑学报》2001，03，P18

为开放的建筑，隐约地呈现在观者面前。建筑主要立面的外墙用玻璃百叶包起，有 0°、45°、90° 适应不同的室内光线要求。

齐欣，1959 年生于北京，1983 年毕业于清华大学，同年赴法国留学，研究城市设计和建筑设计。1986 年起先后在若干法国建筑师事务所工作，1994—1997 年在香港及伦敦福斯特事务所工作，1997—1999 年在清华大学客座任教，1998—2001 年在北京京澳凯芬斯设计有限公司任总设计师，2001 年起任维思平建筑设计咨询有限公司总设计师，2002 年成立齐欣建筑设计咨询有限公司。

齐欣在法国和英国学习和工作，他的基本建筑思想却是建筑专业质朴的思想和方法。在福斯特亚洲事务所的经历，加强了他用技术手段解决实际问题的能力，在实践中形成系统的专业技术思想。例如好的建筑形式要表达地方建造技术，好的技术要结合当地气候，好的技术要考虑当地文化等。在早期的作品中有所体现。

北京，国家会计学院，用地面积 200 亩（约 13.34 万平方米），建筑面积 7 万平方米。在不规则的用地上，建筑布置成椭圆状，以统领整个总图。主楼的平面是一个单纯的椭圆形，它的两个尽端分设了四个阶梯教室，中部为一四层高的共享大厅，大厅被六个教学单元环绕。除了建筑外观体现简洁的技术感外，面对北京地区的气候条件，建筑师希望通过技术手段，避免气候的不利因素。如对幕墙玻璃的选用。

教学主楼的后方为一组学员公寓围合成的马蹄形绿地。每幢学生公寓均围绕内院组织，并由南侧的三层楼高逐渐过渡到北端的六层，以争取最大面积的日照。每个内院还拥有自己的色彩，形成鲜明的个性。

四川，绵阳博物馆，收藏的文物有 30% 为汉代出土文物，且在地段的西侧立有两尊被列为国家一级保护文物的汉阙。建筑师试图以现代的建筑材料和语言，展示中国传统建筑形式。传统建筑布局中，东西轴线使汉阙成为空间序列中开场白，南北轴线又将北边的一片绿化停车

图 8-151　北京，国家会计学院，1998—2000 年，鸟瞰模型图；设计单位：德国维思平建筑设计咨询有限公司，建筑师：齐欣（左）
图片引自：www.ikuku.cn/project/
图 8-152　绵阳博物馆，设计单位：中建西南设计研究院，建筑师：齐欣（右）
图片引自：《建筑学报》2013，06，P83

场和南边一幢现状保留建筑与新建筑连成一体。一个由柱廊组成的虚的正"L"形与一个由建筑组成的实的反"L"形围合出一个方院。中国建筑中的三段式，也恰与此建筑所需求的遮阳飞檐、展览空间及文物修复车间和库房相吻合。现代材料的使用，让建筑更加晶莹剔透，更富有现代感。

王昀，1962 年出生于哈尔滨，1985 年毕业于北京建筑工程学院建筑系，1995 年获日本东京大学硕士学位，1999 年获该校博士学位，2002 年成立北京方体空间工作室，2010 年于北京大学建筑学研究中心任职。

自 1993 年开始，获多次日本"新建筑"国际设计竞赛奖项，并多次参加国际建筑艺术展览。通过小型建筑的研究，发掘建筑的体量、空间的几何结构及其基本的抽象美感。

北京，庐师山庄 A+B 住宅，位于石景山区八大处庐师山庄别墅群，A 宅建筑面积 838.97 平方米，B 宅建筑面积 767.18 平方米。由两个矩形几何体量拼连而成，外墙全白无装饰，空间组织注重场景中的几何抽象美。室内外的家具、陈设由建筑师完成。

马岩松，（1975 年生于北京），1999 年毕业于北京建筑工程学院建筑系，2002 年获耶鲁大学建筑学硕士学位，并多次获国内外重要奖项。此间曾实习或工作于哈迪德和埃森曼等先锋建筑师的事务所。2002 年在美国注册了 MAD（意为 MA+DESIGN），2004 年回国创立了北京 MAD 建筑事务所，同年任教于中央美术学院。

美国开放的建筑教育，先锋建筑师的影响以及合伙人组合，使事务所关注设计创新、独特的创作，并涉及相关综合现代艺术门类。建筑的体量空间，多表现为有机形态与雕塑感，成为许多作品的特征。

鄂尔多斯博物馆，位于康巴什新区。用地面积 2.776 万平方米，建筑面积 4.1227 万平方米，地下 1 层、地上 4 层局部 8 层。建筑是由古铜色的金属条带，缠绕成的不规则厚重体量，是一个难以追寻文脉的纯雕塑形式的建筑。位于室内中央的公共空间，把不同的展览空间联系起来，加上天窗的采光等，满足了博物馆功能要求。

胡同泡泡，位于北京老城区的北兵马司胡同 32 号的小院里，小院建筑面积为 130 平方米，泡泡本身建筑面积为 5 平方米，是一个加建的卫生间和通向屋顶平台的楼梯，完善了原空间因缺乏基础设施造成的环境问题。"泡泡"由外边面光滑的金属曲面所组成，具有炫目的外观和轻盈的结构，以怪异、醒目的外观吸引人们，关注胡同的保护和环境问题。

朱锫，1962 年生于北京，1985 年毕业于北京建筑工程学院建筑系，1988 年获清华大学硕士学位，1995 年获美国伯克利大学硕士学位。先后曾在多家事务所任职，并任 RTKL 事务所中国区的负责人。2001 年回国去深圳，并参与都市实践的工作，2005 年创建朱锫建筑设计事务所。

受库哈斯建筑具社会性和城市性以及受柯利亚建筑与自然性的影响，建筑师力图将建筑的场所性和自然性结合在一起探讨建筑创作问题。

北京，2008 奥运会信息中心（数字北京），是奥运会信息的储存地，也是城市的一个中心储存场所，建筑面积 9.8 万平方米。矩形体量按功能切分四条，以集成电路板或芯片的放大，成为建筑的造型元素，反映出建筑师对于信息时代建筑形式的思考。四个信息块通过首层的网

图 8-153　北京，庐师山庄 A+B 住宅，2003—2005 年，建筑师：王昀（左上）
图片引自：支文军、徐洁.《中国当代建筑 2004—2008》，P296
图 8-154　鄂尔多斯博物馆，2006—2011 年，设计单位：MDA 建筑事务所，建筑师：马岩松（左下）
图片引自：《时代建筑》2012，02，P16
图 8-155　北京，胡同泡泡，2008—2009 年；总建筑面积：130，设计单位：MAD 建筑事务所，建筑师：马岩松、党群、戴璞、于魁等（右）
图片引自：http：//www.i-mad.com/

图 8-156　北京，2008 奥运会信息中心，2004—2005 年；设计单位：朱锫建筑事务所，建筑师：朱锫、吴桐、王辉、刘闻天、李淳、林琳、田琪
图片引自：支文军、徐洁.《中国当代建筑 2004—2008》，P102

络桥连结起来，作者运用印刷线路、芯片、数字流星雨、网络桥、数字地毯等概念，有选择地把空间组织到一个连续的网络中，使之成为一个浑然一体的建筑的"信息系统"。

　　北京，模糊酒店，建筑面积 1.0176 万平方米，京华大厦是 1980 年代初期拆掉四合院建起的一座办公楼，位于明皇城保护区内，距东华门仅数百米之遥。建筑师以"垂直的院落系统"，用化整为零的院落系统，取代一个内部为中庭的传统酒店的布置方式。当人们走出客房，就置身于其中的院落里，可俯视周边四合院及屋顶的海洋，还可远眺故宫。

图 8-157　北京，模糊酒店，2005—2005 年；建筑师：朱锫、吴桐、李淳、张蓬蓬、周黎军、王敏（左）

图片引自：支文军、徐洁.《中国当代建筑 2004—2008》，P85

图 8-158　成都文化艺术学校，1998—2002 年，建筑师：刘家琨（右）

半透明材料制成的格栅，将建筑重新包裹起来，呈现出现代建筑的简约面貌；夜间内部灯光发出光亮，犹如中国的传统灯笼。

刘家琨，1956 年生于成都，1982 年毕业于重庆建筑工程学院（今重庆大学建筑与城规学院）建筑系，分配至成都市建筑设计研究院。1984—1985 年曾赴西藏从事设计，1987—1989 年被聘至四川省文学院从事文学创作。1990—1992 年赴新疆从事设计，1997 年辞职，与北京三磊建筑设计有限公司合作，并于 1999 年成立成都家琨建筑设计事务所。

经典现代建筑对刘家琨的建筑思想有重要影响，这种影响被归结为"前进到起源"，就是从混沌和迷茫中冷静地返回现代建筑的起点。刘家琨对叙事性小说的偏好，使他的建筑作品也表现出叙事性的特点，如"游走路径"。

1994—1999 年，刘家琨先后完成了艺术家工作室系列，像罗中立工作室等，把建筑师个人的空间经验和表现（如内省天井、民居式的非常规空间、田园或城市风景），按照预设结构随观者的"游走路径"徐徐展开，常常以坡道的空间形式出现，楼梯间趋于消失。

刘家琨对社会资源经济性的思考，不但在于结构体系、材料、工艺等技术资源的现代性和本土性方面，特别是在城市背景下对当前社会问题和社会现实的思考具有积极意义，如用低造价和低技术手段营造高度的艺术品质建筑，如对"烂尾楼"的处理等、汶川地震重建中利用废墟建筑材料的"再生砖"。

成都文化艺术学校，一期 1.044 万平方米，二期 3300 平方米。基地东面是杜甫草堂，西面为交通干线，是一块狭小三角形用地。要求新校舍必须包括学生宿舍、办公室、排练厅等所有功能，建筑师只能沿街集中布置建筑，尽可能留出东侧的绿地。一期工程主体包括了主要功能；主体北侧为杂技和舞蹈厅。各层局部设置了阳台、走廊，并在主立面上打开一些洞口，让这些路线暴露出来，少男少女表演方面的人才的日常走动，本身就是一种社会风景和表演，洞口无疑增加了建筑的戏剧性。

成都，何多苓工作室，位于成都市犀浦，建筑面积 400 平方米。其外部体量简单如印章，内部空间繁复多变如迷宫。空洞相套的内外开洞，表明了内部空间的复杂和层次。中部的天井

图 8-159 成都，何多苓工作室，1977 年，设计单位：刘家琨工作室；建筑师：刘家琨、卿丽蓉

图片引自：《青年建筑师·中国·33》，P116

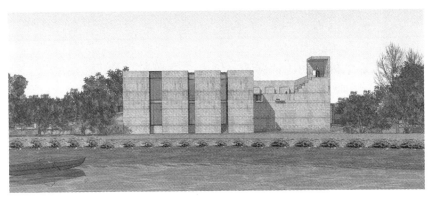

图 8-160 成都，鹿野苑石刻艺术博物馆，2002 年，设计单位：成都家琨建筑设计事务所，建筑师：刘家琨、赵瑞祥、汪伦等

为高出建筑的体量，称为构图所需要的元素。建筑为砖混结构，考虑到民工施工的质量，进行了抹灰和涂料，有钢筋混凝土建筑的效果。

成都，鹿野苑石刻艺术博物馆，位于成都市新民镇，用地面积6670平方米，建筑面积1390平方米。建筑设置在河滩与树林相间的平地上，树林自然分隔了博物馆主体、前区和停车场，露天展区兼预留用地，后勤附属用房基地等。林间小路沿途逐渐架起，以保持荒地的自然状态，一条坡道由慈竹林中升起，引向二层的入口，在坡道的下面是自然状态的莲池。这样形成从二层进入再下到一层参观的流线，以造成进入地宫的感受，造型可以形成"冷峻巨石的"感受。

崔愷，1957年生于北京，1977—1982年春季毕业于天津大学建筑系，1984年获天津大学建筑学硕士学位。1986开始，一直在最重要的建设部设计机构：建设部设计研究院、深圳、香港的华森建筑与工程设计顾问有限公司、部院改名后的中国建筑设计研究院从事建筑创作至今。

下乡插队的经历，天津大学严格的建筑基本功和创造力训练，使他养成脚踏实地、严谨扎实的作风，在校时就获得1982年第二届大学生建筑设计竞赛一等奖。从北京部院到深圳再到香港的工作经历，使他在建筑处理方面更加灵活，西安的阿房宫宾馆（凯悦酒店）和深圳蛇口明华中心等作品，反映出这一进展。

从香港回到北京后（1989年），遇到北京丰泽园饭店这样的课题，他采取了北方地域性处理方法，使建筑与周围传统街区融合为一体，并传达了老字号饭店的文化内涵。北京外语教学与研究出版社项目，同时以中西建筑语汇的并存来转译中西文化的交流。此后崔愷接触新的设计很多，外语教学与研究出版社印刷厂改建和现代城 SOHO 住宅的设计，却是他对现代化进程中城市文脉的保护和延续、旧建筑改造和有机更新的努力。他摆脱个人风格，认真考虑每个项目的"本土"条件，对建筑真实性开始新的实验。

建筑师应当善于和同事合作，善于和业主沟通，也是崔愷取得显著成就点的优点之一。

济南，山东省广播电视中心，位于济南名胜千佛山、趵突泉和大明湖的景观轴线上，用地面积 2.253 万平方米，建筑面积 10.598 万平方米。用地跨越主要干道，路的西侧由主楼和改扩建旧建筑形成的综合业务楼，东侧为媒体中心。广播电视中心要求的十分复杂的功能，新旧建筑的空间体量回应，以及得体的形式处理，反映出作者从建筑本质上驾驭复杂建筑课题的功力。高层建筑层高按功能自由反映在立面上，活跃了高层建筑的立面，显示出手法的灵活性。

秦安，大地湾遗址博物馆，位于甘肃省秦安县，用地面积 1.5782 万平方米，建筑面积 3155 平方米，是位于渭河上游的新石器时代遗址，具有延续 3000 多年的文化期。建筑形体得自当地的土坎沟壑，表现为横向发展的土墙，其走势和高度都与近旁的遗址土坎相呼应。观众进入博物馆需要沿着下沉的夹道前行到达植被茂密的古河道。面向遗址的展览空间，外墙尽量开大窗，使观众可近距离看到红烧土文化层。室内外均以夯土墙和嵌卵石水泥地面为材料，形式简洁、统一。

北京，中间建筑·艺术家工坊，位于西郊海淀区，属于西山传统文化风景区，用地面积 1.288 万平方米，建筑面积 2.4225 万平方米，是服务于个人和小型创意机构的艺术聚集区。建筑师要在 108 米 × 108 米限高 15 米的基地上，安排 75 套艺术家工作室。容纳艺术创作和生活的这些建筑单体相互毗邻，外侧形成街道，内侧围成大院。底层是对外开放的"艺术圈子"，二层屋面上是属于艺术家的内街"生活圈子"。艺术家工作间在底层，高 5.4 米生活空间浮在上面。建筑群的西北角，提升了艺术展示厅，让出一个内外空间界限模糊的空间，这里的建筑群的出入口，也是艺术家与大众相互交流的场所。

王澍，1963 年生于乌鲁木齐，1985 毕业于南京工学院建筑系，1988 年获该校建筑研究所硕士学位。1988—1995 年在浙江美术学院（现中国美术学院）工作，1997 年在杭州创办业余工作室，2000 年在同济大学获博士学位后，在中国美术学院设计学部任教，创立并主持建筑艺术专业，是我国第一位获"普利茨克奖"（2012 年）的建筑师。

王澍在杭州中国美院的教学工作，展开了对艺术理论的广泛涉猎，杭州这个具有自然美景和人文历史的城市，促成他做文人建筑师的意愿，他在《造园记》中明确表露，他对中国文人生活的向往。

王澍建立的"业余的建筑"理论框架的首要目标，在他对业余的建筑的长达 26 段的定义和描述中可以看到，"否定"是他描述"业余的建筑"主要思想方法。其实，业余的建筑就是反主流的建筑，不按老套路而自由探索的建筑，从而更接近自发的建筑秩序。

他认为，尽力避免"放弃自我"或"完全自我"两种极端，在物质的客观和使用者的主观之间，

图 8-161 济南，山东省广播电视中心，2004—2008 年，设计单位：中国建筑设计研究院，建筑师：崔愷等（左上）
图 8-162 秦安，大地湾遗址博物馆，2002—2007 年；设计单位：中国建筑设计研究院，建筑师：崔愷，张男（下）
图片引自：《中国建筑设计研究院作品选 2010—2011》
图 8-163 北京，中间建筑·艺术家工坊，2007—2009 年；中国建筑设计研究院，建筑师：崔愷、俞弢、关飞、邓烨（右上）
图片引自：《中国建筑设计研究院作品选 2010—2011》

寻找一种平衡，才能保证建筑师创作的自由。同时他认识到，建筑真实的现场建造过程，不但会给建筑师以欣悦，也是建筑师的设计过程，现场感可以发挥工匠的自由创造力。这样，王澍不但具备了对现成建筑创作秩序的批判态度，也拥有了脚踏实地实现建筑作品的精神。

建筑师经过一些小型建筑项目或装置的实践，取得了建造和传统建筑材料方面自己的认识和经验，并在日益增多的项目中得到深化；在执教建筑学的过程中，注重观察生活，并用普通材料指导制作艺术品。

通过多种参展活动提炼建筑思想，特别是2006年威尼斯双年展用拆除的瓦片制作的"瓦园"，升华了对传统材料的可持续使用的认识，以及继承传统遗产的独特观念。这些经验运用在他的代表性作品之中。

苏州大学文正学院图书馆，位于江苏吴县越溪，用地面积约6000平方米，建筑面积9600平方米。基地北面为长满竹林的山，南面为一座由废砖场变成的湖泊。按照造园传统，尽量使建筑荫蔽，把图书馆的将近一半处理成半地下，从北面看，3层的建筑只有两层。一条通道按夏季主导风向从上面的教学区庭院冲下来，从山走到水。四个小盒子散落在道路两边，入水的"诗歌与哲学"阅览室，像是园林中水上的亭子。

杭州，中国美术学院象山校区，位于转塘镇象山，建筑面积一期7万平方米（2001—2004年），二期7.8万平方米（2004—2007年）。校区没有选择进入政府组建的大学园区，而是选择了有水环绕的一座叫"象"的小山。

图8-164　苏州大学文正学院图书馆，1999—2000年，建筑师：王澍、童明、陆文宇等
图片引自：王澍.《设计的开始》，P174

图8-165　杭州，中国美术学院象山校区一期工程，2001—2004年，建筑师：业余建筑工作室王澍、陆文宇

图8-166　杭州，中国美术学院象山校区二期工程，2004—2007年，建筑师：王澍

象山北侧是校园的一期工程，是由 10 座建筑与两座廊桥组成的建筑群。校园建筑定位为一种"大合院"的聚落，一座玻璃塔被放在精心选择的位置，形成"面山而营"的"塔院式"格局。合院中，建筑和自然各占另一半，建筑群敏感地随山体扭转变化，并兼顾整体性。平坦场地被改造为典型的中国江南丘陵地貌，建筑被压低，水平的瓦作密檐，再次强化了建筑群的水平趋势。

在建设过程中，针对中国正在发生的大规模拆毁现象，搜集了近 700 万片旧砖、瓦、石用于校园建造，这些可能被作为垃圾抛弃的东西在这里被循环利用，并有效控制了造价，这体现了一种与当前中国建筑不同的营造观。山边原有的溪流、土坝、鱼塘均被原状保留，只做简单修整，清淤产生的泥土，用于建筑边的人工覆土，溪塘边的芦苇被复种，越来越多的周边居民进来散步游览。在转塘这座已经完全瓦解的大城市近郊小城镇中，新校园的重建接续了地方建造传统。

校园二期在象山南侧，由 10 座大型建筑与两座小型建筑组成，建筑全布置在基地的外边界，与山体的延伸方向相同，建筑与山体之间留出了大片空地，保留了原有的农田、河流和鱼塘。和一期一样，道路和建筑以外的土地被重新租给被征地的农民，学校不收地租。一条 200 米长的水渠，连接河流横贯校区，既是农田水源，又是校园景观。

建筑是普通的钢筋混凝土框架结构和局部钢结构加砖砌填充。使用大量的回收砖瓦和手工作业，使建筑得以在短期完成。

孟建民，1958 年生，1982 年毕业于南京工学院（今东南大学）建筑系，1985 年获该校硕士学位，1990 年获该校博士学位。1992 年创办东南大学建筑设计研究院深圳分院开始他真正的建筑创作生涯。

学习期间对城市的研究，使他在面临具体建筑项目时有更广阔的视野，同时，他也能关注组成城市的极小单元，如从人体工程学的角度，研究确保人体活动空间舒适度的空间为 4~9 平方米 / 人，为开辟低收入和青年住宅，提供了依据。有意思的是这与 1950 年代初的中国住宅标准（4 平方米 / 人）和苏联的最低卫生标准（9 平方米 / 人）暗合。

虽然建筑师的建筑形式引人注目，但对建筑功能的专注却是第一位的，其中，不是"形式追随功能"，而是形式由功能生成。所追求的建筑"宏大性"（或纪念性），是由建筑体量几何性的简洁而达成。在流行"主义""风格"的气氛中，坚持作品"原创"的精神。

深圳基督教堂，位于海林社区东南侧山丘南坡，东西高差约 12 米，建筑面积 7514 平方米。教堂背靠青山，与自然交融。建筑以弧形墙面逐渐升起，加之钟塔的延续，形成向天空的意象，符合传统教堂的精神。

昆明，云天化集团总部办公楼，位于昆明滇池旁，用地面积 13.3334 万平方米，建筑面积 5.0366 平方米。以水划分建筑的功能区：办公科研区、宾馆接待区和生活居住区。办公区周围超过 8000 平方米的水面，成为有个性的外部空间和建筑入口，水面上碗形会议厅，在满足圆桌会议功能的同时，与办公楼在体量的构图上形成趣味性的对比。

刘谞，1959 年生于兰州，1982 年毕业于西安冶金建筑学院（今西安建筑科技大学）建筑系，

图 8-167 深圳基督教堂，1998—2001 年，设计单位：东南大学建筑设计研究院深圳分院；建筑师：孟建民、杨艳、邱旭伟等（左）

图 8-168 昆明，云天化集团总部办公楼，2001—2003 年；设计单位：东南大学建筑设计研究院深圳分院；建筑师：孟建民、陈晖、石磊、黄厚伯等（右）

他积极要求赴新疆工作，并在那里开始了他的建筑创作生涯。不久刘谞荣获自治区颁发的"建设新疆、开发新疆优秀大学毕业生"称号，突出的作品有新疆工会大厦和被指为"另类"的兵团商贸中心。

1988 年，他本着作为时代的建筑师，应当全方位地了解建筑工程建设的全过程的思想"下海"从商。这年正是我国"物价闯关"、建筑师生存空间也受到压缩的不利环境，思考了建筑师的应有作为。1992 年，回到新疆，开始新一轮的建筑创作，以尊重历史、环境、崇尚自然为基本宗旨，探求特殊的地域文化建筑意趣。早期作品吐鲁番宾馆新楼以及 1993 年完成的海口财盛大厦。前者有意脱离"民族形式"尖拱模式，向"地域性"建筑转化，后者则是重新以建筑师身份与建筑商成功合作的作品。

除了建筑师与建筑商的身份之外，刘谞还曾任职喀什市人民政府副市长，并于 1999 年被表彰为"优秀科技副市长"。这使他可以宏观把握一个城市的发展，比如"喀什市历史文化名城保护总体规划"等。

普泽县胡杨林宾馆，位于新疆喀什地区普泽县国家 3A 级胡杨森林公园，建筑面积 4636 平方米。作者被古丝绸之路驿站的故事所打动，强调建筑的土生土长的本土特性。采用农家小院式的干打垒土墙体，墙面装饰追求胡杨树身材的肌理。

乌鲁木齐，新疆美克国际家具股份有限公司研发总部，建造地点在原有塔形建筑前，为使企业发展的延续及空间的渗透加之停车回转之要求，首层至四层为局部架空。1~22 层层高均为 3.35 米。在建筑中间设直径为 21 米，高为 90 米的共享空间，其目的在于解决人流，每层交通枢纽、通风、采光等。标准层东西两侧层层递增与递减以争取较好的朝向，且与内筒（共享空间）形成生态的自然通风体系。

图8-169　普泽县胡杨林宾馆，2008—2009年，院落；设计单位：新疆建筑设计研究院设计院，建筑师：刘谞（左）
图片引自：刘谞.《玉点》
图8-170　乌鲁木齐，新疆美克国际家具股份有限公司研发总部，1999年，设计单位：新疆建筑设计研究院设计院，建筑师：刘谞（右）

周恺，1962年生，1985年毕业于天津大学建筑系，1988年获该校硕士学位，留校任教后于1990—1992年至西德鲁尔大学建筑工程系进修。1992—1995年年天津高校建筑设计院，1996至今为华汇工程建筑设计有限公司任总建筑师。

周恺在校学习期间，经常以独特的设计构思和表现获得好评，并在同学中有广泛影响。在彭一刚先生的严格要求下，基本功和创造力都有突出的表现，而且对设计达到痴迷的程度，坚定要做一个建起优秀建筑作品的建筑师。赴德国的进修，使他打开国际视野，在体验现代建筑之简约朴实的同时，更对现代建筑的精致有深刻的体验，并贯彻于创作之中。

周恺建筑作品门类宽广，从较小的馆舍到高达100~300米的商业金融建筑，都在围绕建筑本质的前提下创造，对空间、体量乃至目前已经较少关注的比例尺度有缜密的考虑。他的许多作品，既有理性的严谨，又有感性的趣味。

天津市耀华中学改建，建筑面积2.4624万平方米。新馆坐落在旧馆的东北侧，由教学主楼和宿舍楼组成，与坐落在三角形地段上的旧馆、图书馆、新建的体育馆、运动场构成一个完整的校区。新馆的正入口与旧馆北门遥遥相对新旧校门之间的一条转折的轴线把两组建筑群串连起来。新馆的主立面是一片高柱廊，串联起四栋数学搂，二层是通廊，三到五层是办公区，一道160米长的半透空的柱廊划定了校园的领域。新馆的色彩与旧馆的深褐色一致。后退的弧形墙面给城市街区留出一片绿地，消除由于体量高大带来的压迫感，也给主入口留出回旋的广场。

东莞松山湖科技园区图书馆，用地面积1.3万平方米，建筑面积1.5万平方米。坐落在东莞市松山湖北岸的一片丘陵上，基地周围自然植被丰富，为保留南侧古树，建筑北移布置，同时，建筑结合山势减少对自然生态的破坏。

地上三层主体建筑以曲尺形顺应三角形的缓坡用地。主要内容是阅览与培训空间，而办公、书库及设备用房等则利用坡地放在地下部分，结合庭院与采光天井形成丰富的空间。图书馆的

图 8-171 天津市耀华中学改建，2003 年，设计单位：天津华汇工程建筑设计有限公司，建筑师：周恺、张伟、章宁

图片引自：《中国建筑学会建筑创作大奖获奖作品集》，P172

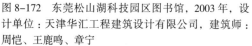

图 8-172 东莞松山湖科技园区图书馆，2003 年，设计单位：天津华汇工程建筑设计有限公司，建筑师：周恺、王鹿鸣、章宁

图片引自：《中国建筑学会建筑创作大奖获奖作品集》，P376

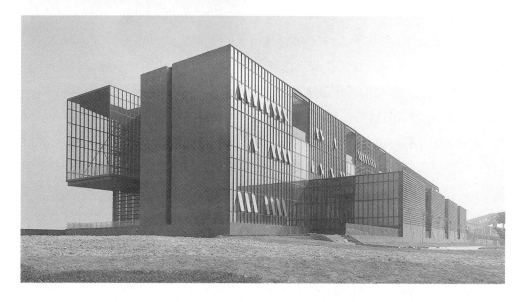

出入门，设置在曲尺形体转折处的开放空间，可选择进入图书馆，也可穿越图书馆进入田野，接通了建筑南北间的景观通道，也强化了其与相邻建筑的关联。

汤桦，1959 年生于成都，1982 年毕业于重庆建筑工程学院（今重庆大学建筑与城市规划学院）建筑系，于 1986 年获该校硕士学位并留校任教。1991—1992 年曾在香港华艺设计顾问（深圳）有限公司任建筑师，1992—1999 年曾主持深圳华渝建筑设计公司，2003 年设立汤桦建筑设计事务所。

他在简述个人观点和作品的小册子《营造乌托邦》的开篇文字中说，中国建筑界在经历了长期的关闭之后于一个极短的时间接受了西方建筑学的学术性成果，其过程难免是匆忙的并产生误读。特别是民族国家在经济全面开放的条件下，整个民族承受着巨大的物质冲击，而大众文化则是这种冲击的意识形态的式样……媚俗。

图 8-173　重庆，四川美术学院虎溪校区图书馆，2006—2008 年，东向入口；建筑师：汤桦；设计单位：深圳汤桦建筑设计事务所有限公司方案，重庆市设计院施工设计（左）
图片引自：《建筑学报》2011，06，P53
图 8-174　重庆，四川美术学院虎溪校区图书馆，2006—2008 年，室内（右）

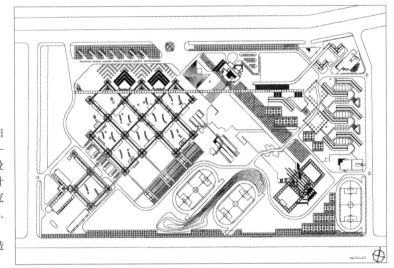

图 8-175　沈阳建筑工程学院（今沈阳建筑大学）新校区规划示意，2000—2002 年；设计单位：中国建筑东北设计研究院有限公司，深圳中深建筑设计有限公司，沈阳建筑大学建筑设计研究院；建筑师：汤桦、陈正伦、陈志新、严云波、马福生
图片引自：《建筑界丛书》.汤桦，《营造乌托邦》，P28

他认为在建筑转型过程中回避了许多实质性问题，像民族气质、风范，以及基本道德标准。在没有健全的设计机制，去实现一种合理的专业状态的情况下，会导致：业主就是"上帝"。他说："但是，我们在自己的位置上所拥有的关于职业的尊严从来没有失去对彼岸的憧憬。未来世纪的理想的空间以凝聚于其中的人类的劳绩和智慧作其标志，这就向建筑师提出了高水准的职业要求和挑战"。[1]

重庆，四川美术学院虎溪校区图书馆，四川美术学院的许多优秀毕业生，已经成为当代重要的艺术家，他们的生活和成长经历，深受中国本土地域的培育。新校区的规划充分尊重自然和现状，建筑依山就势，保留现存的农业痕迹。图书馆以简洁的农业景观的体量立于山地田野之中，与分散体量形成对比的同时，象征图书馆的精神意义。

沈阳建筑工程学院（今沈阳建筑大学）新校区，建筑面积 31 万平方米，是各地高校兴建新校区较早的实例之一，其规划引起注意。用地东西向展开：依次为实验中心、教学楼群、中

---

① 参见汤桦.营造乌托邦 // 建筑界丛书 [M].2002：13–15.

图 8-176　沈阳建筑工程学院（今沈阳建筑大学），2000—2002 年；设计单位：中国建筑东北设计研究院有限公司，深圳中深建筑设计有限公司，沈阳建筑大学建筑设计研究院；建筑师：汤桦、陈正伦、陈志新、严云波、马福生

图片引自：《建筑学报》2005，11，P28

央景园和学生生活区。由北到南则为校前广场和绿化空间、教学区和学生生活区联系部位以及运动区和防护林带。教学和实验区呈方格网布置，并调转 45° 大体取得南北朝向。在教学区与生活区之间有一条长 750 米的架空长廊联系其间，除了联系功能之外，还有展示的条件。

大舍建筑工作室，由柳亦春、陈屹峰、庄慎（2009 年离开）于 2000 年在上海成立。

柳亦春，1969 年出生于山东，居南京，1991 年毕业于同济大学，1994—1997 年获同济大学硕士学位，分配至同济大学建筑设计研究院工作，2000 年与同学加同事的陈屹峰、庄慎成立大舍建筑工作室（DASFUS），德文"与房子有关的"之意。

陈屹峰，1972 年生，江苏昆山人，1998 年获同济大学硕士学位，并进入同济大学建筑设计研究院。

庄慎，1971 年生，江苏吴江人，1997 年获同济大学硕士学位，并进入同济大学建筑设计研究院。

在国内大型设计院的工作，培养了关注生活、关注建筑本质的设计思想，建筑语言简洁，体量组合较为理性的手法，并在实践中结合建筑的地域和生态条件进行创作。

上海，青浦区私营企业协会办公与接待中心，建筑面积：6745 平方米。一个长宽 60 米 × 60 米，通高 3 层的玻璃围墙，把这座建筑围起，玻璃围墙面距建筑 4 米，底部离地 0.5 米，在划定了建筑的范围的同时，形成一种可自然调节的小气候，并减弱了来自高速公路的噪声。

上海城市雕塑艺术中心，是淮海西路上废弃的原上钢十厂冷轧带钢厂房，用地面积 5.6 万平方米，一期建筑面积 2 万平方米，二期 2.6 万平方米，保护性改造和功能重塑的原则是：严格控制总体规模，尊重旧建筑历史肌理，保持工业建筑历史风貌，促成新旧建筑对话。

一期项目最大限度保持原厂房的桁架结构、高敞空间及下沉空间，演绎成展区和创意办公等区域；二期有部分新建，采用新旧并置，通过连接体保持新旧之间功能的联系，保持与环境绿地的良好关系。

李兴钢，1969 年生于河北乐亭，1991 年毕业于天津大学建筑系，同年进入建设部设计院（今中国建筑设计研究院）至今，2010 年获天津大学博士学位，2003 年主持院内成立的李兴钢建筑设计工作室。

图 8-177　上海，青浦区私营企业协会办公与
接待中心，2004—2005 年，设计单位：大舍建
筑设计事务所
图片引自：当代建筑师系列《大舍》，P101

图 8-178　上海城市雕塑艺术中心，2005 年一，
建筑师：水石国际、大舍、BAU、青岛时代建筑
图片引自：《中国当代建筑 2004-2008》，P110-111

　　李兴钢在校学习期间，十分努力学习、善于学习，很快在学生中崭露头角，引起师生关注。毕业时，放弃留校和保送研究生的机会，一心走向建筑创作岗位。创新的追求、扎实的功力加上谦虚的性格，使他产生的作品较为广泛，获得多种奖项并取得个人荣誉。

　　内蒙古正蓝旗，元上都遗址工作站，用地面积 1.6653 万平方米，建筑面积 410 平方米。选址于景区现状入口处，将题有"元上都遗址"的原有门楣和刻有元上都遗址地图的石碑，设置于正对遗址轴线的延长线上，而新建的建筑、原有的"忽必烈"雕塑和电瓶车停车场等则偏于轴线东侧布置，以留出面向遗址的景观视线通廊。一组白色坡顶的圆形和椭圆形小建筑，围合成对内和对外的两个庭院，分别供工作人员和游客使用。这些小建筑功能各异、大小不一，圆形和椭圆形的建筑形体朝向庭院的部分，在几何体上连续地切削，形成像建筑被剖开后展开的折线形内界面，采用清水混凝土做法（后覆上一层薄薄的白色涂料）；建筑形体朝向外侧的连续弧形界面，则罩以白色半透明的 PTFE 膜材，引发蒙古包的联想，带来草原上临时建筑的感觉，最大限度降低对遗址环境的干扰。膜与外墙之间空隙里隐藏的灯管在夜晚发出白色微光，建筑似乎随时可以迁走，暗合草原的游牧特质，同时表达了对遗址的尊重。

　　安徽，绩溪博物馆，位于绩溪县旧城北部，基址曾为县衙，后建为县政府大院。是一座中小型地方历史文化综合博物馆，建筑用地面积 9500 平方米，建筑面积 1.0003 万平方米。

　　建筑设计基于对绩溪的地形环境、名称由来的考察和对徽派建筑与聚落的调查研究。建筑覆盖在一个连续的屋面之下，起伏的屋面轮廓和肌理，仿绩溪周边山形水系。为尽可能保留用地内的现状树木（特别是用地西北部一株 700 年树龄的古槐），建筑的整体布局中设置了多个

图 8-179　内蒙古正蓝旗，元上都遗址工作站，2010—2012 年；设计单位：中国建筑设计研究院，建筑师：李兴钢、邱涧冰、
易灵洁、孙鹏、张玉婷、赵小雨
图片提供：中国建筑设计研究院

图 8-180　内蒙古正蓝旗，元上都遗址工作站，
2010—2012 年；院落和局部（左上）
图片提供：中国建筑设计研究院

图 8-181　安徽，绩溪博物馆，2009—2013 年，鸟瞰，
设计单位：中国建筑设计研究院，建筑师：李兴钢、
张音玄、张哲、邢迪、张一婷、易灵洁、钟曼琳等（左下）
图片提供：中国建筑设计研究院

图 8-182　安徽，绩溪博物馆，2009—2013 年，主庭
院夜景（右）
图片提供：中国建筑设计研究院

庭院、天井和街巷，既营造宜人的室内外环境，也再释徽派建筑空间。规律性组合布置的三角屋架单元，其坡度源自当地建筑，并适应连续起伏的屋面形态；在适当采用当地传统建筑技术的同时，以灵活的方式使用石、瓦等当地常见的建筑材料，并尝试使之呈现出当代感。

三、对外来建筑师作品的观察

北京香山饭店、建国饭店等建筑，曾是改革开放后我国引进的第一批外国建筑设计，至1990年代末，北京已有数十个外来项目，在上海，也达到百余项。由于有国内建筑设计单位的合作，这些作品也被算作中国的建筑成就，在许多评奖活动中，它们也位列其中。例如，北京、上海地方的优秀建筑评选、建国60周年建筑学会评出的建筑大奖等，外国建筑师的作品占有显著的比例。

21世纪之前的外来建筑，曾经从几个方面对国内建筑有正面的启发，如严格设计管理，工作高效以及市场意识；能够在专注基本功能的前提下，提出一些较新的设计理念和方法，追求作品的个人独特魅力；雄厚的技术实力和丰富的设计经验；对当地建筑文化内涵作自己的探求等。总之，可以说能在复杂功能、建筑技术和建筑艺术的创造等层面，带来新气象。同时，也应该指出，外来建筑师在中国主要目标是获得商业利益，观察外来建筑时，不可忽略这一目标。例如，为了他们的商业利益，有人会制造一些动听的广告语言，乃至似是而非的理由，争取设计权，一些设计会因而导致工程造价大大增加。相关的争论，屡见不鲜。

进入21世纪，外来建筑师在中国的活动更趋活跃，在一些大型公共建筑竞标活动中"屡战屡胜"，得到许多地方上的重大项目。这些外国建筑师，有的确实是世界一流建筑师，提供了颇具创造性的作品。这些作品依然在独特品格、艺术创造以及技术层面发挥着优势，并有明显的深化。

这些深化表现在：①建筑类型进一步拓宽，几乎涉及到各种主要建筑类型；②对单体建筑外观处理的所谓"表皮"策略，以新的肌理整体包装成新形象；③各种新材料的新使用方式，求得出其不意的效果；④计算机辅助设计手段的新发展，如参数设计等，可以生成难以想象的复杂多变的形体；⑤看不同对象提出新的设计理念。随着作品的陆续建成，丰富了城市的面貌，并忠实地记录了全球化背景下当下中外建筑文化的交流实况。

但是，不少的作品的所谓"理念"，缺少与建筑本质相关的理由，有的建筑在审美方面与中国的审美意趣相距很远，为"创新"而付出的物质和经济方面的沉重代价，更是令人难以承受。这些现象已经引起了观者和学界的广泛关注，各种议论颇多，具有代表性的意见是，2008年6月26日在中国科学院学部首届学术年会暨中国科学院第十四次院士大会学术报告会上，两院院士吴良镛发言。他指出，中国的一些城市已成了外国建筑大师或准大师"标新立异"的"试验场"。部分建筑师失去建筑的一些基本准则，漠视中国文化，无视历史文脉的继承和发展，放弃对中国历史文化内涵的探索，使中国建筑失去了人文精神。也有建筑师认为中国的经济实力还没有达到随意拿出巨资让洋设计师搞试验的程度；而且，新理念作品以结构的新颖奇特为特征，对技术实施和建筑材料提出了难度极大的新要求，从而可能造成安全隐患；西方设计师的那些创新作品，也会模糊中国建筑文化的走向，甚至会把中国建筑文化引向殖民文化的歧途。

不过，也有批评家认为，建筑的民族主义代表——"大屋顶"20年来早已证明是失败之举，国际大师的设计将带动中国建筑水平的飞跃，排斥国外大师是一种狭隘的民族主义情绪。[①]

这里举出一些外来建筑师的著名实例，包括一些获奖作品的概况，期望有利于人们进行正面观察。

（一）两个众所周知的重大实例

北京 CCTV 新办公楼、国家大剧院是两个重大的外来建筑设计实例，加上后面我们将要提到的 2008 奥林匹克体育场 "鸟巢" 等，是第一批自始至终就引起舆论高度关注和质疑的建筑物，它们的设计和建造过程，是改革开放以来既典型又有趣的争论活动之一。

北京，CCTV 新办公大楼， 位于三环路中央商务区内，是中国最大的主流媒体选择外国建筑事务所设计的建筑，用地面积 19.7 万平方米，建筑面积 47 万平方米。大楼需要满足中国最大媒体机构的综合需求，能容纳一万名员工。建筑的两座 L 形钢结构塔楼，各自向内倾斜六度，在 163 米以上的地方，由 L 形的两个悬臂结构悬空连为一体，复杂的功能，使这座建筑成为一个小型城市。楼内的交通是两条贯穿整个大厦的环形流线，一条供职员使用，另外一条对公众开放。

设计者认为，这种悬空结构，减少了建筑本身的占地面积，从而在基地上为公共绿地和公共活动提供了更多的预留空间。恰恰是这个结构，成为人们争论的核心。如此规模的悬挑违背建筑科学一般原理，要有很深、很重的地下部分，加以平衡。而且，为了维持这种不"创新"，又逼迫结构专业也做不合理的"创新"，对此要花费巨资加以支持。从审美角度说，这个结构的建筑形式也有悖于人们对建筑感受的和谐、均衡常理，多数人难以接受。

库哈斯的大都会建筑事务所认为："两个塔楼有着各自的特征：一个是播放空间，另一个是服务、研究和教育空间。它们在上部汇合，构成了顶楼的管理层。一个新的标志形成了……并非常见的翱翔于天际间的二维塔楼[②]，而是真正的三维体验，一个面向所有人的具有象征意义的华盖，一个显示了中国在新的阶段的信心和标志"[③]该事务所的一名日籍建筑师写道："超高层大厦是最忠实遵循经济原理的类型之一……我深切地感到，包括库哈斯在内，只能依靠某种具有直感的想象力来对抗其原理，孕育新的东西。只有在中国，才能公正地评价其真正的创造

① 吴珊.中国拒绝洋建筑实验场 [J].青年参考，2004（8）.
② 这里的二维，实际上已是三维。这种随意性质的说法，是商业宣传的需要——邹注.
③ 大都会建筑事务所 OMA·OMA 为中国电视巨擘 CCTV 设计新总部大楼.时代建筑，2003（2）：32.

图 8-183　北京，CCTV 新办公大楼，2008 年，建筑师：荷兰大都会建筑事务所（OMA）雷姆·库哈斯（Rem Koolhass）、Ole Scheeren，Dongmei Yao

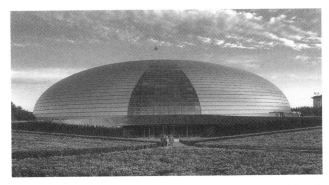

图 8-184　北京，国家大剧院，2007 年，建筑师：保罗·安德鲁，设计单位：巴黎机场公司、清华大学设计院

图 8-185　北京，国家大剧院，2007 年，室内

性，并加以积极捕捉。库哈斯曾说过 '这一建筑也许是中国人无法想象的，但是，确实只有中国人才能建造。'"① 这些为向客户推销一座用"直感想象力""创造"出来的"对抗"科学"原理"的建筑所说的一番话，实在意味无穷。

北京，国家大剧院，位于天安门广场人民大会堂西侧的地段，用地面积 11.89 万平方米，建筑面积 16.5 万平方米，是我国最高等级的剧院。在第七章里，已经介绍过兴建的历史轨迹以及投标和评选结果的过程，法国设计师保罗·安德鲁的设计成为实施方案，同时也成为争论的焦点。

2007 年，国家大剧院建成，覆盖着银色钛合金表皮的巨大半椭球体，"漂浮"在水面之上。观者通过水下廊道，深入球体，阳光和水的流动造成的光影，是内外空间的过渡。大剧院内部，主要分为三大演出场：中心位置为歌剧院，两侧为音乐厅和戏剧场。三个主要空间，呈现出不同的"气质"，歌剧厅典雅温暖，音乐厅宁静淡雅，戏剧厅古典热烈。剧场之间立体环廊，连接起三个剧场，起迅速分散人流的作用。

大剧院建筑过程中有许多争论的话题，尤其是与天安门广场周围建筑的关系问题。在官方的"城市设计要求"中提出："1. 应在建筑的体量、形式、色彩等方面与天安门广场的建筑群

① 重松象平 . 想像的国度——想像与热望的结合 [J]. 时代建筑，2003（2）：35-36.

及东侧的人民大会堂相协调。2.在建筑处理方面需突出自身的特色和文化氛围，使其成为首都北京跨世纪的标志建筑。3.建筑风格应体现时代精神和民族传统。"

P.安德鲁最终提出一个和谁也没有关系的方案，他的解释是："这是一种尊重相邻建筑而非模仿它们的路子""要与传统决裂"。他说，"我认为保护一种文化的唯一办法，就是要把它置于危险境地。"[①]P·安德鲁以攻为守的策略胜利了，全部征集方案中大约43%体现民族传统的方案失败了，另一多半体现"时代精神"的方案也失败了。

大剧院于2007年建成，外观的震撼，内部的辉煌以及演出的高品位，赢得了观者的好评。安德鲁的建筑置身于传统建筑群之内，被要求与周围协调，他却喊出了"要与传统决裂"并得到认可，又是一个值得思考的文化现象。

以下分类型列出一些外来建筑作品。

（二）体育建筑

深圳湾体育中心，位于南山区，除了满足群众日常活动要求外，还将作为深圳2011年第26届世界大学生运动会的主要体育场馆。用地面积30.74万平方米，总建筑面积32.6万平方米，体育场2万座位，体育馆1.3万座位，游泳馆675座位。

根据亚热带地域防强烈日晒和暴雨侵袭等气候条件，以及优美的自然环境，结合场馆的使用方便，建筑师制作了一种"柔和的"开放型空间表皮，一种开放的网格状钢结构立体骨架壳体，将体育场、体育馆和游泳馆笼罩在一起，形成一气呵成的三维外壳，壳体上结合对光效的要求开孔，图案具有现代美感。

入口平台设象征性的"大树广场"，置身于此可以体会到控制之下的"第二自然"的气氛。该建筑的外观，很容易使人联想到北京奥运会体育场的那个"鸟巢"外壳。

图8-186 深圳湾体育中心，2008—2011年，鸟瞰；设计单位：佐藤综合计划＋北京市建筑设计研究院设计联合体，建筑师：（日方）大野胜、Hokoiwa Takashi、进藤宪治、谢少明、石原诚、（中方）王兵、康晓力、付毅智
图片引自《建筑学报》2011，09，P71

---

① 参见：魏大中."要与传统决裂"——保罗·安德鲁和他的国家大剧院方案[N].光明日报，2000-03-02.

广州体育馆，是为中国第九届运动会建设的一座现代化综合性多功能体育设施，用地约 24 万平方米，设有体育馆、体育公园、运动员村等。体育馆用地面积约 8 万平方米，建筑面积 4.6 万平方米，设有主场馆、练习馆、大众活动中心、商业设施等，它是一个以体育比赛为主，兼顾文艺表演、会议展览的多功能综合性体育建筑。主场馆建筑用山丘形的屋顶，同时三大场馆首尾相接，以一条弧线排列，由大到小、由高到低，以呼应白云山峦的起伏走势。设计利用地形差，采用下沉式看台，以降低建筑高度，屋顶贴近地面，建筑更好地融入环境当中。索桁结构屋盖，半透明屋面光板使室内光线柔和、充足，减少人工照明。场馆入口设在环绕三大场馆的通长外廊中，入席及疏散便利。支撑外廊的圆形钢柱，淡化了内外空间界面，使内外空间融为一体。

上海国际赛车场，总规划面积 5.3 平方公里，赛车场区占地面积约 2.5 平方公里，总建筑面积约 16.5 万平方米。赛车场由赛车场区、商业博览区、文化娱乐区和发展预留区等板块组成。目前已建成的上海国际赛车场，主体部分主要由 F1 赛道、连接车道、直线竞速赛道和卡丁车赛道及练习场、主副看台、车队生活区、维修站、缓冲区及配套设施等几个部分组成。

规划设计重视环境保护、交通组织以及比赛运动员和观众的安全问题，并专设 5 个直升机停机坪，以便公务机停靠和救护所用。力求用高科技建筑来表达时代精神，以流畅的曲线和曲面造型，象征赛车飞驶。赛车场是目前世界上弯最急、坡最陡、赛道起伏落差最大的赛车场。总共可容纳 20 万人同时观看比赛，赛场的绿化面积占 40% 以上，是个天然的大公园。

天津奥林匹克中心体育场，用地面积 44.5 万平方米，建筑面积 15.8 万平方米，高度 53 米。在用地的四个方向上，均设有出入口，与城市交通对接。体育场宽大的人行坡道，将客

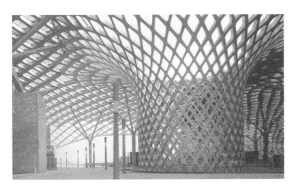

图 8-187　深圳湾体育中心，2008—2011 年，"大树广场"（左）
图片引自：《建筑学报》2011，09，P73；摄影杨超英
图 8-188　广州体育馆，2001 年；设计单位：法国巴黎机场公司（ADP），广州设计院（右）
图片引自：《中国建筑学会建筑创作大奖获奖作品集》，P245

图 8-189　上海国际赛车场，2004 年，设计单位：上海现代建筑设计集团／德国 Tilke 建筑设计公司
图片引自：《建筑学报》2005，05，P44

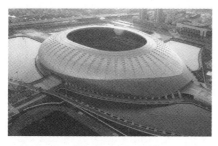

图 8-190　天津奥林匹克中心体育场，2007 年，设计单位：日本株式会社 AXS 佐藤综合计画，天津市建筑设计研究院（左）
图片引自：《中国建筑学会建筑创作大奖获奖作品集》，P267
图 8-191　沈阳奥林匹克体育中心体育场，2007 年，设计单位：日本株式会社佐藤综合计画、上海建筑设计研究院有限公司（右）
图片引自：《中国建筑学会建筑创作大奖获奖作品集》，P527

流迅速引导到二层平台，与一层的机动车流线分离。观众席的人流疏散，通过 24 部钢楼梯到二层环形大厅，再由四个大台阶和坡道疏散到室外广场。体育场南北长 380 米，东西长 270 米。建筑体量模拟水滴形状。建筑采用一个巨大的三维空间曲面屋顶，面积大约有 7 万多平方米，从上到下不但覆盖住看台，而且一直跌落到二层环形大厅的下方。屋面被分成三部分，从上到下依次为阳光板、金属屋面和曲面玻璃幕墙。6 万人的看台为上下双层看台，中间夹着包厢与贵宾层，配备贵宾专用出入口和电梯。场地内还布置大面积的水面和绿化，形成优美开敞的景观环境。

沈阳奥林匹克体育中心体育场，用地面积 25.3746 万平方米，总建筑面积 10.4 万平方米，座席 6 万。有外形飞扬的屋面，形成识别特征。屋面表面材料为复合金属屋面和安全玻璃、阳光板的组合，有效地调节光、热、风的影响，以创造理想的竞技环境。屋面结构选型为大直径钢管组成的单层空间构格体系，南北整体跨度全长 360 米的钢结构桁架主拱，是国内钢结构第一跨度。内部结构构件全部裸露，钢结构的力学特征得到充分的展现。体育场采用了预制混凝土看台板的技术，最大的跨度达到 13 米，整体吊装、一次成型。

（三）办公建筑

华盛顿，中国驻美大使馆新馆办公楼，建筑面积 3.9679 万平方米。该馆的设计，致力从建筑尺度和选材上，与相邻建筑融为一体，外墙采用色泽淡雅、质地细腻的法国石灰石，与华盛顿地区众多的石灰石传统联邦建筑十分协调。办公楼中部和东西两翼建筑间的庭院，采用中西结合的造园手法，营造了与周边环境相匹配的园林景观。

北京，中国石油大厦，用地面积 2.25 万平方米，建筑面积 20 万平方米，地处北京市东直门立交桥西北角，为化解南北 347 米狭长用地的不利条件，最终选定四个"L"形的协调单元衍生建筑集群，采用分散布局最大限度满足建筑主体的南北朝向，以确保建筑主体的自然采光和通风，解决了 300 米街墙的设计问题，提供了东西两条街道的景观联系。

北京，凯晨广场，用地面积 4.4 万平方米，建筑面积 19.4 万平方米，是长安街的顶级纯写字楼。由三个内部独立楼体组成，总高度约 57 米，各个部分通过错落有致的空中走廊相互连接，

图 8-192 华盛顿，中国驻美大使馆新馆办公楼，2008 年，设计单位：贝氏建筑事务所、中国中元国际工程公司
图片引自：《中国建筑学会建筑创作大奖获奖作品集》，P89

图 8-193 北京，中国石油大厦，2008 年，设计单位：英国 TFP、北京市建筑设计研究院
图片引自：《中国建筑学会建筑创作大奖获奖作品集》，P117

图 8-194 北京，凯晨广场，2006 年，设计单位：美国 SOM 建筑师设计所、北京市建筑设计研究院
图片引自：《北京市建筑设计研究院作品集》，P243

图 8-195 北京，SOHO 现代城，2001 年，建筑师：委内瑞拉安东

图 8-196 北京，建外 SOHO，2006 年；建筑师：日本山本理显

利用半开敞的玻璃中庭，将沿长安街一面的绿化广场和水景引入建筑中心。采用第二层面，将建筑基本外形和透空部分凹进和突出丰富建筑外形。环楼设循环流动水景。

SOHO，即 Small office（and）Home office，原指小型办公和居家办公，是成立于 1995 年的"SOHO 中国"开发的建筑项目。这个公司主要在北京和上海市中心地带，开发持有商业地产。

北京 SOHO 现代城，是该公司开发的第一个项目（2001 年），位于建国门附近，建筑面积 48 万平方米，首次推出"小型办公"的设计概念，为业主提供出灵活多变的空间。

建外 SOHO，建筑面积 70 万平方米，日本建筑师山本理显设计，是一个新型的高密度社区，

图 8-197 北京，银河 SOHO，2008—2012 年；建筑师：英国，扎哈·哈迪德

图 8-198 上海，凌空 SOHO，2014 年；建筑师：英国，扎哈·哈迪德（左）

图 8-199 北京，银河 SOHO 三期方案；建筑师：扎哈·哈迪德（右）

包含 19 栋建筑，旨在提倡一种新生代的居住与生活模式。平面将 27 米 ×27 米的正方体模块，作为建筑的构图模式，立面亦采用白色方格，偶尔加入色彩予以区分楼座，处理简洁。

北京银河 SOHO，2008—2012 年，建筑面积 33 万平方米，建筑师扎哈·哈迪德设计。是集商业办公于一身的大型综合体，以时尚的建筑外观引人注目。

SOHO 中国公司所开发的 SOHO 的概念，以现代城为开端，又以长城下的公社获得名声。那是由 12 位亚洲当代建筑师设计的 12 栋独立住宅组成，2002 年一期建成，并于 2010 年全部竣工，也是中国集群设计的代表。近年以银河 SOHO 为代表的建筑群稳固北京阵营，并逐渐占领上海市中心市场。如扎哈·哈迪德设计的上海凌空 SOHO，建筑面积 34.25 万平方米，项目毗邻上海虹桥交通枢纽，集商业、办公于一体，有丰富变化的空间，流线型的外观。

（四）博物馆建筑

北京天文馆新馆，用地面积 2.38 万平方米，建筑面积 2.2 万平方米。新旧建筑之间超越表面上的相似性，在概念及思想层次上，进行两座建筑之间的对话。新馆作为衬托旧馆之背景，旧馆在新馆上面，产生变形的影像纹理。

北京，首都博物馆新馆，用地面积 2.41 万平方米，建筑面积 6.339 万平方米。建筑为地下 2 层，地上 5 层，檐高 36.4 米，集文物收藏、展陈、修复、研究、教育、浏览和文化交流等功能于一体。建筑师试图以形态和材料的隐喻手法，表达对历史的尊重。

图 8-200 北京天文馆新馆，2004 年，设计单位：美国 AmphibianArc，主要建筑师：王弄极（左）
图片引自：王弄极建筑事务所（美国），中国航天建筑设计研究院，主要建筑师：窦晓玉、王弄极、吕琢、张瑞国、刘亚军
图片引自：《建筑学报》2005，03，P39
图 8-201 北京，首都博物馆新馆，2005 年，设计单位：法国 AREP 建筑设计公司、中国建筑设计研究院（右）
图片引自：《建筑学报》2007，07，P58

图 8-202 江苏，南通中国
珠算博物馆，2004 年，设计
单位：日兴设计、上海兴田
建筑工程设计事务所
图片引自：《建筑学报》2006，
09，P45

　　椭圆的青铜体以 10 ∶ 3 的比例向北倾斜，破墙而出，生出文物发掘的意象，青铜与石墙、玻璃交汇的曲线构造精准。采用不锈钢整体屋盖，盒式蜂窝铝板吊顶，东西长 168 米，南北长 89 米。屋顶挑檐板北侧悬挑 21 米，东西南悬挑 12 米。南北檐口的流线型百叶，削弱了风压的边缘效应。屋面粘贴的 5000 平方米的太阳能光伏电池板，以低压段并网方式，为日常办公和公共照明提供清洁能源。虹吸雨水系统、气体灭火系统、智能化消防安防系统、恒温恒湿技术、立体停车、LED 大屏幕等成就了集环保节能高科技于一体的示范工程。

　　江苏，南通中国珠算博物馆，用地面积 1.99 万平方米，建筑面积 5800 平方米。位于南通市环城西北，紧邻城市的景观带——濠河。蓝灰色的铝板屋面，恒山白烧毛、刀劈石以及中国黑刻线花岗岩基墙，黑、白、灰的搭配，展现出如同传统水墨画般的意境美。同时，抽象构成手法，将博物馆、培训教室、训练基地三个功能性建筑，通过园林空间有机地组织在一起。

　　苏州，苏州博物馆，贝聿铭在设计中提出了"中而新，苏而新"的设计理念。从独具特色的江南民居中提取基本要素，如以三角形斜坡顶表现中国建筑的坡屋顶；屋顶铺"中国黑"花岗石片，与白墙相配，体现了江南建筑的粉、黛特征；屋顶天窗从传统建筑的老虎天窗中得到灵感，天窗位置居于屋顶中间部位，自然光线在木贴面遮光条的作用下，给室内带来了光影的

图 8-203 苏州，苏州博物馆，2006 年，建筑师：贝聿铭建筑事务所贝聿铭（左）
图片引自：支文军、徐洁.《中国当代建筑 2004—2008》，P189
图 8-204 北京，中国电影博物馆，2005 年，设计单位：美国 RTKL 国际有限公司、北京市建筑设计研究院（右）
图片引自：《建筑学报》2006，02，P43

图 8-205 北京，清华大学人文社科图书馆，2009—2011 年，设计单位：马里奥·博塔建筑师事务所，中国建筑科学研究院施工设计；建筑师：马里奥·博塔、万瑶、汪震铭、吕勇、刘宇
图片引自：《建筑学报》2011，06，P64

变化；片石砌成的假山，以白墙为布景，以池水为前景，是对苏州古典园林"山水"要素的借鉴；钢结构代替了传统的木结构，体现了现代建筑的简洁明快。

北京，中国电影博物馆，建筑面积 3.45 万平方米，馆内设有巨幕电影厅、数字电影厅及三个 35 毫米胶片影厅，另设 20 个展厅及临时展厅、报告厅和多功能厅等。建筑采用黑色为基础色，使用镂空图案的金属板作为外层装饰。四个立面根据内部公共空间的位置分别开辟一片大型彩色玻璃。红、绿、蓝、黄分别代表展览、博览、影院、综合服务四个功能区域。

（五）文化建筑和会议展览建筑

北京，清华大学人文社科图书馆，为百年校庆工程，也是国际著名博塔建筑师在中国建成的第一个建筑。基地南北高差 4 米，干道旁读者入口设由宽及窄的大台阶。建筑体量为圆台和矩形组合，立面的虚实光暗处理比较生动，并与室内光线要求相结合。光线在中庭的表现达到高潮，仅用环绕中庭的疏密格栅，格栅的光影在一天内不断变化。建筑师始终关注细部设计，使之服从整体效果。

建筑师马里奥·博塔给人印象深刻的作风，是常用红砖，砖工精致。他在上海设计的一家旅馆，力图保持这一风格。不过，如今红砖已基本退场，他只得用精心设计的陶板图案代替了。

上海，衡山路 12 号豪华精选酒店，位于徐汇区衡山路历史风貌保护区的核心地段，有些红砖建筑，建筑面积 5.1094 万平方米，客房 171 间，外方建筑师是国际著名建筑师马里奥·博

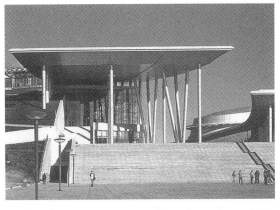

图 8-206　上海，衡山路 12 号豪华精选酒店，2008—2012 年；
外方建筑师：马里奥·博塔；中方建筑室内设计师：李瑶等（左）
图 8-207　呼和浩特，内蒙古乌兰恰特大剧院、博物馆，
2007 年，设计单位：日本安井 GLAnet 设计联合体、北京市
建筑设计研究院（右）
图片引自：《建筑学报》2009，09，P28

图 8-208　北京，国家图书馆新馆，2007 年，设计单位：
KSP 建筑设计事务所、华东建筑设计院

塔（Mario Botta）。建筑平面略呈矩形布满场地，高度按要求控制在 24 米之内，靠衡山路的短边高 20 米加以过渡。矩形体量的中部、内庭顶上，设置椭圆形绿色中庭，将绿化环境引入建筑。建筑的外墙，以红砖色陶板幕墙和玻璃幕墙相结合，回应了附近的红砖建筑的色彩，也表现出这位善于用砖的建筑师对砖肌理的延续。

　　呼和浩特，内蒙古乌兰恰特大剧院、博物馆，用地面积 1.1227 万平方米。是自治区 50 周年大庆的献礼工程。大剧院和博物馆作为一个完整的建筑群，通过二层的大平台相连，大平台是两栋建筑的主要入口区。大剧院包括：三个豪华电影厅，一个 420 座多功能厅和一个 1500 座歌剧院；博物馆包括展览厅、藏品库、多功能厅等功能。建筑环境和形象，意在表达草原文化，使整个建筑群具有多重抽象寓意。

　　北京，国家图书馆新馆，国家图书馆二期工程新大楼，位于原图书馆大楼的北面，在高度和入口形态上都与老馆保持一致。建筑外形简洁，包含三个基本要素，突起的基座、支柱、悬浮的屋顶，分别承担不同的功能。基座内部是中文阅览区，由嵌在墙体内的书架围合成中庭的空间。一个全开放式的玻璃屋顶，一反传统图书馆的封闭性空间，同时具有良好的自然采光。阅览中庭向上逐层扩大，《四库全书》在底下一层中心位置，用空间的象征意义代表其价值的珍贵性。

　　基座上部的三层，是由支柱撑起的玻璃围合体，通透的视觉效果实现了自身的消隐，同时将基座和屋顶空间隔离，造成了屋顶空间的悬浮感。银色金属屋顶空间，具有的飘浮感和未来感，与数字图书馆的涵义相符。

图 8-209 广州国际会议展览中心（中国出口商品交易会琶洲展馆），2002 年，设计单位：日本佐藤综合计画、华南理工大学建筑设计研究院

图片引自：《中国建筑学会建筑创作大奖获奖作品集》，P329

图 8-210 上海科技馆，2001 年，设计单位：美国 RTKL 国际有限公司、上海建筑设计研究院（左）

图片引自：《中国建筑学会建筑创作大奖获奖作品集》，P189

图 8-211 西安世博园，广运门，2009—2011 年，设计单位：英国 Plasma Studio 建筑设计工作室、北京建筑设计研究院（右）

图片引自：《建筑学报》2011，08，P12，摄影：张广源

广州国际会议展览中心（中国出口商品交易会琶洲展馆），用地面积 43.9004 万平方米，建筑面积 39.8 万平方米。建筑设计以"珠江来风"为主题，表现建筑"飘"的个性。一期工程中，在 8 米标高处，沿东西走向贯通布置了一条长 450 米、宽 32 米的人流集散通道，与间隔两个 90 米单元体系之间布置的 4 个集中竖向交通枢纽，形成一个完整的步行系统。展厅采用 30 米为模数单元，90 米为一个大展厅单元，平面构成由此展开。建筑环境设计中也延伸了建筑模数，将广场、绿地切割成 90 米一个的单元，并创造了一个可以供人们在树荫下休憩的场所。靠近珠江岸边设计了亲水公园，水盘池中设计了长达 450 米壮观的水幕喷泉。

上海科技馆，用地面积 6.8728 万平方米，建筑面积 9.8 万平方米。位于浦东新区市政中心广场，是一座集科普教育、休闲旅游为一体的大型综合性科技博物馆。建筑以"天地、生命、智慧、创造、未来"等五大展馆为基本内容。主体建筑包括展馆、多功能厅、球幕影院、商店以及观众餐厅等。

科技馆环绕半圆形下沉广场采用弧形平面，主体覆盖在一片缓缓升起的巨型翼状屋顶之下。椭球形中央大厅，是广场中轴线尽端的视觉焦点。

西安世博园的三个与外国建筑师的合作项目。2011 年的西安世界园艺博览会的主题是：天人长安 创意自然——城市与自然和谐共生。由 Plasma Studio 设计的广运门、创意馆、自然馆和张锦秋设计的位于小终南山上的长安塔，是园内的四大重点项目。外来设计的前三个项目，是全新的材料和构图，这对于西安这座古城而言，对于中国传统的审美观念，都是一种冲突。长安塔的设计，则表现出在传统审美基础上的突破，体现了中国建筑师立足本土建筑文化的创新功力。

广运门，主体部分为步行桥，通行宽度 35 米，长 35 米，由一系列管状结构组成廊架。

图 8-212 西安世博园，创意馆，2009—2010 年，鸟瞰；设计单位：英国 Plasma Studio 建筑设计工作室、北京建筑设计研究院；建筑师：（外方）Ea Castro, Holger Kehe 佟晓威；（中方）李诗云、朱颖、沈桢、朱琳
图片引自：《建筑学报》2011，08，P14；摄影：张广源

图 8-213 西安世博园，自然馆，2009—2011 年，设计单位：英国 Plasma Studio 建筑设计工作室，北京建筑设计研究院；建筑师：（外方）Ea Castro, Holger Kehe 佟晓威、（中方）孙勃、孙宇
图片引自：《建筑学报》2011，08，P18；摄影：张广源

创意馆，用地面积 8.6209 万平方米，建筑面积 6497 平方米。其建筑体量有仿佛冲向水面的动感。三个展馆悬挑于水前，最远悬挑距离 25 米。

自然馆，是植物展览的温室，建筑采取半埋地下，屋顶根据室内要求做适当起伏，形成府卧大地的构图。

（六）交通建筑

广州新白云国际机场航站楼，用地面积 14.56 万平方米，建筑面积 35.3042 万平方米。机场按功能划分为航站区、飞行区和（南、北）工作区。航站区道路贯穿式布局，航站楼沿南北中轴线对称，在南、北主楼与东、西连接楼之间，兴建机场酒店、停车楼、航管大楼及塔台，充分利用了东、西跑道之间宽达 2200 米的区域，在航站区中引入了商业功能。

航站楼构形采用指廊式概念。其到港厅位于连接楼，外墙采用通透的玻璃幕墙，视野开阔，屋面采用金属与张拉膜采光相结合的屋面系统，充分利用自然光，几乎所有的公共空间白天都无须人工照明。主楼及指廊屋面采用了箱形压型钢板技术，属首次在我国制造及应用。

北京南站，用地面积 49.92 万平方米，建筑面积 30 万平方米，是集普通铁路、高速铁路、

图 8-214　广州新白云国际机场航站楼，2004 年，设计单位：美国 PARSONS & URS Greiner 公司联合体、广东省建筑设计研究院

图片引自：《建筑学报》2004，09，P36，广东省建筑设计研究院

图 8-215　北京南站，2008 年，设计单位：英国泰瑞·法莱尔建筑设计公司，铁道第三勘察设计院

图片引自：《中国建筑学会建筑创作大奖获奖作品集》，P187

市郊铁路、地铁、公交、出租等交通设施于一体的大型综合枢纽站。站房为双曲穹顶，两侧雨棚为悬索形钢结构。建筑地上两层，地下三层。从上到下依次为，钢结构屋面；地上高架候车厅；地面站台轨道层；地下换乘区和车库；地铁 4 号线和地铁 14 号线。在众多大型火车站中首次采用太阳能发电，辅助解决车站用电问题。

上海铁路南站客站，用地面积 13.4 万平方米，建筑面积 5.67 万平方米。穿过城市中心区域，形成现代化交通综合枢纽，重新梳理城市交通网络和规划肌理。客站形成南北沟通的环形高架机动车下客带，主站房东西两条出站地道的尽端，设南北地下换乘敞厅，与地铁、轻轨的地下站厅无缝连接，从真正意义上实现了铁路客运与城市轨道交通的"零距离"换乘。建筑 9.9 米标高以下部位，采用清水混凝土材料，9.9 米标高以上部位则暴露主体钢结构：两列圆形钢柱，18 组"人"字形钢梁支撑屋盖体系，体现建筑的力度之美。

北京首都机场 T3 航站楼，位于原一、二号航站楼东侧，现有东跑道和新第三号跑道之间，建筑面积 98 万平方米。新航站楼由两个"人"字形单元组成，两座大楼之间由内部旅客捷运系统连通。屋顶被设计成一个单一的曲面流线形体，其形式从视觉和几何上把航站楼单元连成一体。结构由三角形模块单元发展成四面体轻型空间网架，结构构件设计标准化，便于工厂制

图 8-216　上海铁路南站客站,
2006 年, 设计单位 : 法国 AREP 公
司、上海现代建筑设计集团华东建
筑设计研究院
图片引自 :《中国建筑学会建筑创作
大奖获奖作品集》, P275

图 8-217　北京首都机场 T3 航站
楼, 2008 年, 设计单位 : Naco-
Foster-ARUP 设计联合体、北京市
建筑设计研究院
图片引自 :《建筑学报》2004, 06, P81

作和快速施工。屋顶在朝南方向有很长的悬挑, 采用中国传统建筑的红和金为主色调, 装饰屋
面底板和空间网架。屋顶天窗朝南偏东, 以获取最佳自然采光。

(七) 综合体建筑

昆山花桥"游"站, 位于江苏省昆山市花桥镇, 用地面积 3.4223 万平方米, 建筑面积 10.6
万平方米, 是位于花桥国际商城附近商业、办公及酒店地带。建筑师把目标聚焦在首次置业的
所谓"生活非生活, 工作非工作"的"80 后"群体。

略呈方形的地段上, 布置 3 栋由内向外退缩的体量, 在基地内形成"盆地"状, 沿街的立
面仍为常规的高层建筑处理, 内部则是退台的居住建筑形态, 群体空间给人以独特的新感受。
通过控制社区商业策划, 建立起社会化的餐厅、洗衣房等, 以节省户内空间。主要户型控制在
30-60 平方米左右, 通过加大层高 (4.8 米) 和附有室外平台 (20 平方米), 增加空间的利用率。

上海, 明天广场, 建筑面积 12.74 万平方米。综合体主要由三部分构成 : 包含酒店、办公
楼和公寓的塔楼, 还有联结塔楼和裙房的中庭。55 层的塔楼部分, 包裹着铝和玻璃的表面, 为

图 8-218　昆山花桥"游"站，2009—2013 年，设计单位：日本 M.A.O. 一级建筑师事务所（左）
图片引自：《时代建筑》2013，06，P130
图 8-219　上海，明天广场，2002 年，设计单位：美国波特曼建筑设计事务所，上海建筑设计研究院（右）
图片引自：《中国建筑学会建筑创作大奖获奖作品集》，P485

线性、简洁的几何演进。塔楼的方形平面在第 37 层上旋转了 45°，在上下两个旋转平面之间的转换部位，用长三角形构件承受重力以及由于形体扭转带来的外力。制高点是开放式的尖塔。裙房屋顶做了绿化并设室外游泳池及相关服务设施，以优化塔楼景观，并且为用户及市民提供了一个附加的优良环境。

上海，港汇广场购物中心，用地面积 5.0788 万平方米，总建筑面积 43 万平方米。建筑为双塔写字楼，每座高 224.5 米（46 层），由 46 层超高层办公楼及 7 层商业裙楼组成。立面以和谐手法，配合花岗石面饰及银灰色玻璃幕墙等造型材料构建，强调了双塔的挺秀和现代感；每座塔楼设置 16 部高速电梯，运行分层区计划，舒适快捷。

广州白云国际会议中心，用地面积 25 万平方米，建筑面积 30.68 万平方米。集会议、展览、观演、酒店等配套服务设施于一体的大型综合性会议中心，主体建筑包括 B、C、D 三栋会议展览中心和 A、E 两栋东方国际会议酒店。设计打破一贯采取的建筑超大尺度、单一巨大体量的设计方式，构想了一个由线性景观广场所分隔出的如五个手指般结构的独特建筑形态。

上海环球金融中心，位于浦东新区陆家嘴金融贸易区内，用地面积 3 万平方米，建筑面积 38.16 万平方米。以日本的森大厦株式会社（Mori Building Corporation）为中心，联合日本、美国等 40 多家企业投资兴建，地上 101 层，地下 3 层，总高度提到 492 米。该中心从 1994 年开始设计，1998 年开始建设，2003 年重新开工，原来设计高度 460 米。金融中心建筑的主体是一个正方形柱体，两个巨型拱形斜面逐渐向上、向内收缩变窄，于顶端交会收成一线，建筑线条简洁精细，体型流畅。上部开有倒梯形洞口，原设计洞口曾为圆形。建筑的 94~100 层为观景，第 100 层的"观光天阁"离地 484 米，预计将会成为未来世界最高的观景台。

图 8-220　上海，港汇广场购物中心，2007 年，设计单位：美国凯里森建筑师事务所，建筑顾问：冯庆延建筑师事务所（香港）有限公司（左上）

图片引自《中国建筑学会建筑创作大奖获奖作品集》，P449

图 8-221　广州白云国际会议中心，2007 年，设计单位：比利时 BURO Ⅱ 建筑事务所、中信华南（集团）建筑设计院（下）

图片引自《中国建筑学会建筑创作大奖获奖作品集》，P601

图 8-222　上海，上海环球金融中心，2008 年，设计单位：KPF（Kohn Pedersen Fox）建筑师事务所，森大厦株式会社一级建筑师事务所，入江三宅设计事务所，华东建筑设计研究院（右上）

图片引自《中国建筑学会建筑创作大奖获奖作品集》，P37

图 8-223 北京银泰中心，2008 年，设计单位：约翰·波特曼国际建筑设计事务所、中国电子工程设计院（左）
图片引自：《中国建筑学会建筑创作大奖获奖作品集》，P279
图 8-224 上海，宝矿国际广场，2008 年，设计单位：美国 Gensler 建筑设计公司、上海现代建筑设计集团现代
都市建筑设计院（右）
图片引自：《中国建筑学会建筑创作大奖获奖作品集》，P283

　　北京银泰中心，用地面积 3.1305 万平方米，建筑面积 35 万平方米。该中心是位于北京 CBD 核心地带的超高层综合体，集酒店、写字楼、商业于一体。三栋建筑均为极其简洁方正的几何形体，呈"品"字形矗立。中央主楼地上 63 层，高 249.9 米，钢结构；东西两栋为对称配置的超甲级智能化写字楼，地上 44 层，高 186 米，局部钢结构加钢筋混凝土结构。双层轿厢电梯，增加井道利用率，从而减少所需电梯数量。外檐立面设计以"方"为母体，方正分格，有机整合，彰显肌理的秩序感。

　　上海，宝矿国际广场，用地面积 2.5 万平方米，建筑面积 20.4 万平方米。集 5A 甲级智能纯办公楼、超五星级酒店、高级公寓式酒店和购物中心为一体。三栋高耸的建筑物通过裙房或过街楼相互连接，外墙由灰蓝色玻璃幕墙构成，室内绿色植物与广场上的喷泉水相呼应。其中，高度超过 210 米、近 50 层的甲级智能办公楼，在上海苏州河以北地区，塑造了商务建筑的新形象。

　　北京电视中心，用地面积 4.49 万平方米，建筑面积 19.79 万平方米。该中心集电视节目制作、播出、传输和多功能服务为一体，是目前电视广播系统功能最全、标准最高的设计之一。北电中心拥有世界最大的共享中庭，充分利用空间资源和自然光资源。屋面采光顶根据朝向设置不同的电动遮阳系统，以降低空调能耗。

图 8-225 北京电视中心，2008 年，设计单位：株式会社日建设计、北京市建筑设计研究院、国家广播电影电视设计研究院（左）
图片引自：《中国建筑学会建筑创作大奖获奖作品集》，P407
图 8-226 北京奥林匹克公园（B 区）国家会议中心（含 MPC、IBC、击剑馆），2008 年，设计单位：英国 RMJM，中国北京市建筑设计研究院（右）
图片引自：《北京市建筑设计研究院作品集 1949-2009》，P35

　　北京，国家会议中心，位于北京奥林匹克公园 B 区，用地面积 8.05 万平方米，建筑面积 27 万平方米。会议中心主要包括主新闻中心、国际广播中心和两个体育馆。其中主新闻中心和国际广播中心，在奥运会期间，曾为 2 万名注册媒体人群服务。

　　建筑为 8 层，高 42 米，长 400 米，两个体育馆负责承办奥运会和残奥会的击剑和现代五项手枪比赛，每个场馆能够容纳 5000 个座席。立面的曲线，有意把中国屋顶曲线做现代演绎。配合"绿色奥运、科技奥运、人文奥运"的基本理念，注重绿色环境设计，中央吸尘系统，自然通风系统，并大量使用新型建筑材料。

四、进入新世纪的绿色建筑概览

　　进入 21 世纪，无论国际还是国内，绿色建筑毫无疑问是最热门的话题。

　　我国"绿色建筑"的定义为：在建筑的全寿命周期内，最大限度地节约资源（节能、节地、节水、节材）、保护环境和减少污染，为人们提供健康、适用和高效的使用空间，与自然和谐共生的建筑。[①] 与绿色建筑相关联的概念还有生态建筑、低碳建筑、可持续建筑，甚至智能建筑，也在一定程度上包含了很多绿色建筑的内容。无论概念如何，目标基本一致，都是为了应对全球化的能源危机和环境问题，让建筑，这一能耗和碳排放占据三分之一的产业，最大限度地降低能源和资源消耗，为防止气候变化和环境恶化作出应有的贡献。

　　在我国，从 2005 年开始，每年举办一次规模宏大的"国际绿色建筑与建筑节能大会"；2006

---

① 资料来源：GB/T50378-2014.绿色建筑评价标准 [S].

年首次颁布了《绿色建筑评价标准》，2014 年颁布该标准的修订版并于 2015 年 1 月 1 日开始执行新国标；2008 年首次依据《绿色建筑评价标准》进行了绿色建筑评价，迄今为止已经获得绿色建筑标识的项目接近 3000 项（截至 2015 年度第六批住房和城乡建设部网站公告），总面积近 3 亿平方米；2012 年全国首批 8 个生态城区揭晓，每个生态城区获得 5000 万元专项财政补助资金。十几年间，从党中央、国务院、建设部到各省市自治区，针对建筑的绿色、节能、减碳等颁布了数量众多的标准、规范和政策法规，在这场自上而下的运动中，来自决策层的推动力是空前的。

然而十几年间，国内环境问题不断恶化、雾霾天气增加的事实却依然历历在目！这是一个亟待找出原因，并痛下决心加以解决的迫切问题。

（一）绿色建筑大会

自 2005 年至 2015 年，由住房和城乡建设部发起的"国际绿色建筑与建筑节能大会暨新技术与产品博览会"（简称"绿色建筑大会"）已经连续举办了十一届。大会每年三月末在北京召开，是中国最大的绿色建筑与节能行业的国际交流平台，会议规模与影响力逐年扩大。

2015 年 3 月 24 日—25 日，第十一届绿色建筑大会在北京国家会议中心隆重举行，大会主题为："提升绿色建筑性能，助推新型城镇化"。大会设置了 1 个主论坛、37 个分论坛，以及规模庞大的新产品和新技术博览会。住房和城乡建设部原副部长仇保兴主持了主论坛，发表题为"新常态 新绿建"的主题报告。分论坛涉及"绿色建筑设计理论、技术和实践""既有建筑节能改造技术及工程实践""绿色建材与外围护结构"等 37 个专业领域。与大会同期举办的博览会，展位数量超过 500 个，参展企业超过 300 余家，展示内容涉及建筑节能、智能建筑、既有建筑节能改造等多方位的新技术与新产品。4000 余名来自国内外绿色建筑领域的同行参加了大会（表 8-1）。

历届绿色建筑大会的主题、主旨报告题目　　　　　　　　　　　　　表 8-1

年份	大会主题	主旨报告
第一届 2005 年	智能建筑　绿色家园　领先技术　持续发展	应对能源资源环境挑战、共同促进可持续发展
第二届 2006 年	绿色、智能——通向节能省地型建筑的捷径	大力发展节能省地型建筑　建设资源节约型社会
第三届 2007 年	推广绿色建筑——从建材、结构到评估标准的整体创新	抓好建筑节能　推进资源节约
第四届 2008 年	推广绿色建筑，促进节能减排	三要素助推建筑节能工作
第五届 2009 年	贯彻落实科学发展观，加快推进建筑节能	从专项检查到财政补贴——建筑节能工作总结与展望
第六届 2010 年	加快可再生能源应用，推动绿色建筑发展	我国建筑节能潜力最大的六大领域及其展望
第七届 2011 年	绿色建筑：让城市生活更低碳、更美好	进一步加快绿色建筑发展步伐——我国绿色建筑行动纲要（草案）
第八届 2012 年	推广绿色建筑，营造低碳宜居环境	我国绿色建筑发展和建筑节能的形势与任务
第九届 2013 年	加强管理，全面提升绿色建筑质量	全面提高绿色建筑质量
第十届 2014 年	普及绿色建筑，促进节能减排	绿色建筑十年回顾
第十一届 2015 年	提升绿色建筑性能，助推新型城镇化	新常态　新绿建

（资料来源：能源世界中国建筑节能网 http：//www.chinagb.net/ 对历届大会的报道）

纵观这十一届绿色建筑大会的主题，可以看到我国的绿色建筑运动经历了基本共识、明确方向、系统深化、量质共进四个阶段，有如下五个特点：

第一，决策层的推动：在十一次会议主题中，有七次直接出现了"推广""推进""推动""普及""助推"等用词，显示出源自政府层面的决心和推动绿色建筑工作的力度。这种推动力和持续性，在建国六十多年的建筑发展进程中是少见的。

第二，从节能到绿色：在会议主题和报告内容中可以看到2010年前以强调建筑节能为主，以后逐渐转向基于生命周期的全面绿色建筑，目标更加明确，措施更加具体。

第三，从绿色到低碳：随着全球对碳排放导致气候变化的观点达成共识，以及我国在哥本哈根会议上的承诺，2010年以后减排成为绿色建筑运动的重要目标之一。

第四，从量到质：2013年的绿色建筑大会上明确提出"全面提升绿色建筑质量"，2015年进一步提出"提升绿色建筑性能"，并在修订版的《绿色建筑评价标准》中有所体现。

第五，从点到面：从会议主旨报告的内容中可以看到，对绿色建筑的强调逐步扩展到绿色小城镇、绿色村庄和生态城市，从点到面的发展显示出绿色建筑运动正在逐步拓展和深化。

（二）政策法规与标准规范

十几年来，我国出台了很多法律法规、标准规范和政策通知，对建筑节能和绿色减排起到了积极的推动作用和一定的约束效力。这十几年，我国出台关于建筑节能和绿色建筑的相关政策、法规、标准，非常之多。

初步统计，国家或行业在2000—2015年间推出：①建筑节能标准规范17项；②建筑节能强制推广政策15项；③绿色建筑标准规范的技术导则、国家标准、行业标准、学会标准计18项；④由国家、部、委推出的绿色建筑的政策计17项。

事实上，国家每出台一项法律、政策，各省市自治区往往相继出台本省、本市的相关规定，这一方面是我国体制的惯性结果，另一方面也是因为绿色建筑本身涉及到气候区域、经济水平、建筑类型等复杂因素，很难执行统一的政策标准。毫不夸张地说，如果把国家层面和地方层面十五年来颁布的有关建筑节能和绿色建筑的政策、法规、标准、规范的数量加起来，几乎可以数以千计。

然而到目前为止，我国通过绿色建筑评价的建筑数量只有3000项，其中有一部分运行效果还不够理想。综合考虑我国十五年来的建设总量，政策法规的数量，与通过绿色建筑评价建筑的数量之比例关系，实在是太不相称了。

（三）绿色建筑创新奖

全国绿色建筑创新奖于2005年由建设部设立，每两年评审一次（2009年未评选），该奖项是为了表彰对发展绿色建筑有突出示范作用的工程或技术产品。截至2015年度，全国已评出142

项绿色建筑创新奖项目，其中一等奖 26 项，二等奖 54 项，三等奖 62 项，获奖数量呈现逐年递增的态势。由于经济发展水平等因素，北京、江苏、天津、上海、广东等省市创新奖项目数量较多。

国际经验表明，绿色建筑评价标准体系的建立，在规范绿色建筑的评价，推动绿色建筑的发展方面起到重要作用。我国绿色建筑的发展以政府为主导，而绿色建筑评价是政府推广绿色建筑的主要方式之一。在参照美国 LEED、英国 BREEAM 等国外绿色建筑评价体系的基础上，结合我国国情，中国《绿色建筑评价标准》于 2006 年正式颁布，该体系明确了绿色建筑星级划分、评价指标、认证方法与工作流程和认证机构。评价标准所涵盖的建筑类型逐步多样化。

绿色建筑作为一个门类，应该是暂时的，在当今世界，所有建筑执行绿色建筑标准，将是天经地义的。所以，这里举出的部分实例，不但表现出它们在执行绿色建筑方面的成就，同时也是建筑创作中的基本组成部分，像我们前面提到的实例一样。应该看到，它们很好地完成了建筑的基本功能，又在绿色节能技术上有所创新，更重要的是，它们结合绿色建筑的要求，在建筑艺术上有所创造，有所进步，创造了绿色建筑的形式语言。这里，艺术形象的创造，有基本的依据，而不是随心所欲地"捏造"。

回到绿色建筑的专题，这些建筑实例，体现了"被动优先、主动优选"的原则。比抽象的政策法规更有说服力，具有很强的示范性，很好地诠释了绿色建筑文化的内涵：即绿色建筑不等于常规建筑＋绿色技术，而是基于新理念、新需求和新技术的全面建筑创新。

延安枣园，黄土高原新型窑洞民居（2005 年，三等奖，该年度一等奖空缺），传统民居具有"冬暖夏凉"等多种生态特性，新型窑居在继承传统窑洞生态经验的同时，运用现代测试、模拟分析、绿色创作等手段，探索并实施了一整套适宜的绿色技术，实现民居的现代转型。如结合南向"阳光间"形成新的空间形态，与太阳能动态利用有机结合；利用地道风预冷预热处理技术改善室内空气质量等。

济南，山东交通学院图书馆（2007 年，一等奖），建筑面积 1.5 万平方米，建设用地原为校内一片废弃的取石场，具备改造后蓄水的可能。考虑资金、施工水平等具体情况，建筑选择

图 8-227　延安枣园，黄土高原新型窑洞民居，1996—2004 年；建筑师：西安建筑科技大学刘加平、闫增峰、杨柳等（左）
图片引自：马丽萍等 . 从"红色"革命到"绿色"革命——枣园绿色生态窑居的可持续发展之路 .《中华民居 2009》，02，P29
图 8-228　济南，山东交通学院图书馆，2000—2003 年；建筑师：北京清华安地建筑设计顾问有限责任公司袁镔、朱颖心、林波荣等（右）
图片引自：Google 图片

图 8-229 深圳，深圳市建科大楼，2006—2009 年；建筑师：深圳市建筑科学研究院有限公司叶青、张炜、袁小宜等（左）
图片引自：在库言库 http：//www.ikuku.cn
图 8-230 上海，莘庄综合楼，2007—2010 年；建筑师：上海市建筑科学研究院（集团）有限公司朱雷、张宏儒、张颖等（右）
图片引自：张宏儒.建筑，从"绿色"土壤中生长.动感 2011（02）：77

简单适用的生态技术，包括生态边庭、中庭、立面遮阳技术、立体绿化、地道风预冷预热处理技术等。在方案设计阶段，进行物理环境模拟技术，预测建筑的自然通风和采光性能，并依据模拟结果确定和优化建筑形式。

深圳，建科大楼（2011 年，一等奖），深圳市建筑科学研究院科研办公楼，建筑面积 1.82 万平方米。建筑设计采用功能立体叠加的方式，外围护结构与内部使用功能呼应，形成独特的空间形态。整合 40 多项适宜的绿色建筑技术，达到绿色技术与建筑形式的高度融合。从方案创作开始，就利用计算机模拟技术对能耗、风环境、光环境、噪声进行分析，来实现各方面的优化组合。

上海，莘庄综合楼，（2011 年，二等奖），建筑面积 9992 平方米，位于上海市建筑科学研究院园区的东南角，建设用地相对局促，平面布局呈"L"形，包括主楼（6 层）和附楼（4 层），是一栋考虑低造价和适宜技术的绿色办公示范建筑。绿色目标的实现，更多地依赖"建筑学"手段，如建筑沿南面城市道路的立面，设一些分层交错的"盒子"，形成良好的自遮阳；面向园区内部的体量，经过风环境模拟来实现优化。

上海，绿地（集团）总部大楼（2011 年，二等奖），建筑面积 4 万平方米，位于上海市卢湾区黄浦江畔，1~3 层为商业百货，4~5 层为绿地集团办公，屋顶为绿色花园。设计过程综合运用数十项绿色技术措施，外遮阳体系、中心庭院、室内水系、绿化以及屋顶花园的引入，使整幢建筑有着丰富的立体景观。

深圳，南海意库 3 号楼（2013 年，一等奖），建筑面积 2.4354 万平方米，将深圳蛇口日资三洋厂房中的一栋，改造为招商地产的总部办公楼，保留旧厂房的主体结构，对其进行功能更新与空间、形象的再创造，为城市中旧工业片区的产业转型做出示范。改造方案在建筑北侧增设入口前厅，内部引入生态中庭，改善原建筑进深过大（36 米）带来的采光通风问题。绿色方案还包括增设半地下停车库、立面绿化、屋顶绿化等。

图 8-231　上海，绿地（集团）总部大楼，2011 年；建筑师：美国凯里森建筑事务所；咨询单位：中国建筑科学研究院上海分院（左）
图片引自：唯绿网 http://vlbuilding.com
图 8-232　深圳，南海意库 3 号楼，2006—2008 年；建筑师：北京毕路德建筑顾问有限公司杜昀（右）
图片引自：深圳新闻网 www.sznews.com

图 8-233　北京，金茂府小学，2010—2014 年；建筑师：CCDI，咨询单位：中国建筑科学研究院上海分院（左）
图片引自：生态城市与绿色建筑网站 http://www.ecgbnet.com
图 8-234　天津，天友办公楼改造项目，2011—2013 年；建筑师：天友建筑设计股份有限公司任军、何青、王重等（右）
图片引自：天友建筑设计公司网站 www.tenio.com

　　北京，金茂府小学（2013 年，二等奖），建筑面积 1.0079 万平方米，位于朝阳区金茂府小区，设 24 个教学班，招生数 720 人。国内首批绿色小学示范项目，同时获得 LEED-SCHOOL 铂金级认证。通过废弃工业场地再利用、屋顶绿化、可再生能源利用等主被动绿色技术，实现绿色低碳目标。绿色技术综合展示系统的引入，设置绿色课程和试验科目，为可持续宣传和教育做出示范。

　　天津，天友办公楼改造项目（2015 年，一等奖），建筑面积 5756 平方米，对原有一座多层厂房进行了节能、节水、节地、节材和室内外环境质量的全方位改造，改造后作为天友建筑设计公司的自用办公楼。保留厂房原有框架结构，采用"加法"原则，如屋顶加建轻质结构，增加生态中庭和采光边庭，增设特朗伯墙和活动外遮阳，东西向外立面种植分层拉丝绿化，北向增设挡风墙。

　　天津，中新天津生态城低碳体验中心（2015 年，一等奖），建筑面积 1.3 万平方米。集绿色技术、绿色材料于一体的展示性办公楼，同时获得新加坡绿色建筑白金奖。建筑以独特的外部空间形象吸引人群，教育性、互动展示效果突出。屋顶承载了混合型绿色能源设施，外立面

图 8-235 天津，中新天津生态城低碳体验中心，2013
年；建筑师：天津生态城绿色建筑研究院有限公司王颖、
孙晓峰、戚建强等
图片引自：新加坡绿色建筑 GREEN MARK 网站 http : //
www.igreenmark.sg/case-study

图 8-236 东莞，生态园控股有限公司办公楼，2012
年；建筑师：华南理工大学建筑设计研究院；咨询单位：
北京清华同衡规划设计研究院有限公司
图片引自：东莞市美新文化传播公司 http : //www.bpc6.com

处理则结合不同的朝向，采取不同的方式：最大化南向开窗面积、最小化北向开窗面积、东南面和西南面均采用遮阳设施。

东莞，生态园控股有限公司办公楼（2015 年，一等奖），建筑面积 3.7664 万平方米。政府机关绿色办公建筑的实践，将岭南传统建筑文化与绿色理念相结合，采用遮阳、通风等被动式节能策略，全部 5 层的办公空间被巨大的金属外罩所覆盖，降低能耗的同时形成鲜明的造型与空间特色。

武汉市民之家（2015 年，二等奖），建筑面积：12.3423 万平方米。由市民行政服务中心、规划展览馆和两者围合的中庭组成，呈盘旋上升的动感造型。建筑平面布局呈"U"字，采用东南向迎风面悬挑、结合生态中庭的方式来营造良好的自然通风效果。立面的金属网遮阳体系造型简洁而又富于变化，是取自黄鹤楼的窗棂划分样式。合理选择六大节能环保技术体系，共20 余项绿色技术。

北京，当代万国城项目（2015 年，二等奖），建筑面积：22.14 万平方米。提出"城市复合社区"的规划原则，整个小区由空中连廊将 9 栋塔楼串联起来。采用了一系列绿色建筑技术手段，包括优化的外围护系统、高效率空调系统、置换式通风系统、辐射/制冷/供暖系统以及亚洲最大的建在建筑结构下的地源热泵系统。

深圳，南方科技大学绿色生态校园建设项目行政办公楼（2015 年，三等奖），建筑面积 1.0327万平方米。位于校前区，紧邻图书馆。建筑形象开放，从湿热性亚热带气候特征出发，借鉴民居中的"天井"形态，采用底层架空、院落式布局、立面外遮阳等设计手法。

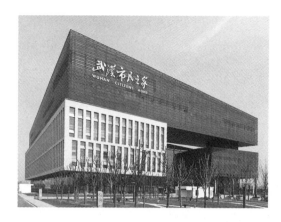

图 8-237 武汉市民之家，2010—2012 年；建筑师：法国 Arte- 夏邦杰建筑设计事务所周雯怡、向博荣、皮埃尔（左上）

图片引自：ZOL 论坛 http：//bbs.zol.com.cn

图 8-238 北京，当代万国城项目，2005—2008 年；建筑师：史蒂文·霍尔事务所（右上）

图片引自：乐乎网站 http：//www.lofter.com

图 8-239 深圳，南方科技大学绿色生态校园建设项目行政办公楼，2010-2013；建筑师：筑博设计股份有限公司钟乔、黎靖、张甜甜、冯茜等（下）

图片引自：搜建筑网 http：//www.soujianzhu.cn/news

（四）关于绿色建筑未来走向的思考

超过千项的法规标准，相对不到 200 项获得运行标识的绿色建筑项目，可见理想与现实之间的差距实在悬殊。在 21 世纪我国绿色建筑虽然经历了从无到有、从少到多的变化，但总体而言仍然处于起步阶段，我们将沿创新的道路前行。

第一，从政策标准层面：对于鼓励绿色建筑发展的政策和标准法规不在于多，而在于精准。我国的《绿色建筑评价标准》，与建筑设计规范重复的条款、实现目标的具体措施等可以大幅度精简。同时应针对不同建筑类型、不同气候区的建筑，通过深入调研和计算，确定用水、用能、用地和全生命周期碳排放的合理基准值，以此评定绿色建筑的等级。在互联网 + 的创新思维模式下，数字信息技术能把政策标准的复杂性变得相对简单。

第二，从绿色实践方面：在经历了十几年开放式甚至是零散化的探索之后，生态城市与绿色建筑实践，将从零散的技术集合转向系统化的技术集成；针对我国 500 亿平方米的既有建筑和大量现有城区，绿色实践将从新建建筑转向既有建筑绿色改造和既有城区生态化改造。在节能减排总体目标下，从强调单体建筑节能减排转向建设总量控制，从强调运行阶段节能减排转向强化建筑全生命周期控制。

第三，从理论研究层面：理论研究是政策法规和绿色实践之间的桥梁，应当为政策法规的制定提供充足的依据和量化的结果。坐在书屋里参考国内外文献，制造标准或理论的方式，难以产出有效的理论成果，只有与实践的深入互动，才能产生有价值的理论成果，推动绿色建筑的发展。

五、对和谐住宅的向往

进入 21 世纪，中国的住宅问题，已经演化成一个大大的社会问题。一边房价飙升，一边庞大的存量得不到消化，看上去如此矛盾的现象，业已超出了我们以观察建筑功能、技术和艺术为目标的视野之外。但是，这些年广大有购房需求的民众，依然向往环境优美、使用方便、舒适美观、价格合理的住宅，许多中国建筑师也在为此目标而努力并作出有成效的探索。

这些探索的方面有明显拓宽，例如我们已经见到的关于注入绿色建筑的新概念，在保障性住房方面的实践活动，在少数民族地区对地域和民族特征的探求，在旧城里面的街区住宅改造等。住宅建筑在这些方面的活动，本章已经有所涉及，这里再做一些描述。

西藏纳木湖牧民安居房，位于拉萨市当雄县。为改善居住条件，提供教育、医疗等公共服务，将原来分散的定居房，根据行政或生产单位集中。规划设计充分考虑地震高发、特殊气候、地质、生态等自然条件，并保持深厚的民族建筑文化。住房的主体支撑，采用轻钢结构，并扩展钢网维护墙体。此外全是就地取材，简化施工设计，可以使牧民投入施工，沿用了木作、泥作等传统工艺。

西柏坡华润希望小镇，位于河北省平顶山市，用地面积 15.37 万平方米，建筑面积 5.3 万平方米，为新农村示范项目。该项目集合了原有的 3 个相邻的山村，容纳 238 户农宅。基地三面环山，面临水库，保留并修整了现有的泄洪沟，保留尽可能多的树木和一户质量上好的宅院及一座古桥。建筑依坡修建，公共设施构成贯穿小镇的景观带与互动中心，农宅设计研究了当地传统民居，以 L 形建筑主体加院墙形成院落。里面处理自由、利落，有较为厚重的北方民居气息。

上海，新凯家园大型保障性社区，位于松江区泗泾镇，用地面积 47.4 万平方米，建筑面积 67 万平方米（地上），是保障性的居住及配套项目。所谓保障性住区主要是政府为中低收入的困难家庭所提供的限定标准、限定价格或租金的住宅，保障性住区或住宅必须合理控制成本，必须实现舒适性与经济性同步。

新凯家园在规划中注重了空间结构的完整性，有效地控制了建筑容量；贯彻了交通体系的有序性，不硬性规定人车分流，提倡人车交通的便捷性和功能性；绿化系统为均匀分散至各个组团，实现了"绿化不大环境美"；除设置中心商业区和沿街设施外，另在小区内设置了两条便民商业服务街，形成完整便捷的景观商业步行体系。

图 8-240　西藏纳木湖牧民安居房，2010 年，单体住宅；建筑师：谢英俊；设计单位：拉萨市设计院，成都常民建筑科技有限公司

图 8-241　西柏坡华润希望小镇，2010—2011 年，鸟瞰；设计单位：中国建筑设计研究院；建筑师：李兴钢、谭泽阳、张一婷、马津
图片引自：中国建筑设计研究院作品选 2010—2011

图 8-242　西柏坡华润希望小镇，2010—2011 年，街区（左）
图片引自：《中国建筑设计研究院作品选 2010—2011》
图 8-243　上海，新凯家园大型保障性社区，2002—2008 年；设计单位：上海中房建筑设计有限公司（右）
图片引自：《时代建筑》2011，04，P82

设置了45平方米的一室一厅、65平方米的二室一厅以及80平方米的三室一厅户型,细化设计,提高使用的灵活性,以适应不同家庭需求。设计中,注意了提高立面的品质,取得了较好的效果。

上海世博会浦江镇定向安置基地,位于闵行浦江镇,用地面积1.5平方公里,建筑面积140万平方米,居住人口近3万。设计要求体现2010年上海世博会的主题"城市,让生活更美好"。

规划中,考虑了居民的便捷出行,综合考虑沿浦星路一侧的地铁8号停车站、浦星路与基地内公交站点、出租车服务站、和社会停车场的关系,方便人流的换乘;内部交通清晰顺畅;商业设施考虑了大卖场、农贸市场和生鲜超市,并引入了带有老字号的特色一条街;同时有完善的各级教育设施如中小学,幼儿园等。建筑立面的处理,汲取了上海地域建筑文化,在现代、简洁的基调下,寻求识别性。

杭州金基晓庐,位于杭州市钱江新城,用地面积7.8万平方米,总建筑面积29.7万平方米,1879户,5800人。总图布置9栋27~33层的住宅,每栋由2~3个单元以浅弧线拼接,注意降

图8-244 上海世博会浦江镇定向安置基地,2004—2007年;设计单位:现代建筑设计集团、现代都市建筑设计院,上海建筑设计研究院有限公司
图片引自:《时代建筑》2011,04,P88

图8-245 上海世博会浦江镇定向安置基地,2004—2007年;标准房型:上图为高层住宅,下图为多层住宅
图片引自:《时代建筑》2012,02,P90

低城市噪声的干扰，并最大争取南向。建筑立面保持简朴、无装饰的现代建筑形象，注重建筑肌理和用料设计的细节，取得既干净利落又不失美观细部的效果。

环境设计历时3年，在考虑居住者的舒适、方便和安全的前提下，以似"莲花"为主题，形成设施完善、细部考究、浑然一体的唯美环境。

西安，群贤庄住宅小区，用地面积4.1万平方米。建筑面积6.1842万平方米。小区采用"三线一环、中心花园、三小组团"的设计布局，主干道两侧建筑做立体叠落，重要景观位置做空间扩展变化。小区空间变化丰富，建筑组合疏密有致。小区设五种基本户型单元，建筑面积从150~240平方米渐次变化，为充分利用空间，又变化九种特殊户型平面。不同单元的阳台、入口、楼梯间等建筑处理各有特色，以增加可识别性。

广州，越秀区解放中路旧城改造，用地面积9810平方米，建筑面积1.3429万平方米，该改造项目是在政府主导、没有开发商介入的全新开发模式下进行的一次岭南传统街区振兴的探索。在规划层面，采用了控制适宜的居住密度、融入岭南城市肌理等设计策略；在建筑设计层面，注意结合岭南气候条件和原址回迁居民多样化的居住面积要求精心设计，并努力建立新老建筑之间的和谐关系。

图 8-246 杭州金基晓庐，2005—2009 年，建筑师：深圳华森建筑与工程设计顾问有限公司，宋源、肖蓝、胡光瑾、李舒、胡起萌、李立德等（左）
图片引自：《建筑学报》2010，02，P49；摄影：张广源
图 8-247 西安，群贤庄住宅小区，2002 年，设计单位：中国建筑西北设计研究院华夏所，建筑师：张锦秋等（右上）
图片引自：张锦秋.《现代民居群贤庄》，P37
图 8-248 广州，越秀区解放中路旧城改造，2006 年，设计单位：华南理工大学建筑学院(右下)

成都，清华坊，位于成都市南郊紫薇东路南侧，是一座低层高密度的传统形式与现代风格相结合的住宅小区，用地面积 5.9 万平方米，建筑面积 5.1 万平方米。由于总住户不多，因此小区内道路系统采用人车混行的通行模式。沿小区四周有一条环形的道路可以到达每户的停车库。连结这条环状道路的是一些入户道路及人行道路，这些道路把小区分成几个小组团，每个组团内的房屋都是南北向，为住户主要房间争取更多的阳光，绿地分散到每户的私人院落中。户主还可以对私人院落进行个性化的设计，期望形成城市中的乡村感受。

　　小区每幢建筑基本上都是在一块 12 米 ×27 米的基地上展开设计。在总平面的组团布置及组团建筑布置上，有意进行建筑错位排列，以获得丰富的天际轮廓线。每户建筑面积 400 平方米左右，共三层。在各个功能房间的布置及相互关系、面积的大小分配上都精心推敲，确保住户在使用上达到居住的舒适性。在建筑的后院处理上，造成一种高墙深院的传统民居庭院效果。

六、世界瞩目的三大建筑项目

　　2000 年开始的十年当中，我国有世界瞩目的三项大规模的建设，一是四川汶川大地震的灾后大规模重建活动，这是一项"一方有难，八方支援"的活动；二是 2008 年奥林匹克运动会

图 8-249　成都，清华坊，2003 年，住区环境，设计单位：成都华宇建筑设计有限公司，建筑师：张雪梅、苟中军、肖林、石仁佑（左上）
图 8-250　成都，清华坊，2003 年，沿街立面（左下）
图 8-251　成都，清华坊，2003 年，单元入口（右上）

的场馆建设，它一方面要圆中华民族的百年奥运梦，同时也要展示改革开放20年来中国人民的建设成就和精神面貌；三是为国际重大建筑盛事、实际上也是赛事的上海世博会进行规划、设计，特别是中国馆的建设。

（一）汶川大地震灾后重建

2008年5月12日，在四川省阿坝藏族羌族自治州汶川县映秀镇发生了里氏8.0级的大地震，遭受严重破坏的地区超过10万平方公里。汶川、北川、绵竹等地大地震中死亡人数达6.9227万人，伤者约37万人，另有1.7923万人失踪。地震消息传出的第一时间，军队和救灾专业队伍就奔赴现场抢救人员、抢修道路和疏通堰塞湖等，场面极为感人。包括港澳台在内的全国各地的各界同胞，及时慷慨地捐赠财、物，许多国家和组织，真诚慰问灾区并提供大量捐款和救灾物资。

距地震仅仅一周的时间，震后重建工作就已展开。5月19日，中国城市规划设计研究院的汶川地震抗震救灾绵阳工作组奔赴现场，启动北川新县城的选址工作。6月3日，工作组即提出选址方案，11月10日国务院常务会议原则通过北川新县城选址。

2009年3月30日，四川省政府正式批复《北川羌族自治县灾后恢复重建总体规划》，至此，具体的建设项目陆续展开。重建北川的规划和实施，得到中国建筑学会、中国城市规划学会和全国各大设计院的热情支持，得到许多大师、院士等资深建筑设计、城市规划专家的支持，他们为重建这个全国唯一的羌族自治县，付出了勤劳和智慧。

援建工作在对口支援的形式下进行，例如，山东省对北川县（绵阳市）、广东省对汶川县（阿坝州）、浙江省对青川县（广元市）、江苏省对绵竹市（德阳市）、北京市对什邡市（德阳市）、上海市对都江堰市（成都市）等。

2009年6月8日，山东省援建北川新县城及山东产业园第一批项目开工，2010年9月25日，山东省对口援建的北川竣工。各地对口援建的项目也陆续交付使用，至2011年虎年腊月29日，举行了以"开启永昌之门，点燃幸福之火"为主题的北川新县城建成仪式，一个全新城市重生了。

北川新县城安居工程，是北川县易地重建的新县城，用地面积67.42万平方米，建筑面积100余万平方米。安置房由原北川县曲山镇受灾群众和新县城征地拆迁群众的安置两部分组成。在居住建筑的设计中，考虑了"安全、宜居、特色、繁荣、文明、和谐"十二字方针；贯彻社会公平的原则，例如在温泉片区，按政策和实际家庭状况，设计了户型为50、70、90、105和120平方米的多种单元，误差不超过1平方米；建筑设计贯彻"羌风羌貌"，创造旅游资源等因素。在属于汉、羌民族地带，建筑设计充分尊重场地、气候所形成的地域特点，如屋顶平坡结合，立面吸取当地民居和汉、羌民族建筑的符号等。设计中，从县城到小区再到组团等，在不同层次上分清主次，采取"红花绿叶"的原则。

尔玛小区，是新北川安居工程的重要组成部分，用地面积28.42万平方米，建筑面积42.15万平方米，住户3638户。规划以小街坊组织空间，实现开放的街区和连贯的步行系统。将黄土镇的部分民居、石碑和石桥保留为景观设施，并安排了羌族跳锅庄舞的小广场。

新川小区，位于新县城南端，用地面积 21.87 万平方米，建筑面积 32.588 万平方米，3161 户。设计延续街坊格局，利于邻里交往、社区安全，也便于营造连续的沿街界面。组团划分兼顾原有四个村的居民组织。绿地尽量外置于城市公共范畴外围滨河带和休闲公园内，以减轻社区的负担。户型设计尊重当地生活习惯，如多设储藏空间等。建筑体现当地木石结合的特征。

北川新县城公共服务设施的建设标准和内容，是一项政策极强、涉及各方利益、民众高度关注的工作。本着节约用地、高效使用资金、综合利用以及降低建成后运营成本等原则，最终确定 7 大类 66 个项目纳入山东援建和地方重建项目。内容包括教育科研、社会福利、体育文化娱乐、行政办公和医疗卫生等设施。

图 8-252 从云盘山看新县城的施工进程（上 2010 年 1 月；中 2010 年 6 月；下 2010 年 10 月）
图片引自：《建筑新北川》，P10

图 8-253 北川新县城安居工程，2009—2011 年；设计单位：中国建筑设计研究院，主持：刘燕辉；建筑师：程开春、詹柏楠、卢鹏、宋波、董晶涛
图片引自：《建筑新北川》，P31

图 8-254 尔玛小区，2009—2010 年，新建筑和保留建筑；设计单位：中国建筑设计研究院，中国城市规划设计研究院（左）
图片引自：《建筑新北川》，P35
图 8-255 尔玛小区，2009—2100 年，羌族传统石塔"拉克西"成为组团广场的中心元素（右）
图片引自：《建筑新北川》，P40

图 8-256 尔玛小区，2009—2100 年，小区里为回族特别建设的清真寺
图片引自：《建筑新北川》，P42

图 8-257 新川小区，2009—2010 年，设计单位：中国建筑设计研究院，中国城市规划设计研究院
图片引自：《建筑新北川》，P49

其他受灾地区的重建项目，也本着这样的原则实行，取得了良好的效果。

汶川水磨中学，为易地重建的汶川第二中学，位于全镇中心位置，坐落寿溪湖（原为寿溪河，重建改造为寿溪湖）北侧的开阔地，占地 5.6818 万平方米。采用中央连廊，纵向组织建筑功能区及空间，联系方便又互不干扰。由于地属汉、藏、羌等不同民族聚居地区，建筑形式吸取各族建筑的元素。提取了藏、羌碉楼的形式，运用在主楼的立面上，用现代的方式处理地方石材，在新的钢木玻璃窗上再现红色藏窗形式等。

图 8-258　汶川水磨中学，2008—2010 年，主楼，设计单位：北京大学中国城市设计研究中心；建筑师：陈可石

图片引自：《建筑学报》2011，06，P112

汶川文昌小学，位于新县城中心区北侧，东临永昌河景观带，用地面积 3.4 万平方米，建筑面积 1.4 万平方米，36 班，1620 人，建筑设计以结构安全和心理安全并重。建筑层数尽量控制在三层之内，利用不同高度的屋顶平台、连廊、与体育场的连接，提供更多快速疏散的路径。羌族民居的坡顶、碉楼、过街楼、干烂式连廊、花窗、石片墙等，都在建筑中有所反映。

汶川人民医院，位于新县城西北部，尔玛小区中部，用地面积 2.65 万平方米，建筑面积 2.3978 万平方米，200 床。以两条宽度不一的医疗街，串联成枝状分布的门诊、医疗技术、病房等功能单元。门诊等位于用地西侧，沿街展开，病房楼位于东侧，南北向布置。羌族建筑的要素，如灰砖、坡顶、碉楼、木构架等具有地方文脉的东西加入建筑，使得医院建筑多些亲近感。

平武县人民医院重建项目，总用地 1.3923 万平方米，总建筑面积 2.0555 万平方米。213 张床位，日最高门诊量设计为 400 人。用地为东宽西窄的三角形用地，紧邻古明城墙（已坍落），墙外是滨江（涪江）带状绿地公园。根据古城保护规划，建筑檐口高度限制在 15 米以下，用地十分紧张，地形复杂。采用多层院落布局削弱体量，建筑以出挑较宽的坡檐、碉楼造型、穿斗结构的外露等手法表达川北民居风格，在尊重本土传统文化的基础上又体现了现代医院的精神风貌。

图 8-259　永昌小学，2010 年，设计单位：中国建筑设计研究院（方案）

图片引自：《建筑新北川》，P65

图 8-260　人民医院，2010 年，设计单位：中国建筑标准设计研究院（方案）
图片引自：《建筑新北川》，P91

图 8-261　四川,平武县人民医院，2008—2010 年；设计单位：河北建筑设计研究院有限公司，建筑师：蒋群力、郭卫兵、李洪泉
图片提供：河北建筑设计研究院有限公司

映秀，汶川大地震震中纪念地，建筑面积 5148 平方米。映秀镇是汶川大地震震中受灾最严重的地带之一。在映秀的重建规划中，列入了纪念体系，为后代保留一份震灾及救灾的精神档案。

震中纪念地位于三个重要纪念节点：震源广场、中滩堡地震遗址和漩口中学的几何中心，高于城镇中心地区 50~60 米，既是俯瞰城镇的重要视点，也是城镇多处公共空间的视觉焦点。建筑师划定三条场地控制线，分别指向三个重要纪念节点，并由此安排场地和布局建筑。建筑师以自然、平和、静谧根植于大地的地景式建筑的手法，处理空间，表现主题。

北川文化中心，位于四川省北川县易地重建的新县城中轴上，用地面积 2.2438 万平方米，建筑面积 1.4098 万平方米，由图书馆、文化馆、羌族民俗博物馆组成。建筑布局受羌族聚落建筑与山势紧密结合的启发，开敞的前厅连起了建筑的三部分，并将它们的平屋顶、大地缓坡屋顶，整合成为一个大地景观。建筑采用了羌族建筑的许多细部，如碉楼、木架等，以干净的现代手法，处理石材表面肌理。

图 8-262　映秀，汶川大地震震中纪念地，2009—2011 年；设计单位：华南理工大学建筑设计研究院，建筑师：何镜堂、郭卫宏、郑少鹏、何正强、陈晓红、黄瑜、张莉兰

图片引自：《何镜堂建筑创作》，P145

图 8-263　北川文化中心，2009—2010 年，入口；设计单位：中国建筑设计研究院；建筑师：崔愷、康凯、傅晓明等
图片引自：《中国建筑设计研究院作品选 2010—2011》

四川绵竹市文化广场，位于回澜大道南侧，总建筑面积 1.7 万平方米。建筑师把要求相似、相对较小的 6 个单体项目集约化，合并成一个综合性项目，顺应北低南高的地形，从东到西按 6 个项目的功能分段设置，共同使用、统一调配公共空间。公共空间为坡地下面的开放或半开放空间，作为屋顶的坡地，在植被的覆盖下，既丰富了城市景观，又提供了活动空间的多样性。

羌族特色步行街，用地面积 7.56 万平方米，建筑面积 7 万平方米，是新县城景观轴和步行廊道的重要组成部分，是集中体现传统羌族建筑风貌的特色地区。旅游业将成为该地区的支柱产业之一，步行街承担着多层次旅游体验的任务。

图 8-264　北川文化中心，2009—2010 年，鸟瞰（左）
图片引自：《中国建筑设计研究院作品选 2010—2011》
图 8-265　四川绵竹市文化广场，2009—2011 年，设计单位：南通市对口支援绵竹地震灾后重建指挥组；建筑师：张应鹏、许天、刘勇（右）
图片引自：《新建筑》2011，04，P84

图 8-266　羌族特色步行街，2010 年；设计单位：北京清华城市规划设计研究院、成都富政建筑设计有限公司、青岛市建筑设计研究院股份有限公司
图片引自：《建筑新北川》，P115

图 8-267　羌族特色步行街，2010 年，院落
图片引自：《建筑新北川》，P118

　　商业街的建筑，被定位成"仿原生传统羌式建筑"，建筑体量化整为零，体型多变，均为 2~4 层，屋顶平坡结合，碉楼、廊桥等形成丰富的天际线。地方材料的使用，如片石、块石、原木等，力求与原型接近。

　　汶川，禹王桥，建筑面积 5166 平方米，长度 204.2 米，宽 12.6 米，是一座人行风雨廊桥，

图 8-268　禹王桥，2010 年，
设计单位：成都富政建筑设
计有限公司（方案）
图片引自：《建筑新北川》，
P111

位于新县城文化轴线上，横跨安昌河是新县城景观轴和步行廊道的西端起点。是一件充分表现羌
族建筑艺术风貌的作品。立面横向分为三段，中部形象较为丰富，两侧平缓。桥内设置了商业店
铺，并为行人提供观景和休息平台。坡屋顶间设置的高窗，为相对封闭的廊桥提供了良好的自然
通风条件。

（二）北京奥运会场馆

1. 绿色、科技和人文奥运

1999 年 9 月 6 日，国家体育总局、北京市人民政府和国务院相关部门，组成北京 2008 年
奥运会申办委员会。2000 年 6 月 19 日，奥运会申办委员会在洛桑向国际奥委会递交了申请报告。
2001 年 7 月 12 日，国际奥委会第 112 次全会在莫斯科著名的大剧院隆重开幕。会上通过投票
最终确定北京获得第 29 届 2008 年奥运会主办权。

经过申奥前期的准备以及获得主办权后长达 7 年的建设，奥运所需的场馆都已按时完工，
2008 年 8 月 8 日至 24 日北京成功举办了第 29 届奥林匹克运动会，不但实现了中国人民近百年参
加奥运、举办奥运的梦想，同时也实现了"绿色奥运、人文奥运、科技奥运"的承诺。2008 年 8
月 8 日晚，在奥运会主体育场"鸟巢"内的开幕式狂欢，是北京落成当代重大体育建筑的盛大庆典。

2002 年至 2008 年，北京市用于奥运会相关的投资总规模达 2800 亿元，其中，直接用于奥
运场馆和相关设施的新增固定资产投资约 1349 亿元。[①]北京提出了"绿色奥运、科技奥运、人
文奥运"的理念。在具体的奥运工程建设过程中，成为工程建设者的共识和必然要求。

2. 北京奥林匹克公园

经过对北京城市规划的多方论证，奥林匹克公园用地选在北京城市北部，城市轴线北端。
在奥林匹克公园规划方案的征集中，美国 SASAKI 公司与天津华汇建筑设计公司合作方案《人
类文明成就的轴线》获得一等奖，为实施的蓝本。

---

① 数据来源于林云霞 . 区域性房地产市场过热的成因及其对策 [J]. 中国房地产金融，2003（7）.

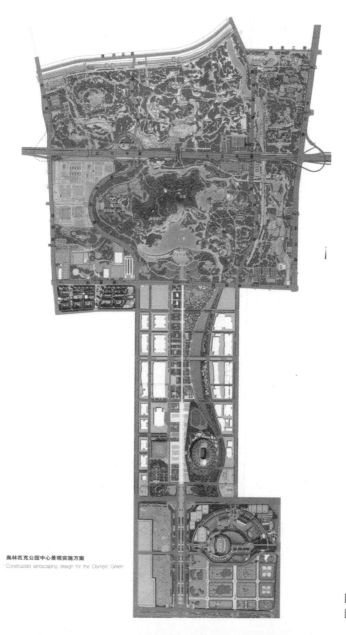

奥林匹克公园中心景观实施方案
Constructed landscaping design for the Olympic Green

图 8-269　北京奥林匹克公园中心区景观设计
图片引自：《建筑创作》2008，07，38

图 8-270　北京奥林匹克公园，中心区景观之一
图片引自：《建筑创作》2008，07，35

奥林匹克公园总用地面积约11.59平方公里,分三个区域,北端为奥林匹克森林公园(用地6.8平方公里),其中有挖湖、堆山,建造"奥海""仰山""生态走廊"等内容。

中部为主要场馆和配套设施(用地3.15平方公里),规划地上建筑面积约361万平方米,其中有奥运村、国家体育场(鸟巢)、国家游泳中心(水立方)、国家体育馆、国家会议中心(赛时为击剑馆、国际广播中心)等,此外,还有20余万平方米的地下商业建筑以及庆典广场、下沉花园、龙形水系、132米高的奥林匹克多功能演播塔等景观设施。

南部是原有的国家奥林匹克体育中心(用地1.64平方公里),所有场馆为1990年亚运会建成的体育场馆,包括奥体中心体育场、奥体中心体育馆和英东游泳馆。南端为预留地,奥运会后将开发为文化商务区。

3. 北京奥运会的主要比赛场馆

北京奥运建筑具有一定创新性、实验性和时代性。各国的建筑师和中国建筑师的合作设计,也成为建筑创作互相学习和交流的大舞台。

在奥运会的体育场馆设计方案中,由于设计大胆、造型新颖,耗资巨大,引起社会公众及专家的关注和质疑。2004年7月,有30多位中科院、工程院院士联名上书,在经费、设计和安全等方面,对一些方案提出质疑。7月底,北京市政府提出"节约办奥运"的思想,对众多原设计方案进行了修改,其中最受瞩目的是国家体育场"鸟巢",因受到直呈国务院总理温家宝的信件影响,于7月30停工。"鸟巢"在大大减了用钢量、结构的安全性和降低造价后,重新开工。其他项目也进行了相应的调整。

国家体育场和国家游泳馆是北京2008年奥运会场馆建设最重要的项目。两者比邻而居,矗立在北京北四环的边线上,因为各自独特的造型,被称为"鸟巢"和"水立方"。

北京,中国国家体育场(鸟巢),是北京奥运会的主体育场,位于北京奥林匹克公园中心区南部。建筑面积25.8万平方米,容纳观众座席约为9.1万个,其中临时座席约1.1万个。该体育场为特级体育建筑,主体结构设计使用年限100年。

图8-271 北京,国家体育场,2008年,设计单位:赫尔佐格&德梅隆建筑事务所、中国建筑设计研究院
图片引自:《建筑学报》2003,05

体育场主体建筑为南北长 333 米、东西宽 298 米的椭圆形，最高处高 69 米、最低处高 40 米；中间开口南北长 182 米、东西宽 124 米。主体钢结构形成整体的巨型大跨度钢桁架编织式"鸟巢"结构，成为作品的商业名称。看台为混凝土碗形结构，两部分在结构体系上是脱开的。屋顶围护结构为钢结构上覆盖双层膜结构。双层膜结构分别采用单层张拉式 ETFE 膜和 PTFE 膜。ETFE 膜可防风雨侵蚀和紫外线。PTFE 膜则起遮挡结构，营造声学效果和隔声的作用。

钢结构及其他结构高度复杂，有体现新型建筑材料和技术的膜结构，有建筑／结构／给排水设计高度整合的屋面雨水排水系统，有基于计算机模拟技术的消防性能化设计和安保疏散条件，进行热舒适度／风舒适度和声环境研究，体现绿色奥运项目（雨洪利用、地源热泵、太阳能利用）。CATIA 空间模型的三维设计方法与表达等新技术、新材料和新方法的运用等，推动了建筑行业相关领域的技术进步。

设计单位在介绍所谓"鸟巢"方案中称："与过分强调技术而忽视本身存在意义的 20 世纪 90 年代建筑不同，国家体育场设计中对建筑本源的探索将成为面向 21 世纪的宣言。"介绍还说，方案的着力点在于"蕴藏的中国文化"：——秩序内敛的东方美学思想；——单一器物的完美性；——网格与镂空；——十二生肖图案清晰地划分出体育场的不同区域。[①] 这些说词，只能理解成一种商业语言，事实上，在 1990 年代的中国体育建筑中，强调技术的作用乃是体育建筑创作中的正事，设计者和建造者们，也都不会不在乎体育建筑存在的意义。广大的受众站在这个巨大的"鸟巢"面前，如何领略到"蕴藏的中国文化"，将是一个值得研究的课题。

北京，中国国家游泳中心（水立方），位于北京国家奥林匹克公园内，是 2008 年奥运会游泳、跳水、花样游泳和水球的比赛场馆，用地面积 3.1449 万平方米，建筑面积 8.7283 万平方米，可容纳座席 1.7 万个。这个简洁的方盒子建筑，与公园中轴线另一侧的国家体育场"鸟巢"遥相呼应。"水立方"采用方形，设计单位特别提出这样的说明："方形是中国古代城市建筑最基本的形态，在方形的形制之中体现了中国文化中以纲常伦理为代表的社会生活准则。生存空间和生活资源相对匮乏的中国社会，需要在严格的社会规则下的生存。对规则的尊重是提升人的社会层次的唯一途径。"[②]

PTW 事务所的建筑师引入 ETFE 膜作为建筑表皮，赋予建筑结晶状的外貌；设计单位解释说："ETFE 是近年国际上渐渐流行的材料，格雷姆肖、赫尔佐格等大师都有用其建成的作品……这是一种叫做"聚四氟乙烯"的超稳定有机物薄膜，中间充气形成气枕……这种材料与家用不粘锅内的"特氟龙"属同族物质，表面附着力极小……"ARUP 的工程师基于 Kelvin"泡沫"理论，为该建筑设定了这种结构形式。屋盖和墙体的内外表面，均覆以 ETFE 气枕，气枕总面积达 10 万平方米，成为世界上最大的 ETFE 工程。

"水立方"还体现了诸多科技和环保特点：自然通风的合理组织、循环水系统的合理开发和高科技建筑材料的广泛应用，这些都为游泳中心增添了更多的时代气息。

① 李兴钢. 优秀作品——瑞士 Herzog & de Meuron 设计公司＋中国建筑设计研究院 联营体方案 [J]. 建筑学报，2003（5）：8-11.
② 赵小钧. 优秀方案——中国建筑工程公司、澳大利亚 PTW 建筑师事务所、奥雅纳澳大利亚有限公司 联合设计方案 [J]. 建筑学报，2003（8）：16-19.

图 8-272　北京，国家游泳馆，2008 年，设计单位：澳大利亚 PTW 建筑事务所、中建国际（深圳）设计顾问有限公司
图片引自：《建筑创作》2008，07，P50

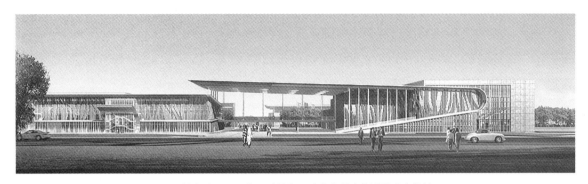

图 8-273　北京，2008 年奥运会北京射击馆，2007 年，建筑师：清华大学建筑设计院庄惟敏

北京，奥运射击馆，坐落在北京西山脚下，是目前国内规模最大、靶位数最多、项目最全的全天候射击比赛场馆。射击馆各赛场安装的"电子靶计时记分系统"是当时世界上最先进的射击比赛计时记分系统。该系统采用超声波定位技术与多媒体信息技术，能自动采集射击信息，实时统计、显示各靶位的射击分数。决赛馆电子靶计时记分系统，还能实时显示各靶位射击的弹着点。

建筑设计打破了建筑室内与室外环境的严格界限，通过"渗透中庭""呼吸外壁""室内园林"等建筑空间元素，将自然环境引入室内，实现室内外空间相互渗透。建筑运用成熟、可靠、易行的生态建筑技术，充分利用阳光、雨水、自然风等可再生资源，解决射击馆空调、用水、用电等能源问题。降低能源消耗、环境负荷。整个场馆的外壁布满了棕色的木条纹，像长满了高大树木的森林，与背后的群山交融。这一道道爬满整个场馆南面外墙的条纹，既有象征意义又有巨大的用途。[①]

北京奥运会国家网球中心，用地面积 2.2295 万平方米，建筑面积 2.6514 万平方米。网球中心为圆形建筑，借鉴古希腊、古罗马圆形剧场的建筑式样。所有席位没有视觉分级，按

---

① 文字参考馆内可闻青草味道　狩猎创意激活北京射击馆 [N]. 京华时报，2007-7-29.

图 8-274　北京奥运会国家网球中心，
2007 年，设计单位：澳大利亚（百瀚年
建筑设计有限公司）、中国 CCDI（中建
国际（深圳）设计顾问有限公司）
图片引自：《建筑学报》2007, 12, P34

照几何中心等距分布。建筑立面造型简洁朴素，清水混凝土与公园整体环境融为一体，随着看台座椅数量的变化，三个看台高度逐渐升起，中心赛场的白色罩棚似 12 片纯洁的花瓣向天空伸展。

北京，2008 年奥运摔跤比赛馆（中国农业大学体育馆），位于校园东校区，用地面积 3 万平方米，建筑面积 2.395 万平方米。奥运会后改造比赛大厅、标准篮球训练馆和游泳馆。除了可以安排相应的赛事项目外，还可满足体育教育、文娱演出和社团活动等功能要求。

建筑采用巨型门式刚架结构，使建筑在规则的平面下拥有富有韵律感的体量。层层错开的屋面与外墙，便于引入自然光，也便于利用主导风向组织通风。合理规划改造后，在体积不变的情况下，完成最大灵活性的功能转换。

（三）上海世博会

2010 年 5 月 1 日—10 月 31 日，举世瞩目的世博会在上海举行，参加这次世博会的国家和国际组织有 242 个，这是 1851 年在伦敦第一届世博会以来的第四十一届。如此国际视野的世

图 8-275　北京，2008 年奥运摔跤比赛馆，
2004—2007 年，设计单位：华南理工大
学设计研究院，建筑师：何镜堂等
图片引自：何镜堂.《建筑创作》，P199

界性经贸、科技、文化活动，就像在中国举办奥运会一样，将留给世界深刻的印象。

本届世博主题是："城市，让生活更美好"（Better City，Better Live），这也是150年的世博会历史上第一次以"城市"为主题的世博会，它将通过展示、活动、论坛等形式，去回答：

什么样的城市让生活更美好、更和谐。

什么样的生活方式让城市更美好、更和谐。

什么样的发展模式让地球家园更美好、更和谐。

上海世博会场地选址在上海市中心，位于南浦大桥和卢浦大桥之间的滨黄浦江两岸，沿岸布局，用地面积约5.28平方公里，是世博会历史上第一次在特大型城市的中心城区举办。

世博会的规划方案，综合了适宜的步行距离、人体尺度和参观者的认知度等因素，提出了"园、区、片、组、团"等5个层次的布局结构，其中"片"分为5个编号A、B、C、D、E的功能片区。A片区位于浦东"世博轴"以东，布置中国馆和除东南亚以外的亚洲国家馆；B片区在A片区的西侧，包括主题馆、大洋洲国家馆、国际组织馆、公共活动中心和演艺中心等；C片区，位于浦东卢浦大桥以西的后滩地区布置欧洲、美洲、非洲国家馆和国际组织馆；D片区，位于浦西世博轴以西，保留中国现代民族工业发源地江南造船厂大量的历史建筑群，改造为企业馆等；E片区位于浦西世博轴以东，新建独立企业馆，设立最佳城市实践区。

在规划和实施中，组织者始终坚持生态、环保和历史保护的概念，园区内，绿地和公园的面积占总面积的1/3，园内各类建筑设施，都按环保节能标准建设，注重保护城市历史文脉，保留和改造利用的建筑面积超过30万平方米。

世博会的永久性场馆包括"一轴四馆"。"一轴"即横贯世博园浦东部分中心区的世博轴；"四馆"分别是中国馆、主题馆、世博中心和演艺中心。

上海世博会，世博轴及地下综合体，用地面积13.222万平方米，总建筑面积25.1144万平方米，是世博会主要园区的入口，承担约23%的入园客流，首先要体现高效的服务功能。1公里长的世博轴分为4个层面，解决人流到达、等候、排队、安检、验票、入场等功能。各层面的平台设有引向园区其他场馆的通道。

6个阳光谷从简洁的平层升起，阳光谷是由单层结构的网格组成，从地下7米一直延展到地上35米，总高度42米。世博轴采用PTFE（聚四氯乙烯）张拉索膜，总长约840米，最大跨度约97米，由31个外侧桅杆、19个下拉点、以及18个与阳光谷的连接点，通过拉索支撑。

上海世博会中国馆，位于世博园的中心地带，用地面积6.52万平方米，建筑面积16.0162万平方米。方案投标时，命名为"中国器"。设计竞赛中，华南建筑设计研究院的"中国器"方案与清华大学安地建筑设计顾问有限公司、上海建筑设计研究院合作的"叠篆"（立面篆刻古代叠篆文字）方案胜出。最终方案定为："中国器"为主馆，"叠篆"为水平外围基座，两个方案整合为国家馆"中国之冠"实施方案。

中国馆架空升起，层叠出挑，创造出由前广场开始、到9米架空平台及13米标高"九州清晏"屋顶花园的连续城市广场空间。主馆70米高，架空层33米。架空层的布局使国家馆主

图 8-276　上海世博会鸟瞰图
图片引自:《建筑学报》2009，06，P1

图 8-277　上海世博会，世博轴及
周围场馆，2006—2010 年，设计单
位 : 德国 SBA 公司、上海现代建筑
设计集团华东建筑设计研究院、上
海市政工程设计研究总院，建筑师:
黄秋平、孙俊、蔡欣、欧阳恬之等
图片引自:《建筑学报》2010，05，P40

图 8-278　上海世博会，世博轴夜
景，2006—2010 年，夜景
图片引自:《建筑学报》2010，05，P46

体形象壮观，并与中国传统礼器"鼎"建立起某种联系。4 组巨柱（18 米 × 18 米）托起上部
展厅，形成 21 米净高的巨构空间。顶部为边长 139 米 × 139 米见方的冠盖，欲表达"东方之冠，
鼎盛中华，天下粮仓，富庶百姓"的概念。主馆外面为"中国红"，对不同的部位，按照阳光
与阴影的关系，饰以不同的红色，以形成最佳整体效果。

国家馆的外围水平底座为地方馆，高 13 米，造型平缓，图案朴实，甘当配角，是国家馆
不可缺少的部分。

图 8-279　上海世博会中国馆，2007—2009 年；设计单位：
华南理工大学建筑设计研究院、清华大学安地建筑设计顾问
有限公司、上海建筑设计研究院
图片引自：何镜堂.《何镜堂建筑创作》，P84-85

图 8-280　上海世博会中国馆，2007—2009 年，底部架空层
图片引自：何镜堂.《何镜堂建筑创作》，P80

　　上海世博会主题馆，用地面积 11.4558 万平方米，总建筑面积 15.2813 万平方米，力求体现上海的地域元素，将上海的里弄肌理与大屋面相结合。

　　平面布局采用规整的矩形体量，突出展示功能优先的原则。设计中运用新材料、新技术、体现绿色环保的可持续理念。其中有三个主要亮点：双向巨跨空间的"城市客厅"，光电建筑一体化的太阳能屋面和垂直绿化墙面的"城市绿篱"。

　　上海世博会，世博中心，位于浦东世博园主会场黄浦江沿岸，用地面积 6.65 万平方米，总建筑面积 14.2 万平方米。世博中心是 2010 年上海世博会最具规模的综合性核心功能场馆，在世博会举办期间，将接待各国来宾并举行大型活动，承担会议庆典、论坛交流、新闻发布和接待宴请等主要功能，全方位地服务于世博会的筹备和举办。世博中心在世博会后，将转型成为国际一流的会议中心，为上海的国际交流和大型政务活动以及推动现代服务业发展起到积极作用。

　　主要功能有 7200 平方米的多功能大厅、4800 平方米的宴会厅、3000 平方米的公共餐厅、2000 平方米的国际会议厅、2600 席的大会堂以及近百间规模不等的中小会议室和贵宾接待厅。设计遵循："可合并，可分割""最大连续空间""最小使用空间""功能通用"等评价指标，通过留有余地达到经济和高效。模数化的构造奠定空间组合的基础，达到最大空间的灵活性。

　　世博中心简约方正的体量，不仅有助于复杂的功能分区与合理的流线组织，同时通过材料的应用，塑造了富有创意的折线单元式幕墙并构成了建筑的主要形态特征。世博中心简约的建筑形态也造就了宽阔舒展的屋顶平面，主要采用植被以及太阳能光伏电板架空层，大大提高了屋顶的夏季

图8-281　上海世博会主题馆，2007—2009年；设计单位：同济大学建筑设计研究院（集团）有限公司，建筑师：曾群、丁洁民、邹子敬、文小琴等（左）
图片引自：《建筑学报》2010，05，P62（上图）
图8-282　上海世博会，世博中心，2006—2009年，设计单位：上海现代建筑设计集团华东建筑设计研究院，建筑师：汪孝安、傅海聪、亢智毅、乔伟等（右）
图片引自：《建筑学报》2010，05，P60

图8-283　上海世博会，世博文化中心，2007—2010年；设计单位：上海现代建筑设计集团华东建筑设计研究院，建筑师：汪孝安、鲁超、田园、涂宗豫（左）
图片引自：《建筑学报》2010，05，P57
图8-284　上海世博会，印度尼西亚馆，2009—2010年；设计单位：BUDI LIM ARCHITECTS，上海市建工设计研究院有限公司；建筑师：BUDI LIM、王耘方、陈燕冰、付睿、姚鸣东、涂颖君（右）
图片引自：《建筑学报》2010，06，P59

隔热和冬季保温性能。同时开创了国内外大型公共建筑上大规模采用新型能源并网发电的先河。

　　整个建筑采用全钢结构，使用LED照明、冰蓄冷等系统、太阳能热水、分工况变频给水系统、雨水和杂用水收集系统、程控型绿地浇灌。特别是利用黄浦江边得天独厚的地理优势，采用江水循环降温技术，最大限度地实现节能降耗。

　　上海世博会，世博文化中心，用地面积6.72万平方米，总建筑面积14.0227万平方米，综合性功能显著，不仅有1.8万观众席的大型室内演艺场馆，还集电影院、音乐世博演艺中心俱乐部、展览厅、文艺沙龙及各种商业、旅游设施于一体，是一个符合现代理念的文化娱乐集聚区。飞碟状的建筑外形既时尚现代又充满未来气息，犹如黄浦江畔的一只"艺海贝壳"。

　　世博会从来都是展示新概念新建筑的盛会，上海世博会在"城市，让生活更美好"主题的号召下，各国不但献出了形态万千的建筑形式，也对于这个口号做出了建筑的宣示。各国实例数不胜数，这里仅举几例，略示管中窥豹。

　　上海世博会，印度尼西亚馆，位于B片区，用地面积4000平方米，建筑面积2757平方米。建筑师以"和谐的城市——即可持续发展的生态城市"为主题作出诠释，体现印尼植物茂密、种类繁多"赤道上的翡翠"的美誉。

根据展馆坡道的形式，以天然竹材和钢材为主要材料，将自然引入建筑。外立面利用格栅，以半开敞的空间来传承印尼凉亭建筑的通畅特色，也为建筑带来自然通风。

上海世博会，韩国馆，位于 A 片区，用地面积 6000 平方米，建筑面积 7683 平方米。该馆的设计，诠释了将技术与文化融合在一起的未来城市。建筑的表皮，由两种要素组成：韩国字符和艺术图案。立体化的韩文和五彩像素画为装饰，成为展馆的外立面。远观展馆，建筑体量由几个硕大的韩文字符连接而成，接近建筑时，看出大字符的外墙上再划分若干组字符，更进一步观察，每组字符中有包含者凸凹有致的韩文字符。

上海世博会，奥地利馆，位于 C 片区北环路以南 C07 街坊，用地面积 2310 平方米，建筑面积 2112 平方米。建筑材料采用光滑的马赛克，以白色为底，屋顶局部采用红色带，是奥地利国旗的颜色，远望建筑外形犹如白色的乐器。建筑师团队以音乐为灵感，以曲线拓扑体为基础，将建筑外部体量和内部空间紧密融为一体，形成流动的空间，如音乐的流动。该馆的展览理念为"和谐都市"，展览的内容被抽象为视觉和听觉的体验，建筑空间的声环境，体现建筑空间的流动感。该馆还采用了地板侧墙送风技术，节省空间，并达到绿色节能要求。

上海世博会，德国馆，建筑师对未来城市的理解是"和谐都市，——一座在更新与保护、创新与传统、城市化与自然、集体与个人、工作与休闲、全球化与民族化之间取得平衡，和谐的城市"。建筑为 4 层，全钢结构，全部展览空间置于绿色景观的上空，给观者以丰富的使用空间。外形以 4 个看上去不稳定的体量，通过彼此的相互支撑而获得整体平衡，暗含了和谐城市的本质。

建筑采取双层表皮，围护结构：外墙包裹 100 厚的彩钢夹芯板有防水、防火等作用。夹芯板外是一层开放的网格状膜，不仅有装饰作用，还有通风遮阳等作用，提高热工性能。双层构造设计也为机电设备、管线设计创造了条件。

上海世博会，丹麦馆，位于世博园 C 片区，用地面积 3000 平方米，建筑面积 3000 平方米，该馆主题是"梦想城市"，设计灵感得自对哥本哈根和上海这两个城市的研究，最终，这个两城市的共同元素：自行车，成为设计的指南。一个环绕着中央水池盘旋向上的环形箱体，构成了自半地下到屋顶的开放建筑空间，也形成了自行车的车道。中央水池坐着著名的小美人鱼。从室内走向屋顶后，沿着哥本哈根特有的蓝色自行车道形成的"蓝地毯"，观者可以选一辆自

图 8-285　上海世博会，韩国馆，2008—2010 年；设计单位：MASS STUDIES（韩），日兴设计·上海兴田建筑工程设计事务所；建筑师：（韩）Minsuk Cho、王兴田、张峻、何思强、苏晓宇
图片引自：《建筑学报》2010，06，P46

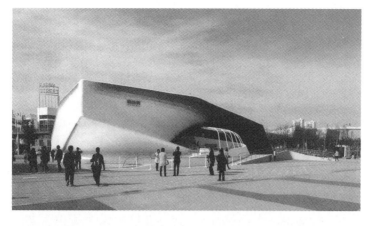

图 8-286 上海世博会，奥地利馆，2009—2010 年；设计单位：（奥地利）Arge SPAN-ZEYTINOGLU Architects、上海现代工程咨询有限公司，建筑师：Arge SPAN-ZEYTINOGLU Architects、黄颖、陆鸣、刘文毅
图片引自：《建筑学报》2010，05，P108

图 8-287 上海世博会，德国馆，2008—2010 年；设计单位：（德国）Schmidhuber+Kaindl、上海现代设计集团现代工程咨询有限公司，建筑师：杨慧南、林文蓉、臧传金、刘文毅、胡金龙
图片引自：《建筑学报》2010，05，P120

图 8-288 上海世博会，丹麦馆，2008—2010 年；设计单位：（丹麦）Bjarke Ingles Group（BIG）、上海奥雅纳工程咨询公司（Arup 上海）、同济大学建筑界研究院，建筑师：（外方）Bjarke Ingles 等，（国内设计团队）任力之、汪启颖、章蓉妍、茅名前（左）
图片引自：《建筑学报》2010，05，P79
图 8-289 上海世博会，丹麦馆，2008—2010 年，室内（右）
图片引自：《建筑学报》2010，05，P79

行车，在室外骑行后，再次进入室内进行参观。同时，展馆使观者以两种速度体验丹麦的城市生活，一是悠闲的步行速度，二是快捷的骑行速度。

以钢板为材料的外立面，实际上是展馆结构的重要组成部分。上面分布的 90~250 毫米的数千个孔洞，除了为展馆提供采光、通风和人工照明外，还直接反映了受力的情况，载荷较大的地方，孔洞较小，孔洞较大的地方，载荷较小。孔洞所组成的抽象图案，既可反映馆内人、车流动，也能反映立面上结构力量的流动。

上海世博会，法国馆，位于世博会浦东 C 片区 C09 地块，用地面积 6765 平方米，建筑面积 7651 平方米，法国馆的主题是"感性城市"。这种所谓感性城市，却是在一个十分理性的架构下展开的。建筑的平面是一个中空的方形，如中国的回字或四合院，方正、对称的格局体现出经典现代建筑设计的理性价值，以及法国传统城市街区的记忆。

建筑平面的回形模式，和底部的架空，突破了建筑有一圈外立面和一个屋顶面的外观属性，增加了一个内立面和底面，这就为建筑提供了更多的展示感性一面可能。建筑师采用了一个优雅的混凝土网架，具有轻盈的织物效果。屋顶面和内立面设计法式花园景观，绿色生态理念和建筑立面的围合在这里相会，像一挂从屋顶花园溢出的景观瀑布。建筑的底面是一个城市广场，欧洲城市生活的公共空间得以充分表达，而涉及的景观、水体、绿化则超越了城市广场的感性体验。那个理性的平面，通过超出传统立面的处理，折射出"感性的城市"。

进入 21 世纪，中国加入了 WTO，国内建筑设计市场已经初成，外国建筑师大步走进来，中国建筑师小步走出去，庞大的设计任务，把中国建筑创作推向一个前所未有的盛期。

新一代建筑师走向建筑舞台的中心，他们的作品充满生机。有条件的资深建筑师，依然发挥着特有的示范效应。外国建筑师的作品大举进入，有示范效应，也引人思考，一些作品的相关争论，不论多么激烈，都应当视为建筑领域的佳话，中国需要建筑批评。

我们已经指出的，初成的建筑市场依然是一个不健全的市场，远远没有建成现代社会的建筑制度体系，包括建筑设计的制度体系：完善的建筑法律、法规，及其严格地执行措施。不必讳言，表现在建筑设计中的乱象，都与法律的缺失相关。

我们似乎进入了一个对艺术十分宽容的时代，这个时代也拥有了无所不能的手段。建筑可以随心所欲、无所顾忌，只要有人出钱。应当认真研究，从伪欧陆风开始，到招财进宝、福禄寿喜，现在已经发展到大型的"奇奇怪怪"的建筑，到底谁是"主谋"，建筑师是什么角色。

民间和互联网自 2010 年起，已经有过"中国十大丑陋建筑评选"活动，反映出社会对当前建筑乱象的焦虑，同时这也是研究建筑乱象原因的有效方法。遗憾的是，活动缺乏这些建筑的作者出场。如果能够，看看这些建筑的原始数据，听听他们亲历的设计故事，那么，已经评选了五届的活动和 50 个建筑，就可能拥有有特定的历史意义。

繁重、庞大的中国建筑设计市场，呼唤约束建设各方行为的法律极其严格执行。

图 8-290 上海世博会，法国馆，2008—2010 年；设计单位：（法国）JFA 建筑事务所，（法国）Agence TER 景观事务所，（法国）C&E 结构工程公司，建筑师：雅克·费里埃（Jacques Ferrier）等；国内同济大学建筑设计研究院；建筑师（国内设计团队）：任力之、汪启颖、章蓉妍、茅名前
图片引自：《建筑学报》2010，05，P107

结语

两次世纪之交的新建筑 [1]

法国国立美术学院（布扎学院，École des Beaux-Arts）培养的建筑师，首先是艺术家，在他们的心目中，"建筑是艺术之母"，是掌管 Architecture 的缪斯，掌握着建筑艺术中最主要的东西——"风格"。19 世纪末叶，先进国家正热火朝天向工业社会变革的日子里，这些老学院派建筑师的事务所经常请求业主像选帽子一样，选择适合于他的建筑风格，事务所沦落为兜售"风格"的"货郎担"。

其实，被建筑师看不上眼的工程师等，他们的实际工作对现代建筑运动的贡献尤为直接。他们在忙着修路、架桥，跨度记录一破再破，1836 年埃文河上的克里夫顿铁索桥，跨度已达214 米。是花匠帕克斯顿完成了当时建筑师说什么也完成不了的"水晶宫"，奠定了现代建筑的又一基石。工程师们还在向构筑物的高度进军，1889 年在群情激愤的抗议声中，巴黎落成了以工程师埃菲尔命名高达 300 余米的铁塔。

社会活动家们看到城市的膨胀和居住条件的恶化，提出了种种改革社会方案，1848 年英国的第一个《公共卫生法》和 1875 年、1890 年的《工人阶级住宅法》，还有第一部《城市规划法》的出现，都不是出自建筑师或规划师的手笔，直到世纪之末霍华德提出了"花园城市"的设想。而美术家们，在绘画、雕塑等不同领域跟老学院派对着干，酝酿着全新的艺术观念，为现代艺术的出现做足了准备。在开创各自新天地方面，建筑师大体上落在工程师、社会活动家和美术家的后面。

进步的建筑师，首先看到了科技的力量以及工业化手段，看到了社会的生活需要和人的精神需要，甚至还看到了百姓的疾苦。勒·柯布西耶曾经以极大的热情赞颂工程师的杰作：飞机、汽车、轮船以及谷仓等；莱特曾详尽地研究过建筑材料的性能和应用方法；贝伦斯和格罗皮乌斯则利用科技发展的成就，发展出崭新的工业建筑。在工程师的桥梁和高塔的鼓舞下，机械馆的跨度达到 120 米的新纪录；芝加哥学派 1892 年的高层建筑已达到 91.5 米（开皮托大厦）。

经过一代人艰苦卓绝的努力，在进入 20 世纪之后的 20 年间，促成了以工业化为前提的新建筑的到来。从老学院派的风格化建筑，走向了包括建筑艺术新观念在内的新建筑。我们景仰那些具有先锋态度的建筑大师们，他们利用现代的成就，解决现代社会的需求，并使自己由毛手毛脚的"先锋""前卫"转化成奠定现代建筑运动的"先驱"。

第二次世界大战后，随着恢复时期的大规模建筑活动，现代建筑运动达到了它的"英雄时期"，广受世人的赞颂。与此同时，也开始了对现代运动的反思，其中最突出的问题，是现代建筑运动对环境的破坏以及在人本方面的缺失。大约在 1970 年代，这类批评达到高潮。在中国，接受了 C.詹克斯最强音的批评，他开出的药方是建筑回归传统，乃至加入趣味的所谓"后现代建筑"。对此，一部分相信建筑发展是以风格更替为标志的人，深信不疑，他们认为现代建筑之后必然出现"后现代"。后来詹氏所推出的所谓"解构主义"，并没有把风格更替说继续

---

① 两次世纪之交指 19 至 20 世纪和 20 至 21 世纪。

下去，詹氏的药方对现代运动的环境问题无能为力。中外建筑师逐步专注能源消耗、生态平衡等可持续发展的共识，其中包括建筑的人性化。

在我国有一个特定的问题。财大气粗的业主或大权在握的主管长官，依然要求各种建筑风格，如"传统风格""欧陆风情""高科技风格""五十年不落后"等风格。许多建筑师，或为生计所迫或因投其所好，使自己的绘图桌重新沦为"建筑风格"的"货郎担"。百年之前西方国家所发生过的事情，似乎正在中国重演，只是建筑师和业主的位置掉了个。

中国建筑师追寻现代建筑运动之后的新建筑，往往与反思"适用、经济，在可能条件下注意美观"的"建筑方针"关联在一起。事实上自改革开放之初"拨乱反正"时期开始，不曾间断过。建筑师对此方针的基本意见是，在"美观"前面所加的"在可能条件下注意"这个定语不当。进入21世纪之后的2004年，建设部、建筑学会组织了多次讨论会，征求修订方针的意见。讨论中，几乎毫无争议地取消这个定语，事实上把方针简化为"适用、经济、美观"，尽管官方并没有正式宣布它是新方针。

进入21世纪后，中外建筑师的眼光从不太具体的"可持续发展"建筑，指向较为具体的"绿色建筑"。我国把"绿色建筑"定义为：在建筑的全寿命周期内，最大限度地节约资源（节能、节地、节水、节材）、保护环境和减少污染，为人们提供健康、适用和高效的使用空间，与自然和谐共生的建筑。

自2005年至2015年，由建设部发起的"国际绿色建筑与建筑节能大会暨新技术与产品博览会"（简称"绿色建筑大会"）已经连续举办了十一届。我国出台关于建筑节能和绿色建筑的相关政策、法规、标准，非常之多，据初步统计多达67项。而紧跟这些规范、标准、政策，各省市自治区又跟随出台了相应的地方性规范、标准、政策。毫不夸张地说，国家和地方推出的政策、法规、标准、规范的数量，几乎可以千计。但是，目前我国正式通过绿色建筑评价的建筑只有3000项，与我国十五年来的建设总量相比，与现有的政策、法规之众多相比，极不相称。但是"绿色建筑"的方向，已经家喻户晓，深入人心。

2015年12月20至21日，中央城市工作会议在北京举行，习近平总书记和李克强总理都作了重要讲话。2016年2月6日，国务院发布了《关于进一步加强城市规划建设管理工作的若干意见》，其中提出新的八字建筑方针为"适用、经济、绿色、美观"。这是一个既符合国情又符合世情的中国建筑方针，成为我国21世纪创造新建筑的指路明灯。

如果说19至20世纪第一次世纪之交，由现代建筑运动先驱艰苦卓绝的努力，逐步形成了以工业化的建筑生产方式、以机器美学为特征的新建筑——现代建筑，那么，20至21世纪之交，包括中国建筑师在内的新一代建筑师，已经把矛头指向了这个时代的新建筑——绿色建筑。由于信息技术提供了某种生产力，同时也为建筑形式提供无限可能，所以绿色建筑将完全非风格化。这次，中国建筑师不再是远距离的追随者，而是身为主力的参与者。

主要参考文献

[1] 中共党史研究室. 中国共产党历史·第二卷（1949—1978）[M]. 北京：中共党史出版社，2011.

[2] 中共中央党史研究室. 中国共产党的九十年——改革开放和社会主义现代化建设新时期 [M]. 北京：中共党史出版社，党建读物出版社，2016.

[3] 中国共产党中央委员会通过.《关于若干历史问题的决议》《关于建国以来党的若干历史问题的决议》[M]. 北京：中共党史出版社，2010.

[4] （苏）耶·安·阿谢甫可夫. 苏维埃建筑史（城市建设文集，内部发行）[M]. 陈志华，高亦兰，译. 北京：中国建筑工业出版社，1955.

[5] 建工部建筑科学研究院编. 建筑十年 [M]. 1959.

[6] 建筑工程部建筑科学研究院建筑理论及历史研究室，中国建筑史编辑委员会编. 中国建筑简史：第二册（中国近代建筑简史）[M]. 北京：中国工业出版社，1962.

[7] 苏联科学院哲学研究所，艺术研究所. 马克思列宁主义美学原理 [M]. 陆梅林，等，译. 北京：生活·读书·新知三联书店，1962.

[8] 国家基本建设委员会建筑科学研究院编. 新中国建筑 [M]. 1975.

[9] 王国泉，曲士蕰，徐纺等主编. 建筑实录（1~4）[M]. 北京：中国建筑工业出版社，1985—1993.

[10] 梁思成. 梁思成文集（四）[M]. 北京：中国建筑工业出版社，1986.

[11] 中国建筑学会，北京土木建筑学会，清华大学建筑系联合举行梁思成先生诞辰八十五周年纪念大会编印. 梁思成先生诞辰八十五周年纪念文集 1901—1986[M]. 北京：清华大学出版社，1986.

[12] 汪坦主编，清华大学建筑系，华中建筑编辑部编辑. 中国近代建筑史研究讨论会论文 [J]. 华中建筑，1987（2）.

[13] 朱寨主编. 中国当代文学思潮史 [M]. 北京：人民文学出版社，1987.

[14] 汪坦主编. 清华大学建筑系，华中建筑编辑部编辑. 第二次中国近代建筑史研究讨论会论文专辑 [J]. 华中建筑，1988（3）.

[15] 王弗，刘志先. 新中国建筑业纪事（1949—1989）[M]. 北京：中国建筑工业出版社，1989.

[16] 王桧林等. 中国现代史（下册）[M]. 北京：高等教育出版社，1989.

[17] 王绍周. 上海近代城市建筑 [M]. 南京：江苏科学技术出版社，1989.

[18] 天津建设四十年编委会. 天津建设四十年 [M]. 天津：天津科学技术出版社，1989.

[19] 萧默主编. 中国 80 年代建筑艺术 [M]. 北京：经济管理出版社，香港建筑与城市出版有限公司，1990.

[20] 中国著名建筑师林克明编委会. 中国著名建筑师林克明 [M]. 北京：科学普及出版社，1991.

[21] 汪坦主编. 第三次中国近代建筑史研究讨论会论文集 [M]. 北京：中国建筑工业出版社，1991.

[22] 陈保胜. 中国建设四十年——建筑设计精选 [M]. 同济大学出版社，香港欧亚经济出版社. 1992.

[23] 杨秉德主编. 中国近代城市与建筑 [M]. 北京：中国建筑工业出版社，1993.

[24] 吴亦良主编. 中国"八五"新住宅设计方案选 [M]. 北京：中国建筑工业出版社，1992.

[25] 中国建筑史编写组. 中国建筑史（新一版）[M]. 北京：中国建筑工业出版社，1993.

[26] 华夏精粹编委会. 华夏精粹 1991[M]. 北京：中国建筑工业出版社，1993.

[27] 华夏精粹编委会. 华夏精粹 1993（上、中、下）[M]. 北京：中国建筑工业出版社，1994.

[28] 岭南建筑丛书编辑委员会. 莫伯治集 [M]. 广州：华南理工大学出版社，1994.

[29] 黄国新主编. 跨世纪的上海新建筑 [M]. 上海：同济大学出版社，1995.

[30] 林洙. 建筑师梁思成 [M]. 天津：天津科技出版社，1996.

[31] 袁镜身. 城乡规划建筑纪实录 [M]. 北京：中国建筑工业出版社，1996.

[32] 华夏精粹编委会. 华夏精粹 1995（上、中、下）[M]. 北京：中国建筑工业出版社，1996.

[33] （意）L. 本奈沃洛著. 西方现代建筑史 [M]. 邹德侬，巴竹师，高军，译. 天津：天津科学技术出版社，1996.

[34] 刘尔明，羿风主编. 当代青年建筑师作品选 [M]. 北京：中国大百科全书出版社，1997.

[35] 建设部科学技术司. 中国小康住宅示范工程集粹（1，2）[M]. 北京：中国建筑工业出版社，1997.

[36] 建设部勘察设计杂志社. 当代中国特许以及注册建筑师作品选 [M]. 北京：中国文献出版社，1998.

[37] 贾东东主编. 海内外建筑师合作设计作品选 [M]. 北京：中国建筑工业出版社，1998.

[38] 天津市城乡建设委员会编. 天津建筑五十年 [M]. 珠海：珠海出版社，1999.

[39] 杨永生，顾孟潮主编. 20 世纪中国建筑 [M]. 天津：天津科学技术出版社，1999.

[40] 杨永生主编. 中国百名建筑师 [M]. 北京：中国建筑工业出版社，1999.

[41] 中国百名一级注册建筑师作品选（1～5）[M]. 北京：中国建筑工业出版社，1999.

[42] 当代中国建筑精品集编委会. 当代中国建筑精品集 [M]. 北京：中国计划出版社，1999.

[43] 中国建筑年鉴编委会. 中国建筑年鉴（1984—1995）[M]. 北京：中国建筑工业出版社.

[44] 北京市建筑设计志编纂委员会. 北京建筑志设计资料汇编. 北京：内部资料.

[45] 汪坦主编. 中国近代建筑史研究会，藤森照信，日本亚细亚近代建筑史研究会. 中国近代建筑总览之《南京篇》《武汉篇》《广州篇》《重庆篇》《青岛篇》《天津篇》等 [M]. 北京：中国建筑工业出版社.

[46] 程泰宁. 程泰宁 [M]. 北京：中国建筑工业出版社，2005.

[47] 布正伟. 布正伟 [M]. 北京：中国建筑工业出版社，2006.

[48] 邓小平. 邓小平文选第三卷 [M]. 北京：人民出版社，1993.

[49] 中共中央文献研究室. 三中全会以来重要文献选编（上、下）[M]. 北京：人民出版社，1982.

[50] 伍江. 上海百年建筑史 [M]. 上海：同济大学出版社，1997.

[51] 张镈. 我的建筑创作道路 [M]. 北京：中国建筑工业出版社，1993.

[52] 吴良镛. 建筑学的未来 [M]. 北京：清华大学出版社，1999.

[53] 汤应武. 抉择——1978 年以来中国改革的历程 [M]. 北京：经济出版社，1998.

[54] 薄一波. 若干重大决策与事件的回顾（上卷）[M]. 北京：中共中央党校出版社，1991.

[55] 中共中央文献研究室. 关于建国以来党的若干历史问题的决议注释本 [M]. 北京：人民出版社，1983.

[56] 孙敦，王番等. 中国共产党历史讲义（下册）[M]. 济南：山东人民出版社，1984.

[57] 张在元，曾昭奋主编. 当代中国建筑师（1）[M]. 天津：天津科学技术出版社，1988.

附 录：

中国现代建筑史大事年表（1949—1999年）

本年表资料来源：

1. 建筑工程部、建设部和建筑学会有关档案.

2. 王弗，刘志先. 新中国建筑业纪事（1949—1989）[M]. 北京：中国建筑工业出版社，1989.

3. 窦以德先生编写未发表的《中国现代建筑简史大事年表（1949—1980s）》.

4.《中国建筑年鉴》1984—1997.

5. 历年《建筑学报》.

6. 历年《建筑师》.

7. 历年《世界建筑》等杂志.

1949 年

1949 年 01 月 31 日：北平和平解放，2 月 2 日，北平市军事管制委员会与北平市人民政府进城办公。

1949 年 04 月 01 日：北平市人民政府改组工务局成立建设局。

1949 年 05 月 22 日：北平市都市计划委员会成立。会上授权清华大学梁思成先生及建筑系师生设计西郊
新市区草图。

1949 年 09 月：为筹建公营永茂建筑公司，成立筹建组，在王府井金城银行大楼办公。

1949 年 09 月 30 日：天安门广场举行人民英雄纪念碑奠基典礼。

1949 年 10 月 01 日：中华人民共和国成立。

1949 年 10 月 21 日：中央人民政府政务院财政经济委员会（简称"中财委"）成立，陈云任主任，薄一波、
马寅初、李富春任副主任，薛暮桥任秘书长，全面负责财政、经济工作。后建立总
建筑处，负责指导、管理建筑业的工作。

1950—1959 年

1950 年 02 月 14 日：中苏两国在莫斯科签订《中苏友好同盟互助条约》，同时签订的还有《中苏关于贷款
给中华人民共和国的协定》等。

1950 年 07 月 06 日：中央人民政府政务院颁发《关于保护古文物、建筑的指示》，并随文颁发《古文化遗
址及古墓葬调查发掘暂行办法》，要求各级人民政府重视古文物、建筑的保护工作。

1950 年 08 月 18 日—24 日：全国第一次自然科学工作者代表会议在北京举行，周恩来到会做了报告，会议确
定建立中国全国自然科学专门学会联合会（"全国科联"）和中华全国科学技术普
及学会（"全国科普"）。梁思成、杨廷宝作为建筑科学方面的代表，应邀出席会议。

1950 年 08 月下旬：中财委召开计划会议，主要讨论编制 1951 年计划和三年奋斗目标。

1950 年 12 月 01 日：政务院第 61 次政务会议通过关于《决算制度、预算审核、投资的施工计划和货币管
理的决定》，提出加强投资的计划性，所有建设项目必须审慎设计，作出施工计划、
施工图和财政支拨计划并经政府批准后，方可拨款。其中明确规定必须先设计后施
工的程序。

1951 年 03 月 28 日：政务院财政经济委员会对基本建设工程管理的第一个立法性文件《基本建设工作程
序暂行办法》。

1951 年 06 月 11 日：全国总工会召开全国建筑工会工作会议，研究建筑公司管理、集体合同等问题。针对当时旧营造业存在的偷工减料、贪污浪费等问题，提出要加强管理，成立建筑公司。

1951 年 07 月：中共中央批示《全国建筑工会工作会议的总结报告》，要求各级党委必须迅速加强在这个工业部门中的工作。

1951 年 08 月 10 日：政务院财政经济委员会发布《关于改进与加强基本建设计划工作的指示》，强调一切新建工程、设计未经主管机关批准前，一律不得施工。

1951 年 08 月 26 日：《工人日报》发表社论：《坚决废除建筑业中封建把头制度》。下半年在私营营造厂陆续开展了反把头斗争和打击投机建筑私商活动。

1951 年 12 月 24 日：全国财经会议在北京召开。会议主要讨论了 1952 年财经工作方针等。1952 年要深入"三反"，增产节约，改进工作，迎接建设。

1952 年：恢复时期结束，这一时期国家用于基本建设的投资总额为 78.4 亿元，占国家财政支出总数的 22%，基建总投资中，建筑安装工作量为 54.7 亿元，三年来新增固定资产 59.02 亿元，固定资产动用系数为 71.5%，投资效果比较好。

1952 年 01 月 09 日：政务院财政经济委员会发布《基本建设工作暂行办法》，以克服基本建设工作效率不高及分散、混乱的状况，并附有"各种基本建设的限额"的规定。

1952 年 01 月 26 日：中共中央发出《关于在城市限期开展大规模的坚决彻底的"五反"斗争的指示》。

1952 年 02 月 09 日：中财委向中央报告 1950、1951 年两年来苏联帮助改建和新建工厂的设计情况。

1952 年 04 月 14 日：中共中央作出《三反后必须建立政府的建筑部门和建立国营公司》的决定。

1952 年 06 月中旬：中央教育部门根据 1951 年 11 月指示精神，着手进行全国高等学院院系调整。

1952 年 07 月：华东建筑工业部成立。

1952 年 07 月 02 日：中财委总建筑处召开第一次全国建筑工程会议。会议讨论了建筑工程的发展方针、组织领导与任务等问题。

1952 年 08 月 07 日：中央人民政府委员会第十七次会议通过《关于调整中央人民政府机构的决议》。决定成立中央人民政府建筑工程部，同时任命周荣鑫、宋裕和为副部长。

1952 年 08 月 20 日：中共中央在对全国建筑工程第一次会议总结报告的批示中指出，必须注意"适用、安全、经济"的原则，并在国家经济条件许可下，适当照顾建筑外形的美观，克服单求形式美观的错误观点。批示指出，由于对基本建设环节的忽视，损害和贻误了国家基本建设。

1952 年 08 月 24 日：中财委发布《关于成立建筑工程部任命部长，颁发印信的命令通知》，建工部正式办公。

1952 年 09 月：建工部召开全国城市建设座谈会，讨论《中华人民共和国编制城市规划设计与修建设计程序（草案）》，决定在建工部设立城市建设局，并在各重点城市成立城市建设委员会。

1952 年 10 月 22 日：中财委举行会议，讨论 1953 年的基本建设问题，陈云讲话要求，必须迅速建立、充实设计和施工机构。据此，中财委于 11 月 9 日发出《关于迅速准备基本建设的指示》。

1952 年 11 月 15 日：中央人民政府委员会第 19 次会议，任命陈正人为建筑工程部部长，万里任副部长。中央人民政府委员会第十九次会议决定，为适应大规模建设的需要，增设国家计委、高教部。

1952 年 11 月 18 日：《人民日报》发表社论《把基本建设放在首要地位》。

1952 年 12 月 17 日—30 日：《人民日报》连续发表社论：《大规模建设必须抓住主要环节》《目前基本建设准备工作的关键在于设计》《做好基本建设的各项工作》等。

1952 年 3 月下旬：天津市颁布《建筑工人统一调配暂行办法》，有 4.2 万多工人统一调配处登记并分配了工作。

1953 年 01 月 13 日：中财委召开财经各部部长会议，讨论消减各部当年建筑计划、整顿目前招收固定工人的工作。

1953 年 01 月 17 日—25 日：《人民日报》先后发表社论：《必须正确地进行设计》《反对设计中的保守落后思想》。

1953 年 02 月 04 日：在政协全国委员会第四次会议上，周恩来提出三大任务，开始进行第一个五年计划的国家建设，准备和参加各级人大选举，实现进一步民主化。毛泽东在会议结束前讲话，号召全国人民加强抗美援朝斗争，学习苏联，反对官僚主义，要求在全国范围内掀起一个学习苏联的高潮。

1953 年 03 月 27 日：中财委召开会议讨论设计问题。按当年基建工作量计算,需要设计人员 2.5 万~3 万人，实际只有 1.6 万人。提出加强对设计工作的组织领导，充实人员，提高效率。

1953 年 04 月 25 日：中共中央批准下达 1953 年国民经济计划提要。

1953 年 04 月 28 日：《人民日报》发表社论：《必须量力而行》，提出基本建设存在计划偏高问题，强调量力而行。

1953 年 05 月 15 日：中苏两国签订《关于苏维埃社会主义共和国联盟政府援助中华人民共和国中央人民政府发展中国国民经济的协定》，规定到 1959 年为止，苏联将帮助中国新建和改建 141 项规模巨大的工程。至 1954 年 10 月 12 日，两国签订协,议苏方帮助中国新建 15 项，共为 156 项。

1953 年 06 月：中国建筑师代表团参加波兰建筑师代表大会。

1953 年 06 月上旬：第一个五年计划从 1951 年中财委即着手编制，1953 年又经国家计委多次修改，6 月上旬国家计委着手修订第一个五年计划轮廓草案。

1953 年 07 月 15 日：第一汽车制造厂在长春开工,建工部迅速组织华东地区设计、施工力量支援汽车厂建设。毛泽东为第一汽车制造厂奠基石亲笔题词。《人民日报》发表短评《庆祝我国第一个汽车制造厂的兴建》。

1953 年 07 月 27 日：停战协定在板门店签字。它标志着历时 3 年的反对侵略，保卫和平的抗美援朝战争的胜利结束。

1953 年 09 月 04 日：中共中央发出《关于城市建设中几个问题的指示》，针对城市建设无计划所造成的混乱现象，要求工业建设比重较大的城市应迅速加强城市规划设计工作。

1953 年 09 月 07 日：中共中央作出《关于中央建筑工程部工作的决定》，指出建工部的基本任务应当是工业建设，要努力建设一支具有较好的政治素质、高技术的工业建筑队伍。

1953 年 10 月 07 日：全国勘察设计计划会议在北京召开。

1953 年 10 月 12 日：政务院颁发《关于在基本建设工程中保护历史及革命文物的指示》。

1953 年 10 月 14 日：《人民日报》发表社论《为确立正确的设计思想而斗争》，强调学习社会主义的设计思想，向苏联专家学习。17 日又以《积极领导设计人员的思想教育》为题发表社论。

1953 年 10 月 15 日：北京苏联展览馆开工，至 1954 年 9 月 15 日完工。

1953 年 10 月 23 日：中国建筑学会第一次代表大会在北京召开。参加会议的正式代表 36 人，代表 1600 余名会员。会议讨论通过了《中国建筑学会会章》，选举理事 27 人，候补理事 7 人，理事长周荣鑫，副理事长梁思成、杨廷宝，秘书长汪季琦，副秘书长吴良镛。

1953 年 12 月 05 日：政务院命令公布《关于国家建设征用土地办法》。

1953 年 12 月 16 日：建工部成立建筑技术研究所。

1954 年 01 月：在第一汽车制造厂工地的施工队伍，组建成建筑工程部直属工程公司。

1954 年 02 月 12 日：建工部设计总局在北京召开全国标准设计会议。

1954 年 04 月 01 日：建工部作出《关于成立建筑工程出版社的决定》和《关于出版〈建筑〉杂志的决定》。

1954 年 04 中旬：为了配合工业建筑建设，搞好厂外工程设计，建筑工程部从北京、天津、上海调集干部，
　　　　　　　　着手组建给排水设计院。

1954 年 04 月 19 日：中国成立编制五年计划纲要的 8 人工作小组，由陈云主持。

1954 年 04 月 21 日：建工部设计总局召开大区设计院长、经理及设计处长联席会议，布置 1954 年的工作。

1954 年 05 月 17 日：为大量节约木材，建工部发出关于充分利用竹材的指示。

1954 年 05 月：《建筑》杂志试刊，内部发行；中共中央批准《中央工业八部 1953 年工作总结和 1954 年
　　　　　　　工作部署报告》，在肯定 1953 年工作成绩后指出，仍需不断地揭发和改正工作中的缺点和
　　　　　　　错误，不倦地学习工业科学和技术。（注：八部即指重工业部，燃料工业部，一、二机部，
　　　　　　　建工部，地质部，轻工部和纺织部。）

1954 年 06 月：《建筑学报》创刊（季刊）。

1954 年 06 月 01 日：建筑工程出版社正式成立。

1954 年 06 月 10 日：全国第一次城市建设会议召开。会议总结了四年来的城市建设工作，提出会后工作任务，
　　　　　　　　　强调"一五"期间城市建设重点放在 141 项工程所在地的重点工业城市。

1954 年 06 月 17 日—26 日：建筑工程部工业与城市建筑设计院副院长汪季琦和杨廷宝、佟静三人，应邀
　　　　　　　　　　　赴波兰参加在华沙召开的国际建筑师集会，主要讨论战争期间受破坏城市的
　　　　　　　　　　　恢复、旧城市的改造与建设新城市的问题。

1954 年 07 月 09 日：《建筑译丛》创刊。

1954 年 07 月 20 日：建工部召开全国第六次建筑工程会议，提出工业化、机械化和基地建设问题。

1954 年 08 月 16 日：根据中央决定撤消大区机构的决定，原东北、华北行政委员会建筑工程局正式由建
　　　　　　　　　筑工程部接管，分别改称"中央人民政府建筑工程部东北工程管理局"及"中央人
　　　　　　　　　民政府建筑工程部华北工程管理局"，其他各大区建筑工程局也陆续接管。

1954 年 08 月 22 日：《人民日报》发表社论：《迅速做好城市规划工作》。

1954 年 09 月 15 日：第一届全国人民代表大会第一次会议在北京召开，会议制订了《中华人民共和国宪法》。

1954 年 09 月 23 日：周恩来在人大政府工作报告中批评了建设中的许多浪费现象。

1954 年 09 月 29 日：任命刘秀峰为建工部部长。

1954 年 09 月：《建筑学报》创刊。

1954 年 10 月 05 日：中国建筑学会举行第六次常务理事会，讨论如何克服建筑设计上存在的浪费问题。

1954 年 10 月 12 日：中苏两国政府签定《关于科学技术合作协定的联合公报》，规定双方将无代价地相
　　　　　　　　　互供应技术资料、交换情报并派遣专家进行技术援助和介绍两国在科学技术方面的
　　　　　　　　　成就。

1954 年 10 月 13 日：《建筑》杂志创刊，公开发行。

1954 年 11 月 08 日：国家建设委员会正式成立。

1954 年 11 月 27 日：建工部和中国建筑工会筹委会联合通知各建筑单位进一步开展增产节约竞赛，保证
　　　　　　　　　1954 年建筑安装任务的完成。

1954 年 11 月 30 日：中国派出以周荣鑫为首的代表参加全苏建筑工作者会议。会后，次年 1 月 6 日建工部党组织向中央转呈了《关于全苏建筑工作者会议情况和讨论的问题》的报告，1 月 20 日建工部下达《关于组织学习全苏建筑工作者会议文件》的决定。

1954 年 12 月：《建筑学报》因受到批评而停刊。

1954 年 12 月 26 日：建工部召开第一次政治工作会议。制订了《政治工作试行条例（草案）》和《建筑企业中党组保证监督的任务》。

1954 年 12 月 29 日：建工部召开第一次全国省市建工局局长会议。会议对地方国营企业今后的方针任务、力量部署均做出决定。会议提出，在设计中必须贯彻的原则，首先是适用、经济，其次才是美观。

1955 年 01 月 06 日：全国计划工作会议召开，会议着重讨论了三个问题，其中包括要保持建设规模和国家财力的平衡。

1955 年 02 月 04 日—24 日：建工部召开设计施工工作会议，总结一年来工作经验和成就，确定 1955 年工作方针和任务。根据党对建筑事业的方针和全苏建筑工作者会议精神，对设计与施工工作中存在的缺点和错误进行了批评和自我批评。在这次会议上，批评了建筑设计中复古主义和形式主义。会后向中央作了报告。

1955 年 02 月 11 日：建工部颁发《勘察设计工作承包暂行办法》。

1955 年 03 月 05 日：中国建筑学会召开一届第七次常务理事会，对建筑学会工作中存在的形式主义、复古主义倾向等进行检查和讨论。

1955 年 03 月 16 日：建工部颁发《1955 年建筑安装工程总承包和分承包试行办法》。

1955 年 03 月 21 日：中国共产党全国代表会议召开。陈云代表中央委员会作《关于发展国民经济的第一个五年计划》的报告，会议通过了第一个五年计划草案。

1955 年 03 月 28 日：《人民日报》发表社论：《反对建筑中的浪费现象》，与此同时，各报刊相继发表有关社论、批评文章。

1955 年 05 月：国务院成立城市建设总局。

1955 年 05 月 05 日：《人民日报》发表社论：《贯彻重点建设的方针》，17 日社论《展开全面节约运动》对普遍存在的浪费，特别是基建工程中存在的浪费现象提出批评。

1955 年 05 月 25 日：国务院第 29 次会议批准《建筑安装工程安全技术规程》。

1955 年 06 月 13 日：李富春在中央各机关、党派、团体高级干部会议上做《厉行节约、为完成社会主义建设而奋斗》报告。

1955 年 06 月 19 日：《人民日报》发表社论：《坚决降低非生产性建筑的标准》。

1955 年 06 月 27 日：建工部发布《建工部关于贯彻中央厉行全面节约的指示》《建筑工程部关于本部基本建设厉行全面节约的指示》《建筑工程部关于采取技术措施，修改当前设计以降低建筑造价的指示》。

1955 年 06 月 29 日：《人民日报》发表社论：《工业基本建设也必须节约》。

1955 年 06 月 30 日：国家建委主任薄一波发表广播讲话：《反对铺张浪费现象，保证基本建设工程又好又省又快地完成》。强调：没有计划任务书，不准进行初步设计；没有初步设计，不准进行技术设计；没有批准技术设计，不准交付施工图。

1955 年 06 月：中共中央发布《关于厉行节约的决定》。要求从 1955 年下半年到 1957 年，基本建设造价和各种费用在 1954 年削减 10% 的基础上再削减 15% ~ 20%。

1955 年 07 月 09 日：应国际建协的邀请，由杨廷宝、汪季琦、贾震、沈勃、徐中、华揽洪、戴念慈和吴良镛组成的中国建筑学会代表团，出席在海牙召开的第四次会议。中国被接纳为协会的会员国。中国建筑学会理事长周荣鑫当选为该会的执行委员。

1955 年 07 月 28 日：《人民日报》发表社论：《区别不同情况，贯彻基本建设的节约方针》。

1955 年 07 月 31 日：中共中央召开省、市、自治区党委书记会议，毛泽东作《关于农业合作化问题》的报告。

1955 年 07 月下旬：中共中央发布《关于历行节约的决定》，决定在历数基建浪费现象后，提出要削减项目或降低标准。

1955 年 08 月：《建筑学报》复刊，为双月刊，刊载一系列反浪费和批评梁思成的文章。

1955 年 08 月 05 日：建工部召开局长、经理会议，确定继续发动广大职工开展反浪费斗争。

1955 年 08 月 09 日：《人民日报》发表社论：《做好设计预算是节约资金的重要环节》。

1955 年 08 月 24 日：以刘秀峰为首的中国建筑工程考察团赴苏考察，详细研究了苏联工业厂房和住宅建筑的经验等。

1955 年 09 月 23 日：中国建筑学会邀请以波兰建协主席为首的波兰建筑师代表团来华访问，并举办了波兰建筑图片展览会。

1955 年 10 月 04 日：中央批准国家计委《关于一九五六年度国民经济计划控制数字的报告》。

1955 年 10 月 13 日：应苏联建协邀请，以万里为团长的访苏代表团赴苏对城市建设、住宅和文化福利公共建筑及苏建协、科学研究院的工作等进行一个多月的考察。

1955 年 12 月 15 日：刘秀峰向刘少奇汇报建工部工作，其间刘少奇插话时讲到，对梁思成的批评要适当，建筑上好的东西要保存。

1955 年 12 月 21 日：中国建筑学会召开关于全国楼房住宅及宿舍标准设计评选工作座谈会。

1956 年 01 月 06 日：《人民日报》发表社论：《加快设计进度，提早供给图纸》。

1956 年 01 月 25 日：建工部设计总局颁发《1956 年设计技术组织措施计划纲要》，强调最大限度采用标准设计，尽量采用节约钢材的设计方法。

1956 年 02 月 20 日：建筑工程部部长刘秀峰向毛泽东汇报建筑工程部工作、建筑业的方针和第二个五年计划中的问题。着重汇报了"建筑也要坚决地有步骤地实行建筑工业化"的方针，并提出了五项措施。

1956 年 02 月 22 日：国家建委在北京召开第一次全国基本建设会议。会议着重讨论了设计、建筑、城市建筑等工作，在今后若干年内的初步规划和改进基本建筑工作的措施。会议拟定了《关于加强新工业区和新工业城市建设工作的几个问题的决定》《关于加强和发展建筑工业的决定》《关于加强设计工作的决定》等草案；5 月 8 日经国务院常务会议批准下达。

1956 年 03 月 22 日：《人民日报》发表社论：《大力开展标准设计工作》。

1956 年 04 月 16 日：中国建筑学会在北京召开第一届第二次理事会扩大会议，检查三年来建筑理论与建筑创作上的缺点，批评建筑中的形式主义和复古主义倾向等。

1956 年 04 月 20 日：《人民日报》发表社论：《逐步实现建筑工业化》。

1956 年 04 月 26 日：新华社报道：《1956 年度建筑安装工程统一施工定额》从 5 月 1 日起在全国建筑工地实施。

1956 年 04 月 28 日：毛泽东在中央政治局扩大会议讲话中提出"百花齐放，百家争鸣"应该成为我们的方针，艺术问题上"百花齐放"，学术问题上"百家争鸣"。

1956 年 05 月 08 日：国务院常务会议通过发展建筑业的三个重要文件：《关于加强和发展建筑工业的决定》《关于加强设计工作的决定》《关于加强新工业区和新工业城市建设工作中几个问题的决定》。

1956 年 05 月 12 日：全国人大常委会第四十次会议通过《关于调整国务院所属组织机构的决定》，决定设立国家经济委员会、国家技术委员会和城市建设部。

1956 年 05 月 20 日：王鹤寿担任国家建设委员会主任。

1956 年 06 月：建工部召开局长、经理会议，扭转计划偏高、贪大，工程遍地开花所造成的紧张局面。

1956 年 06 月 20 日：《人民日报》发表题为《既要反对保守主义，又要反对急躁冒进》的社论。指出，任何人不可以无根据地胡思乱想，不可超越客观的情况所许可的条件去计划自己的行动，不要勉强去做那些实在做不到的事情。

1956 年 07 月 31 日：《人民日报》发表题为《提高设计技术水平》的社论，8 月 4 日又以《保证工程质量》为题发表社论。

1956 年 09 月：建筑工程部部长刘秀峰在中国共产党第八次全国代表大会上作了《当前基本建设中的三个问题》的发言。

1956 年 09 月 12 日：新华社报道，中国建筑图片展览会在波兰克拉科夫造型艺术工作者之家开幕，展出 350 件介绍中国古代和现代建筑物的图片。

1956 年 09 月 15 日：中国共产党第八次全国代表大会在北京召开。

1956 年 10 月 15 日：由建工部直属工程公司承建的长春第一汽车制造厂第一期工程正式投产。

1956 年 11 月 10 日：中共八届二中全会召开。会上周恩来作了《1957 年度国民经济发展计划》的报告，指出 1957 年计划应在"保证重点、适当压缩"的方针下考虑安排。

1956 年 11 月 23 日：建工部设计工作考察团在苏联作了三个月的参观访问后回国。

1956 年 12 月 22 日：中共中央同意国务院科学规划委员会党组关于征求《一九五六年——一九六七年科学技术发展远景规划纲要（修正草案）》的意见的报告。纲要提出了国家建设所需要的 57 项重要科学技术任务和 616 个中心问题，提出了各门学科的发展方向。

1957 年 01 月初：建工部召开局长经理会议，总结 1956 年工作，要求 1957 年深入开展"增产节约"运动，贯彻勤俭办企业的方针。

1957 年 01 月 18 日：中共中央召开省、市、自治区党委书记会议，讨论思想动向问题、农村问题和经济问题。毛泽东在讲话中指出，在知识分子问题上有一种"重安排不重改造"偏向。陈云在总结了当时经济建设中成功的经验和存在的问题后，提出了建设规模必须同国力相适应，以及物资、财政、信贷三大平衡的著名观点。

1957 年 02 月 12 日—19 日：中国建筑学会在北京召开第二届全国会员代表大会。会议通过了修改的会章，讨论了党和政府在建设方面的方针政策和建筑创作等问题。选举周荣鑫为理事长，梁思成、杨廷宝、贾震、赵深为副理事长，汪季琦为秘书长。

1957 年 02 月 15 日：中共中央发出《关于 1957 年开展增产节约运动的指示》，指出要求调整 1957 年基本建设规模。要求大量节减行政管理费，合理调整现有机构和人员。

1957 年 02 月 25 日：建工部召开设计施工会议。刘秀峰报告：《三年来的回顾和今后的工作》。

1957 年 02 月：中国建筑学会和城市建设部勘测设计局在北京联合举办民用建筑设计展览会，会后并出版《民用建筑设计图册》。

1957 年 05 月 31 日：国家计委、建委、经委联合召开一国设计工作会议。

1957 年 06 月 29 日：应罗马尼亚建筑师协会邀请，中国建筑学会组成以周荣鑫为团长、赵深为副团长的中国建筑师代表团一行赴罗马尼亚作为期 30 天的访问。

1957 年 07 月 25 日：国家建委委托中国建筑学会组织厂矿职工住宅设计竞赛，学会于 8 月 1 日向各分会发出竞赛办法。

1957 年 09 月 05 日：国际建协在巴黎召开第五次代表大会，中国建筑学会派团出席，杨廷宝当选为国际建筑师协会副主席。

1957 年 09 月 25 日：武汉长江大桥工程提前两年正式交付使用。

1957 年：建筑业胜利完成第一个五年计划的工程建设任务。在"一五"计划其间，全行业累计完成建筑安装工作量 366.76 亿元，完成大中型项目 595 个。建筑工程部系统累计完成建筑安装工作量 102.17 亿元，竣工房屋建筑面积 10518 万平方米。

1958 年 01 月 06 日：国务院公布《国家建设征用土地办法》。

1958 年 02 月 11 日：第一届全国人民代表大会第五次会议通过《关于调整国务院所属组织机构的决定》，撤消国家建设委员会，其工作交由国家计委、经委和建工部管理。建筑材料工业部、建工部和城市建设部合并为建工部。

1958 年 03 月 05 日：建工部召开地方建筑企业会议。上海、南通一些公司等联合发出竞赛倡议。

1958 年 03 月 17 日：建工部召开建材、城建与建工合并后的设计施工会议，总结五年来的工作。刘秀峰做了《鼓足干劲，力争上游，更多更快更好更省地完成国家建设任务》的报告。

1958 年 03 月 27 日：人民日报发表社论：《政治挂帅是勤俭办企业的保证》，介绍、推广南通建筑公司的经验，6 月 2 日建工部召开了现场会，有 1100 多名代表参加。

1958 年 03 月 29 日：人民日报发表社论：《火烧技术设计上的浪费和保守》，对设计中的"保险系数"和"个人杰作"等思想进行了批判。

1958 年 04 月 05 日：中央作出关于协作和平衡的几项规定。决定对于计划管理工作要逐步实行"双轨"计划体制，以处理好"条、块"之间的矛盾。文件还对基本建设程序做了一些改变，放松了国家对限额以上原建项目的审查管理。

1958 年 04 月 15 日：建工部召开地方建筑设计会议。会议主要研究了地方设计单位如何转向工业设计的问题，同时制定了五年计划和贯彻"多、快、好、省"方针和具体措施。

1958 年 04 月 22 日：位于首都天安门广场的人民英雄纪念碑落成，5 月 1 日正式揭幕。

1958 年 06 月中旬：建工部在上海召开建筑业技术革新经验交流会议，刘秀峰发表讲话，号召掀起声势浩大的技术革新高潮。

1958 年 06 月 27 日：全国城市规划工作座谈会和中国建筑学会"青岛市城市规划与建筑"专题学术座谈会在青岛召开。会上产生了《城市规划工作纲要 30 条》。

1958 年 07 月 05 日：国务院发布关于改进基本建设财务制度的几项规定，规定主要是确定对基本建设投资实行包干制度。

1958 年 07 月 17 日：《人民日报》发表社论：《加速建筑施工机械化》。

1958 年 07 月 20 日：国际建协第五次大会在莫斯科举行，大会以"1945 年至 1957 年城市的新建和改建"为题，讨论了世界各国的城市建设问题。中国以杨春茂副理事长为团长的 19 人代表团出席了会议，梁思成同志在会上作了《关于东南亚各国 1945 年至 1957 年城市建设和改建的报告》。根据成都会议以来中央关于教育事业管理权力下放精神，教育部对高等学校和中等专业学校的下放问题提出具体方案。其中，高等学校中央各部留 40 所，其余 60 所下放给地方。

1958 年 09 月：为庆祝中华人民共和国成立 10 周年，中央决定在北京建设国庆工程，9 月 6 日万里向北京建筑工作者作了动员，组织北京 34 个设计单位，全国 30 多位专家来京共同进行创作。

1958 年 09 月 02 日：建工部发出：《关于解决目前施工中材料不足的几项措施的指示》。

1958 年 09 月 18 日：中华人民共和国科学技术协会第一次全国代表会议召开。会议通过了《关于响应中央号召为提前五年实现十二年科学规划而斗争的决议》。

1958 年 10 月 06 日：全国建筑历史学术讨论会在北京召开。会议听取了各地民间住宅和人民公社规划的报告。决定在中华人民共和国成立 10 周年前编好《建国十年来建筑成就》《中国近代建筑史》《简明中国建筑通史》三部书。会上还进行了"插红旗、拔白旗"的活动。

1958 年 10 月 12 日：国家基本建设委员会成立，陈云兼任主任。其后 10 至 11 月基本建设委员会先后在西北、华北、东北、华南、华中、西南协作区召开基本建设工作会议，检查 1958 年的基本建设工作情况，讨论 1959 年工作的安排。

1958 年 10 月 15 日—11 月 06 日：建筑工程部召开快速施工经验交流会议，这次会议在包头开幕。刘秀峰部长在总结报告中指出："以快速施工为纲大搞群众运动，大搞技术革命，大搞多种经营。"

1958 年 10 月 18 日：《人民日报》报道：中国最大跨度（60 公尺）的预应力钢筋混凝土屋架，在北京第二建筑公司构件厂试制成功。

1958 年 11 月 07 日：针对火灾数量不断增长的情况，公安部在北京召开全国基建工地消防工作现场会议。会后，12 月 16 日建工部、公安部联合转发了现场会议文件，要求各省市自治区建筑和公安部门，迅即贯彻执行。

1958 年 11 月 13 日：杭州半山钢铁厂合金钢车间，在施工中发生重大倒塌事故，造成人员伤亡。

1958 年 11 月 16 日：《人民日报》发表社论：《大搞快速施工》。

1958 年 11 月 26 日：为吸取半山钢铁厂事故教训，建工部在杭州召开工程质量和安全施工现场会议。

1958 年 12 月 12 日：《人民日报》发表短评《让群众审查设计》。短评提出，为做到"多快好省"，必须把图纸拿到群众中去，运用集体力量和智慧来审查、修改图纸。

1958 年 12 月 23 日：国家建委在杭州召开工程质量现场会议，陈云在会上做了重要讲话。他指出："我们的头脑必须清醒，不能把科学当作迷信去破。"

1958 年 12 月 27 日：建工部在全国基本建设工程质量现场会议后，相继召开建筑工作座谈会，对贯彻国家建委现场会议精神进一步部署。

1959 年 02 月 28 日：《人民日报》发表社论：《基本建设要全面贯彻多快好省的方针》。

1959 年 03 月 01 日：《红旗》杂志发表陈云题为《当前基本建设工作中的几个重大问题》的文章，针对当时在基本建设工作中的问题和一些错误、片面观点，文章提出对质量绝不能有任何忽视，既要反对追求高标准，又要反对不适当地降低结构标准。

1959 年 03 月 07 日：建工部召开全国建筑工程厅局长扩大会议，提出不再提"以快速施工为纲"，对材料有缺口提出了"产、挖、调、代、省、新"六个字的解决办法，政治精神要与一定的物质鼓励相结合；要按照各地具体情况和建筑用途分别规定不同的建筑标准等。

1959 年 03 月 15 日：中国建筑学会应英国皇家建筑师学会的邀请，在伦敦举行的中国建筑图片展览会开幕，
展出古代建筑、城市规划、民用建筑和工业建筑图片。

1959 年 03 月 22 日：中共中央、国务院发出《关于整顿一九五八年新建的全日制和半日制高等学校的通
知》。同时还决定确定北大、清华等 16 所高等院校为重点大学，着重提高质量。

1959 年 04 月：中国建筑学会组织参加苏联举行的莫斯科西南区设计国际竞赛活动。7 月 22 日应苏建协
的邀请，派员去莫斯科进行实地参观、调查。

1959 年 05 月 18 日：中国建筑学会和建工部在上海召开《住宅建设标准及建筑艺术座谈会》。会议首先讨
论了住宅标准问题，并对建筑的基本理论、建筑形式与内容、传统与革新等问题进
行了热烈的讨论。刘秀峰作了《关于创造中国的社会主义的建筑新风格》的报告，
汪胜文作了住宅标准的总结。会后编辑出版了《住宅标准及建筑座谈会发言汇编》。

1959 年 07 月下旬：建工部召开厅局长会议，根据削弱基本建筑计划以后的新情况，研究、确定下半年工
作，其中包括加强企业管理、改进工程质量、整顿建筑队伍的若干具体办法。

1959 年 08 月 24 日：《新华社》报道：庄严宏伟的人民大会堂经过 1.4 万多名建筑者的创造性努力，以 10
个多月空前高速度建成。建筑面积 17.18 万平方米，体积为 159.69 万立方米，中央
最高部位为 45 米。

1959 年 08 月下旬至 9 月：人民大会堂等国庆工程陆续完工。

1959 年 09 月 04 日：北京华侨大厦建成。中部为 8 层，两翼为 7 层，建筑面积 1.33 万平方米。

1959 年 09 月 08 日：民族文化宫在北京建成。建筑面积 3.07 万平方米。

1959 年 09 月 24 日：为贯彻庐山会议"反右倾、鼓干劲"的精神，国家计委、建委确定新上马一批基本建设
项目。

1959 年 09 月 25 日：《人民日报》就北京一批雄伟的现代化建筑落成发表社论：《大跃进的产儿》，盛赞这
是中国建筑史上的创举。

1959 年 09 月 26 日：《新华社》报道：天安门广场扩建工程竣工，由原来的 11 万平方米扩大为 40 万平方
米，可同时容纳 40 万人在此举行集会。

1959 年 10 月 01 日：《红旗》杂志发表刘秀峰文章：《高速度地进行建设》。

1959 年 10 月 10 日：《人民日报》发表社论：《让重点工程早日投入生产》。

1959 年 10 月 26 日：全国工业、交通运输、基本建设、财贸战线社会主义先进集体和先进生产者代表大
会在北京召开。

1959 年 10 月：《建筑学报》陆续发表北京等地总结中华人民共和国成立 10 周年建设成就的一批文章。

1959 年 12 月 10 日：《人民日报》发表社论：《基本建设必须坚持集中力量保证重点的方针》。

1959 年 12 月：建筑工程部建筑科学研究院编辑的大型《建筑十年》出版。

1960—1969 年

1960 年 01 月：中国建筑学会委托上海组织"无锡建筑工作者之家"设计方案竞赛；委托北京组织"北京
建筑工作者之家"设计方案竞赛。

1960 年 01 月 10 日：中国建筑学会和土木工程学会在广州召开第二次全国会议。会议总结了 1959 年工作，
交流了各地经验。会议提出要大搞学术活动，组织力量支援中小城镇和人民公社建
设，号召投入技术革新、技术革命群众运动的热潮中。

1960 年 01 月中旬：国家计委、建委、财政部召开全国基建投资包干经验交流会。会议肯定了投资包干制度，确定要在基本建设中继续广泛推行。

1960 年 01 月 23 日：建筑学会受铁道部大桥工程局委托，征求南京长江大桥桥头建筑设计方案，3 月 29 日对方案进行了评选。

1960 年 01 月 30 日：中央发出关于立即掀起一个以搞半机械化和机械化为中心的技术革新和技术革命运动的指示。要求各部门、各地区用大搞群众运动的办法、大炼钢铁的决心和气魄来搞技术革新和技术革命。

1960 年 02 月 10 日：建工部在北京召开全国建筑工程厅局长扩大会议。会议提出要普遍推行快速优质设计；广泛、深入开展技术革新和技术革命；培养干部、壮大技术队伍和加强党的领导与大搞群众运动问题。会议最后提出《大搞技术革新和技术革命，积极向三化（机构化半机械化、配套成龙联动化、预制装配化），二新（新材料、新结构）进军》的倡议书。

1960 年 02 月 16 日：《人民日报》报道：北京市第三建筑工程公司木工青年突击队长李瑞环，运用三角、几何原理，创制出一套木工简易计算表和角度尺，改进了木工操作程序，使生产效率成倍增长。

1960 年 03 月 19 日：中国建筑学会受铁道部委托，向全国征求南京长江大桥桥头堡设计方案，由杨廷宝教授主持方案评审工作。

1960 年 04 月：建工部在桂林召开城市规划工作会议。提出要在 10~15 年内把中国城市基本建成现代化的城市，有计划地建设卫星城。

1960 年 07 月：《建筑学报》停刊整顿，10 月复刊，为月刊。

1960 年 07 月 16 日：苏联政府突然照会中国政府，单方面决定召回苏联专家。7 月 25 日苏方没等中方答复，又通知中国政府，自 7 月 28 日至 9 月 1 日期间，将撤回在华的全部专家。

1960 年 08 月 15 日：国家计委、建委提出缩短 1960 年基本建设战线的具体意见。

1960 年 09 月 10 日：建工部党组就城市规划问题向中央报告，提出今后城市建设的基本方针，应以发展中小城市为主。

1960 年 09 月 30 日：中央批转国家计委《关于 1961 年国民经济计划控制数字的报告》。报告中强调 1961 年要把农业放在首要地位，要使各项生产建设事业在发展中得到调整、巩固、充实和提高。

1960 年 10 月 15 日：中央批转建工部党组《关于解决城市住宅问题的报告》，批示中指出"大跃进"以来城市住宅的紧张状况并提出解决的办法，要求在五年内坚决停建楼、堂、管、所。

1960 年 10 月 22 日：为更有效地提高中国高等学校的教育质量，中央决定在原定 20 所重点高等学校的基础上，再增加 44 所重点高等学校。其中综合大学 13 所，工科院校 32 所。

1960 年 10 月 27 日：建工部召开全国建筑工程厅局长会议，贯彻"调整、巩固、充实、提高"八字方针。提出缩短基建战线，支援农业。

1960 年 11 月：国家建委在上海召开设计工作会议，提出设计工作要贯彻"两条腿走路"的方针。要走群众路线，设计实行内、外相结合。

1961 年 01 月 30 日：第二届人大常委会第三十五次会议决定撤消国家基本建设委员会。

1961 年 02 月 28 日：《建筑》杂志刊发建工部《关于当前勘察设计工作的指示》，指出：1961 年的勘察设计工作，应当采取"巩固提高"的方针，系统总结三年来的经验，大力提高设计质量，大力培养干部，建立建全必要的规章制度，提高管理水平，要认真负责地搞好职工生活。

1961 年 03 月 17 日：建筑工程部刘秀峰在上海召集专家座谈，提出开展建筑风格问题的学术讨论。

1961 年 03 月 31 日：北京市土木建筑学会理事长梁思成教授在北京召开建筑艺术座谈会。

1961 年 03 月：在建工部总的安排下，3 月以来北京、广州、上海、哈尔滨等地相继举行学术活动讨论建筑艺术和建筑风格问题，总结前几年的设计、创作经验。

1961 年 04 月 01 日：全国工业交通展览会在北京展览馆正式开幕，建筑馆在建筑展览馆同时开幕。

1961 年 04 月 02 日：国家计委提出对 1961 年基建计划进行调整，压缩投资和项目。为对停建项目妥善处理，避免更大损失，4 月 8 日和 5 月 19 日国家计委、经委、财政部等发出通知，对有关事项做了统一规定。

1961 年 04 月 10 日：中国建筑学会成立领导小组，制定计划在全国范围开展关于建筑风格的学术讨论。在此期间全国有 14 个省市的建筑学会组织了 70 多次学术讨论会，撰出 100 多篇文章。

1961 年 04 月 26 日：全国科协、铁道部、建筑工程部等单位，在北京联合举办著名工程师詹天佑诞生 100 周年纪念会。

1961 年 05 月 30 日：中国建筑学会、土木工程学会举行第二次常务理事会，传达全国科协 1961 年工作会议精神和周杨的报告，以贯彻党对知识分子的政策，调动科学技术人员的积极性。

1961 年 06 月 10 日：欧洲八国定型设计巡回展在北京开幕，在各地展出于 7 月 5 日结束。

1961 年 06 月 29 日：国际建协在伦敦召开第六次、第七次代表会议，杨廷宝继续当选为该协会的副主席。

1961 年 07 月 26 日：梁思成在《人民日报》发表《建筑和建筑艺术》，7 月份《建筑学报》又发表梁思成的《建筑创作中的几个重要问题》，提出对待民族遗产应采取"认识—分析—批判—继承—革新—应用"的态度。

1961 年 08 月 19 日：建筑学会物理委员会在京举行建筑照明技术和艺术问题讨论会，并举办小型灯具展览。

1961 年 08 月 31 日：北京土木建筑学会规划组和民用建筑组联合举办了建筑艺术布局问题的讨论会，以北京民族文化宫、民族饭店和水产部办公楼三个建筑构成的建筑群体作为实例，讨论了建筑群的统一性与整体性、建筑群体的布局以及民族文化宫的位置三个问题。不少建筑师认为：几个建筑物放在一起应该有个基调，形成整体，使体量、风格、色彩等方面形成统一，相邻建筑则采取对比、映衬等手法来体现统一性。有人认为，群体的三建筑，各具风格，色彩相异，互不协调；也有人认为，现在的布局，恰好体现了中国传统的"含蓄"手法。

1961 年 09 月 15 日：中央将《教育部直属高等院校暂行工作条例（草案）》，即"高教六十条"发到 26 所高等学校讨论、试行。这是推动教育部门搞好调整工作的一个重要文件。文件提出高校必须以教育为主，努力提高教学质量，正确执行党的知识分子政策，执行"双百"方针。中央发出关于当前工业问题的指示。为克服工业生产建设中的混乱现象，逐步扭转工业工作的被动局面，文件从调整、管理、生产等方面作出了八项规定。

1961 年 09 月 16 日：中央将《国营工业企业工作条例（草案）》，即"工业七十条"发给各地、各部门，选择若干企业试行。

1961 年 10 月中旬：浙江省土木建筑学会和浙江省建筑工业厅在杭州召开"建筑风格讨论会"。除对建筑风格形成和发展的因素展开自由争论以外，还就杭州地区建筑的若干具体问题进行了探讨。中国建筑学会出版了《建筑理论争鸣论文选集》。

1961 年 10 月：建工部设计局根据"工业七十条"等条例规定的精神，拟定《设计工作条例》。条例总结
　　　　　　　三年来的经验教训，提出设计单位不搞群众运动，努力创造建筑风格。

1961 年 11 月 21 日—28 日：建筑工程部科技局在建筑科学研究院召开建筑统一模制度修改座谈会。中
　　　　　　　国自 1956 年开始实行模数制，并已经有了一定基础。会议经过讨论认为，
　　　　　　　采用 30 厘米，发展 60 厘米，取消 40 厘米，保留并限制使用 20 厘米等扩
　　　　　　　大模数是合理的。

1961 年 11 月 29 日：建工部设计局发出《关于对农村居住建筑问题进行调查研究》的通知，要求有计划
　　　　　　　地开展关于农村住宅问题的调查研究。

1961 年 11 月：建工部召开厅局长扩大会议，贯彻"工业七十条"精神和"调整、巩固、充实、提高"的
　　　　　　　八字方针。

1961 年 12 月 15 日：建工部党组向党中央作了《关于停建缓建工程中存在问题的调查报告》。中国建筑学
　　　　　　　会在湛江召开第三次代表大会，会议以住宅建设问题为中心议题，对住宅建设的各
　　　　　　　项科学技术进行深入地讨论，并举办了建筑图片展览。

1962 年 01 月：中共中央批转建筑工程部党组《关于停建缓建工程中存在问题的调查报告》，要求各地结
　　　　　　　合安排 1962 年的建设计划。根据建工部提出的五条办法进行一次认真的检查。将检查结
　　　　　　　果于 2 月报告中央。北京工业建筑设计院总结设计工作经验，组织力量开始编写大型资料
　　　　　　　性手册《建筑设计资料集》。

1962 年 03 月 20 日：中央发出关于严禁各地进行计划外工程的通知。此前，3 月 2 日建设银行总行报告，
　　　　　　　当时有些地区仍在进行计划外工程的建筑。中央指出，正在建筑的所有计划外的工程，
　　　　　　　一律停止施工，特别是楼、馆、堂、所。

1962 年 03 月 27 日：建工部下达了《关于下达统一调整和精简全国工业及民用建筑勘察设计机构方案的
　　　　　　　通知》，全国勘察设计单位进行了压缩精简。

1962 年 04 月 08 日：梁思成教授在《人民日报》发表《拙匠随笔·建筑∁（社会科学∪技术科学∪美术）》。
　　　　　　　4 月 29 日《人民日报》继续发表《拙匠随笔·建筑师是怎样工作的》，提出了建筑
　　　　　　　师在设计工作中存在的问题和困难。

1962 年 04 月 18 日：建工部设计局召开农村住宅设计问题座谈会，要求勘察设计部门要积极支援农村，
　　　　　　　帮助农民解决住房问题。

1962 年 05 月 31 日：中央同意颁发关于编制和审批基本建设设计任务书的规定，关于加强基本建设计划
　　　　　　　管理的几项规定和关于基本建设设计文件编制和审批办法的几项规定。要求一切建
　　　　　　　设项目都应按照基建程序办事，所有项目的设计文件经批准后才能动工。

1962 年 06 月 24 日：中共中央、国务院发出紧急指示，要求妥善保管、处理停建下马基建单位和关闭停
　　　　　　　产企业的物资。

1962 年上半年：全国各地学会继续开展以城乡住宅建设为中心的学术活动，许多省市学会进行了以住宅
　　　　　　　为重点的理论研究和设计方案竞赛。

1962 年 07 月 20 日—08 月 05 日：北京市土木建筑学会在劳动人民文化宫举办第一次建筑工作者绘画展览，
　　　　　　　展出在京 13 个单位、250 余幅作品。此后 1964 年 3 月再次举办并在各
　　　　　　　地巡回展出。

1962 年 09 月 24 日：中共八届十中全会在北京举行。十中全会重新提出了阶级斗争问题。

1962 年 09 月：建工部召开厅局长会议，要求加强定额管理，扩大计件工资面，实行政治思想、工作与物

质奖励相结合的方针。

1962 年 10 月：周恩来视察大庆，指出大庆的建设方针，工农结合、城乡结合、有利生产、方便生活等是值得提倡的。建工部颁发《建筑安装企业工作条例》(简称《建安一百条》)，以结合建筑业实际情况贯彻"工业七十条"精神。其中规定建立以总工程师为首的技术责任制度和生产秩序。

1962 年 11 月 10 日：国务院全体会议第 120 次会议通过《工农业产品和工程建设技术标准管理办法》，对国家标准、部颁标准和企业标准的审定、发布等做了具体规定。12 月 16 日《人民日报》发表社论：《加强生产建设中的标准管理工作》。

1962 年 12 月 08 日：在北京召开了第二次建筑物理学术会议。

1962 年下半年：各地学会、设计部门响应各行各业积极支援农业的号召，开展以农村住宅建设为中心的学术活动。

1962 年 12 月底：建工部召开第三次全国城市建设工作会议。会议总结了自 1960 年以来城市建设工作的成就和经验，讨论、编制城市建设的第三个五年计划，修订了城市建设工作的各项具体规定草案。

1963 年 02 月：建筑工程部作为国家机关的试点单位，进入"五反"运动准备阶段。3 月 1 日国家正式下达《关于厉行增产节约和反对贪污盗窃、反对投机倒把、反对铺张浪费、反对分散主义、反对官僚主义运动的指示》。

1963 年 03 月 01 日：中共中央发出关于开展"五反"运动的指示，"五反"运动在全国部分城市逐步展开。3 月 14 日建工部机关进行阶级教育，正式开始"五反"运动，5 月 13 日动员"揭盖子"，运动逐步深入。

1963 年 03 月 25 日：建工部召开建筑工程厅、局长扩大会议，毛泽东及党和国家领导人接见了出席会议全体人员。薄一波在会上做了重要讲话，会议总结了两年大调整的基本经验。在 4 月 3 日的设计专业会议上，提出"过去我们在建筑工程设计上，采取"适用、坚固、经济和适当注意美观"的原则，在工业企业设计上，采取技术先进、经济合理的原则，是完全必要的、正确的"。

1963 年 04 月：建筑学会组织参加古巴吉隆滩纪念碑国际设计竞赛。

1963 年 05 月 20 日：建筑科学研究院理论历史室召开"国外建筑理论及历史研究工作座谈会"，由梁思成、汪季琦主持。提出必须把重要的有代表性的国外新作逐步译出，争取在 10~15 年内编写一部建筑百科书。

1963 年 09 月 16 日：中央和国务院召开第二次城市工作会议，在会议提出的城市工作主要任务中包括：加强房屋和其他市政设施的维修并逐步填平补齐。

1963 年 10 月 11 日：中国建筑师代表团在团长梁思成率领下参加在墨西哥城举办的国际建筑师协会第八次代表大会。

1963 年 10 月 22 日：建工部在北京召开农村建筑设计工作会议。会议讨论了各地调研情况、存在问题和今后工作。

1963 年 10 月 31 日：建工部设计局印发《关于保证和提高设计质量的措施》(十五条)、《关于技术室工作范围的意见》和《关于设计院应建立和执行的技术管理制度的意见》。

1963 年 11 月 01 日：北京土木建筑学会在中国美术馆举办第二届建筑绘画展览，同时举办家具展览。展出为时一个月。

1963 年 11 月 24 日：第一次建筑设备学术会议在北京举行，着重讨论了恒温恒湿等设备科研经验。

1963 年 12 月 02 日：中央和国务院批发《关于加强基本建设拨款监督工作的指示》。根据这一指示精神，有关部门拟定了《关于基本建设拨款的九项规定》。

中央和国务院原则批准中央科学小组、国家科委党组 1963 年至 1972 年科学技术发展规划的报告、科学技术发展规划纲要及科学技术事业规划。

1963 年 12 月 10 日：中国建筑学会 1963 年年会在无锡举行。年会着重探讨了城市居住区规划和城市住宅建筑中提高设计质量、节约用地和降低造价等问题。

1964 年 01 月 13 日：刘裕民副部长在《建筑》杂志发表《大力进行建筑业的调整与提高工作》的文章。文章指出目前建筑业的主要问题是劳动生产率低，技术装备差，建筑材料品种不全，工艺落后，工业与民用建筑装配化程度低。他提出，在最近两年内应建立两个好的基础：一是建筑业的各方面有一个新的技术基础，一是企业的经营管理有一个经济核算的基础。

1964 年 01 月 22 日：建工部召开建筑安装工作会议。会议着重讨论、研究了学习解放军、石油部，加强政治思想工作，发扬革命精神，多快好省地完成国家建设任务问题。刘秀峰在会上以《学习解放军,学习石油部,鼓足干劲,力争上游,为彻底实现建筑业革命化而奋斗》为题发表讲话。

1964 年 02 月 05 日：中央发出传达石油部《关于大庆石油会战情况的报告的通知》。此后，全国工交战线开始了学习大庆经验的运动。

1964 年 02 月中旬：建筑工程部召开财务工作会议，根据国务院经委和财政部关于设置总会计师的规定，决定实行总会计师制度。

1964 年 02 月 22 日：建工部召开第四次城市工作会议。会议要求加强城市管理，逐步建成一个适应工业生产和人民生活需要的城市。

1964 年 03 月 20 日：建工部在北京召开科学技术会议。主要研究如何把解放军和先进工作经验学到手，并做好科学技术组织管理工作。

1964 年 04 月：《人民日报》发表社论：《正确的设计从实践中来》。

1964 年 04 月 19 日：中国建筑学会邀请建筑界专家在北京举行"建筑创作座谈会"，讨论建筑艺术如何正确反映社会主义革命精神、劳动人民的思想感情，以及建筑创作如何体现革命化、现代化、民族化和群众化等问题，会上还讨论了西长安街的规划。

1964 年 4—7 月：中国建筑学会受军委后勤部委托，举办军用医院设计竞赛。

1964 年 05 月 07 日：国务院颁发《关于严格禁止楼、堂、管、所建设的决定》。7 月 29 日又颁布了补充规定。

1964 年 08 月 05 日：建工部"四清运动"基本结束，中央宣布免除刘秀峰的部长及党组书记职务。

1964 年 08 月中旬：中央书记处召开会议，讨论研究内地建设问题。8 月 17 日、20 日，毛泽东在谈话中指出，要准备帝国主义可能发动侵略战争。会议决定，首先集中力量建设内地，在人力、物力、财力上给予保证。新建的项目都要摆在内地，现在就要搞勘察设计。此后，由建工部调集力量成立设计部门，迅即开赴内地。

1964 年 09 月 21 日：全国计划会议召开。会议集中讨论了计划工作如何革命化的问题，指出计划工作的主要错误是教务主义、分散主义和官僚主义。在会议提出的改革措施中包括：简化设计任务书的内容和审批手续，实行设计工作的革命化；取消基本建设现场的甲、乙方实行一个单位的统一领导等。

1964 年 10 月 13 日：《建筑》杂志发表江平《首都建筑施工十五年》的文章，阐述了首都建筑在施工技术方面的改进。除去完成结构复杂、技术要求严格、艺术标准高、设备先进的十大工程以外，13 层的民航办公大楼全部采用框架整体装配化结构，在一个 60 米大跨度的库房工程上采用了提升法，工人体育馆工程采用了 94 米跨度的悬索结构。此外预制墙板采用成组立模生产，在民用工程上推动了震动砖墙板。

1964 年 10 月 30 日：中央批准和下达 1965 年国民经济计划。其基本指导思想是，争取时间，大力建设战略后方，防备帝国主义发动侵略战争。

1964 年 11 月 01 日：中央批示国家建委报告，要在明年 2 月开全国设计会议之前，发动所有的设计院，有如群众性的设计革命运动中去，充分讨论，畅所欲言。以三个月的时间，进行几次检查。督促，注意总结经验。

1964 年 11 月 11 日：毛泽东对"设计革命"做出批示，要求发动所有的设计院，都投入群众性的"设计革命"运动中去。

1964 年 11 月 12 日：建工部发出《关于开展设计革命的指示和规划》。

1964 年 11 月 14 日：建工部召开直属勘察设计院长座谈会，讨论、贯彻设计革命运动部署。

1964 年 12 月 04 日：建工部政治部发出《关于设计革命运动的指示》，提出"设计革命"是设计部门中社会主义教育运动的一个重要组成部分。《指示》提出整改的总方向是：（一）设计思想革命化；（二）设计队伍革命化；（三）加快设计速度；（四）提高设计技术水平；（五）改进管理体制和规章制度。

1964 年 12 月 07 日：经毛泽东同意，国家计委将拟定的编制长期计划的程序印发政治局、书记处等，并拟按此着手进行工作。要求基本建设投资不能再按老框框、老定额计算，应当把设计革命、技术革命的因素和勤俭建国的方针体现到计划中去。

《人民日报》为配合"设计革命"，组织"用革命精神改进设计工作"的讨论。从 12 月 7 日到 1965 年 4 月 8 日结束，出版了 28 期讨论专栏，发表了 120 多篇来信、文章和评论，《人民日报》出版社汇集 65 篇文章出版了《正确的设计从哪里来？——关于"用革命精神改进设计工作"的讨论》一书。

1964 年：从这一年开始，建筑业以优势力量进行内地建设。8 月中旬，中央书记处召开会议讨论研究内地建设问题。8 月 17、20 日毛泽东主席在谈话中指出，要准备帝国主义可能发动侵略战争，要建立自己的战略后方。据此会议，首先集中力量建设内地，在人力、物力、财力上予以保证。12 月 7 日国家计委在第三个五年计划初步设想中提出，在"三五"期间，加快以攀枝花、酒泉和重庆为中心的建设。1965 年在成都、重庆、渡口、贵阳、西安、龙凤、兰州、北京等地重新组建了 8 个工程局，参加内地建设。从 1964 年到 1972 年，全国 50% 以上的基本建设投资用于内地建设，建成几百个大中型骨干企业。全国职工为内地建设付出艰辛劳动。

1965 年 01 月 05 日：中华人民共和国主席发布命令，任命李人俊为建筑工程部部长。

1965 年 01 月：《建筑学报》停刊进行整顿检查，至次年一月复刊。

1965 年 01 月 13 日：建筑工程部副部长刘裕民在《建筑》杂志第一期上发表《设计工作必须走革命化的道路》的文章。同时在《用革命精神改进设计工作》的标题下，该刊报道、评述了自去年 11 月起各勘察设计部门的学习、讨论情况。

1965 年 02 月 26 日：为加强"三线建设"、中共中央、国务院发出《关于西南三线建设体制问题的决定》。

为加强对整个西南建设的领导，决定成立西南建设委员会。

1965 年 03 月 16 日：国家基本建设委员会召开全国设计工作会议，对已进行了五个多月的设计革命运动进行总结和研究。会议通过了《关于改进设计工作的若干规定（草案）》。

1965 年 04 月 05 日：建工部召集参加全国设计工作会议的各直属设计院长开会，研究贯彻会议精神，进一步开展设计革命运动的问题。

1965 年 04 月 10 日：《人民日报》报道全国设计工作会议消息，并发表《为设计工作的革命化而斗争》的社论。

1965 年 05 月 05 日：建工部召开建筑工程厅局长扩大会议。根据中央 4 月 14 日原则批准的全国工交工作会议、工交政治工作会议所通过的 1965 年政治工作要点等精神，全面部署建工部所属企业工作，提出要把政治思想工作放在首位，把社教运动、技术革命、设计革命、企业管理革命落实到生产建设上。

1965 年 05 月 11 日：中央决定设计局向各基层单位发出《关于把政治工作做进设计业务中去的意见》。

1965 年 06 月 10 日：中国建筑学会召开第七次在京常务理事会，讨论原计划召开的六个学术会议，因准备时间来不及和"四清"运动的开展，全部予以取消或推迟，以及第四届代表大会等问题。

1965 年 06 月：从下半年起，在西南地区开始大规模内建，建工部直属力量陆续调往云、贵、川等地。

1965 年 08 月 21 日：国家建委在北京召开全国搬迁工作会议。会议对 1966 年的搬迁计划和第三个五年计划期间的安排进行讨论。会议提出搬迁要实行大分散、小集中的原则，少数国防尖端项目，要按照"分散、靠山、隐蔽"的原则建设，有的还要进洞。

1965 年 08 月：国家建委颁发《关于改进设计工作的若干规定（草案）》。

1965 年 11 月：建筑学会在北京召开有部分省市参加的工作座谈会，讨论全国基本建设的形势和任务，交流了工作经验，着重研究了如何实现学会工作革命化等问题。提出"学会工作必须以阶级斗争为纲，进行兴无灭资的斗争"。

1965 年 12 月：建工部在成都召开建筑设计技术革新经验交流会。会议总结交流建筑结构改革和贯彻"干打垒"精神，改进住宅、宿舍设计的经验。

1966 年 02 月 01 日：国家建委批转建工部《关于住宅、宿舍建筑标准的意见》，指出非生活性建设，要发扬延安作风，贯彻"干打垒"精神，适当降低民用建筑标准。

1966 年 02 月 20 日：中共中央转发国家建委《关于施工队伍管理问题的报告》，提出要对全国 300 万施工队伍分期分批进行整顿和整编，在西南、西北地区一部分部属施工企业中建立五个基本建设工程师，进行军事化管理的试点。

1966 年 03 月 23 日：中国建筑学会第四届代表大会及学术年会在延安举行。会议学术讨论的主要内容为贯彻学习大庆的"干打垒"精神，并对低标准、低造价住宅进行了讨论。

1966 年 03 月：复刊后的《建筑学报》开辟专栏:《建筑工作者笔谈住宅和宿舍的标准问题》,发表贯彻"干打垒"精神的体会文章。

1966 年 06 月：《建筑学报》声明改组，成立新编委会，组织批判刘秀峰《创造中国的社会主义的建筑新风格》一文。

1966 年 07 月 08 日：建工部党委给国家建委写报告，指出，中国建筑学会长期以来为资产阶级"专家"、权威和钻进党内的资产阶级代理人把持，《建筑学报》已成为宣扬封、资、修，反党、反社会主义、反毛泽东思想的工具。报告提出，对建筑学会、《建筑学报》的错误必须彻底批判，《建筑学报》必须彻底改组。7 月 11 日，此报告经国家建委批准，此后，建筑学会的各项活动基本停止，8月，《建筑学报》停刊。

1968 年 03 月 06 日：国务院国防工办、国家计委、国家建委在北京召开全国"小三线建设"工作会议。

1969 年 08 月 27 日：中央决定成立全国性的人民防空领导小组和各省、自治区、直辖市人民防空领导小组。
全国普遍开展了群众性的挖防空洞活动。

1969 年 11 月 06 日：国家建设委员会、建筑工程部、建筑材料工业部的军管会联合向中央提出合并国家建委、
建工部、建材部，成立国家基本建设委员会的报告。此后，1970 年 5 月 14 日，再次提
出将国家建委、建工部、建材部、中央基建政治部合并成立国家基本建设委员会的报告。

1970—1979 年

1970 年 02 月 21 日：《湖北日报》发表红卫地区试验推广"干打垒"建筑的调查报告。建筑科学研究院
于 4 月 20 日出版的《建筑技术情报》也刊出"干打垒"工业厂房的试验报告，再
次兴起"干打垒"风。

1970 年 07 月 01 日：根据中央发出的精简机构、下放企业的文件精神，建工部、建材部与国家建委合并，
原建工部直属的建筑施工、勘察设计、科研及大专院校等绝大部分下放地方。

1971 年 03 月 29 日：全国"设计革命"会议召开。会议又正式提出"设计革命"的口号，提出反对贪大、
求洋、求全，提倡多搞小、土、群。

1972 年 04 月 18 日：国务院决定恢复建设银行。

1972 年 05 月 30 日：国务院批准试行国家计委、国家建委、财政部的《关于加强基本建筑管理的几项意
见》。针对基本建筑中长期存在的战线长、浪费大、制度松弛、贪大求洋等问题，文
件提出了八项改进意见。

1972 年 05 月：国家建委在湖北襄樊市召开工程质量现场会议，确定开展质量安全大检查。会议提出要恢
复和健全规章制度，批判无政府主义和"极左"思潮。

1972 年 06 月：由于外事工作需要，建筑学会恢复外事活动，当年即派团参加在保加利亚举行的国际建协
第十一次和第十二次代表会议。

1972 年 11 月 05 日：国务院批转国家计委、国家建委的报告，决定继续压缩基本建设中使用的民工，以
支援农业。

1972 年 11 月：国家建委召开设计工作座谈会，提出"克乱求治"，加强管理，建立责任制，会上提出了
设计工作十三条。

1972 年 12 月 10 日：中央在转发国务院关于粮食问题的报告时，传达了毛泽东关于"深挖洞、广积粮、不称霸"
的指示。此后，全国人防工程规模迅速扩大，工程标准不断提高，并从本年起，国
家财政专列人防经费，用于人防工程建设。

1973 年 01 月 02 日：国家计委向国务院提交《关于增加设备进口、扩大经济交流的请示报告》，经毛泽东、
周恩来批准，中国从日本、美国、西德、法国等国家进口了一批技术先进的成套设
备和单机，其中包括十三套大化肥，四套大化纤等项目。随即，一大批施工、勘察
设计单位投入到这些现代化水平较高的建设项目中。

1973 年 04 月 16 日：由中国人民对外友协和中国建筑学会举办的芬兰建筑艺术图片展览在北京开幕，后
又在上海、广州展出。

1973 年 08 月 05 日：国家计委召开全国环境保护会议。

1973 年 08 月：国家建委工局召开企业管理经验座谈会。10 月，中国建筑科学研究院在洛阳召开工业厂房屋面座谈会，对 1964 年"设计革命"以来各地、各部门创造的新型屋面结构进行总结。

1974 年 05 月 06 日：国家建委在北京召开全国基本建设会议，对建筑业的技术革新的技术改造问题进行了座谈，提出发展施工机构化，发展新材料，积极进行墙体改革，抓好设计定型化、标准化等。

1974 年 06 月 11 日：应中国建筑学会邀请，日本日中建筑技术交流会友好访华团来中国参观访问。

1974 年 09 月 05 日：建筑科学研究院在北京召开全国住宅设计经验交流会。此前部分地区举办了有关住宅标准设计经验交流等活动。交流会着重讨论了贯彻勤俭建国方针，认真执行住宅建筑标准，进一步提高住宅设计水平，以及搞好住宅统建工作等问题。

1974 年 11 月 01 日：《人民日报》以《设计革命胜利的十年》为题发表社论，总结设计革命十年来的情况。

国家建委在洛阳召开全国施工技术革新经验交流会，并举办技术革新成果展览会。

1974 年 11 月 06 日：国家计委召开全国技术革新经验交流会。

1975 年 02 月 04 日：辽宁营口、海城发生强烈地震，震后迅即组织恢复建设工作。

1975 年 04 月 05 日：全国基本建设会议在北京召开。会议针对长期存在的基本建设效果差的问题，决定在基本建设管理上推行大包干的办法。

1975 年 04 月 23 日：中共中央发出压缩和调整中国对外援助支出的文件。

1976 年 05 月 24 日：国务院对北京市 1976 年基本建设综合计划作出批复，决定对一般民用建筑实行统一规划、统一投资、统一建设、统一分配、统一管理。按照城市建设计划，自 1976 年开始，在前三门大街等处开始建设成片高层住宅。

1976 年 07 月 28 日：河北省唐山——丰南一带发生强烈地震并波及天津、北京。震后为帮助灾区恢复生产、重建家园，1976 年后集中全国力量进行了恢复建设。

1976 年 10 月 03 日：中共中央、人大常委会、国务院、中央军委作出关于建立毛泽东纪念堂的决定。工程于 11 月 28 奠基，次年 8 月底落成。

1977 年 03 月 30 日：全国基本建设会议在北京举行。

1977 年 04 月 05 日：中国建筑科学研究院在旅大市召开 1976 年重大建筑技术革新成果情况交流会。

1977 年 07 月 17 日：国家计委向国务院提出今后八年引进新技术和成套设备的规划。据估算，在引进项目进入建设高峰时期，每年基建投资约占投资的百分之一左右。

1977 年 08 月 23 日：外经部向党中央、国务院提出《关于进一步做好援外工作的报告》建议，会后应对援外支出总额加以控制。

1977 年 09 月：国家建委党组决定恢复和充实中国建筑学会的办事机构，并向各省市、自治区发出《关于积极开展建筑学会工作的通知》。后经讨论，恢复和筹建 13 个专业学术委员会。此后的几个月大部学组都建立了组织并开展活动。

1977 年 10 月 27 日：国家建委颁发《关于保证基本建设工程质量的若干规定》。此前，在 9 月 8 日长春召开了全国基本建设工程质量和安全施工会议。

1977 年 11 月 24 日：全国计划会议在北京召开。会议主要研究了长远规划问题。此前，国家计委向中央政治局作了汇报，会后，政治局将国家计委《关于经济计划的汇报要点》等批转各地。《汇报要点》所确定的生产建设指标和奋斗目标，超越了现实的可能性，脱离了中国的国情。

1977 年 12 月 30 日：国家建委在北京召开了全国施工工作会议，提出要抓好企业整顿，并决定在南京、
常州两市进行建筑工业化试点。

1978 年 02 月 11 日：国务院批复加快重建唐山的报告，提出要积极采用新技术、新材料，布局力求科学、
合理，体现中国 70 年代水平。

1978 年 03 月 06 日：国务院召开第三次全国城市工作会议。会议研究制订并经中央批准颁发的《关于加
强城市建设工作的意见》提出多项措施，以逐步解决十几年来城市建设方向积累的
大量问题。

1978 年 03 月 11 日：国务院同意国家计委、建委、经委、上海市、冶金部《关于上海新建钢铁厂的厂址选择、
建设规模和有关问题的请示报告》，决定从日本引进成套设备，在上海宝山县新建钢
铁厂。

1978 年 03 月 18 日：中共中央在北京召开全国科学大会。会议讨论、制定了《1978—1985 年全国科学技
术发展规划纲要（草案）》。在中央颁布的科技奖中，建筑科学共 176 项。

1978 年 04 月 06 日：新唐山民用建筑设计讨论人在唐山举行，9 月又对公共建筑进行了评议活动。

1978 年 04 月 22 日：国家计委、建委、财政部制订的五个有关基本建设工作的管理办法，发布试行。包括：
《关于加强基本建设管理的几项规定》《关于加强自筹基本建设管理的决定》《关于基
本建设程序的若干规定》《关于基本建设大中型项目划分标准的决定》《关于基本建
设投资和各项费用划分的规定》。

1978 年 05 月 26 日：建筑学会和建筑科学研究院在广州联合召开旅馆建筑设计经验交流会，会后出版了
《旅馆建筑》一书。

1978 年 07 月：国家建委施工管理局及建筑科学院在新乡市召开建筑工业化规划工作会议，会议讨论了今
后八年逐步实现建筑工业化的步骤和政策措施问题。

1978 年 07 月 06 日：国务院召开务虚会。会议主题是研究加快中国四个现代化的速度问题。由于对形势
的估计、认识不足，会议提出要组织国民经济的新的"大跃进"。

1978 年 09 月 07 日：国家建委在北京召开城市住宅建设会议。会议就如何加快城市住宅建设问题提出了
规划和设想。

1978 年 10 月 19 日：国务院批转国家建委《关于加快住宅建设的报告》，提出到 1985 年城市平均每人居
住面积达到 5 平方米，要认真落实材料、投资，把住宅建设搞上去，力争实现这一
目标。

1978 年 10 月 20 日：邓小平视察北京前三门高层住宅。

1978 年 10 月 22 日：中国建筑学会建筑创作委员会召开恢复活动大会，会上对建筑现代化和建筑风格问
题进行了座谈。经有关领导指示，委员会改名为"建筑设计委员会"。

1979 年 01 月：国家建委召开全国设计工作会议，在会议文件中最后一次提到设计革命。

1979 年 02 月 15 日：中国建筑工程公司宣布成立。

1979 年 02 月 20 日：中国建筑学会和国家建委科技局联合发出《关于组织城市住宅设计方案竞赛评选工作
的通知》。

1979 年 03 月 03 日：为贯彻落实中央调整的方针，国家建委召开全国基本建设工作会议。会议主要讨论
了基建战线调整问题。会后，各地、各部门相继成立了清理在建项目领导小组。

1979 年 03 月 12 日：国务院发出成立国家建筑工程总局和城市建设总局的通知。

1979 年 03 月 31 日：国家建委党组作出为中国建筑学会和《建筑学报》平反的决定。

1979 年 04 月 01 日：建筑学会在杭州召开常务理事会扩大会议，会议讨论了落实政策、拨乱反正，学会召开第五次代表大会等问题。会议肯定了中国建筑学会在"文化大革命"前执行的路线、方针、政策基本上是正确的，成绩是主要的。

1979 年 04 月 05 日：中共中央召开工作会议。会议主要讨论了经济问题。会议同意中央提出的"调整、改革、整顿、提高"的措施，通过了调整后的 1979 年国民经济计划。

1979 年 05 月 25 日：国家建工总局党组召开第一次扩大会议。会议分析研究了建筑业面临的新形势，讨论了贯彻执行"调整、改革、整顿、提高"方针和措施，提出了今后的奋斗目标。

1979 年 06 月 16 日：国务院财政经济委员会连续召开四次全体会议，讨论上海宝山钢铁厂建设问题。

1979 年 06 月 18 日：第五届全国人民代表大会第二次会议在北京举行。在《政府工作报告》中提出，当前以及今后相当长一个历史时期，我们的主要任务就是有系统、有计划地进行社会主义现代化建设，在近两三年内，就是要打好四个现代化的第一战役，搞好"调整、改革、整顿、提高"。

1979 年 07 月 01 日：五届人大二次会议通过《中华人民共和国中外经营企业法》。此后，7 月 30 日，第五届人大常委会发布了《关于设立外国投资管理委员会、进出口管理委员会的决定》。

1979 年 07 月 10 日：国务院在成都召开全国工业交通增产节约计划工作会议。会议主要讨论和落实当年的增产节约计划和调整工业生产与明后两年挖潜、革新、改造的设想。

1979 年 08 月 22 日：国家建筑工程局在大连召开全国勘察设计工作会议，讨论研究在三年调整期间建筑勘察设计部门的工作。会议进行一系列拨乱反正工作，提出要繁荣建筑创作。

1979 年 08 月 28 日：国务院将《关于基本建设投资试行贷款办法报告》及《基本建设贷款试行条例》发给各地、各部门执行。

1979 年 09 月 01 日：国家旅游总局召开了全国旅游工作会议。会议研究、确定了旅游发展规划，提出对国家投资兴建的旅游饭店要确保重点。加快建设速度，要积极利用外资，分期建造一批旅游饭店，并学习外国建筑和管理饭店的先进技术和经验。

国家建工总局举办建工系统领导干部研究班，在学习理论的基础上，总结了建筑业 30 年来正反两方面的经验、教训，初步清理了"左"的错误，探讨了体制改革的方向。

1979 年 09 月 13 日：第五届人大常委会第十一次会议原则通过了《中华人民共和国环境保护法（试行）》。

1980—1989 年

1980 年 02 月：受国家建委、农委之委托，国家建委农村房屋建设办公室和中国建筑学会联合举办全国农村住宅设计竞赛，并发出通知。此次竞赛得到积极响应，各地提出 6500 多个设计方案。

1980 年 03 月 04 日：外经部召开全国对外经济工作会议，提出积极开展对外承包工程和其他收费项目业务，在经援项目中试行投资包干制。

1980 年 04 月：中国建筑学会、国家建委设计局、文化部艺术局和国家建工总局联合举办全国中小型剧场设计方案竞赛。

1980 年 05 月 17 日：国务院批转外经部《关于外经工作当前基本情况和今后方针任务的报告》。报告对援建设项目进行了调整。

1980 年 06 月 07 日：国家建工总局颁发《直属勘察设计单位试行企业化收费暂行实施办法》。这是中国设计行业改革依靠国家财政拨款作为经费来源，打破"大锅饭"的第一个法定文件。

1980 年 07 月 19 日：国家建工总局颁发《优秀建筑设计奖励条例（试行）》。要求建工系统逐级推荐优秀设计，规定每两年评选一次，并在次年开展了全国优秀设计评选活动。

1980 年 08 月 20 日：国家计委、建委等部门联合发出《关于抓紧清理、压缩全国基本建设在建工程量的通知》。要求认真抓好基本建设项目竣工验收、交付生产使用的工作，继续认真清理在建项目。

1980 年 08 月 26 日：五届人大常委会第十五次会议决定，批准国务院提出的在广东省的深圳、珠海、汕头和福建的厦门设置经济特区和《广东省经济特区条例》。

1980 年 10 月 05 日：国家建委在北京召开全国城市规划工作会议。会议强调，要搞好居住区规划，加快住宅建筑，加强城市规划的编制审批和管理工作，尽快建立中国的城市规划法制，合理发展中等城市，积极发展小城市。

1980 年 10 月 18 日：中国建筑学会在北京召开第五次全国代表会。会议贯彻党的十一届三中全会的路线，中国科协二大精神，总结学会工作，明确今后任务，动员广大会员和建筑科技工作者为实现城乡建筑和建筑的现代化而奋斗。会议还举办了 80 年代建筑发展方向的学术年会。

1980 年 11 月 15 日：国务院在北京召开全国省长、市长、自治区会议，同时召开全国计划会议。这两个会议讨论了经济形势，面对发展中潜在的危险，提出要下大决心进一步抓好调整，压缩基本建设，适当控制消费，稳定经济。

1980 年 11 月 18 日：国务院批转国家计委等单位《关于实行基本建设拨款改贷款的报告》。

1980 年 12 月 01 日：全国中小型剧场方案设计竞赛评选会议在成都召开。

1980 年 12 月 03 日：国家建工总局发布《建筑科学研究成果奖励试行条例》。

1981 年 03 月 01 日：在日本国际建筑设计竞赛中，同济大学四名讲师的《中国乐山博物馆》方案获"佳作奖"。此前，曹希曾参加日本举办的"国家住宅设计竞赛"获"佳作奖"，打破了自"文革"后中国建筑师在国际竞赛中默默无闻的局面。

1981 年 03 月 05 日：国家建筑工程总局在北京召开全国建工局长会议。会议分析了经济工作中"左"的错误在建筑业的表现和影响，强调指出，只有肃清"左"的影响，才能坚定不移地贯彻调整针。在此前后，《人民日报》围绕国民经济调整，发表文章《量力而行，循序前进》《好事要有计划、有步骤地办》和《下马项目要做好善后工作》等。

1981 年 04 月 10 日：国务院办公厅转发城建总局、全国总工会《关于组织城镇职工居民建造住宅和国家向私人出售住宅经验交流会情况报告》，指出，必须调动个人建造和购买住宅的积极因素。

1981 年 05 月 04 日：国家建工总局设计局、卫生部和中国建筑学会召开全国医院建筑设计学术交流会。会议总结交流了工程设计经验，展望了发展趋势，并就挖潜改造、县级医院的建筑设计以及医院如何实现现代化问题进行了讨论。

1981 年 06 月 23 日：国家建工总局在全国范围内组织进行了评选优秀设计项目活动。在各省、自治区、直辖市推荐的 68 个项目中评选出 9 项优秀设计，13 项受到表扬。

1981 年 06 月 24 日：全国农村房屋设计竞赛在北京揭晓。

1981 年 06 月 26 日：中国建筑学会窑洞及生土建筑第一次学术讨论会议在延安召开。

1981 年 06 月 27 日：中共十一届六中全会在北京举行。会议审议并通过了《关于建国以来党的若干历史问题决议》。

1981 年 10 月 09 日：国务院领导听取国家建委关于缩短基本建设工期问题的汇报，指出，在建设上要做到投资少，收效快，必须解决缩短建设周期问题。

1981 年 10 月 19 日：由中国建筑学会接待的阿卡·汗建筑奖第六次国际学术讨论会"变化中的乡村居住建设"在北京召开，来自 20 多个国家的学者、专家与会者，宣读、讨论了论文，会议并组织代表赴西安、乌鲁木齐等地参观访问。

1981 年 11 月 01 日：中国建筑学会历史学术委员会召开 1981 年年会，会议讨论了扩大中国建筑史研究领域、古建筑保护等问题。

1981 年 11 月 09 日：国家建委在北京召开全国优秀设计总结表彰会议。会议向评选出的 70 年代国家优秀设计项目授了奖。会上，有关领导讲话指出，现行体制不能很好发挥设计人员的力量，把"大锅饭"打破是非常重要的，要求在设计体制改革上努力奋斗。

1981 年 11 月 11 日：国家建筑工程总局在常州召开全国建筑工业化经验交流会。会议总结了近几年经验，提出发展工业化要从国情出发，因地制宜，以住宅建设为重点，充分发挥产业优势。

1981 年 11 月 30 日：在第五届人大四次会议上提出的"政府工作报告"指出，从当年起再用五年或更多一点的时间，继续贯彻执行"调整、改革、整顿、提高"的方针。

1982 年 03 月：由建工总局设计局组织召开了图书馆建筑设计交流会。此后相继举办了体育、医疗建筑设计交流活动。

1982 年 04 月 17 日：国务院对国家建委、国家城市建设总局《关于城市出售住宅试点工作座谈会情况的报告》加以批复，要求经过各部门共同努力，搞好试点，为在全国城市实行这项改革积累经验创造条件。

1982 年 04 月 24 日：中国建筑学会设计学术委员会在合肥召开全国居住建设多样化和居住小区规划、环境关系学术交流会。

1982 年 05 月 04 日：五届人大常委会第 23 次会议通过《关于国务院部委机构改革实施方案的决定》，决定将国家基本建设委员会、国家城市建设总局、建工总局、测绘总局合并，设立城乡建设环境保护部。

1982 年 07 月 20 日：中国建筑学会农村建筑学术委员会在丹东召开工作会议。

1982 年 07 月 28 日：建设部召开全国建筑工程质量安全工作会议，会议分析了在广东、湖南的建筑倒塌质量事故，研究了在县、社建设中"治乱"的紧急措施，并讨论了三个文件以加强对县、社建筑勘察设计、施工技术的管理。

1982 年 08 月 17 日：由建设部、文化部和中国美协共同召开的全国城市雕塑规划学术会议在北京举行，会议就城市雕塑的规划和建设等问题交换了意见，确定在京、津、沪和西安市先行试点。

1982 年 10 月 29 日：中共中央办公厅、国务院办公厅转发《关于切实解决滥占耕地建房问题的报告》，要求严格控制占用耕地建房，坚决刹住干部带头占地建房风。

1982 年 10 月：由贝聿铭设计的香山饭店建成，这一设计引起建筑界的关注和讨论。

1982 年 11 月 19 日：全国人大批准公布了《中华人民共和国文物保护法》。

1982 年 11 月 30 日：在五届人大第五次会议上，有关第六个五年计划的报告中，国家领导强调所有建设
项目必须严格按照基本建设程序办事，没有进行可行性研究和技术经济论证，没有
做好勘察设计等建设前期工作，一律不得列入年度建设计划。

1982 年 12 月 10 日：在五届人大第五次会议上，批准了《中华人民共和国国民经济和社会发展第六个五
年计划》。

1982 年 12 月 23 日：在与中国城市发展战略思想学术讨论会部分代表的谈话中，万里指出，当前要使更
多的人懂得城市规划学、建筑学。搞规划、建筑的人才，要参加农村的规划、建设，
小城镇的规划、建设。

1983 年 02 月 01 日：建设部党组召开大会提出建筑业改革大纲，进行动员。

1983 年 02 月 28 日：中央领导对建设部《关于召开全国建筑工作会议的报告》批示指出，同意改革方案，
逐步推广，及时总结经验，不断完善。在报告中，建设部对建筑业体制改革提出十
条改革意见。

1983 年 03 月 04 日：国务院办公厅转发建设部《关于迅速采取措施制止房屋倒塌事故报告》。

1983 年 03 月 05 日：建设部在济南召开全国建筑工作会议。会议讨论了建筑业改革大纲，研究落实改革
的步骤和方法，并制定了相应的政策措施。

1983 年 03 月 09 日：建设部颁发《关于加强历史文化名城规划工作的通知》，对历史文化名城的规划工作
提出要求。

1983 年 03 月 15 日：《人民日报》发表评论员文章《搞活建筑业靠改革》。

1983 年 03 月 23 日：建设部在苏州召开高等工业学校建筑类专业教材编审委员会会议，决定恢复和建立"建
筑学及城市规划"等五个专业教材编审委员会。

1983 年 03 月 24 日：建设部设计局和中国建筑学会建筑设计学术委员会在北京联合召开全国建筑室内设
计经验交流会。交流会还邀请国外专家介绍经验，同时举办了室内设计与装修产品
展览。

1983 年 04 月 06 日：建筑与建材技术政策论证会在北京举行首次会议，着重研究了建筑和建材业到本世
纪末的奋斗目标、技术发展方向和具体要求。

1983 年 05 月 24 日：《人民日报》发表社论《笔下一条线，投资千千万——谈搞好重点建设项目的勘察
设计工作》，指出，勘察设计是基本建设过程中的关键环节，没有勘察设计就不能
施工。

1983 年 06 月 21 日：建设部决定将中国建筑科学研究院调整分设为中国建筑科学研究院、中国建筑技术
发展中心、建设部建筑设计院和建设部综合勘察设计院等四个单位。

1983 年 07 月 28 日：国家计委、财政部、劳动部、劳动人事部联合发出《关于勘察设计单位试行技术经
济责任制的通知》，勘察设计单位由国家拨付事业费改为向建设单位收取勘察设计费。
设计部门内试行"技术经济承包责任制"。

1983 年 07 月 30 日：建设部经中共中央办公厅同意，印发《中共中央国务院关于对〈北京城市建设总体
规划方案〉的批复》，要求各地结合具体情况，抓紧城市规划的编制、审批和实施管
理工作。

1983 年 09 月 23 日：北京图书馆新工程举行奠基典礼。

1983 年 10 月 08 日：国务院授权杭州市人民政府下令停建在西湖风景区施工的一切违章建筑。

1983 年 11 月 12 日：首都规划建设委员会成立并举行第一次会议。

1983 年 11 月 19 日：中国建筑学会成立 30 周年大会在南京召开。

1983 年 12 月 10 日：长城饭店在北京落成，开始试营业。

1983 年 12 月 15 日：国务院颁布《关于严格控制城镇住宅标准的规定》。

1983 年 12 月 18 日：建设部颁发《建筑设计人员职业道德守则》。

1984 年 01 月 05 日：国务院颁发《城市规划条例》，对城市规划的任务、方针、政策，规划的编制审批，旧城区改建，土地使用规划管理和建设规划管理等作了规定。

1984 年 02 月 23 日：西安冶金建筑学院 13 名学生提出的西安旧居住区化觉巷改建方案，获国际建筑师协会 1984 年大学生国际竞赛奖第三名的消息发表。

1984 年 03 月 02 日：中共中央书记处和国务院联合召开沿海部分城市座谈会，确定进一步开放 14 个港口城市。

1984 年 03 月 26 日：国务院常务会议，国家领导听取建设部关于建筑业发展纲要的汇报。

1984 年 03 月 29 日：《人民日报》以《蒸蒸日上的深圳经济特区》为题，连续报道深圳建设经验。此后，还发表了《中国现代化建筑史上的奇迹》等一系列通讯文章。

1984 年 04 月 29 日：由建设部、文化部、中国美协联合举办的"全国城市雕塑设计方案展览"在北京中国美术馆开幕。5 月 5 日召开了全国城市雕塑第二次会议，研究了全国重点城市雕塑的十年规划，公布了计划创作的第一批纪念雕塑 138 人的名单。

1984 年 05 月 15 日：《人民日报》《经济日报》在显著位置发表 1980 年 4 月邓小平关于建筑业和住宅问题的谈话。

1984 年 05 月 16 日：前一日的政府工作报告发表，报告以大量篇幅阐述改革建筑业和基本建设管理体制的意义、目标，宣布建筑业可以首先进行全行业改革。在谈到设计时指出，在工程建设中，设计是灵魂。

1984 年 06 月 06 日：建设部发出《关于进一步抓好建筑勘察设计改革试点工作的通知》，要求建筑勘察设计单位实行企业化经营，并试行建筑师和结构师项目负责制。

1984 年 06 月 25 日：全国建筑业和基本建设管理体制改革座谈会在北京举行。

1984 年 06 月 28 日：建设部颁发 1984 年全国优秀建筑设计奖名单。全国共有 26 个省、市、自治区和部属设计单位，推荐了 158 项参加了这次评选，其中有 37 项获奖。
建设部科技局根据国家科委、国家体改委《关于开发研究单位由事业开支改为有偿合同制的改革试点意见》和《关于当前整顿自然科学研究机构的若干意见》精神，要求各地及部属科研单位、高等院校研究、贯彻。

1984 年 07 月：建设部在南京召开全国城乡建设勘察、设计工作会议，讨论如何贯彻建筑业改革精神，提出设计工作十条改革要点，自此全国勘察设计单位以企业化经营为中心的改革进入高潮。

1984 年 09 月 03 日：戴念慈就国家允许开办个体建筑设计事务所问题，对《经济日报》记者发表谈话，指出建筑设计上，允许全民、集体、个人三种所有制并存。

1984 年 09 月 18 日：国务院颁发《关于改革建筑业和基本建设管理体制若干暂行规定》。

1984 年 09 月 21 日：《人民日报》发表评论员文章《设计是工程建设的灵魂》，同时报道设计改革打破两个"大锅饭"体制，勘察设计工作是向企业化、社会化，以全民所有制单位为主体，允许集体和个体所有制并存，成立开放型、竞争型的体制。

1984 年 11 月 10 日：国务院批转计委《关于工程设计改革的几点意见的通知》。

1984 年 12 月 19 日：中央领导同志参加援藏工程建设工作会议代表进行座谈。自当年 3 月中央确定援藏建设 43 个项目后，四五月份即组成一万多人的援建队伍开进西藏，经 8 个多月奋战已有 22 项完成主体工程。

1985 年：自 1977 年至 1985 年底，国务院已审查批准了 32 个城市的总体规划。

1985 年 01 月 10 日：中国建筑学会邀请规划建筑专家、学者 30 余人，就首都的城市建设规划问题在北京举行学术座谈会。学会理事长戴念慈主持会议。与会代表提出：城市规划和建设要反映出中华民族的历史文化、革命传统和社会主义国家首都的独特风貌；努力提高城市的建筑艺术水平。

1985 年 01 月 19 日：经建设部和经贸委批准的"大地"建筑事务所在人民大会堂举行成立大会，这是北京第一家中外合作经营的建筑设计单位。董事长为高级工程师金瓯卜，副董事长为加拿大华人、清华大学副教授彭培根。1984 年 11 月 26 日建设部还批准试办"北京建筑设计事务所"，这是由中年高级建筑师王天锡为首组成的小型全民所有制的建筑设计事务所。北京、内蒙古、广西等 15 个省、自治区、直辖市，去年下半年新批准成立的集体设计单位共 54 个。

1985 年 01 月 20 日—29 日：以吴良镛、何广乾为正副团长的中国建筑师代表团 4 人，参加了在开罗举行的国际建筑师协会第 15 届大会和第 16 届代表大会。第 15 届大会讨论的主题是"建筑师现在和将来的使命"。吴良镛代表亚洲大区作了题为《亚洲简况与中国近几年建筑事业的发展》的报告。吴良镛教授当选理事。

1985 年 02 月 20 日：中国首次南极考察队在雪原荒岛建成的长城站举行落成典礼，是全体考察队成员在海军的大力支持下用 25 天建成的。这是中国在南极建的长年科学考察建筑。

1985 年 05 月 06 日：由现代中国建筑创作研究小组发起、组织，在中国建筑学会领导、支持下，在武汉召开首届现代中国建筑创作研讨会。

1985 年 05 月：由《建筑师》杂志举办的全国大学生建筑设计竞赛评选在福建进行，此次设计竞赛以"高等学校校庆纪念碑"为题。

1985 年 06 月 09 日：国际建筑师协会在美国旧金山召开第 63 届理事会，中国理事吴良镛教授参加了会议。这次理事会决定每年的 7 月 1 日为世界建筑节。

1985 年 07 月 10 日：建设部召开工程质量电话会议。针对工程质量下降情况，提出立即开展一次群众性质量大检查，坚决取缔无证设计。

1985 年 07 月 16 日：为纪念第二次世界大战遭受原子弹轰炸的罹难者，由中国赠送给日本的"和平雕像"，在长崎市和平公园举行揭幕仪式。中日友协代表团团长王震和长崎市长、长崎县知事出席揭幕式并发表讲话。这座雕像由雕塑家潘鹤、王克庆、郭其祥、程允贤设计，高 3.2 米，净重 30 吨，用 12 块汉白玉雕成。

1985 年 08 月 09 日：建设部发出通知，要求加强对建筑勘察设计质量的监督与管理。此通知是针对集体、个人勘察设计单位日益增多，设计市场日趋活跃而管理工作未能跟上的情况而提出的。

1985 年 08 月 24 日：首都规划建设委员会全体会议通过了《北京市区建筑高度方案》，规定：故宫周围为绿地面积和平房地区，旧皇城根以内的新建筑，由中间向东西两侧，依次不得超过高 9 米和 18 米。旧皇城根以外的新建筑，依次不得过 18 米、30 米、45 米；东部、东北部的三环路以外，经批准方可兴建超高层建筑。9 月 17 日《北京日报》刊发了方案全文。

1985 年 08 月 27 日：中国近代建筑史座谈会在北京举行。在建设部的支持下，由汪坦先生主持此项研究，会后发出"关于立即开展对中国近代建筑保护工作的呼吁书"。

1985 年 08 月 31 日：新疆区计委的建设厅联合召开"新疆建设民族形式和地方特色讨论会"，10 月在南疆首府喀什市召开全区的学术讨论会。

1985 年 09 月 01 日：1984 年 4 月下达的 43 项援藏工程经一年零五个月已有 35 项如期和提前竣工。

1985 年 09 月 09 日—16 日：由建设部、中国建筑学会、中国建筑技术发展中心、文化部、国家体委联合组织的全国村镇建筑设计竞赛评比会议在大连召开。共评出住宅设计方案二等奖 9 名，三等奖 9 名，佳作奖 25 名；住宅实例优秀奖 13 名；集镇文化中心设计方案二等奖 6 名，三等奖 8 名，佳作奖 21 名。

1985 年 09 月 16 日：中国第一座伊斯兰文化中心工程在宁夏银川举行奠基典礼。该中心将设立伊斯兰学术研究机构，总建筑面积为 6 万平方米。

1985 年 09 月：为庆祝新疆维吾尔自治区成立 30 周年而兴建的一批大型公共建筑陆续竣工，总面积约 36 万平方米。这些建筑有自治区人民大会堂、人大常委办公楼、华侨大厦、科技馆、昆仑宾馆新楼、长途客运站大楼、火车站站房大楼、市少年宫、迎宾馆接待楼、人民银行办公大楼等。在设计上有意探索了本地及民族特色，受到各界好评。

1985 年 10 月 09 日：由建设部设计局、科技局、教育局和中国建筑学会联合举办的"电脑在建筑设计中的应用"学术交流会在北京举行。

1985 年 10 月 11 日：在孔子 2536 年诞生日，一座高级宾馆——阙里宾舍，在曲阜建成。

1985 年 10 月 22 日：由建设部、文化部、中国美术家协会联合举办的全国第二次城市雕塑工作会议，在河南洛阳召开。会议由著名雕塑家刘开渠主持，会议讨论通过了《城市雕塑建设管理条件》并确定颁发《城市雕塑创作设计资格证书》，全国雕塑家协会也在大会期间成立。据不完全统计，1949 年至 1979 年，中国共建城市雕塑 193 件，1980 年以后已建成 827 件。

1985 年 10 月 27 日：《经济日报》报道：中国十大风景名胜评选揭晓。万里长城、桂林山水、杭州西湖、北京故宫、苏州园林、安徽黄山、长江三峡、台湾日月潭、承德避暑山庄、秦陵兵马俑被选为中国十大风景名胜。

1985 年 10 月 29 日：为进一步完善和推进城乡建设系统勘察设计的改革，建设部在合肥召开全国城乡建设勘察设计会议。12 月 11 日建设部发出通知，印发会议文件《关于推进城乡建设勘察设计改革实施要点》，提出要进一步繁荣设计创作，适量、适度开展业余设计，要确保设计质量，加强设计质量管理，并大力提倡设计人员遵守职业道德守则。

1985 年 11 月 08 日：经国家经委批准，中国房地产业协会正式成立。

1985 年 11 月 20 日：建设部召开建筑技术政策审定会，对提交的"建筑技术政策纲要"及八个附件进行审定。

1985 年 11 月 29 日—12 月 03 日：中国建筑学会在广州召开了"繁荣建筑创作学术座谈会"。来自全国各地的建筑专家、教授、建筑师 90 余人参加了会议。会议对近年来建筑界关心的主要问题展开了讨论。戴念慈理事长就建筑与艺术、建筑风格、传统和革新等若干理论问题发表了讲话。他的这一讲话后来刊载于《红旗》杂志 1986 年第 6 期。

1985 年 12 月 07 日：全国建筑业和基建管理体制改变座谈会在北京召开，集中讨论了《关于改革建筑业和基本建设管理体制若干问题的补充规定》和《建设项目、成套设备招标投标暂行办法》。

1985 年 12 月 23 日：全国城市中小学建筑设计方案竞赛评选在南京揭晓。应征方案 295 份，经过三轮选拔，评选出一等奖 1 名，二等奖 5 名，三等奖 20 名，佳作奖 36 名。

1985 年 12 月 25 日：建设部党组召开部机关和在北京直属单位思想政治工作会议。

1985 年 12 月 28 日：中原旅游地区重点开发项目之一的"宋都一条街"在河南开封正式动工兴建。这条街的设计是依照《东京梦华录》的记载和《清明上河图》的描绘进行构思的。建成后将再现宋朝都城一条街的古风貌。该工程已纳入国家"七五"计划，预计 1988 年初竣工。

1985 年 12 月：中国自己培养的第一个建筑设计与理论博士研究生，项秉仁通过论文答辩。

中国第一部记载当代建筑业（1949—1964）发展历程与建设成就的大型工具书——《中国建筑业年鉴》由杨慎主编，中国建筑工业出版社出版。全书由文献、行业综述、地区概况、体制改革、建筑实录、勘察设计、科学教育文化、建筑工程机械、学会协会组织、建筑人物、先进单位、管理机构、统计资料和纪事等 14 部分组成，共 134 万字。

1986 年 01 月 05 日：国家经委、轻工委、经贸部、建设部、国家建材局、旅游局等部门召开会议，传达中央领导同志关于加速发展国内室内装饰行业的指示，并研究了中国国际贸易中心的室内设计问题。2 月 13 日国务院再次召开有关部门会议决定成立全国室内装修装饰行业领导小组。

1986 年 01 月 30 日：建设部根据全国建筑市场情况，发出《关于认真整顿建筑市场的通知》，2 月 13 日成立了整顿建筑市场领导小组。

1986 年 02 月 04 日：建设部颁发《建筑技术政策》，文件包括《建筑技术政策纲要》和八个专业技术政策。八个专业技术政策是：建筑产品设计技术政策；建筑施工技术政策；建筑材料与制品技术政策；建筑设备技术政策；建筑勘察技术政策；建筑标准化技术政策；建筑科学技术管理政策；建筑业推广应用电子计算机技术政策。

1986 年 02 月 20 日：国家体委和北京市政府联合召开第十一届亚运会工程建设动员大会。将于 1990 年在北京举行的这届亚运会，有 20 多个比赛项目，约需 27 个场馆和一批训练场地，北京市副市长、工程建设总指挥张百发到会讲了话，号召北京市人民和各行各业立即行动起来，搞好亚运会各项建设工程。

1986 年 03 月：华艺设计顾问有限公司在香港及东京注册，在东京及香港执业具有中国国内甲级设计院设计执照，在香港东京经营和拓展业务，亦可充分利用和沟通国内外的设计技术及工程经验，以适应中外业主的要求。

1986 年 03 月 05 日：建设部在北京召开《民用建筑设计通则》审查会和民用建筑设计标准审查委员会第二次工作会议。

1986 年 03 月 19 日：中国政府援建的埃及国际会议中心工程奠基典礼仪式在开罗举行。国家主席李先念和埃及总统穆巴拉克出席了奠基典礼。该工程由中建总公司与上海分公司联合承包，上海民用建筑设计院设计。

1986 年 05 月 05 日：首次全国旅游旅馆设计经验交流会在武汉举行。

1986 年 05 月 15 日：在中国建筑学会和贵州省建筑学会的支持下，现代中国建筑研究专题学术讨论会暨现代中国建筑创作研究小组年会在贵阳举行。

1986 年 05 月 22 日：建设部总工程师兼科学技术委员会主任、地基基础工程专家许溶烈，被瑞典皇家工程科学院全体会议选为外籍院士。该院福尔斯贝教授专程来北京，于 6 月 23 日在瑞典驻华使馆举行仪式，将院士证书授予许溶烈。

1986 年 06 月 03 日：建设部召开建筑业改革理论与实践讨论会，总结和探索建筑业深化改革的理论与实践，中国建筑学会建筑经济学术委员会 1986 年年会同时举行。

1986 年 06 月 06 日：《人民日报》报道：从 70 年代末到现在，中外设计机构在中国合作设计了 150 多个工程项目。其中，有列入全国重点工程的浙江镇海石油化工厂日产 1740 吨尿素装置、兖州兴隆庄选煤厂、霍林河大型露天煤矿等。

1986 年 07 月 01 日：国家计划委员会和对外经济贸易部联合发布《中外合作设计工程项目的暂行规定》。规定：中国投资或中外合资、外国贷款工程项目的设计，需要委托外国设计机构承担时，应有中国设计机构参加，进行合作设计。香港、澳门设计机构与境内设计机构进行合作设计，参照本规定执行。

1986 年 07 月 28 日：建设部在唐山召开"唐山地震十周年抗震防灾经验交流会暨第八次全国抗震工作会议"。

1986 年 08 月 11 日：西南地区建筑学会在西藏拉萨举行第四次学术交流会议，交流、讨论了建筑创作方向和建设、保护历史名城等问题。

1986 年 08 月 17 日：石家庄市举行仿清建筑"荣国府"和宁荣街落成典礼。荣国府工程总建筑面积 4600 平方米，拥有 215 间房屋，102 间游廊。宁荣街共有 51 家店铺。荣国府工程由中国建筑技术发展中心建筑师杨乃济负责总体设计。宁荣街由故宫博物馆高级建筑师茹竞华负责设计。

1986 年 08 月 22 日：由建设部设计局会同新疆等各少数民族地区与乌鲁木齐市举办了全国少数民族地区建筑创作学术讨论会。

1986 年 08 月：建设部颁发《建筑工程设计施工图质量监督暂行规定》，并建议在沈阳、合肥等地开展试点。

1986 年 09 月 06 日—12 日：中国建筑学会代表团一行 28 人，出席了在日本召开的亚洲建筑交流国际会议，团长为吴良镛。会议的中心议题是：外来文化的吸收与亚洲各地建筑的发展；地区的传统与建筑；近代化与城镇建设；大学建筑教育；建筑技术与社会等问题。

1986 年 09 月 10 日：北京为 1980 年第十一届亚运会而兴建的一批体育场馆工程陆续开工。这批场馆包括北京师范学院体育馆、北京体育学院体育馆、朝阳体育馆、石景山体育馆、月坛体育馆、先农坛体育馆等。第十一届亚运会总体工程规划方案，包括新建 16 个体育场馆（包括一个亚运村），翻建 11 个体育场馆。

1986 年 09 月 25 日：建设部公布了 1986 年度优秀设计、优秀工程评奖结果。共评出优秀设计一等奖 6 个，二等奖 24 个，三等奖 51 个，新疆维吾尔自治区建筑勘察设计院获少数民族地区建筑创作进步奖，城市住宅设计创作奖 7 项；优秀勘察二等奖 9 项，三等奖 9 项；优秀城市规划一等奖 2 个，二等奖 4 个，三等奖 14 个；优秀工程二等奖 4 个，三等奖 10 个。

1986 年 09 月 26 日：城乡建设环境保护部主办的《建设报》试刊。

1986 年 10 月 21 日：中国建筑学会在江苏常熟召开了《全国村镇规划和建筑设计学术讨论会》。

1986 年 10 月 24 日—25 日：中国建筑学会北京市土木建筑学会、清华大学建筑系联合举办纪念梁思成教授诞辰 85 周年、创办清华大学建筑系 40 周年大型纪念活动。参加纪念活动的来宾和历届校友 670 多人。

1986 年 10 月：中国近代建筑史研究讨论会在京召开。

1986 年 11 月 14 日：中朝合建的鸭绿江太平湾水电站二号机组并网发电。电站总装机容量 19 万千瓦。

1986 年 11 月 17 日—21 日：全国首届建筑教育思想讨论会在南京召开。31 所高等院校的建筑专家、教授以及建筑院系的负责人 60 人参加了会议，会议就中国新时期的建筑教育观、人才观、建筑观、教育体制、学制、招生办法、教学内容、教学方法等问题进行了讨论。一致认为，建筑教育必须面向现代化，面向世界，面向未来。

1986 年 12 月：据建设部外事局披露，1982—1986 年，中国建筑界同苏联、罗马尼亚、南斯拉夫、匈牙利、保加利亚、英国、法国、澳大利亚等 40 多个国家，进行国际技术交流共计 539 项，1657 人次。其中，出国进行技术考察和参加国际会议共 215 次，609 人次；外国来中国技术交流的有 30 多个国家，1000 人次；同外国建筑业有关单位签订了合作协议 30 多项，这是中华人民共和国成立以来进行国际交往最活跃的时期。

1986 年 12 月 02 日：建设部和国家统计局联合公布首次全国城镇房屋普查结果。普查范围包括 28 个省、自治区和直辖市（西藏、台湾除外），323 个城市、1951 个县（旗）、5270 个镇与工矿区。截至 1985 年底，在上述普查范围内共有房屋建筑 46.76 平方米。其中。中华人民共和国成立后新建的占 91%，成立前留下的占 9%，十一届三中全会以后兴建的占 68.61%。在全部房屋中住宅面积达 22.91 亿平方米，占 49%。被调查的 1.5 亿城镇居民中，人均居住面积为 6.36 平方米。普查范围内的住户有 3977 万户，缺房户占 26.5%。全国城镇现有工业、交通、商业服务业、教育医疗科研、文化体育以及办公用房 23.85 亿平方米，占全部房屋的 51%。

1987 年 01 月 15 日：全国勘察设计工作会议在京召开，提出坚持正确设计指导思想，把设计工作重点转移到提高效益上来。

1987 年 01 月：南京雨花台烈士纪念馆在南京落成，该馆方案系采用已故著名建筑专家杨廷宝的设计构思。

1987 年 02 月：由文化部社会文化局、中国建筑学会、中国建筑工业出版社联合举办的"全国文化馆建筑设计竞赛"在全国普遍展开。

1987 年 02 月 10 日：为维护建筑市场的正常秩序，推动建筑业经济体制改革，建设部与国家工商行政管理局联合发布《关于加强建筑市场管理的暂行规定》。

1987 年 04 月 01 日：中华人民共和国成立以来首次专门以建筑评论为题的全国性会议在江苏召开。

1987 年 04 月 06 日—16 日：国际住房年纪念大会暨联合国人类居住委员会第 10 届大会，在肯尼亚首夺内罗毕召开。中国派观察员朱毅等一行 3 人前往参加，会议期间介绍了中国城乡住宅建设发展趋势，并放映录像片。

1987 年 04 月 10 日：中国建筑业联合会决定从 1987 年起设立建筑工程"鲁班奖"。"鲁班奖"是全国建筑行业工程质量的最高荣誉奖，授予创出第一流建筑工程的企业。每年颁发一次。

1987 年 06 月 01 日：中国建筑学会建筑创作学术委员会在京举办"当前世界建筑创作趋势学术讲座"，国外几位建筑学者分别介绍了近年来本地区建筑发展趋势，阐述了建筑文化等问题。

1987 年 06 月 09 日：由建设部和联合国人类居住中心召集的国际住房年——中国昆明国际住房讨论会在昆明市召开。

1987 年 06 月：北京图书馆新馆落成，10 月 6 日举行竣工、开馆典礼，该馆规模为世界五大图书馆之一，居亚洲之首。

1987 年 07 月 01 日：国家标准《住宅建筑设计规范》颁布施行。

1987 年 07 月 02 日：为配合 1987 年国际建筑师节活动，促进建筑创作和表现艺术的发展，中国建筑学会和中国建筑工业出版社联合主办"全国建筑画展览"，在北京中国美术馆展出。

1987 年 07 月 13 日：国际建协第 16 次代表大会学术讨论会在英国伦敦召开。中国三名建筑师应邀参加会议并宣读论文。与此同时，国际建协第十六、十七次大会相继召开，会议通过了《建筑师布赖顿宣言（1987）》，吴良镛当选为第十七次大会的副主席。

1987 年 08 月 10 日：现代中国建筑创作研究小组第三届年会以传统建筑文化为现代中国建筑创作为题举办研讨会，会议在新疆乌鲁木齐市召开。

1987 年 08 月 18 日："建筑科学的未来"研讨会在京举行。

1987 年 08 月 27 日：建设部在长沙市召开"城乡建设系统深化科技体制改革"座谈会，会议围绕"城乡建设系统发展需要依靠科学技术，而科学技术必须为本行业发展服务"这一中心探讨深化科技体制改革的问题。

1987 年 10 月 01 日：国家标准《中小学校建筑设计规范》颁布施行。

1987 年 10 月 16 日：当代建筑文化沙龙在北京举行首次环境艺术讲座。

1987 年 10 月底：南京工学院建筑系集会庆祝建系 60 周年暨纪念刘敦桢先生诞辰 90 年。

1987 年 12 月 11 日：中国建筑学会第七次代表大会在京开幕。会议表彰了工作五十年的老专家，并围绕"建筑环境"专题开展了学术交流。

1987 年 12 月 13 日：为繁荣创作，提高设计质量，进一步推进建筑设计全面管理，建设部设计局在南京召开 TQC 试点院经验交流会。此前于 11 月 28 日在北京召开了北片试点交流会。

1987 年 12 月 28 日：中国最大陆路客运站——上海站交付使用。

1988 年 01 月 01 日：由城乡建设环境保护部编制、国家计委颁发的《城市规划设计收费标准（试行）》从 1988 年 1 月 1 日起试行。

1988 年 01 月 15 日—18 日：国务院召开住房制度改革工作会议。会上提出，住房制度改革不仅可以正确引导和调节消费，促进消费结构趋向合理，在经济上有很大意义，而且在住房这个领域的不正之风也会大大减少，因此，在政治上也有很大意义。

1988 年 03 月 22 日：遵照国务院指示，国家计委向各省、自治区、直辖市及各部门发出《关于清理楼堂馆所项目的通知》。

1988 年 04 月 24 日：清华大学建筑学院成立。该学院是在清华大学建筑系基础上发展而成立的。清华大学建筑系是由著名的建筑学家梁思成教授于 1946 年创建的。建筑学院包括建筑系，城市规划、建筑历史与文物建筑保护、建筑技术科学 3 个科研单位和一个设计单位。建筑学院由李道增任院长。

1988 年 04 月 28 日：首都 20 万群众投票选出北京 80 年代十大建筑，正式举行发奖仪式，胡启立、戴念慈等向获奖建筑的设计、施工和建设单位颁发了特制奖杯。这次评选的十大建筑是：北京图书新馆；中国国际展览中心；中国彩色电视中心；首都机场候机楼；北京国际饭店；大观园；长城饭店；中国剧院；中国人民抗日战争纪念馆；地铁东四十条车站。

1988 年 06 月 16 日：国务院向各地发出《国务院关于清理楼、堂、馆、所项目的通知》，要求省长、自治区主席、直辖市市长亲自抓，务必抓出成效。对停建、缓建的楼、堂、馆、所项目，要公布于报端，接受群众监督。

1988 年 06 月 18 日：中国建筑学会第七次常务理事会议在北京召开，审议通过第二批从事建筑工作和学会工作 50 周年的老同志共 44 人的表彰名单。

1988 年 06 月 30 日：中国建筑业联合会建筑史志与产业发展研究会在山东成立，该研究会由长期从事建筑行业，有一定写作能力的老同志和企业家、出版家，及高等院校的专家教授组成。袁镜身任会长。

1988 年 07 月 01 日："世界建筑节"前夕，从建设部获悉，近几年中国已有 110 多人在国际建筑设计竞赛中获得各类大奖，获奖方案达 45 项，中国的建筑设计水平已跻身世界一流。

1988 年 08 月 01 日：中共中央办公厅、国务院办公厅联合通知，严格控制建立纪念设施。通知决定：今后，非经党中央、国务院特许，不得再建个人纪念馆和设立个人故居。对在世的人一律不准建个人纪念设施。

1988 年 08 月 04 日：建设部和国家工商行政管理局联合发出通知，对房地产企业进行资质复审。近几年来，中国房地产业呈上升趋势，又有 167 个城市设立了房地产交易机构。全国城镇各类房地产开发企业已发展 2000 余家，房地产开发工作量每年达 100 多亿元。

1988 年 09 月 22 日：李鹏总理颁发中华人民共和国国务院令第 15 号：《楼堂馆所建设管理暂行条例》，是经 1988 年 7 月 26 日国务院第十四次常务会议通过的。

1988 年 09 月 26 日：中共十三届三中全会开幕，开幕式上发表《在中共十三届三中全会上的报告》，提出"治理经济环境，整顿经济秩序是明后两年改革建设的重点"。治理经济环境，主要是压缩社会总需求，抑制通货膨胀。明年全社会固定资产投资规模要压缩 500 亿元，大体相当于今年实际投资规模的 20%，只能多压，不能少压。

1988 年 10 月 01 日：在改革开放的十年间，中国全部建成投产的大中型项目有近 1000 个，单项投产项目近 2000 个。1979—1988 年的十年间，用于全民所有制单位基本建设投资超过 7000 亿元，其中能源、交通、原材料等方面的投资就占到一半多。十年中，全部建成投产的大中型煤矿矿井 119 个，使煤炭开采能力增加 1.6 亿吨；建成一批实力雄厚的火电基地和大型水电站，累计新增发电机组容量 4818 万千瓦；有 18 条铁路复线全部或部分建成；沿海增建 150 多个码头泊位，新增沿海港口吞吐能力 17486 万吨。

1988 年 10 月 07 日：海峡两岸建筑专家、学者首次在香港聚会，举行了近 40 年来的第一次座谈会。参加会议的专家、学者共 46 人，其中 15 人来自台湾的文化大学、淡江大学、中原大学等单位；23 人来自大陆的清华大学、东南大学、天津大学、同济大学，以及北京市、天津市建筑设计等单位。大陆著名建筑师戴念慈、吴良镛参加了座谈会。吴良镛题词"精诚所至，金石为开"，赠予这次座谈会发起人赵利国先生。海峡两岸专家还商定，座谈会将在香港、北京、台北陆续举行。

1988 年 10 月 28 日：《人民日报》报道：从 1979 年到 1987 年，全国兴建农民住宅 56 亿平方米，为前 30 年农村新建住宅总和的 1.8 倍，平均每个农民的住房建筑面积由 11 平方米提高到 19 平方米。

1988 年 11 月 10 日：建设部与文化部联合发出通知，要求各地城市规划部门要与文物部门和建筑学会密切配合，做好近代建筑物的调查、鉴定与保护工作。近代建筑的建造时间是指

1840—1949 年之间，重点是在 1911—1945 年之间。优秀近代建筑要按照其历史、艺术、科学价值的大小，申报不同级别的文物保护单位。

1988 年 12 月 13 日：国家领导人在中南海约见建设部长林汉雄，在听取了林汉雄关于全国建设工作会议情况和今后工作的汇报后说，治理环境、整顿秩序、压缩固定资产投资规模，给建设系统带来了暂时困难，同时也带来了改革和调整的机遇。

1988 年 12 月 19 日：新华社报道，全国固定资产投资项目清理工作取得初步成效。据不完全统计，截至 11 月底，国务院派赴各地的 10 个检查组同地方政府密切配合，已确定停缓建各类建设项 10220 个，可压缩投资规模 334 亿元。前一段清理所取得的成绩仅仅是初步的，在已决定暂停缓建的项目中，在建的项目少，生产性建设项目所占的比例不大，楼堂馆所的清查工作尚不彻底。

1988 年 12 月 26 日：国务院发布《关于进一步清理固定资产投资在建项目工作的通知》，提出"先停后清"的原则，并列出"先停后清"的范围。

1988 年：经国务院批准，全国新设城市 53 个，其中地级市 5 个，县级市 48 个。另外，由原县级市升格为地级市 8 个，实行市领导县体制的 6 个。截至 1988 年底，中国共有设市城市 432 个（包括 3 个直辖市）。其中地级市 183 个，县级市 248 个。在 183 个在地级市中，有 164 个地级市领导 739 个县。

1989 年 01 月 22 日：中国建设银行行长在北京举行的分行长会议上讲话指出，全国固定资产投资规模仍未得到应有的控制。当前，经济过热、固定资产投资过猛的问题并没有得到解决。据统计，全国施工在建的项目约 20 万个，总规模 1.3 亿元左右。目前已经决定停建的项目只有 1 万多个。而且，一面压，一面突击施工的现象依然存在。

1989 年 01 月 24 日：国家统计局首次公布 1988 年中国各地区（不包括台湾地区）8 项重要经济指标：1988 年全国固定资产投资（全民所有制单位基本建设投资和更新改造资金）总计完成 2497.83 亿元，比上年增长 18.8%。年末银行贷款余额中固定资产投资贷款（尚未收回的贷款）为 1555.09 亿元。反映了基建投资规模过大，增长速度过快，经济过热。

1989 年 02 月 07 日：《建筑》杂志刊发《建筑业：困境与出路》的署名文章披露：1989 年中国建筑业面临的是一场十分严峻的考验。这几年，每年 2500 亿元的基本建设和技术改造投资，论建安工作量不过 1500 亿元左右，仅需施工力量 1600 万人，却聚集着 2400 万施工队伍。其中国营施工企业 64 万人，城镇集体企业 406 万人，农村建筑队 828 万人，另外在农村流动的还有 500 多万人。有关部门测算，1989 年全社会固定资产投资削减 500 亿元以上，加上目前的过剩队伍，将会出现几百万人窝工或任务不足的被动局面。

1989 年 02 月 17 日：《中长期科学技术发展纲要（建设）1990—2000—2020》在建设部科学技术委员会最近召开的纲要评审会上审议通过。《纲要》根据中国建设科技发展中长期基本法指导思想和总目标，就是通过改革，建立企业和行业依靠科学技术、科学技术面向经济建设的机制，逐步形成科技推动生产力发展的良性循环，使各个科技领域能适应建设事业的需要，在主要科技领域能跟上世界步伐，在一些科技领域达到世界先进水平。

1989 年 02 月 22 日：《人民日报》报道，经国务院批准，国务院清理固定资产项目领导小组和国家计委最近联合发出通知，严格控制开工项目，并作了具体规定。该项目办法限于今明两年治理整顿期间适用。

1989 年 02 月 26 日：国务院致电中国南极考察队，热烈祝贺南极中山站落成。这座颇有中国传统庭院特色的中山站第一期建筑面积为 1654 平方米。其主楼由 28 个集装箱房拼装而成。邓小平写的"中国南极中山站"镀金铜质站标悬挂在主楼正门左上方。右厢是由 22 个集装箱组装而成的宿舍楼，左厢为二层楼的发电站。这座红色的建筑按设计可抗每秒 50 米的狂风。中山站是中国建成的第二个南极考察站。

1989 年 02 月 28 日：国家统计局发布 1988 年国民经济和社会发展统计公报。1988 年全国固定资产投资完成 4314 亿元，比上年工作量略有增长。全国在建工程总规模仍然偏大，约 1.3 亿元，比上年扩大 12%。清理固定资产投资在建项目工作已经取得一些成效。国家决定停建缓建的投资项目 14400 多个，可压缩今后几年的投资 442 亿元。

1989 年 03 月：据国家统计局资料，中华人民共和国成立 40 年来，建筑业共创造总产值 20486 亿元，净产值 5361 亿元。其中 1988 年完成总产值 2861 亿元（1949 年仅为 4 亿元），占社会总产值的比重由 1949 年的 0.7% 提高到 9.8%。建筑业产值已超过商业和运输业之和，在五大产业部门中，仅次于工业和农业。1988 年完成净产值 750 亿元，占国民收入的比重由 1949 年的 0.3% 提高到 6.6%。

李鹏总理在七届人大二次会议上指出，截至今年 2 月底，全国已停建缓建固定资产投资 18000 个，可压缩今后几年的投资 647 亿元。占全部项目剩余工作量的 12%。但是，清理、压缩的目标尚未达到，任务还十分艰巨。压缩和控制固定资产投资规模，关键是清理在建项目。

《中国现代艺术展》在北京举行，建筑作品引起观众兴趣。

1989 年 03 月 10 日：建筑报讯，海峡两岸港澳建筑师合作《建筑与城市》杂志创刊。

1989 年 04 月 04 日—09 日：在建设部科技局的支持下，由清华大学建筑系汪坦教授主持的"第二次中国近代建筑史讨论会"在武汉大学召开，全国高校等数十个单位代表出席会议，提交论文 48 篇。

1989 年 04 月 07 日：《建设报》载村镇房地产开发出现好势头，全国现有村镇房地产开发公司 2000 余家，开发商品房已达 800 万平方米。

1989 年 04 月 11 日：《建设报》载，近几年建筑业产值价格指数上升幅度大，其中，1988 年为 13.8%。建材价格指数比上年上升 16.3%，人工费上升 10.5%，施工机械使用费比前年上升 6.7%，其他费用价格指数比上年上升 11%。

1989 年 04 月：应建设部、建筑学会和清华大学的邀请，日本著名建筑师矶崎新偕夫人宫胁爱子（雕塑家）和美国著名建筑师理查德·迈耶来华访问。

1989 年 04 月 30 日：《台湾首次建筑作品展》于 4 月 30 日在清华大学主楼揭幕。展览由清华大学建筑学院、北京市建筑设计院主办。台湾中原大学、淡江大学、东海大学建筑系单位的学生作品 113 块展板参展。此展览继而在天津大学等地展出。

1989 年 05 月：《当代中国建筑师》（第一卷）由天津科学技术出版社出版，其中介绍了 50 位中年建筑师的经历、设计思想和代表作品。

1989 年 06 月 28 日：中国建筑协会召开纪念世界建筑节座谈会。林汉雄部长强调要重视建筑创作；谭庆琏副部长指出要提倡"百花齐放，精心设计，标新立异，树碑立传"。今年设计建筑节的主题是"建筑与文化"。

1989 年 07 月 06 日：由世界居住杂志发起的评选"80 年代世界名建筑"和"80 年代中国建筑艺术优秀作品"的活动揭晓。世界名建筑是：香港汇丰银行大厦；美国波特兰大厦；纽约美国电报电话公司大厦；联邦德国斯图加特新美术馆；日本筑波中心；巴黎罗浮地下宫；沙特阿拉伯雅得国际机场航站楼；1987 年西柏林国际建筑展览社会住宅；巴黎拉·维莱特公园；多伦多汤姆逊音乐厅。中国优秀作品是：北京，中国国际展览中心；南京，侵华日军南京大屠杀遇难同胞纪念馆；深圳体育馆；福建，武夷山庄；甘肃，敦煌机场航站楼；乌鲁木齐，新疆迎宾馆；上海华东电业管理大楼；上海，龙柏饭店；曲阜，阙里宾舍；北京，台阶式花园住宅。

1989 年 08 月 20 日：城市住宅小区建设现场会在济南召开。这次会议将通过总结交流济南燕子山、天津川府新村和无锡沁园新村三个实验住宅小区规划、建设和管理，努力改善城市人民居住条件。

1989 年 10 月 23 日—25 日：中国建筑学会在杭州召开以"中国建筑创作 40 年"为题的学术会议，同时召开了中国建筑学会建筑师学会第一届代表会议。龚德顺当选为第一任会长，刘开济、严星华、周庆琳任副会长，周庆琳兼秘书长。

1989 年 11 月 11 日—16 日：继 1988 年 10 月海峡两岸建筑界人士在香港首次聚会，1989 年 11 月 11 日至 16 日又在泰国曼谷举行了"中国第二次建筑学会交流会"。参加会议的专家学者共 52 人，大陆 26 人，台湾 24 人，香港 2 人。大陆方面有中国建筑学会、天津城市规划学会、清华大学、天津大学、北京市建筑设计院、天津市建筑设计院等十几个单位。

1989 年 11 月 27 日—30 日：由国际建筑师协会亚澳区、中国建筑学会和清华大学共同主持的国际学术讨论会"转变中的亚洲城市与建筑"于 1989 年 11 月 27 日至 30 日在北京清华大学召开。

1989 年 12 月：根据国家统计局发表的 1989 年国民经济和社会发展统计公报提供的数字：这一年全国城镇新住宅 1.6 亿平方米，农村新建住宅 7.1 亿平方米。

1990—1999 年

1991 年 01 月 21 日：北京市有关部门就住宅质量问题举行新闻发布会，建设部副部长谭庆琏在讲话中强调，过去我们的注意力都集中在大中型公共建筑上，对量大面广的住宅建设的质量重视不够。1990 年，全国有 40% 左右的商品房没有达到合格标准。

1991 年 05 月：建设部颁发了《推进建设事业科技进步政策要点》。提出，当前建设科技进步的目标和工作重点是节能、节材、节水、节地和提高工程质量及产品质量，提高生产效率、提高经济效益。

1991 年 06 月 26 日：建设部和中国联合国教科文组织全国委员会在北京联合举行泰山、黄山列入《世界遗产名录》证书颁发仪式。

1991 年 06 月 28 日：中国建筑学会以"未来的展望"为主题，在北京举行座谈会，纪念"7·1"世界建筑节。

1991 年 07 月中旬：在石家庄召开了第三批全国城市住宅小区建设试点工程质量现场会。会上交流了试点小区消除质量通病和实施监理的经验。

1991 年 09 月 03 日：第 14 号建设部令发布《城市规划编制办法》并自 1991 年 10 月 1 日起施行。

1991 年 09 月 24 日：亚洲建筑师协会第 12 届理事会在北京召开。会议就进一步改革建筑教育和建筑实践
　　　　　　　　　等问题进行了讨论。

1991 年 09 月 26 日：来自亚、欧、非洲 18 个国家和地区的 200 余名建筑师，汇聚北京香山饭店，参加由
　　　　　　　　　中国建筑师协会举办的第六期亚洲建筑论坛。

1991 年 11 月 12 日：原城乡建设环境保护部副部长、中国科学院学部委员、中国建筑学会理事长、中国
　　　　　　　　　杰出的建筑设计大师——戴念慈同志病逝，终年 71 岁。

1991 年 12 月 16 日—20 日：全国建设工作会议在北京召开，会议总结了过去 10 年建设事业取得的成就
　　　　　　　　　　　及经验，研讨了今后 10 年和"八五"时期建设事业的发展规划，部署了
　　　　　　　　　　　1992 年至 1993 年的工作重点。

1991 年 12 月 27 日：全国高等学校建筑学专业评估工作会议在南京结束。清华大学、同济大学、天津大学、
　　　　　　　　　东南大学四所高校建筑学系的建筑学专业获得优秀资格，有效期为 6 年。中国香港、
　　　　　　　　　英国等专家学者作为观察员观察了评估。

1992 年：据国家土地管理局统计，1991 年底，全国共有开发区 117 个。至 1992 年底为 2700 多个，是历
　　　　年总数的 20 多倍，其中，国家级经济技术开发区共 95 个。包括国家各部委审批的高新技术开
　　　　发区 52 个，国家旅游局审批的旅游度假开发区 11 个，海关总署审批的保税区 13 个。

1992 年 03 月 06 日—08 日：拥有 9.9 万多名会员的中国建筑学会，在北京举行第八次全国建筑学会会员
　　　　　　　　　　　代表大会，选出了新的领导机构。叶如棠当选为理事长，许溶烈、吴良镛、
　　　　　　　　　　　钱学中、虞福京、张钦楠、严星华当选为副理事长。

1992 年 05 月 16 日：建设部副部长干志坚主持会议，研究江泽民总书记关于建筑室内抽水马桶漏水问题
　　　　　　　　　的谈话和批示，部署了具体贯彻的做法。

1992 年 06 月 04 日：建设部发布中华人民共和国建设部第 18 号令：《监理工程师资格考试和注册试行办法》
　　　　　　　　　已于 1992 年 6 月 3 日经第 10 次部常务会议通过，自 1992 年 7 月 1 日起施行。

1992 年 09 月下旬：经国务院批准，中国又有 45 个市、县列入对外国人开放地区。至此，中国已有 799 个市、
　　　　　　　　县对外国人开放。

1992 年 10 月 05 日："世界住房"日，主题是"持续发展住宅"。建设部发出《关于开展 1992 年"世界住
　　　　　　　　　房日"活动的通知》，呼吁社会各方面重视解决住宅问题。

1992 年 10 月 27 日：中国城市投资环境国际讨论会在北京开幕。15 国外国政府官员、企业家，港澳地区
　　　　　　　　　的大企业财团 30 余人，以及中国 50 多位市长、国务院有关部委的负责人、专家出
　　　　　　　　　席了会议。联合国副秘书长拉玛昌德兰出席会议并发言。

1992 年 10 月 29 日：联合国人居中心信息办公室成立大会暨深圳市获"人居荣誉奖状"颁奖仪式在北京
　　　　　　　　　举行。建设部部长侯捷，联合国副秘书长、联合国人居中心执行主任拉玛昌德兰博
　　　　　　　　　士等出席了会议。据悉，从 1980 年至 1991 年，深圳市新建住宅面积 1208 万平方米，
　　　　　　　　　建成居住小区 634 个，人均居住面积已从 1980 年前的 2.74 平方米提高到 11.34 平方
　　　　　　　　　米。深圳市是继 1990 年唐山市之后，中国第二个获得联合国人居中心"人居荣誉奖
　　　　　　　　　状"的城市。

1993 年 01 月：湖南大学举办柳士英诞辰 100 周年纪念活动。柳士英是著名建筑学家、建筑教育专家，从
　　　　　　　教 50 余年，筹建、主持"中南土建学院"，后任湖南大学土木系主任，湖南大学副校长，
　　　　　　　编写了《西洋建筑史》等教材。

1993 年 04 月 20 日："建筑师职业的未来"国际研讨会 4 月 20 至 22 日在北京举行，出席会议的有中国建

筑学会（ASC）理事长叶如棠、英国皇家建筑师学会（RIBA）会长麦考迈克（Richard Maccormac）、第一副会长暨下任会长达菲（Frank Duffy）、美国建筑师学会（AIA）第一副主席暨下任主席查平（William Chapin）、美国全国建筑师注册委员会（NCARB）主席罗宾逊（Harry Robinson Ⅲ）及常务副主席巴伦（Samuel Balen）、香港建筑师学会（HKIA）会长刘荣广及前会长潘承梓等，以及中国建设部、人事部、国务院学位办、法制局等部门的主管领导，国内主要建筑院校及设计院的专家、学者共 60 余人。

1993 年 05 月 26 日—30 日：中国建筑文化沙龙等在南昌召开了研讨会，研讨建筑与文学的亲缘关系，全国各地的 50 多位建筑学家和文学家参加了会议。

1993 年 06 月 17 日—21 日：国际建筑师协会（UIA）第 18 次大会和第 19 次代表会在美国芝加哥举行。中国建筑代表团和中国建筑师代表团参加了大会，周干峙再次当选为理事。会议期间，中国建筑学会代表团经过同韩国、菲律宾、土耳其、德国等五国激烈竞争，以多数票获 1999 年在中国举办第 20 届国际建筑师协会大会和第 21 届代表会议的资格。

1993 年 07 月 06 日：中国建筑学会建筑史学分会在北京召开了中国建筑学会史学分会成立暨第一次年会。建筑史学分会的前身是建筑历史与理论学术委员会，于 1983 年停止活动。

1993 年 07 月 18 日：应台湾地区 5 个学术团体联合邀请，中国大陆建筑师赴台学术交流访问团，于 7 月 18 日赴台参加在台北举行的 1993 年海峡两岸建筑学术交流会，并到台中、台南和高雄市访问。

1993 年 11 月 06 日—09 日：中国城市规划学会在襄樊成立，吴良镛当选为理事长。

1993 年 11 月 19 日：中国建筑学会成立 40 周年庆祝大会在京召开。来自全国各地的建筑师、工程师 300 余人在北京集会纪念中国建筑学会建会 40 周年。

1993 年 11 月 20 日：建设部以 1993 年第 3 号公告公布了中国首批批准的 312 个设计单位具有甲级工程总承包资格单位名单。

1993 年 11 月 29 日：建筑前辈座谈会在杭州举行。按照《建筑学报》1993 年 5 月份召开的编委会的提议，"1993 年建筑前辈座谈会"于 11 月 29 日至 12 月 2 日在杭州、绍兴召开。出席这次座谈会的前辈建筑师有张镈、汪定曾、莫伯治、赵冬日、方鉴泉和严星华。

1993 年 12 月 11 日：建设部以 1993 年第 4 号公告公布了中国第一批批准的 59 个甲级资质建设监理单位名单。

1994 年 01 月：经国家教委批准，重庆建筑工程学院、哈尔滨建筑工程学院自 1995 年 1 月 17 日更名为重庆建筑大学和哈尔滨建筑大学。

1994 年 01 月 04 日：国务院批准第三批国家历史文化名城，共 37 座。至此，中国共有国家历史文化名城 99 座。

1994 年 01 月 23 日：建设部与国家科委共同举办 2000 年小康住宅示范工程新闻发布会，宣布该项以科技为先导、以改善城乡居住环境、推动住宅建设产业化发展为目标的工程正式启动，在 2000 年之前建设 20 个以上小康住宅示范小区。

1994 年 02 月 23 日：全国建筑师管理委员会成立，负责承办注册建筑师制度的各项事宜。管理委员会决定，1994 年 10 月在辽宁省进行一级注册建筑师考试试点。

1994 年 03 月 08 日：建设部在北京召开的加强国家风景名胜景区资源保护新闻发布会上发布《中国风景名胜区形势与展望》绿皮书，提出中国名胜景区的发展风向与对策。

1994 年 03 月 30 日：1993 年 11 月，中国建筑学会常务理事会授予贝聿铭先生"杰出建筑成就金奖"。
1994 年应全国政协邀请，贝聿铭率代表团访问中国，3 月 30 日上午，中国建筑学会
理事长叶如棠出席，颁发贝聿铭先生中国建筑学会"杰出建筑成就奖"。下午在聘请
贝聿铭为清华大学名誉教授仪式上，贝先生接受了聘书，并发表了即席讲话。

1994 年 04 月 05 日：建设部以第 35 号部令发布《高等学校建筑类专业教育评估暂行规定》，自发布之日
起实施。

1994 年 04 月 12 日：张镈大师从事建筑创作 60 周年座谈会在京举行。北京市建筑设计院于 4 月 12 日在
北京友谊宾馆为中国当代建筑设计大师张镈《我的建筑创作道路》一书的出版发行
及其从事建筑创作 60 周年举行隆重的座谈会、纪念会。

1994 年 04 月 21 日：建设部计划财务司在《建设报》上发表 1993 年城市建设统计公报，全国设立城市共
570 个，城市人口 33872.6 万人。

1994 年 04 月 22 日：在全国城市园林绿化工作会议上，杭市区和深圳市被建设部命名为第二批园林城市
（首批已有 3 个园林城市）。

1994 年 05 月 31 日：来自 20 多个国家、30 多位外国专家组成的北京住宅国际访问团举行北京住宅国际
访问活动开幕式暨学术报告会。清华大学吴良镛教授作了关于菊儿胡同新四合院住
宅的学术报告。

1994 年 06 月 03 日：中国工程院成立。以工程技术专家为主体的最高荣誉性、咨询性学术机构——中国
工程院于 1994 年 6 月 3 日诞生。中国工程院院士首批 96 位，其中来自建设系统的
有 6 位，他们是王光远、刘先林、李德仁、张锦秋、周干峙、傅熹年。6 月 7 日中
国工程院全体院士大会，选举朱光亚为院长。

1994 年 07 月 05 日：《中华人民共和国城市房地产管理法》于 1994 年 7 月 5 日通过，1995 年 1 月 1 日起实施。

1994 年 07 月 12 日：首届 ABD 杯计算机辅助设计（CAAD）评优活动结束。上海夜光杯大酒店（上海建
筑设计研究院设计）获一等奖。

1994 年 07 月 19 日：中国城市规划协会在北京成立，建设部顾问周干峙当选理事长。中国在目前 570 个
设市城市中，有 200 个有规划局，200 个有规划处，规划人员近 5 万人。

1994 年 08 月：继 1989 年评出第一批全国勘察设计大师之后，8 月又有 120 人被建设部授予"工程勘察设
计大师"称号，这些人分别来自 28 个行业，其中有 100 名工程设计人员、20 名工程勘察人员。

1994 年 08 月 09 日：拉萨市举行盛大庆典，庆祝西藏布达拉宫维修工程竣工。

1994 年 08 月 20 日：第三次建筑与文化学术讨论会在泉州召开，100 多名专家学者参加会议。

1994 年 09 月 11 日—14 日：在联合国教科文组织的支持下，由中国联合国教科文组织全国委员会和西安
人民政府共同召开的"古城西安重要文化遗产列入《世界遗产名录》"国际
讨论会在西安召开。

1994 年 09 月 28 日：中国主办 1999 年国际建筑师大会的协议在马德里签字。应国际建筑师协会主席兼西
班牙建筑师学会主席贾伊默·杜罗彼法雷（JaimeDuro Pifarre）邀请，建设部常务副
部长兼中国建筑学会理事长叶如棠于 1994 年 9 月 28 日至 10 月 2 日访问了西班牙，
并于 9 月 29 日在西班牙建筑师协会的总部，国际建协主席杜罗和叶理事长分别代表
双方签订了《1999 年北京国际建筑师协会大会和代表会议协议》。

1994 年 09 月 29 日：由建设部、国家计委、财政部、人事部、中央编委办公室联合签报国务院的《关于
工程设计单位改为企业若干问题的意见》，于 9 月 29 日已经国务院批复，原则同意

实行事业单位企业化的工程勘察设计单位逐步改建为企业。

1994 年 10 月 06 日：《中国建设报》公布建设部制定的《建筑事业体制改革总体规划（1994—2000 年）》，
共分 9 个部分 66 个条款。

1994 年 10 月 10 日—13 日：注册建筑师考试（试点）在沈阳建筑工程学院举行，有 700 多人参加考试，美国、
英国、中国香港的观察团到现场观察。10 月 13 日，美国全国注册建筑师注
册管理委员会与中国方面就双方互相承认对方注册建筑师资格、互派人员考
察事宜达成会议纪要。

1994 年 10 月 14 日：全国建筑业工作会议在北京举行，会议的主题是让建筑业在市场经济中振兴和成为
支柱产业。

1994 年 10 月 17 日：由《建筑师》杂志编辑部举办的第二届中青年建筑师优秀设计评选揭晓。经评委会
反复讨论投票，共评出优秀设计 53 项，其中建成项目为西藏拉萨贡嘎机场候机楼、
北京国家奥林匹克中心、上海电视塔（东方明珠）等 26 项，设计方案为上海不夜城
天目广场、深圳特区办公大楼、上海博物馆新馆等 27 项。

1994 年 10 月 23 日：第五次两岸建筑学术交流会在杭州举行。

1994 年 11 月 01 日：中国高等院校建筑学专业教学评估委员会和美国全国建筑学评估委员会签署了在教
育和教育评估标准方面合作的意向书。

1994 年 11 月 06 日：亚瑟·埃利克森先生作品展览在京举行。

1994 年 12 月 02 日：国际建筑师协会第 20 届大会组委会于 1994 年 12 月 2 日在北京正式成立。全国政协
主席李瑞环担任名誉主席，建设部长侯捷、常务副部长叶如棠分别担任主席和执行
主席，北京常务副市长张百发等任副主席，邓楠等 18 个部委主要领导组成的组委会
负责大会的全面组织工作。

1994 年 12 月 23 日：由建设部、北京市的 11 家单位主办的首都公厕设计大赛，在 12 月 23 日揭晓，评出
一等奖 1 个，二等奖 5 个，三等奖 24 个，佳作奖 30 个。

1994 年 12 月 24 日："94 首都建筑设计汇报展"于 1994 年 12 月 24 日至 1995 年 1 月 14 日在北京举行。
展览会的主题是"繁荣建筑艺术创作，夺回古都风貌"。

1995 年：上海市评选出 90 年代十大新景观：浦江双桥（杨浦、南浦，获奖设计师：林元培）；内环线高
架公路（获奖设计师：邵理中）；人民广场（获奖设计师：李应圻）；新外滩（获奖设计师：邢
同和）；东方明珠广播电视塔（获奖设计师：江欢成）；地铁一号线 12 个车站（获奖设计师：蔡
镇钰）；豫园商城（获奖设计师：徐子方）；新锦江大酒店（获奖设计师：洪碧荣）；虹桥经济技
术开发区（获奖设计师：章明）；古北新区（获奖设计师：陈庆庚）。

1995 年—：1984 至 1994 年的十年中，累计竣工农民住宅 62 亿平方米，投资总额 6973 亿元。全国农村
实有住宅建筑面积 200 亿平方米，其中楼房占 25.18%。农民人均建筑面积由 17 平方米增至
21.26 平方米。

1995 年 01 月 10 日：为了缅怀中国建筑师和建筑教育家徐中教授，由台湾大学前任校长、徐中教授的生
前好友虞兆中先生出资倡导建立的徐中奖励基金会于 1994 年成立，1995 年 1 月 14
日举行了首届"徐中勤学奋进奖"颁奖仪式，有 4 名品学兼优的本科生和研究生获奖，
另有 6 人获荣誉奖。

1995 年 01 月 18 日：建设部与人事部联合颁布了《一级注册建筑师考试大纲》，共 9 个部分，包括了设计
前期工作、场地设计（知识）、建筑设计（知识）、建筑结构、环境控制与建筑设备、

建筑材料与构造、建筑经济、施工与建筑业务管理、建筑设计与表达（作图）、场地设计（作图）等。

1995 年 02 月 15 日："中国当代环境艺术优秀作品（1984—1994）"评选揭晓，评出优秀奖 10 个。它们是：北京国家奥林匹克体育中心；深圳大学校园中心广场；侵华日军南京大屠杀遇难同胞纪念馆；烟台莱山机场航站楼、上海外滩城市风景带设计；北京恩济里居住小区；深圳华夏艺术中心广场；广州西汉南越王墓博物馆；北京中日青年交流中心；珠海宝胜园酒家室内设计。

1995 年 02 月 16 日：国务院办公厅发〔1995〕号文向全国各地区各部门转发了由国务院房改领导小组及有关成员单位拟就的《国家安居工程实施方案》，说明国家安居工程正式启动。

1995 年 03 月 22 日：建设部和人事部联合颁发了《房地产估价师执业资格制度暂行规定》，规定国家实行房地产估价人员执业资格认证和注册登记制度，房地产估价师执业资格实行全国统一考试制度。首次考试将在 1995 年 9 月 5、6 日举行。

1995 年 04 月 08 日：建设部决定，1995 年 4 月至 1996 年 4 月为"城市规划年"，通过"城市规划年"活动，提高全社会的规划意识和法制观念，发挥城市规划的作用，加强统一规划的管理。

1995 年 06 月 19 日：全国高等学校建筑工程专业教育评估委员会在杭州召开的第三次全体会议上，通过对东南大学、西安建筑科技大学、同济大学、华南理工大学、哈尔滨建筑大学、重庆建筑大学、浙江大学、清华大学、湖南大学、天津大学等十所高等学校建筑工程专业教育质量的评估，评估有效期为 5 年。

1995 年 06 月 27 日—28 日：建设部科学技术委员会召开了"多媒体及信息新技术在建筑业中的应用学术讨论会"，美国和中国香港的专家参加了会议。会议提出，建筑行业应广泛使用多媒体技术。

1995 年 07 月 11 日：中国工程院第二次院士大会在北京召开，有 216 名候选人被增选为院士，其中 30 名来自建设领域，有 28 名在土木、水利与建筑工程学部，2 名属于农业、轻纺与环境工程部。

1995 年 10 月 27 日：由建设部和财政部联合举办的"全国小城镇和村庄建设成就展"在北京开幕。

1995 年 11 月 11 日—14 日：首次全国一级注册建筑师考试于 11 月 11 日—14 日在全国 31 个考场进行考试，参加考试者 9100 人。来自美国、英国、日本、韩国、新加坡、中国香港等国家和地区的考试观摩团，观摩了考试工作。

1995 年 11 月 13 日：《中美注册建筑师合作协议（草案）》在深圳签署，规定，双方将在 1998 年之前相互承认注册建筑师的执业任职资格。

1995 年 11 月 28 日：清华大学成立了人居环境研究中心。

1995 年 12 月 10 日：在日本东京出版的《世界建筑家 581》一书收入了 1953 年后出生的世界建筑家 581 人，其中中国人 16 人，包括台湾的 4 人和香港的 4 人。大陆的 8 人为布正伟、马国馨、王天锡、王小冬、邢同和、张锦秋、张永和、赵冰。

1995 年 12 月 22 日：建设部、人事部 1995 年 12 月 22 日在京联合召开新闻发布会宣布：有 2898 人经首批房地产估价师执业资格考试被录取，他们经过注册登记后，将成为中国首批经考试取得执业资格的房地产估价师。

1996 年 01 月 21 日：1993 年 1 月 19 日奠基的北京西客站举行开通运营典礼。

1996 年 02 月 01 日：建设部科学技术委员会于 2 月 1 日成立了"智能建筑技术开发推广中心"，组织智能化建筑技术的开发、推广和应用。

1996 年 03 月 01 日：在国务院住房制度改革领导小组召开的国家安居工程工作电话会议上宣布，1996 年国家安居工程在 88 个城市实施，建设规模为 1408.8 万平方米。总投资为 125.5 亿元，基中，国家安排贷款 50.2 亿元，其余资金 75.3 亿元由地方自筹。

1996 年 03 月 17 日：龙庆忠教授逝世。

1996 年 05 月 06 日：中国对外承包工程商会建筑业分会最近在北京成立。

1996 年 05 月 07 日：建设部全国园林城市工作座谈会在马鞍山举行，49 个城市的园林绿化工作者参加会议。建设部命名马鞍山、威海和中山三个城市为"园林城市"。至此，中国已有 8 个园林城市。

1996 年 05 月 11 日：建设部计划财务司于 5 月 11 日发表《1995 年城市建设统计公报》。1995 年设市城市 640 个，其中新增城市 18 个，城市人口 37427.1 万人，城市面积 1082956 平方公里。

1996 年 05 月 16 日：建设部副部长谭庆琏在《中国建设报》发表文章"坚持以人为中心，扩大小区试点，努力提高城市住宅建设整体水平"。文章指出，1989 年以来，在 26 个省、自治区、直辖市的 56 个城市，共抓了 66 个试点小区，在六年多的时间里，已有 23 个小区竣工并交付使用。其中获金牌奖的有 11 个，获银牌奖的有 11 个，获铜牌奖的有 1 个。除部级试点外，从 1994 年开始，已有 11 个省、直辖市开始抓自己的试点，省级试点已有 60 个。

1996 年 06 月 03 日：出席联合国第二次人类住区大会的中国政府代表团，由团长侯捷率领，于 6 月 1 日离京赴土耳其伊斯坦布尔。6 月 3 日侯捷在大会开幕式上讲话。联合国秘书长加利和其他联合国官员参观了大会展览的中国厅。安徽省灾后重建项目获大会"改善生活环境最佳范例"奖，6 月 12 日国务院副总理邹家华在大会高级别会议上发表讲话。大会在 6 月 14 日闭幕。

1996 年 06 月 26 日：由湖南大学主办的"建筑与文化国际研讨会"在长沙召开。来自美国、德国、日本等国家以及国内的 160 多名建筑领域的专家、学者参加了研讨。

1996 年 07 月 02 日：中国首次发布一级注册建筑师考试成绩。这次考试单项合格率为 20%~70%，综合合格率为 5%。在报考的近 9000 人中，有 509 位建筑师获取了注册建筑师资格。此时，中国首批获得注册建筑师资格的有 5285 人，其中，特许注册建筑师 309 人，考核批准的有 4403 人，经考试获得资格的有 573 人（包括辽宁试点考试通过的 64 人）。

1996 年 07 月 03 日："迈向新世纪的中国城市——全国城市规划成就展览"在北京开幕。邹家华副总理和联合国开发计划署代表等参加了开幕式并参观了展览。
建设部、人事部联合通知，全国监理工程师执业资格考试将于 1997 年 3 月下旬举行。为此，监理工程师执业资格考试大纲已于 9 月中旬出版。

1996 年 07 月 04 日："国际建筑师协会金奖"于 7 月 4 日评出 6 个奖项。清华大学教授、中国科学院和中国工程院院士吴良镛获"建筑评论和建筑教育奖"。这是中国建筑师第一次获此大奖。

1996 年 07 月 05 日：建设部发布了《关于设立外商投资建筑业企业的若干规定实施意见》。

1996 年 07 月 16 日："唐山恢复重建成就暨抗震防灾技术国际会议"在唐山召开，有近百名中外抗震专家到会。7 月 18 日建设部部长侯捷说，中国的抗震科技水平已处于世界前列。

1996 年 07 月 22 日：在唐山召开了中国第二次抗震工作会议，来自 19 个省、自治区、直辖市和 31 个部委、局、总公司的 190 位代表出席了会议，河北、云南代表在会上介绍了抗震防灾的经验。会议提出要继续观测"预防为主，平震结合，常备不懈"的方针。会议向 229 名从事抗震防灾管理和科学研究的人员颁发了荣誉证书。

1996 年 07 月 27 日："全国名胜区展览"在北京中国革命博物馆开幕，展示了中国珍贵的风景名胜资源，有 110 个国家级和 27 个省级风景名胜区参展。

1996 年 08 月 16 日：建设部在山东荣成召开了"全国乡村城市化试点县"工作研讨会，各试点县代表参加了会议，会议要求各试点县要抓住机遇，贯彻可持续发展战略，在"九五"期间使试点县（市）的城市化水平达到 40% 以上。

1996 年 08 月 23 日：八届全国人大常委会第 21 次会议上，建设部部长侯捷受国务院委托，把《中华人民共和国建筑法（草案）》提交委员会审议，并向委员作了详尽的说明。

1996 年 09 月 06 日—10 月 14 日：由建设部科学技术司与美国"中国之家营造公司"联合主办，并由北京中建科工程设计研究中心及美国贝氏集团（有限）公司协办的"2000 年中国小康住宅设计国际竞赛"举行，竞赛评出一等奖到五等奖各一名。本次竞赛的重点放在体现设计新概念、新方法等方面，主办双方共同邀请了中方 5 家、外方 6 家在住宅设计方面具有较高水准的单位参加，东南大学建筑系的方案获得一等奖。

1996 年 09 月 18 日：建设部在天津召开了住宅产业现代化试点省市座谈会。北京、天津、上海三市在会上作交流发言。

1996 年 09 月 23 日—26 日：建设部召开了"全国建筑节能工作会议"，国务院副总理邹家华为大会提词："依靠科技进步，推广节能建筑"。

1996 年 10 月：中建总公司勘察设计评优会，从 17 家设计单位上报的 123 项中，分六类（优秀方案、优秀工程、优秀勘察、优秀建材等）评出 73 项获奖项目。

中国建筑学会建筑电气学术委员会在上海召开年会，同时举办"智能建筑与小康住宅电气产品展示会"。这次大会的主题是"智能建筑与小康住宅"。

中国建筑学会建筑防火综合技术研究会第二届委员会成立大会在郑州举行。

1996 年 10 月 07 日：联合国人居奖评选团决定授予侯捷"1996 年人居特别荣誉奖"。受奖仪式于 10 月 7 日在匈牙利布达佩斯举行。"人居奖"每年评选一次，此前中国唐山、深圳、上海曾得过普通人居奖，特别奖今年首次设立。

1996 年 10 月 21 日："建设现代化与教育"国际学术会议在北京召开。来自 38 个国家和地区的 380 多名代表与会其中，境外代表 260 多人。10 月 23 日邹家华会见部分代表时，表示欢迎国际合作，共同促进中国建设事业发展。

1996 年 10 月 22 日—24 日：在日本大阪召开了由日本建筑学会主办的题为亚洲革新建筑的国际研讨会。本次会议的目的是综合地、全面地反映亚洲建筑的现状，并预示其发展趋势。

1996 年 10 月 22 日—26 日：由国家计委、建设部、卫生部等联合召开的《医院建筑设计及装备国际研讨会》，于 10 月 22 日—26 日在北京医科大学召开。参加会议的有国内外 120 多个单位 400 多人。大会收到论文 64 篇，其中国外的有 23 篇。国内外有 29 个单位的设计成果和 17 类医疗设备参展。

1996 年 11 月 11 日：建设部住宅建设领导小组颁布了《住宅产业现代化试点技术发展要点（试行）》，提出了十方面的试点技术要点。

1996 年 11 月：1996 年，上海住宅设计国际研讨会召开，大会公布了本次国际住宅竞赛结果。本次竞赛总计有 25 个国家（地区）的 100 余家设计单位和个人报名，有效方案 503 个。

1996 年 11 月 12 日—14 日：全国建筑业改革与发展研讨会在浙江东阳市举行。建设部建筑业司和中国建筑业协会组织的研讨会有来自全国各地的 100 多位专家、教授、建筑企业家和建筑业主管部门的领导。会上交流了近 40 篇论文，围绕建筑业如何实现"两个根本转变"，分析了建筑业面临的机遇和难点，研讨了建筑业体制方面和经济增长方式各方面的问题。

1996 年 11 月 12 日—15 日：来自 10 个国家和地区的 160 位专家参加了国家科委和建设部在北京联合召开的"'96 中国小康住宅国际研讨会"。会议就"2000 年小康型城乡住宅科技产业工程"的实施进行了探索和交流，有 70 余篇论文在会议上发表。会议还为今年 9 月举行的中美住宅设计竞赛的 5 个获奖方案颁奖。东南大学建筑系、中国建筑技术研究院、建设部建筑设计院分别获得第 1、2、4 名。

1996 年 11 月 23 日：全国高等学校建筑学专业指导委员会会议及扩大代表会议在西安建筑科技大学闭幕。指委会会议讨论并审议了"建筑学专业本科教育的培养目标和基本要求""建筑学专业设置的基本条件"和"建筑学学科推荐教材申报、评审工作实施细则"三个文件，制定了"九五"教材选题计划。扩大代表会议期间，指委会委员和全国各个高校的与会代表就"21 世纪建筑教育框架"和"建筑设计教学中创造性思维的培养"这两个议题提交了 40 篇论文，并展开讨论。会议期间，指委会对 1996 年全国大学生建筑设计竞赛进行了评选。这次竞赛题目为"大学生活动中心"，共有 55 所院校的建筑专业的学生参加，递交设计方案 286 份，最终评出一等奖 3 名，二等奖 6 名，三等奖 9 名，佳作奖 22 名。

1996 年 11 月 23 日—26 日：全国村镇建设工作会议在广东省中山市小榄镇召开。建设部部长侯捷指出，中国的村镇建设进入了新的发展时期。

1996 年 11 月 26 日—28 日：中国建筑学会第九次全国会员代表大会暨学术年会在北京召开。历时三天的大会讨论通过了叶如棠理事长所作的工作报告；审议通过了《中国建筑学会会章》；选举产生了第九届理事会和第九届第一次常务理事会，以及理事长、副理事长、秘书长并召开了第九届第一次常务理事会；大会期间举办了学术年会。

1996 年 11 月 27 日：中国建筑学会第九次全国会员代表大会暨学术年会青年建筑师学术研讨会在北京图书馆举行。会议就青年建筑师的交流、建筑设计的现状及发展道路、"精品意识"等问题展开讨论。

1996 年 12 月 04 日—05 日：建设部现代企业制度试点工作会议在南京召开。会议交流了各地试点的经验，提出了下一步的做法，并对房地产企业如何进行现代企业制度改革进行了探讨。

1996 年 12 月 06 日：新西兰羊毛局室内设计大奖赛在北京揭晓。中央工艺美术学院沈天游、林乐成和姜寿强设计的昆仑饭店茶廊荣获大奖。本届大奖赛是新西兰羊毛局在中国举办的第二届室内大赛，目的是用国际标准推出一些好的室内设计作品，以协助中国设计师对室内设计进行更深的考虑和探索。

1996 年 12 月 13 日—14 日：注册结构工程师考试试点在河北省、江苏省和重庆市进行，有近 4000 名考生在武汉、南京、苏州、扬州和重庆五个考点参加考试。

1996 年 12 月 18 日—23 日："'96 中国人居环境科学研讨会"在广东举行。来自全国的 80 余名代表参加了研讨会。会上就"城市化进程中人类聚居环境的可持续发展"问题进行了广泛讨论。吴良镛院士到会并作了主题报告。

1996 年 12 月 23 日—1997 年 01 月 11 日：第三届"'96 首都建筑设计汇报展"在北京国际会议中心举行。这次展览共有 60 个设计单位送展设计方案 122 项，其中大中型公共建筑个体设计 82 项，居住区和住宅设计 40 项。另外还展出了北京三环路城市设计研究方案。展览期间，举办了以城市设计、欧洲建筑、'95 住宅设计标准及住宅设计等为主题的学术报告会和座谈会。经观众投票选出了，'96 首都建筑设计汇报展"十佳公建设计方案"。

1996 年：亚洲计算机辅助建筑设计研究协会成立，并召开了第一次 CAAD 学术会议。代表来自中国大陆、中国台湾、中国香港、日本、韩国、新加坡和澳大利亚等国家和地区。

1997 年：为了组织实施《民用建筑节能设计标准（采暖居住建筑部分）》推动建筑节能 50% 第二步目标的实现，建设部、国家计委、国家经贸委、国家税务总局联合发出"关于实施《民用建筑节能设计标准（采暖居住建筑部分）》的通知"。

1997 年 01 月 17 日—20 日：国际建筑师协会第 86 届理事会在印度昌迪加尔举行。中国建筑学会副理事长、国际建筑师协会理事副代表刘开济先生代表叶如棠理事长出席了本次大会，并汇报了 1999 年在北京举办第 20 届世界建筑师大会的准备情况。

1997 年 02 月 06 日：在法国建筑科学院召开的全体大会上，齐康先生当选为中国籍院士。

1997 年 02 月 28 日：中国建筑学会学术工作会议在中国科技会堂召开，会议讨论通过了《中国建筑学会分会、二级专业委员会学术工作管理条例》《中国建筑学会分会、二级专业委员会组织工作管理条例》。汇总了各分会、二级专业委员会当前的组织现状及存在的问题，准备在近期内结合中国建筑学会的换届工作，对分会、二级专业委员会进行组织调整。

1997 年 04 月 07 日—11 日：中国土木工程学会、中国建筑学会 1997 年全国地方学会工作会议在云南省昆明市举行。会议介绍了二总会去年一年所做的工作和开展的活动，提出了今年学会的计划和工作要点。会议按南北两片进行分组讨论，内容主要针对个人会员的管理、会费的收取及收费标准等。

1997 年 04 月末：首都规划建设委员会办公室、北京市建筑设计研究院、北京市城市规划设计研究院与日本建筑家协会实行委员会在北京共同主办了以"中国建筑展望"为题的中日建筑师交流会。参加交流会的中方人员有窦以德、何玉如、张镈、马国馨等，日方人员有矶崎新和夫人、石山秀武、三宅理一等。

1997 年 05 月：上海同济大学城市规划专业成立 45 周年。

1997 年 05 月 08 日—10 日："第二次中外建筑师合作设计研讨会"在上海同济大学逸夫楼召开。与会专家、学者共 58 人，他们来自全国各大建筑设计院及日本、美国和中国香港等国家和地区。会上代表们就中外建筑师在设计合作中的成败得失各抒己见。

1997 年 05 月 16 日—18 日：建设部常务副部长、中国建筑学会理事长叶如棠，应美国建筑师学会巴·库马尔先生邀请，出席了 1997 年美国建筑师学会年会，并被接纳为荣誉资深会员。

1997 年 06 月 01 日—02 日：国际建筑师协会协调委员会首次会议在北京举行。会议期间，协调委员会听取了中方关于大会筹备工作的汇报，并考察了 1999 年大会的会场、展览场地及酒店设施，对中方的筹备工作进展情况和工作计划表示满意。

1997 年 06 月 11 日：以色列建筑图片展在北京举行。以色列驻华大使南明月、中国建筑学会理事长叶如棠、清华大学王大中校长、吴良镛院士出席开幕式。

1997 年 07 月 31 日：全国建筑技术学科第七次代表大会暨学术研讨会在徐州市召开。

1997 年 08 月 20 日—21 日：由中国文物学会主办、中国建筑学会、日本建筑学会、日中建筑技术交流会和中国博物馆学会协办的"世界民族建筑国际会议"在北京召开。来自中国、日本和美国的百余名学者参加了会议，大会宣读论文 26 篇。

1997 年 09 月：1997 年上海国际建筑及室内装饰展览会圆满结束。16 个国家和地区的 150 家著名外商参展，吸引了来自全国各省、市 25000 名观众及用户。

1997 年 09 月 15 日—17 日：在重庆建筑大学召开了"'97 山地人居环境可持续发展国际研讨会"，集中研讨如何实现山地人居环境可持续发展问题。出席会议的国内外代表 120 余人。会上吴良镛院士、黄光宇教授作了题为"山地人居环境的可持续发展"的主题报告，马来西亚的杨经文博士作了题为"建筑与人居环境的可持续性设计"的专题演讲。

1997 年 09 月 18 日：《佘峻南选集》首发式在广州白天鹅宾馆进行。《选集》凝聚了佘峻南大师从事建筑教学、设计、科研 50 多年的心血。

1997 年 09 月 20 日—23 日：亚洲建筑师协会第 18 次理事会和第九次论坛在日本东京召开。此次亚建协理事会除对一些组织建设方面问题进行讨论外，还提出了一些亚洲各国建筑师共同关心的问题。理事会期间，亚洲建协建筑教育工作委员会同时举行了会议，会议建议建立"亚洲地区建筑教育网络"促进国际交流。第九次亚建协论坛于 9 月 21 日—22 日在东京国际会议中心举行。本次论坛的主题为"亚洲建筑的未来"，主要研讨了高层高密度公共住宅、没有建筑师的亚洲地方建筑和全球性建筑等几个问题。

1997 年 09 月 27 日—29 日：在清华大学建筑学院召开"'97 当代乡土建筑——现代化传统"国际学术研讨会。会议由中科院院士吴良镛教授、新加坡建筑师林少伟发起。这次会议有 28 位国外代表和 28 位中国代表，他们就亚洲地区及世界建筑界共同关心的热点课题进行多种形式的交流与讨论。

1997 年 10 月 06 日：联合国规定的"国际住房日"。依照国际建协发出的通知，从 1997 年开始，世界建筑节将与国际住房日同时庆祝。为此，中国建筑协会和建设部人居工程中心于 10 月 6 日在北京结合国际建协规定的主题"建筑与消除贫困"举行了座谈会。

1997 年 10 月 06 日—26 日：由北京市城乡规划委员会、北京市城乡建设委员会主办的第二届"人与居住"展览在北京建筑大厦举办。展览期间还举办了 3 次住宅区规划和住宅设计的专家讲座。

1997 年 10 月 30 日—11 月 02 日：中国建筑学会建筑绘画与摄影专业委员会（筹）在北京召开美术教学研讨会。有 48 所院校 60 余位美术教师出席。大会就目前中国各建筑院系美术教学中的改革经验和做法，以及目前存在的问题，认为问题主要集中于三个方面：美术教学的定位；教学改革；教师队伍和教学建设。

1997 年 10 月 31 日—11 月 03 日：中国传统建筑园林研究会第十届年会在浙江金华召开。本届年会的主题是：
历史文化遗产的保护、利用、开发和管理，来自全国 20 个省市的 102
位代表参加了会议。

1997 年 11 月 01 日—03 日：东南大学建筑系举行了建系 70 周年隆重的庆祝活动，包括吴良镛院士、张
开济设计大师和蔡镇钰设计大师在内的来自国内外 400 余名系友参加了这次
活动。该系作为中国历史最悠久的建筑学系，创建至今已历经 70 个年头。

1997 年 11 月 04 日—06 日：由中国城市规划学会和中国城市规划设计研究院主办的"迈向 21 世纪的城市"
国际会议在北京举行。百余名来自国内各省市规划管理与设计部门和大专院校
的代表，以及来自美国、加拿大、瑞士、南非和马来西亚等国的专家学者出席
了会议。

1997 年 11 月 11 日：中国行政管理学会，建设部，北京市的规划、建筑、城市管理、行政学、社会学及
新闻单位的有关专家学者在北京召开了"提高城市规划建设管理水平研讨会"。

1997 年 11 月 17 日："中国继续教育联合学院建筑分部"举办的"建筑师继续教育培训班"在深圳举行开
学典礼。
清华大学建筑学院教授吴良镛院士主持的国家自然科学基金重点项目"发达地区城
市化进程中建筑环境的保护与发展研究"在无锡通过国家科技成果鉴定。

1997 年 11 月 18 日—21 日：建筑师学会工业建筑学术委员会在深圳召开第四次工业建筑学术研讨会，本
届年会的主题是"繁荣建筑创作，提高现代工业建筑设计水平"。

1997 年 11 月 20 日—12 月 10 日：在北京举办了"北京市中心地区控制性详细规划汇报展"。本次展览是
在北京市总体规划指导下，北京市中心地区控制性详细规划工作的阶
段性成果展示和宣传，旨在广泛听取各方面的意见。

1997 年 11 月 21 日—25 日：中国教育学会教育基建专业委员会在珠海市召开了教育建筑分会成立大会暨
学术研讨会。会议讨论通过了《教育建筑分会简则》，选举了分会常委、主
任委员和副主任委员。会议代表认识到教育变革对学校建筑提出新的要求，
驱动着学校建筑的发展；学校建筑的发展又为适应教育变革创造了良好的物
化条件和超物质的精神环境。

1997 年 11 月 25 日—28 日：由中国建筑学会工业建筑专业学术委员会委托，中国电子工程设计院承办的
第四届全国工业建筑学术研讨会在深圳举行。本届研讨会的目的是繁荣建筑
创作，提高现代工业建筑设计水平。会议主要内容为：总结交流近年来工业
建筑设计中的经验与成果；讨论现代工业建筑的发展方向、设计观念及意识
更新；建筑师的责任和工业建筑相关性、差异性问题的讨论。

1997 年 11 月 27 日—30 日：建筑师学会建筑理论与创作学术委员会 1997 年学术年会在上海松江县召开。
会议围绕城市设计的主题进行。会议结合理论研究及工程实践围绕城市设计
的内容、目的、任务，对社会的要求和对建筑师的要求等方面展开深入的探讨。
代表们讨论起草了上海学术年会上发表的宣言，并考察了松江县的新城开发
和历史建筑保护区。

1997 年 11 月 27 日—30 日：中华全国新闻工作者协会建工分会一届二次理事会在重庆建筑大学举行。会
议总结了建工分会 1997 年的工作并讨论了 1998 年工作计划，并举行了"首
届中华全国建筑报刊好新闻评选"颁奖仪式。

1997 年 12 月：城市地下空间学术研讨会在四川成都召开。本次会议的主题是"21 世纪是地下空间的世纪"。与会代表形成这样的共识：中央和地方政府有关部门要充分认识开发利用城市地下空间是城市可持续发展的重要途径，并给予开发城市地下空间以一定的优惠；大城市要尽快将城市地下空间规划纳入城市总体规划，中央和地方要尽快对城市地下空间的开发利用进行立法。

1997 年 12 月 01 日—03 日：由中国建筑学会主办，中国城市规划学会协办的中国建筑学会 1997 年学术年会在上海召开。有百余人出席会议，收到论文 150 多篇。年会的主题为"城市公共空间"。会上提出了《关于加强城市设计工作的倡议》。

1997 年 12 月 04 日：由英国文化协会主办的"未来城市"建筑研讨会在上海举行。中英双方就未来城市的发展与设计展开了讨论。"未来城市"建筑展览同时举行。展览分六个主题：资源保护、文化生活、一体化运输、交通管理、多功能建筑和居室扩展创意。这六个主题展是对当今现实的有关建筑、基本建设和通信等方面项目调查结果的反映。

1998 年：英国特许建造师学会颁予建设部科学技术委员会副主任许溶烈以资深特许建造师资格，这是中国大陆首次获此殊荣的专项人士。

中国土木工程学会第七次会员代表大会暨第八届年会在北京举行。大会产生了第七届学会领导，侯捷当选为理事长，大会还选举出副理事长和常务副理事长，推选出由中国土木工程学会和詹天佑土木工程科技发展基金管委会颁布的《"中国土木工程詹天佑大奖"评选条例（草案）》，并颁发了第三届土木工程优秀论文奖和 1997 年度高级优秀土木工程毕业生奖。

由新西兰羊毛局中国分局《室内设计与装修》杂志社共同主办的 1997 年新西兰羊毛局室内设计大奖赛日前在上海揭晓。清华大学王炜钰教授主持设计的人民大会堂香港厅荣获大奖。

根据法国希拉克总统 1997 年访问上海时宣布的法中交流计划"50 名建筑师在法国"，1998 年开始实施。根据此项计划，法国政府将在三年期间向中国提供 50 个实习奖学金名额。

1998 年 02 月 24 日—26 日：中国建筑学会建筑师学会第二届理事会第四次扩大会议在北京举行。会议主要听取了二届三次会议以来的工作报告，听取了有关 1999 年世界建筑师协会大会的准备情况的介绍，研究理事会换届改选事宜，交流各地方学会与各专业学术委员会的活动情况。

1998 年 03 月：应日本立命馆大学、日本丝绸之路财团邀请，由建设部规划司组织，一行 8 人参加了为期十天题为"中日古城（名城）发展与保存（护）研讨会"。

1998 年 03 月 17 日—20 日：中国建筑学会、中国土木工程学会在珠海召开了 1998 年地方学会工作会议。会议就学会的改革、生存与发展展开讨论，会议认为：学会的生存发展取决于自身的努力，学会的理事要关心学会的各项工作，为中国土木建筑科技事业多作贡献。

1998 年 03 月 31 日："国际智能型建筑专题研讨会"在广州举行。由广东省建委、中国对外贸易中心、香港雅式展览服务有限公司联合举办。

1998 年 04 月 13 日：中国国家大剧院设计方案竞赛文件发布会在北京中国大饭店举行，国内外 40 家著名建筑设计单位和个人与会，并将参加这一竞赛角逐。

1998 年 04 月 20 日—22 日：现代中国建筑创作研究小组第八届年会在苏州召开，来自全国 18 个省市的正式代表 43 人。会议主题为"前 20 年和后 20 年的中国建筑创作"。

1998 年 04 月 20 日—22 日：1999 年国际建筑师协会第 20 届大会科学委员会 8 院校工作会议在北京清华大学召开。

1998 年 05 月 05 日—06 日 :《建筑学报》编委会在合肥市召开。会议汇报了 1997 年学报工作情况，编委们对如何进一步搞好 1998 年报道重点，提出了意见和措施。

1998 年 05 月 13 日 : 中国科协学会部在北京中国科协会堂召开 "出版在线 TM" 使用操作演示报告会暨期刊工作会，部署有关期刊工作。"DealMaker 出版在线" 是一个专为出版行业和中外读者设计的大型网上出版及读者服务系统。系统汇集各行业、各领域的专业性期刊、读物、科研成果和技术信息，有助于推动和促进文化、科技、产业各方面知识及技术的交流与合作。在全国性学会、协会、研究会期刊工作会议上，中国科协领导强调了期刊工作的重要性。

1998 年 05 月 18 日 : 建设部人事教育劳动司与英国土木工程学会、中国全国注册结构工程师学会，在北京签署了建筑工程学士学位专业评估互认协议。这次评估互认协议的签署，标志着中国土木工程专业教育质量达到了国际上公认的水平，更为中国高等土木工程专业教育走向世界创造了条件。到目前为止，中国已先后两批共 18 所高校通过了评估，有力地促进了土木工程专业教育质量的提高。

1998 年 05 月 23 日—24 日 : 全国高等院校建筑学专业教育评估委员会在北京举行会议。会议通过了清华大学、同济大学、天津大学、东南大学、北京工业大学和西南交通大学 6 校的建筑学专业教育评估和华侨大学、深圳大学两校的建筑学专业教育评估中期检查。

1998 年 06 月 05 日 : 两院院士大会闭幕，会上中国工程院向 14 位工程技术专家颁发了第二届中国工程科学技术奖。此次获奖的工程科技专家有 14 位。95 岁高龄的中国著名建筑设计专家陈植先生为建筑界获此殊荣者。在这次 "两院" 大会上，国务院决定从 1998 年 7 月 1 日起，在中国科学院、中国工程院院士中实行 "资深院士" 制度，对年满 80 周岁的中国科学院院士或中国工程院院士，授予 "中国科学院资深院士" 或 "中国工程院资深院士" 称号。公布的首批资深院士包括中国科学院首批资深院士 145 人，中国工程院首批资深院士 30 人。土木建筑工程界的资深院士有李国豪、佘畯南、莫伯治等。

1998 年 06 月 15 日 : 九三学社北京市委员会召开了 "平安大街改造与建设座谈会"。会议特邀十多位建筑界、规划界、文化界的专家学者与会，共商平安大街的改造与建设中的前瞻性问题。

1998 年 06 月 23 日 : 在距国际建协第 20 届世界建筑师大会召开倒计时一周年之际，建设部和大会组委会在北京国际会议中心召开新闻发布会。会上，第 20 届世界建筑师大会组委会主席、建设部部长俞正声讲话，并传达了全国政协主席、大会组委会名誉主席李瑞环在组委会首次全体会议上的（书面）讲话精神。大会组委会执行主席、建设部副部长叶如棠详细介绍了大会筹备工作。席间会议向与会者提供了大会筹备工作第一期、第二期新闻公报、"21 世纪的城市住区" 国际建筑专业学生设计竞赛等资料和宣传品，并回答了记者提出的问题。

1998 年 07 月 01 日 : 美国总统克林顿与上海市长徐匡迪共同为由美国 RTKL 国际有限公司所做的上海科技城设计揭幕。RTKL 的设计方案是经过国际设计竞赛后中标的。

1998 年 07 月 20 日—26 日 : 中国 "国家大剧院" 建筑设计竞赛在中国革命与历史博物馆公开展出，并征求普通百姓的意见。方案竞争的焦点是建筑形式，其重头戏则是中国建筑传统的继承与发展，或者说是寻求对中国传统建筑形式的现代诠释。

1998 年 07 月 29 日 : 中国工程院院士、中国工程设计大师、原广州市设计院总建筑师、名誉院长佘畯南同志因病医治无效于广州逝世，终年 84 岁。

1998 年 08 月 18 日—21 日：标志中国建筑史学走向世界的"第一届中国建筑史学国际研讨会"在北京举行。大会的主题为"人为环境与自然环境的融合"。出席大会的有 11 个国家和地区的 96 位代表，大会论文 69 篇。这次大会的召开实现了老一辈学者多年的夙愿，成为中国建筑走向世界的标志之一。

1998 年 09 月 07 日—10 月 07 日：由中国建筑学会与英国驻华使馆文化教育处联合主办了"城市之魂"系列活动，内容有中英建筑院校学生设计竞赛、未来建筑与城市规划研讨会和英国专家报告会。

1998 年 09 月 14 日—18 日：澳门都会文化国际研讨会在澳门旅游活动中心举行。这次会议由澳门文化部主办，美国明尼苏达大学建筑与景观学院协办，邀请了数十位专家对澳门的都市化、独特地位、历史遗产、日常文化等方面进行研讨。

1998 年 10 月 05 日：在印度迪拜举行了"98 年联合国人居奖"的颁奖仪式。中国珠海市还荣获联合国改善居住环境最佳范例奖。

1998 年 10 月 05 日—08 日：中国近代建筑史国际研讨会（第六次中国近代建筑史国际研讨会）在山西太原举行。来自国内外的 81 名代表与会，会议收到论文 70 篇，主要涉及：①区域性建筑比较，类型性建筑综述；②地方性建筑发展概论；③典型建筑考察；④学校建筑分析；⑤近代城市规划历史及住宅调查；⑥近代建筑的保护与再利用；⑦文物建筑保护方法及制度；⑧历史概况、研究方法及理论等。会议制定今后的工作计划主要为：健全组织；筹办 2000 年研讨会；筹办刊物；继续编写《中国近代建筑总览》；开展《中国近代建筑史》编写工作；出版本次研讨会论文集等。

1998 年 10 月 06 日：由北京市政协城建委员会、九三学社北京市委员会共同组织召开的朝阜路文化街建设研讨会在北京召开，与会者就朝阜路的建设、改造开发及古都历史文化的延续性和周边地带不同时期重要文物保护等一系列问题进行了讨论。

1998 年 10 月 16 日—17 日：由香港建筑师学会前任会长、全国政协委员潘祖尧先生倡议并赞助的"建筑论坛"第四次研讨会在重庆召开。这次会议以"建筑与社会"为主题。研讨会认真讨论了建筑创作与社会环境的关系。

1998 年 10 月 18 日：由九三学社北京市委员会邀请建设部、北京市的有关领导在香山北京植物园就城市可持续发展、历史文化名城保护及园林绿化如何体现首都 21 世纪的风貌特色，进行了广泛而深入的研讨。

1998 年 10 月 22 日—26 日：医院建筑专业学术委员会会同国家计委、建设部、卫生部五司局联合召开了第二届医院建筑设计及装备的国际研讨会。

1998 年 10 月 31 日：天安门广场维修改造工程正式开工。该项工程将历时 7 个月。保证天安门广场的外观和功能在今后 50 年内不过时将是这项工程的主要目标之一。

1998 年 11 月 10 日—13 日：集合海外 300 多家著名厂商的"中国国际建筑及室内装饰展览会""第五届中国国际建筑及建材机械展览会"及第四届中国国际环保展览会在北京中国国际展览中心举行。

1998 年 11 月 11 日—14 日：亚洲建协第 19 届理事会及第 8 次亚洲建筑师大会在斯里兰卡科伦坡举行。由许安之任团长的中国建筑学会代表团 13 人出席了会议。

1998 年 11 月 20 日—21 日：首届泛亚热带地区建筑设计与技术国际研讨会在广州召开。会议的主题是：

立足泛亚热带地区的气候环境特点，从人与自然相互关系的高度研究泛亚热带地区持续发展的人居环境的评估方法，以利于建筑师能更好地为居民创造优美、舒适的建筑环境。

1998 年 11 月 25 日：首届全国电脑建筑画大赛获奖作品展在中国美术馆开幕。本次大赛共收到全国 26 个省、市、自治区、直辖市报送的 532 幅作品，通过评选共选出 30 幅获奖作品和 143 幅优秀作品。

1998 年 11 月 26 日—29 日：在浙江省杭州市进行了 1998 年中国建筑学会青年建筑师奖的评奖，本次竞赛命题为"巴蜀古文化研究中心"，共有 58 份方案进入评选，最后评选出 7 名优秀奖和 16 名入围奖。

1998 年 11 月 29 日：1998 年青年建筑师学术交流会在杭州召开，著名专家刘开济、马国馨、关肇邺、彭一刚、何镜堂等与青年建筑师 60 多名代表汇聚一堂，就建筑界的发展趋势、青年建筑师的成长以及可持续发展等问题展开了热烈讨论。

1998 年 11 月 29 日—30 日：建设部勘察设计司、中国建筑学会、华森建筑与工程设计顾问公司在深圳联合召开了"住宅建筑设计研讨会"。来自全国住宅设计行业的专家、学者和业内人士约 120 人参加了研讨会。叶如棠副部长到会并作了讲话。

1998 年 11 月 29 日—12 月 03 日：中国建筑学会建筑师分会第二届第五次会议在杭州召开，主要内容为：①进行以"展望 21 世纪的建筑学"为题的学术报告活动。②召开委员会。③传达和研究有关建筑师分会更名及今后工作问题。

1998 年 12 月 18 日：香港中文大学中国城市住宅研究中心在北京举办成立大会。

1998 年 12 月 20 日—1999 年 01 月 10 日：首都建筑艺术委员会主办的第五届首都建筑设计汇报展在北京国际会议中心共展出 22 天。这次展览分为公共建筑设计方案、住宅建筑和长安街、平安大街街景及城市设计方案三项内容。

1998 年末："住宅沙龙"在北京举办了本年度最后一次活动，此次活动研讨的主题是"国际老人年与老人居住建筑研究"。"住宅沙龙"由国家住宅与居住环境工程技术研究中心和中国建筑技术研究院主办，旨在为住宅研究提供一处研讨交流的场所。

1999 年 02 月 09 日：由中国建设部科学技术委员会、中都房地产开发有限公司主办的"信息社会与 21 世纪建筑"研讨会在北京梅地亚中心举行。

1999 年 03 月 15 日：作为国际建筑师协会（UIA）第 20 届大会的正式活动之一，"当代中国建筑艺术展"在北京举行主题为"当代中国建筑艺术创作环境与历程"的学术讨论会及记者招待会。

1999 年 03 月 16 日：由日本通产省新能源产业综合发展机构与清华大学共同组织的关于交通与环境的学术研讨会在清华大学举行。

1999 年 03 月 16 日—17 日：中国建筑学会九届三次常务理事会及九届二次理事会在北京召开。

1999 年 03 月 18 日—20 日：第五届全国建筑画展览评选活动在北京举行。这次活动共收到全国 38 个省、自治区、直辖市及单列单位报送的近 700 幅作品，共评选出 100 余幅优秀建筑画作品。

1999 年 04 月 15 日：中国建设文协环境艺术委员会与《建筑报》社在北京举办了"中国建筑百年与营造学社 70 周年"学术研讨会。

1999 年 05 月 05 日：中国科协学会部召开全国性学会、协会、研究会秘书长会议，部署建立中国科协、学术年会制度。根据中国科协常委会和五届四次全委会的决定：中国科协将从 1999

年起，每年举行一次学术年会。

1999 年 05 月 05 日—08 日：上海国际展览中心举办"99 中国国际设计博览会"。展览内容包括平面设计、建筑及环境设计、产品设计、生活时尚设计、广告设计及商业广告摄影和综合媒介设计。

1999 年 05 月 20 日—23 日：一年一度华东地区最具规模的第四届"中国国际建筑贸易博览会"在上海展览中心举行。

1999 年 05 月 28 日：由中国建筑学会室内设计学会和巴斯夫华源尼龙有限公司共同主办的，'99 中国室内设计大奖隆重推出。该奖项旨在表彰中国室内设计界的优秀设计师及设计作品。

1999 年 06 月 16 日—17 日：由中华人民共和国科学技术部和意大利外交部主办、由中国科技部国际合作司、意大利驻华使馆科技处和意大利米兰大学等单位承办的"中—意建筑学和建筑研讨会"在北京举行。

1999 年 06 月 18 日—28 日：为迎接 1999 年国际建筑师协会第 20 届大会，由中国艺术研究院和中国建筑学会联合举办、《世界建筑》协办的"当代中国建筑艺术展"在中国美术馆展览。

1999 年 06 月 21 日：在清华大学召开了题为"走向 21 世纪的中国建筑艺术"的学术研讨会。出席会议的专家学者 60 余位，会上有 15 位代表发言。

1999 年 06 月 22 日—27 日：在国际建协第 20 届世界建筑师大会主展场展出"中国青年建筑师实验性作品专题展览"，这些作品是对中国现在建筑问题的一个尝试性回答，既有对建筑语言的探索，也有对中国空间的解读。

1999 年 06 月 23 日—26 日：国际建筑师协会第 20 届大会在北京召开，来自世界各地 100 多个国家的 6000 多位代表欢聚一堂，围绕这次大会学术主题"21 世纪的建筑学"，广泛地交流思想。《北京宪章》是本次大会通过的主要文件。

1999 年 07 月 01 日：全国设计大师、北京市建筑设计院原总建筑师、教授级高级建筑师张镈先生逝世。

邹德侬

天津大学建筑学院教授，
1938 年生于山东省福山县，
1962 年毕业于天津大学建筑系。

研究方向：建筑设计及其理论，中国现代建筑史，西方现代建筑及西方现代艺术；

英译译著：《西方现代艺术史》《西方现代建筑史》（与巴竹师等合作）等 6 种；

学术专著：《中国现代建筑史》《中国现代美术全集·建筑艺术卷》（2—5 卷）等 18 种；

建筑作品：青岛山东外贸大楼、南开大学经济学院、天津大学建筑系馆等 20 余项；

主要获奖：《中国现代建筑史研究》获教育部自然科学一等奖（2002 年）及国家自然科学奖一等奖提名奖，天津市科技进步二等奖等 10 项。

■本课题曾接受国家自然科学基金等八项资助

国家自然科学基金项目：编号 59178305　项目名称：中国当代建筑史

国家自然科学基金项目：编号 50078036　项目名称：改革开放 20 年中国建筑文化的演进和前沿

国家自然科学基金项目：编号 51308379　项目名称：中国现代建筑史继续研究（2000—2010）

国家自然科学基金项目：编号 51208340　项目名称：中国建筑理论学者及其主要建筑创作理论的系统性研究（1980—2010）

建设部七五计划重点项目：编号"86- 五 -1"项目名称：中国现代建筑发展及其理论

■本课题曾获教育部自然科学奖一等奖（2002）；天津市科技进步二等奖；第十三届图书奖

参加项目研究的部分成员：

刘 珽

参加研究工作时为天津大学建筑学院，在修硕士；
主要研究内容为 1949—1980 年代建筑理论。

韩 斌

参加研究工作时为天津大学建筑学院，在修硕士；
主要研究内容为 1950 年代—1980 年代中国建筑。

路 红

参加研究工作时为天津大学建筑学院，在修硕士、博士，客座教授；
主要研究内容为居住建筑、天津风貌街区保护。

曾 坚

参加研究工作时为天津大学建筑学院，教师，博士，教授；
主要研究内容为中国建筑师一二代。

刘丛红

参加研究工作时为天津大学建筑学院，教师，硕士、博士，教授；
主要研究内容为 1980 年代—1990 年代中国建筑、绿色建筑 。

运迎霞

参加研究工作时为天津大学建筑学院，教师，博士，教授；
主要研究内容为特区建设。

张向炜

参加研究工作时为天津大学建筑学院，教师，硕士、博士，副教授；
主要研究内容为建筑理论家，2000 年代—2010 年代中国建筑。

戴 路

参加研究工作时为天津大学建筑学院，教师，硕士、博士，教授；
主要研究内容为中国第二三代建筑师。

赵建波

参加研究工作时为天津大学建筑学院，教师，硕士、博士，教授；
主要研究内容为 1940 年代—1900 年代中国建筑。

李国庆

参加研究工作时为天津大学建筑学院，在修硕士、博士，教授；
主要研究内容为唐山重建。

邓庆坦

参加研究工作时为天津大学建筑学院，在修硕士、博士，教授 ；
主要研究内容为 1940 年代—1900 年代中国建筑。

李 卓

参加研究工作时为天津大学建筑学院，在修硕士，正高级建筑师；
主要研究内容为援外建筑。

柴 晟

参加研究工作时为天津大学建筑学院，在修硕士，正高级建筑师；
主要研究内容为外来建筑。

篇幅所限，不能全部列出所有参与的人员，请见谅。

致谢

我愿意在这个后记之末表达几点个人心意。

我深深感谢出版社重视《中国现代建筑史》的出版，并使它被列入"十三五"国家重点图书出版规划项目，对此我也感到十分光荣。

十分感谢出版社编审此稿的诸位编审，特别是诸位资深编审，他们中许多位是这段历史的亲历者，为此稿提供了中肯的意见和建议。

还要感谢本书的责任编辑李鸽博士，她为本书的出版和编审的大小事项，无不做出精心安排，并且与我保持密切联系，我被她的执着精神所感动。

邹德侬

于珠海《有无书斋》

2020 年 12 月 21 日